1급

치유농업사

1200제

1급
치유농업사
1200제

초판 1쇄 발행 2026년 3월 30일

저자 전성군·최정란·노주희·유찬주·장동헌

발행인 이인구
편집 김정아
디자인 손정미

종이 영은페이퍼(주)
출력 (주)삼보프로세스
인쇄 범선문화인쇄
제본 민성바인텍

펴낸곳 한문화사
주소 경기도 고양시 일산서구 강선로 9
전화 070-8269-0860
팩스 031-913-0867
전자우편 hanok21@naver.com
출판등록번호 제 410-2010-000002호

© 전성군·최정란·노주희·유찬주·장동헌, 2026

ISBN 978-89-94997-58-2(13520)
가격 35,000원

제1회 치유농업사 1급
1차시험 출제기준 완벽 반영 1200문제집

1급
치유농업사
1200제

전성군·최정란·노주희·유찬주·장동헌

한문화사

목　차

시 험 개 요

☐ 시험 과목

1. 제1차 시험	2. 제2차 시험
가. 치유농업과 치유농업서비스의 이해 나. 치유농업자원의 이해와 관리 다. 치유농업서비스의 기획과 경영 라. 치유농업서비스의 운영 및 관리	치유농업의 관리 실무

☞ 합격기준: 시험별 합격자는 다음 각 목에서 정하는 사람으로 한다.
  1. 제1차 시험: 과목당 100점을 만점으로 하여 각 과목의 시험점수가 40점 이상인 사람으로서
    전과목의 평균점수가 60점 이상인 사람
  2. 제2차 시험: 100점을 만점으로 하여 해당 과목의 시험점수가 60점 이상인 사람

☐ 치유농업사의 자격등급 별 응시자격

자 격 등 급	응 시 자 격
1급 치유농업사	다음의 요건을 모두 갖출 것 **1. 다음의 어느 하나에 해당할 것** **가.** 2급 치유농업사 자격을 취득한 후 치유농업과 관련된 업무(치유농업자원, 치유농업시설 등을 활용하여 치유농업서비스를 제공 및 관리하는 등의 업무를 말하며, 이하 "치유농업관련업무"라 한다)에 5년 이상 종사한 경력이 있는 사람 **나.**「국가기술자격법」에 따라 농업, 축산, 임업, 조경 분야의 기술사 자격을 취득한 사람 **다.**「국가기술자격법」에 따라 농업, 축산, 임업, 조경 분야의 기사 또는 보건·의료 분야의 임상심리사 1급·국제의료관광코디네이터 자격을 취득한 후 치유농업 관련 업무에 2년 이상 종사한 경력이 있는 사람 **라.**「국가기술자격법」에 따라 농업, 축산, 임업, 조경 분야의 산업기사, 보건·의료 분야의 임상심리사 2급 또는 사회복지·종교 분야의 직업상담사 1급 자격을 취득한 후 치유농업 관련 업무에 3년 이상 종사한 경력이 있는 사람 **마.**「국가기술자격법」에 따라 농업, 축산, 임업, 조경 분야의 기능사 또는 사회복지·종교 분야의 직업상담사 2급 자격을 취득한 후 치유농업 관련 업무에 5년 이상 종사한 경력이 있는 사람 **바.**「고등교육법」 제2조제1호의 대학에서 농업, 축산, 임업, 조경, 보건·의료, 사회복지·상담, 평생교육·교육, 관광 관련 학과의 학사 학위 이상을 취득한 후 치유농업 관련 업무에 3년 이상 종사한 경력이 있는 사람 **사.**「고등교육법」 제2조제4호의 전문대학에서 농업, 축산, 임업, 조경, 보건·의료, 사회복지·상담, 평생교육·교육, 관광 관련 학과의 전문학사 학위를 취득한 후 치유농업관련업무에 4년 이상 종사한 경력이 있는 사람 **아.**「초·중등교육법」 제2조제3호의 고등학교·고등기술학교를 졸업하고치유농업관련업무에 6년 이상 종사한 경력이 있는 사람 **2.** 치유농업사양성기관에서 운영하는 1급 치유농업사 양성과정을 이수할 것
2급 치유농업사	치유농업사양성기관에서 운영하는 2급 치유농업사 양성과정을 이수한 사람

치유농업과 치유농업서비스의 이해

(객관식 283문제)

제 1 권

치유농업과 치유농업서비스의 이해

(전체 283문제)

☞ 난이도 : 쉬움 ●○○○, 보통 ●●○○, 어려움 ●●●○, 아주 어려움 ●●●●

문제 1. 원시시대에 정신질환을 설명하는 주요 관점으로 옳은 것은 무엇인가?

① 체액의 불균형
② 초자연적 힘(신이나 악령)의 개입
③ 신경해부학적 손상
④ 사회적 관계의 단절 ☞ ●○○○

> 📖 해설: 원시 사회에서는 정신질환을 신이나 악령과 같은 초자연적 힘의 개입으로 설명하였다. 따라서 굿, 부적, 주문과 같은 종교적·마술적 치료법이 주로 사용되었다.

문제 2. 고대 그리스 의사 히포크라테스가 제시한 정신질환 원인 설명으로 가장 적절한 것은?

① 신의 저주
② 4체액설에 따른 체액 불균형
③ 무의식적 욕망
④ 사회적 억압 ☞ ●●○○

> 📖 해설: 히포크라테스는 정신질환을 신이나 악령의 개입이 아닌 자연적인 원인으로 설명하였다. 그는 혈액·점액·황담즙·흑담즙의 네 가지 체액(4체액설)의 균형이 건강을 유지한다고 보았으며, 이들의 불균형이 정신질환을 유발한다고 주장하였다.

문제 3. 중세 서구 사회에서 정신질환자에 대한 태도로 가장 적절하지 않은 것은?

① 마녀로 간주하여 박해하기도 했다.
② 일부 성직자들이 보호 시설을 마련했다.
③ 전반적으로 악마설이 지배했다.
④ 자연주의적·생물학적 관점이 사회 전반에 확산되었다.

문제 4. 르네상스 시대 정신질환에 대한 인문주의적·자연과학적 관점 확산에 기여한 인물이 아닌 것은?

① 파라켈수스 – 정신질환의 자연적 원인 강조
② 비베스 – 감정과 연상 관계 기술
③ 웨이어 – 마녀사냥 반대
④ 프로이트 – 무의식 개념 정립

문제 5. 20세기 이후 정신약물학 발달로 정신질환 이해에 나타난 변화로 옳은 것은?

① 다시 초자연적 원인으로 회귀하였다.
② 정신질환은 생물학적 질환으로 재해석되었다.
③ 정신분석학이 절대적 학문적 지위를 유지했다.
④ 정신질환 치료는 대부분 퇴마와 기도로 이루어졌다.

문제 6. 치유농업 활동이 스트레스 완화에 기여하는 생리적 기전으로 옳은 것은?

① 코르티솔 수치 증가 및 교감신경 활성화
② 코르티솔 수치 감소 및 자율신경계 균형 회복
③ 혈압 상승과 부교감신경 억제
④ 아드레날린 분비 촉진

📖 해설: 자연환경과의 상호작용은 코르티솔 수치를 낮추고, 교감·부교감 신경의 균형을 회복시키며, 이를 통해 정서적 안정과 스트레스 완화에 기여한다.

문제 7. Kam & Siu(2010)의 연구에서 우울증·불안 장애 환자가 6주간 원예 활동에 참여했을 때 나타난 효과로 옳은 것은?

① 우울 척도(BDI) 및 불안 지표가 상승했다.
② 신체적 회복 속도가 저하되었다.
③ 우울 척도(BDI) 및 불안 지표가 유의미하게 감소했다.
④ 사회적 상호작용 빈도가 줄어들었다.

📖 해설: Kam & Siu(2010)의 연구에 따르면, 원예 활동(파종, 물주기, 잡초 제거 등) 참여자는 스트레스가 감소하고, 그 결과 우울 척도(BDI)와 불안 지표가 유의미하게 낮아졌다. 이는 원예 활동이 정신건강 회복에 긍정적임을 보여준다.

문제 8. 치유농업이 자존감과 자아통합을 회복시키는 과정에 대한 설명으로 가장 적절한 것은?

① 식물 돌보기 과정은 단순한 신체 활동에 그쳐 심리적 효과가 없다.
② 씨앗을 심고 성장 과정을 지켜보는 경험이 자기효능감과 성취감을 높인다.
③ 치유농업은 사회적 상호작용만 촉진하고 개인적 성취와는 무관하다.
④ 원예 활동은 자아정체성 회복에 오히려 부정적 영향을 준다.

📖 해설: 치유농업 활동은 씨앗을 심고 식물이 자라는 과정을 지켜보며 자기효능감, 성취감, 책임감을 경험하게 한다. 이는 자아정체성과 자존감을 높이고, 사회적 소외와 심리적 위축을 극복하는 데 도움을 준다(Kim et al., 2022).

문제 9. 치유농업의 특징으로 볼 때 '중재 지속 가능성과 접근성'에 해당하지 않는 것은?

① 일상생활 속에서 반복 가능하다.
② 약물치료 대비 부작용이 거의 없다.
③ 고가의 장비와 전문시설이 반드시 필요하다.
④ 접근 장벽이 낮다.

📖 해설: 치유농업은 일상에서 쉽게 반복 가능하고, 약물이나 심리치료에 비해 접근성이 높고 부작용이 적다는 장점이 있다. 반면, 고가의 장비와 전문시설은 필수 요건이 아니므로 ③번은 해당하지 않는다.

문제 10. 다음 중 치유농업의 사회적 효과에 대한 설명으로 옳은 것은?

① 사회적 상호작용보다는 개인적 고립감을 강화한다.
② 대화, 협업, 의사결정 경험을 통해 사회성 회복을 촉진한다.
③ 주로 생리적 회복에만 국한되어 사회적 효과는 미비하다.
④ 정신질환자의 사회적 기능 저하를 심화시킨다. 　　　　　　👉●●○○

📖 해설: 치유농업은 다수 참여자가 함께 활동하는 과정에서 협업과 의사소통 기회를 제공한다. 이를 통해 정신질환자의 사회성 회복에 긍정적인 영향을 미치며, 사회적 상호작용 능력을 강화한다 (Relf, 1992).

문제 11. 태아기에 산모가 스트레스를 받으면 스트레스 호르몬이 태반을 통과하여 태아에게 영향을 미친다. 다음 중 이에 해당하지 않는 반응은 무엇인가?

① 심박수 변화　　　　　　② 활동성 변화
③ 혈압 변화　　　　　　　④ 언어 능력 저하　　　　　👉●○○○○

📖 해설: 태아는 자궁 내에서 산모의 스트레스 호르몬(에피네프린, 노르에피네프린, 부신피질호르몬 등)에 의해 심박수, 혈압, 활동성에 변화를 보일 수 있다. 그러나 언어 능력은 출생 후 발달하는 기능으로 직접적인 영향은 나타나지 않는다.

문제 12. 영아기에 처음으로 나타나는 사회적 발달 신호로, 애착과 사회적 반응을 구분할 수 있음을 의미하는 것은 무엇인가?

① 분리불안　　　　　　　② 사회적 미소
③ 낯가림　　　　　　　　④ 옹알이　　　　　　　　👉●●○○

📖 해설: 영아는 생후 6~8주 무렵 사회적 미소를 보이며, 이는 애착과 사회적 반응을 구분할 수 있는 발달적 신호이다. 낯가림과 분리불안은 이후인 생후 6~10개월 무렵에 나타난다. 옹알이는 언어 발달과 관련된 초기 음성 신호이다.

문제 13. A씨는 장기간 우울증 치료를 받으며 사람들과의 관계를 피하고 혼자 지내는 시간이 많아졌다. 최근 지역 치유농장에서 진행하는 프로그램에 참여하여 텃밭을 가꾸고, 다른 참여자들과 함께 작물을 심고 수확하는 활동을 하였다. 프로그램이 진행되는 동안 A씨는 참여자들과 대화를 나누고, 작업을 분담하며 함께 의사결정을 하는 경험을 하게 되었고 점차 다른 사람들과의 교류에 대한 두려움이 줄어들었다.

이 사례에서 나타난 치유농업의 사회적 효과에 대한 설명으로 가장 적절한 것은 무엇인가?

① 치유농업은 참여자의 개인적 고립을 강화하여 사회적 관계를 감소시킨다.
② 치유농업은 주로 신체적 회복에만 초점을 두어 사회적 변화에는 영향을 미치지 않는다.
③ 치유농업은 대화, 협업, 공동의 의사결정 경험을 통해 사회성 회복을 촉진한다.
④ 치유농업은 정신질환자의 사회적 기능을 약화시키는 부정적 영향을 미친다.

☞●●○○

📖 해설: 치유농업 프로그램은 공동 작업, 대화, 협동 활동을 통해 참여자 간 상호작용을 촉진하고 사회적 관계 형성을 돕는다. 이러한 과정은 우울증이나 정신질환을 경험한 사람들의 사회성 회복과 사회적 기능 향상에 긍정적인 영향을 미친다. 이는 치유원예 및 치유농업 연구에서 사회적 상호작용의 중요성을 강조한 Relf(1992)의 연구에서도 확인된다.

문제 14. 임신 중 산모가 만성적 스트레스에 노출될 경우, 코르티솔과 같은 스트레스 호르몬이 태반을 통과하여 태아의 생리적·행동적 발달에 영향을 미칠 수 있다.

이러한 태아기의 스트레스 노출로 인해 직접적으로 관찰되거나 생리적으로 설명 가능한 반응이 아닌 것은 무엇인가?

① 자율신경계 반응 변화로 인한 태아 심박수 변동
② 태아의 각성 수준 변화에 따른 활동성 증가 또는 감소
③ 스트레스 호르몬 노출로 인한 태아 혈관 반응 및 혈압 조절 변화
④ 출생 이전 스트레스 노출로 인해 즉각적으로 나타나는 태아의 언어 능력 저하

☞●●●○

📖 해설: 임신 중 산모가 스트레스를 받으면 코르티솔과 같은 스트레스 호르몬이 태반을 통과하여 태아의 생리적 체계, 특히 자율신경계와 내분비계 발달에 영향을 미칠 수 있다. 이로 인해 태아에게 나타나는 변화는 주로 즉각적·생리적 반응의 형태로 관찰된다. 반면, 언어 능력은 출생 이후 뇌 발달, 환경 자극, 상호작용을 통해 점진적으로 형성되는 고등 인지 기능이다. 태아기 스트레스 노출이 장기적으로 언어 발달 위험 요인이 될 수는 있으나, 태아 단계에서 즉각적으로 '언어 능력 저하'가 관찰되지는 않는다. 따라서 문항의 조건인 직접적·즉각적 반응에 해당하지 않는다.

문제 15. 생후 두 달 된 영아 B는 엄마가 얼굴을 가까이하며 말을 걸어주면 눈을 맞추며 환하게 웃는다. 반면 특별한 자극이 없을 때의 웃음과는 달리, 사람의 얼굴이나 목소리에 반응하여 웃는 모습이 관찰된다. 발달 전문가들은 이러한 행동을 영아가 사람과의 상호작용에 반응하는 초기 사회적 발달 신호로 설명한다.

이 사례에서 나타난 영아기의 발달 특성으로 가장 적절한 것은 무엇인가?

① 분리불안   ② 사회적 미소
③ 낯가림   ④ 옹알이

📖 해설: 영아는 보통 생후 6~8주경 사람의 얼굴, 목소리, 상호작용에 반응하여 웃음을 보이는데 이를 사회적 미소라고 한다. 이는 영아가 타인과의 상호작용에 반응하기 시작했음을 의미하는 초기 사회적 발달 신호이다. 반면 낯가림과 분리불안은 보통 생후 6~10개월경 나타나며, 옹알이는 언어 발달과 관련된 초기 음성 표현이다.

문제 16. 걸음마기 아동(18개월~3세)의 발달적 특성으로 옳은 것은 무엇인가?

① 대상 영속성이 처음 확립된다.
② 자율성과 독립심이 강화되며 "싫어", "아니오"라는 표현을 자주 사용한다.
③ 또래와의 협동 놀이가 활발해진다.
④ 추상적, 가설적 사고가 가능해진다. 

📖 해설: 걸음마기 아동은 독립심과 자기주장이 강하며 "싫어"와 같은 표현을 자주 사용한다. 대상 영속성은 영아기 말(약 12개월)에 형성되고, 또래와의 협동 놀이는 초기 아동기(3~5세)에 활발해지며, 추상적·가설적 사고는 청소년기에 발달한다.

문제 17. 청소년기의 정신건강 특징에 대한 설명으로 옳지 않은 것은 무엇인가?

① 정체감 형성과 독립성이 주요 과제이다.
② 추상적·가설적 사고가 가능해진다.
③ 도덕성 발달은 단순한 옳고 그름 수준에 머문다.
④ 또래와의 관계가 매우 중요해지고 소속감을 중시한다.

📖 해설: 청소년기의 도덕성 발달은 단순한 옳고 그름 수준을 넘어, 보편적 원칙과 가치에 기초한 판단이 가능해진다. 나머지 선택지는 청소년기의 주요 특징에 해당한다.

문제 18. 중년기(40~65세)의 정신건강 관련 설명으로 옳은 것은 무엇인가?

① 추상적 사고 발달이 본격적으로 시작된다.

② 사회적 관계가 확장되며 또래 관계가 정체성에 중요한 역할을 한다.

③ 갱년기로 인한 생리적 기능 저하와 빈 둥지 증후군을 경험할 수 있다.

④ 생애 회고와 죽음의 수용이 주요 과제로 나타난다.

　해설: 중년기에는 갱년기, 성 기능 저하, 빈 둥지 증후군 등의 변화가 나타날 수 있다. 추상적 사고는 청소년기에 이미 발달하며, 사회적 관계 확장은 학령기·청소년기에 주로 이루어지고, 삶의 회고와 죽음 수용은 노년기의 주요 과제이다.

문제 19. 다음 중 회복모델(Recovery Model)의 핵심 특징으로 가장 적절한 것은 무엇인가?

① 약물치료 중심의 증상 완화

② 삶의 재구성과 자율성 회복 강조

③ 직업역량과 사회기술 향상에 초점

④ 지역사회 환경적 요인보다 개인적 요인만 강조

　해설: 회복모델은 단순한 증상 완화나 치료 중심 접근보다, 개인의 삶의 재구성과 자율성 회복을 강조한다. 자율성, 희망, 자기결정권, 의미 있는 삶이 핵심 요소로 간주된다(Anthony, 1993).

문제 20. 치유농업의 치유 매커니즘을 설명한 Relf(1990)의 삼각 구조에 해당하지 않는 것은 무엇인가?

① 활동(Action)

② 상호작용(Interaction)

③ 반응(Reaction)

④ 적응(Adaptation)

　해설: Relf(1990)는 치유농업의 효과를 '활동-상호작용-반응(Action-Interaction-Reaction)' 구조로 설명하였다. '적응(Adaptation)'은 이 삼각 구조에 포함되지 않는다.

문제 21. 다음 설명 중 치유농업의 정신건강 회복 효과에 대한 설명으로 옳지 않은 것은 무엇인가?
① 감각 자극과 몰입 경험을 통해 심리적 안정과 자기효능감이 강화된다.
② 반복적 참여는 삶의 루틴 회복과 회복탄력성 증진에 기여한다.
③ 치유농업은 주로 생물학적 요인만을 다루며 사회적 관계 회복은 다루지 않는다.
④ 식물과 동물을 돌보는 과정은 성취감과 소속감을 강화한다. 　☞●●●○

　　📖 해설: 치유농업은 생물학적, 심리적, 사회적 요인이 유기적으로 작용하는 다차원적 회복 체계
이다. 사회적 관계 회복과 소속감 강화도 중요한 효과로 나타난다.

문제 22. 정신건강 회복 접근모델과 치유농업을 연결 지을 때 가장 적절한 설명은 무엇인가?
① 강점관점은 치유농업에서 돌봄과 수확 경험을 통해 성취감과 가능성을 확장시키는 것과 연결된다.
② 생태학적 접근은 치유농업의 활동 자체보다는 오직 약물치료와 개인 내적 요인을 강조한다.
③ 정신사회재활은 치유농업과 무관하며, 직업역량과 자립생활 능력 향상에는 기여하지 않는다.
④ 회복모델은 치유농업에서 관계 회복보다는 단순한 신체 기능 향상에 국한된다. 　☞●●●●

　　📖 해설: 강점관점은 결핍보다 개인의 자원과 가능성에 주목하는 모델로, 치유농업은 성취감과 자
기효능감을 통해 강점을 강화하는 데 기여한다. 나머지 선택지는 각 모델의 본질과 맞지 않는다.

문제 23. 다음 중 네덜란드의 치유농업 모델에 대한 설명으로 옳은 것은 무엇인가?
① 사회적 농장(Social Farm) 중심으로 운영하며, NHS와 연계되어 있다.
② 정부 주도로 보건·복지·농업이 융합된 시스템을 구축하였다.
③ 민간 중심의 원예치료 위주 프로그램으로 운영된다.
④ 국가 보험 적용이 불가능하며 주로 자원봉사 기반이다. 　☞●●○○

　　📖 해설: 네덜란드는 정부가 주도하여 보건·복지·농업이 통합된 치유농업 시스템을 구축하였으
며, '그린케어 농장'을 통해 국가 보험 적용이 가능하다. 1번 설명은 영국의 사례에 해당한다.

문제 24. 영국에서 운영 중인 정신건강 회복 기반 치유농업 모델의 특징은 무엇인가?
① 농촌진흥청 주도의 연구개발 사업이다.
② 사회적 농장(Social Farm)을 NHS와 연계하여 운영한다.
③ 자조형 공동텃밭을 통한 사회기술 회복 프로그램이다.
④ 다학제 전문가 팀이 상시 운영하는 모델이다.

해설: 영국은 사회적 농장을 정신건강 회복 프로그램으로 활용하며, NHS(국민보건서비스) 정신건강재활센터와 협약을 통해 운영하고 있다.

문제 25. 한국에서 시행된 치유농업 정신건강복지 연계 사례로 옳은 것은 무엇인가?

① NHS와 협력하여 치유농장을 운영하고 있다.
② '치유농업 연구개발 및 육성법'이 2010년에 제정되었다.
③ 대전광역시 정신건강센터는 자조형 공동텃밭을 통해 사회성 회복 프로그램을 운영한다.
④ 국가 보험 적용이 가능한 '그린케어 농장'이 보급되고 있다.

해설: 한국은 2021년에 관련 법을 제정하였으며, 대전광역시 정신건강센터는 정신장애인을 대상으로 한 자조형 치유텃밭 활동을 운영하여 사회성 향상과 재발 예방 효과를 보고 있다. 1번은 영국 사례, 4번은 네덜란드 사례에 해당한다.

문제 26. 다음 중 정신건강 회복을 위한 치유농업의 역할을 가장 잘 설명한 것은?

① 단순한 약물치료 대체제로서 임상 치료를 대신한다.
② 감각 자극, 신체 활동, 사회적 상호작용, 생명 돌봄을 통한 회복 플랫폼이다.
③ 증상 관리에 국한된 단일 치료 방식이다.
④ 주로 경제적 소득 창출을 목적으로 한 농업 활동이다.

해설: 치유농업은 단순한 임상치료나 증상 관리에 국한되지 않는다. 감각 자극, 신체 활동, 사회적 상호작용, 생명 돌봄 경험을 통해 심리적 안정과 자아 회복을 돕는 다차원적 회복 플랫폼으로서, 정신건강 회복을 촉진한다. 따라서 단일 치료 방식이나 경제적 목적의 농업 활동과는 구별된다.

문제 27. 정신재활(Psychiatric rehabilitation)의 핵심적 목표로 가장 적절한 것은?

① 증상 조절과 약물 순응도 향상   ② 기능 회복과 삶의 질 향상
③ 질병 예방과 초기 조기 발견   ④ 장기입원을 통한 안전 확보

해설: 정신재활은 단순히 증상 억제나 약물 관리에 머무르지 않는다. 핵심 목표는 환자가 사회적 역할을 회복하고 만족스러운 삶을 영위할 수 있도록 돕는 것이다. 따라서 기능 회복과 삶의 질 향상이 정신재활의 중심 목표로 설정된다.

문제 28. 다음 중 사회기술훈련(Social skills training)에 대한 설명으로 옳은 것은?

① 약물복용에 대한 순응도를 높이는 심리교육적 기법이다.
② 직무 적응훈련과 보호작업장 제공을 중심으로 한다.
③ 역할연습, 피드백, 행동모델링을 통해 대인관계 기술을 향상시킨다.
④ 안정적 주거 환경 제공을 통해 재활을 촉진한다.

해설: 사회기술훈련은 정신질환자가 대인관계, 갈등 해결, 일상생활 유지 등에 필요한 기술을 배우도록 돕는 프로그램이다. 이를 위해 역할연습, 피드백, 행동모델링 등 행동주의적 기법을 활용하며, 약물 순응도 향상이나 주거 제공과 같은 직접적 환경 지원과는 구별된다.

문제 29. 정신재활의 직업재활(Vocational rehabilitation)에 대한 설명으로 옳지 않은 것은?

① 직무 적응훈련, 보호작업장 제공, 지원고용 등을 포함한다.
② 단순 고용 알선보다는 개별 맞춤형 접근이 중요하다.
③ 지원고용(IPS)은 고용유지율이 낮아 효과적이지 않다.
④ 경제적 자립은 삶의 만족도와 밀접히 관련된다.

해설: 지원고용(IPS, Individual Placement and Support)은 개별 맞춤형 접근을 통해 정신질환자의 취업과 고용 유지율을 높이는 효과적인 프로그램으로 평가된다. 따라서 "고용유지율이 낮다"는 설명은 옳지 않다. 나머지 선택지는 직업재활의 핵심 요소와 목표를 잘 반영하고 있다.

문제 30. 주거지원 서비스(Supported housing)의 특징으로 가장 적절한 것은?

① 정신질환자의 치료를 위해 요양시설 입원을 권장한다.
② 안정적 주거 환경은 회복에 큰 영향을 미치지 않는다.
③ 그룹홈, 자립지원주택, 이동지원 서비스 등 지역사회 기반 모델이 중심이다.
④ 주거지원은 단순한 숙소 제공에 불과하다.

해설: 주거지원 서비스는 과거 요양시설 중심 모델에서 벗어나, 그룹홈, 자립지원주택, 이동지원 서비스 등 지역사회 기반 주거 모델을 중심으로 제공된다. 안정된 주거 환경은 정신건강 회복, 증상 호전, 사회참여 촉진 등 다양한 측면에서 중요한 영향을 미친다. 따라서 단순 숙소 제공이나 요양시설 입원과는 구별된다.

문제 31. 정신재활에서 가족교육 및 심리교육(Psychoeducation)의 주요 목적은?

① 가족의 지지 능력 향상과 스트레스 대처능력 강화
② 환자의 직업 적응과 고용 유지 지원
③ 주거 안정성 확보와 지역사회 통합 촉진
④ 대인관계 기술 향상과 역할연습 훈련

해설: 가족은 정신질환자의 치료와 재활 과정에서 중요한 지원자이다. 가족교육과 심리교육은 질병 이해, 대처 전략, 약물관리 지식 등을 제공하여, 가족의 지지 능력을 향상시키고, 스트레스 대처 능력을 강화하는 것을 핵심 목표로 한다. 다른 선택지는 직업재활, 주거지원, 사회기술훈련과 관련된 내용이다.

문제 32. 정신재활(Psychosocial rehabilitation)의 효과로 보고된 내용으로 옳지 않은 것은?

① 재입원률 감소 효과
② 자존감과 자기효능감 향상
③ 장기입원 치료보다 높은 비용 부담
④ 삶의 질(QoL) 증진

해설: 정신재활은 비용효과성(cost-effectiveness)이 높아 장기입원 치료보다 낮은 비용으로 유사하거나 더 나은 효과를 기대할 수 있다. 따라서 "장기입원 치료보다 높은 비용 부담"이라는 ③번 선택지는 옳지 않다. 나머지 선택지는 정신재활의 대표적 효과를 잘 반영하고 있다.

문제 33. 다음 중 치유농업 프로그램과 관련된 설명으로 옳은 것은?

① 식물 재배·관찰·수확 과정은 참여자에게 불안감을 증가시킨다.
② 원예 기반 치유농업은 우울 증상 완화, 자존감 회복, 스트레스 감소에 효과적이다.
③ 농작업은 정신재활 효과와는 무관하다.
④ 동물 기반 프로그램은 신체 건강에만 초점을 둔다.

해설: 원예 기반 치유농업 프로그램은 식물과의 상호작용을 통해 긍정적 주의 전환, 감정 표현, 성취감 경험을 가능하게 하며, 우울 증상 완화, 자존감 회복, 스트레스 감소에 효과적이다. 반대로 식물 재배 과정이 불안감을 높이거나, 농작업이 정신재활과 무관하거나, 동물 기반 프로그램이 신체 건강에만 초점을 둔다는 설명은 옳지 않다.

문제 34. Berget et al. (2007; 2011)의 연구 결과와 가장 관련이 깊은 효과는 무엇인가?

① 사회적 지지감 증가와 자아존중감 향상
② 약물 복용 순응도 강화
③ 주거 안정성 확보
④ 직업적 기술 습득

☞●●●●

해설: Berget 등의 연구에 따르면 농장 동물 기반 치유 프로그램(AAT-FA, Animal-Assisted Therapy on Farms)은 정신질환자의 사회적 지지감을 높이고, 불안·우울 감소, 자아존중감 향상에 긍정적인 효과를 나타냈다. 약물 순응, 주거 안정성, 직업적 기술과 관련된 효과는 본 연구의 핵심 결과가 아니다.

문제 35. 정신재활의 핵심 원리와 치유농업의 효과를 연결한 설명으로 가장 적절한 것은?

① 치유농업은 단순한 여가 활동으로, 정신재활의 목표와 직접적 관련은 없다.
② 농작업은 현실 기반의 역할 수행을 가능케 하여 자기효능감과 회복력을 강화한다.
③ 정신재활은 약물치료 중심인데, 치유농업은 이를 대체하는 데 초점을 둔다.
④ 치유농업은 정신재활과 달리 사회적 기능 회복보다는 단순한 체력 향상에 집중한다.

☞●●●●

해설: 치유농업은 자연친화적 환경 속에서 참여자의 자기효능감(Self-efficacy)과 회복력(Resilience)을 강화하며, 정서적 지지, 자아존중, 사회적 기능 증진 등 정신재활의 핵심 목표와 밀접하게 연계된다. 따라서 단순 여가 활동이나 약물치료 대체, 체력 향상만을 목적으로 하는 설명은 적절하지 않다.

문제 36. WHO가 2013년에 발표한 '정신건강 행동계획(Mental health action plan)'의 주요 권고 내용은 무엇인가?

① 정신병원 입원 기간 연장
② 지역정신보건 인프라 확충
③ 정신과 전문의 양성 축소
④ 정신질환자 강제 격리 강화

☞●○○○○

해설: WHO는 병원 중심 치료에서 벗어나 지역사회 기반 회복 모델을 강화할 것을 권고하였다. 이를 위해 각국에 지역정신보건 인프라 확충을 주요 권고 사항으로 제시하였으며, 입원 연장, 전문의 축소, 강제 격리 강화와는 반대되는 방향이다.

문제 37. 우리나라의 정신재활 정책 현황과 과제에 대한 설명으로 옳은 것은?
① '정신보건법' 제정 이후 병원 중심 체계는 완전히 해소되었다.
② 서비스 지역 격차와 중복 행정체계 문제는 대부분 해결되었다.
③ 최근 시행된 '정신건강복지법'은 지역사회 통합 돌봄의 기반을 제공한다.
④ 정신재활 인력의 전문성은 이미 충분히 확보되어 있다.

해설: 한국은 여전히 병원 중심 체계와 정신질환에 대한 낙인 문화가 존재하며, 서비스 격차와 전문인력 부족 문제도 남아 있다. 다만, 최근 시행된 '정신건강복지법'은 지역사회 통합 돌봄을 제도적으로 지원하는 기반을 마련하였다는 점에서 올바른 설명이다. 다른 선택지는 사실과 맞지 않는다.

문제 38. 정신재활 발전을 위한 정책적 방향으로 옳지 않은 것은?
① 보건·복지·주거·고용을 포괄하는 통합적 서비스 모델 구축
② 민간위탁 위주의 서비스 유지와 확대
③ 이용자 중심 접근 확대 및 맞춤형 서비스 강화
④ 사회적 낙인 해소를 위한 지역사회 교육과 캠페인 확대

해설: 정신재활 정책의 향후 방향은 공공성을 강화하고, 민간위탁에 지나치게 의존하는 체계에서 벗어나 통합적, 맞춤형, 이용자 중심 접근을 확대하는 것이다. 따라서 민간위탁 위주의 서비스 유지와 확대는 적절하지 않은 정책 방향으로 간주된다.

문제 39. 다음 중 정신재활의 핵심적 의미를 가장 잘 설명한 것은?
① 질병의 조기 발견과 약물치료 강화
② 증상 관리 중심의 의료적 접근
③ 삶의 회복과 의미 있는 사회적 역할 수행 지원
④ 사회적 비용 절감을 위한 강제적 재활

해설: 정신재활은 단순히 증상 관리에 머무르지 않고, 개인의 회복(Recovery)과 사회적 통합, 경제적 자립, 인권 회복을 동시에 추구하는 복합적 접근이다. 따라서 삶의 회복과 의미 있는 사회적 역할 수행 지원이 정신재활의 핵심적 의미를 가장 잘 설명한다.

문제 40. 정신재활의 핵심 가치로, 증상의 단순한 제거가 아니라 개인이 삶을 재구성하고 스스로 주체가 되는 것을 강조하는 원칙은 무엇인가?

① 개인 맞춤(Person-centered)
② 회복 중심(Recovery-oriented)
③ 권한 부여(Empowerment)
④ 지역사회 기반(Community-based)

📖 해설: 회복 중심(Recovery-oriented)은 정신재활의 핵심 가치로, 환자를 단순한 증상 집합체로 보지 않고, 개인이 삶의 주체로서 스스로 의미를 재구성하고 삶을 회복하는 과정을 강조하는 원칙이다.

문제 41. 대상자의 욕구, 선호도, 상황에 맞추어 개별화된 계획을 수립하는 원칙은 무엇인가?

① 회복 중심(Recovery-oriented)
② 개인 맞춤(Person-centered)
③ 권한 부여(Empowerment)
④ 협력적 관계(Collaborative relationship)

📖 해설: 개인 맞춤(Person-centered) 원칙은 대상자의 고유한 특성과 목표에 맞추어 맞춤형 서비스를 제공하는 것을 의미한다. 이는 획일적인 프로그램이 아닌, 생물·심리·사회·영적 요인을 포함한 다차원적 관점을 기반으로 개별화된 계획을 수립하는 접근법이다.

문제 42. 정신재활 과정에서 대상자가 스스로 결정하고 선택할 수 있도록 자율성과 참여권을 존중하는 원칙은 무엇인가?

① 권한 부여(Empowerment)
② 지속적·장기적 지원(Continuity of care)
③ 희망지향(Hope-oriented)
④ 지역사회 기반(Community-based)

📖 해설: 권한 부여(Empowerment)는 정신재활에서 당사자가 치료 및 재활 과정에 직접 참여하여 독립성을 강화하고, 자기주도적 회복을 가능하게 하는 핵심 원칙이다. 이는 대상자의 선택권과 자율성을 존중하는 것을 강조한다.

문제 43. 정신재활 원칙 중에서 대상자가 사회적 통합을 이루도록 지역 자원과 서비스와의 연계를 강조하는 것은 무엇인가?

① 개인 맞춤(Person-centered)
② 협력적 관계(Collaborative relationship)
③ 지역사회 기반(Community-based)
④ 지속적·장기적 지원(Continuity of care)

해설: 지역사회 기반(Community-based) 원칙은 병원 중심의 치료를 넘어, 지역 내 다양한 자원과 서비스를 활용하여 대상자가 의미 있는 사회적 역할을 수행하고 사회적 통합을 이루도록 지원하는 것을 강조한다.

문제 44. 정신재활 원칙으로 옳지 않은 것은 무엇인가?

① 희망지향(Hope-oriented): 대상자와 가족에게 긍정적인 메시지를 지속적으로 전달한다.
② 지속적·장기적 지원(Continuity of care): 단기간의 개입을 통해 회복을 완결하도록 한다.
③ 협력적 관계(Collaborative relationship): 대상자, 가족, 전문가, 지역사회가 수평적으로 협력한다.
④ 회복 중심(Recovery-oriented): 실패를 학습의 기회로 간주한다.

해설: 정신재활은 정신질환을 경험한 대상자가 증상 관리뿐 아니라 지역사회에서 의미 있는 삶과 사회적 역할을 회복하도록 돕는 장기적·통합적 지원 과정을 의미한다. 따라서 정신재활의 핵심 원칙 중 하나인 지속적·장기적 지원(Continuity of care)은 단기간의 개입으로 치료를 종결하는 것이 아니라, 대상자의 회복 과정에 맞추어 지속적이고 단계적인 지원체계를 유지하는 것을 강조한다. 따라서 ②번은 정신재활 원칙에 대한 설명으로 옳지 않다.

문제 45. 정신재활 과정의 첫 단계로, 개인의 현재 상태, 강점, 필요 사항, 잠재적 제한점 등을 포괄적으로 확인하는 단계는 무엇인가?

① 계획 수립(Planning)
② 사정(Assessment)
③ 개입 및 서비스 제공(Intervention)
④ 종결 및 결과 평가(Termination and evaluation)

해설: 정신재활은 먼저 개인의 전반적 상태를 평가하는 사정 단계에서 시작한다. 이 단계에서는 표준화된 도구, 면담, 자기보고 등을 활용하여 개인의 강점, 필요, 제한점 등을 종합적으로 확인하고, 이후 계획 수립과 개입에 필요한 기초 자료를 확보한다.

문제 46. 재활 계획 수립 단계에서 설정하는 목표의 조건으로 옳지 않은 것은 무엇인가?

① 구체적이어야 한다.

② 측정 가능해야 한다.

③ 시간적 제한이 없어야 한다.

④ 대상자의 참여와 동의가 필요하다. 　☞●●○○

> 📖 해설: 재활 목표는 SMART 원칙에 따라 설정해야 한다.
> S (Specific): 구체적이어야 함
> M (Measurable): 측정 가능해야 함
> A (Achievable): 도달 가능해야 함
> R (Relevant): 관련성 있어야 함
> T (Time-bound): 시간적으로 제한되어야 함
> 따라서 목표는 시간적 제한이 없는 것이 아니라, 명확한 기간 내 달성 가능하도록 설정해야 한다.

문제 47. 다학제 팀 접근(Multi-disciplinary team approach)의 필요성이 가장 강조되는 단계는 어느 시점인가?

① 사정(Assessment)

② 재활 계획 수립(Planning)

③ 개입 및 서비스 제공(Intervention)

④ 평가와 모니터링(Assessment and monitoring) 　☞●●●○

> 📖 해설: 실제 서비스 제공 단계에서는 정신과 의사, 사회복지사, 간호사, 작업치료사 등 다양한 전문가가 협력하여 대상자에게 맞춤형 중재를 수행한다. 따라서 다학제 팀 접근은 개입 및 서비스 제공 단계에서 핵심적으로 필요하다.

문제 48. 정신재활의 평가와 모니터링 단계에서 반드시 고려해야 할 윤리적 요소로 옳지 않은 것은 무엇인가?

① 사생활 보호　　　　　　② 결과 비밀 유지

③ 대상자의 동의　　　　　④ 치료자의 일방적 판단 강조 　☞●●●○

> 📖 해설: 정신재활에서 평가와 모니터링 단계는 대상자의 권리와 윤리를 최우선으로 고려해야 하는 단계이다.
> ・사생활 보호: 대상자의 개인 정보와 활동 내역을 보호해야 한다.
> ・결과 비밀 유지: 평가 결과나 개인 정보는 보호되어야 하며, 필요 시 대상자의 동의가 필요하다.

· 대상자의 동의: 모든 평가 과정과 정보 공유는 대상자의 동의를 전제로 진행되어야 한다.
· 치료자의 일방적 판단 강조: 이는 윤리적 접근과 반대되는 행위로, 협력적이고 상호 동의
  기반의 평가가 요구된다.

문제 49. 정신재활 프로그램의 종결 단계에서 주로 이루어지지 않는 활동은 무엇인가?

① 사후 관리 계획 수립
② 장기 회복 및 사회 통합 유지 지원
③ 기능 변화·삶의 질 평가
④ 초기 진단을 위한 면담 진행

해설: 정신재활 프로그램은 단계별로 목적과 활동이 구분된다.
· 사후 관리 계획 수립: 종결 단계에서 대상자의 장기적 회복과 사회 통합을 위해 필수적이다.
· 장기 회복 및 사회 통합 유지 지원: 프로그램 종료 후에도 지속적 지원이 필요하다.
· 기능 변화·삶의 질 평가: 목표 달성 여부를 평가하기 위한 핵심 활동이다.
· 초기 진단을 위한 면담 진행: 이는 프로그램 시작 시 사정 단계에서 수행되는 활동으로,
  종결 단계에서는 이루어지지 않는다.

문제 50. 정신재활에서 '회복 중심' 원칙이 사정 단계에 적용될 때 가장 중요한 것은 무엇인가?

① 환자의 병리학적 증상만을 집중적으로 기록한다.
② 환자의 삶의 목표와 희망을 중심으로 정보를 수집한다.
③ 치료자의 경험과 직관을 우선적으로 반영한다.
④ 기존 병원 치료 매뉴얼을 그대로 따른다.

해설: 회복 중심 원칙(Recovery-oriented approach)은 환자를 단순한 '질병 상태'가 아닌
'삶의 주체'로 바라보는 철학에서 출발한다. 사정 단계에서는 환자의 개인적 목표, 희망, 가치관,
강점 등을 중심으로 정보를 수집해야 한다. 병리적 증상 기록이나 기존 매뉴얼 준수, 치료자의 직
관 중심 접근은 회복 중심 접근과 맞지 않다.

문제 51. 정신재활에서 '지역사회 기반' 원칙이 개입 단계에 반영될 때 강조되는 접근으로 가장 적절한 것은 무엇인가?

① 병원 중심 치료를 강화한다.
② 약물 치료의 철저한 순응도를 관리한다.
③ 지역사회 자원 활용과 커뮤니티 활동 참여를 촉진한다.
④ 장기 입원 및 시설 수용을 강화한다.

📖 해설: 지역사회 기반 원칙은 환자가 병원이나 시설에 의존하기보다는 지역사회의 다양한 자원과 활동에 참여함으로써 사회적 기능을 회복하고 삶의 질을 높이도록 돕는 접근을 강조한다. 따라서 단순한 약물 관리나 입원 중심 치료보다 지역사회 참여 활성화가 핵심이다.

문제 52. 정신재활에서 원칙과 과정이 유기적으로 연결되지 않을 경우 가장 우려되는 결과는 무엇인가?

① 단기적인 치료 효과가 증가한다.
② 환자의 자기효능감과 치료 협조도가 저하된다.
③ 지역사회 자원이 과도하게 활용된다.
④ 환자의 목표가 과도하게 반영되는 부작용이 발생한다.

📖 해설: 정신재활에서 원칙과 과정이 따로 놀면, 환자는 자신이 단순히 절차의 대상이라는 느낌을 받을 수 있다. 이로 인해 자기효능감, 만족감, 치료 협조도가 저하되어 장기적인 회복 성과에 부정적인 영향을 미치게 된다. 따라서 원칙과 과정의 유기적 연결은 회복 중심 재활의 핵심 요소이다.

문제 53. 정신재활에서 실질적 변화를 이끌어내는 조건으로 가장 적절하지 않은 것은 무엇인가?

① 회복 중심, 개인 맞춤, 권한 부여 등 원칙을 반영한다.
② 원칙을 실제 과정 전반에 체계적으로 적용한다.
③ 전문가 훈련, 제도적 뒷받침, 서비스 통합 체계를 구축한다.
④ 환자를 관리와 통제의 대상으로 보는 관점을 유지한다.

📖 해설: 정신재활에서 원칙과 과정이 따로 놀면, 환자는 자신이 단순히 절차의 대상이라는 느낌을 받을 수 있다. 이로 인해 자기효능감, 만족감, 치료 협조도가 저하되어 장기적인 회복 성과에 부정적인 영향을 미치게 된다. 따라서 원칙과 과정의 유기적 연결은 회복 중심 재활의 핵심 요소이다.

문제 54. 다음 중 행동치료(Behavior Therapy)에 대한 설명으로 옳은 것은 무엇인가?

① 정신질환을 선천적 기질의 문제로 보고, 약물치료로 교정하는 접근이다.
② 잘못 학습된 행동을 소거하고 새로운 행동을 학습하도록 돕는 치료이다.
③ 무의식적 갈등을 해소하여 행동 변화를 이끌어내는 정신역동적 접근이다.
④ 사고를 중심으로 왜곡된 인지를 교정하는 데 초점을 둔다.

🕮 해설: 행동치료는 정신질환을 잘못 학습된 행동으로 보고, 학습이론을 적용하여 새로운 행동을 학습하도록 돕는 치료법이다.
①은 생물학적 접근
③은 정신역동적 접근
④는 인지치료적 접근에 해당한다.

문제 55. 불안을 야기하는 상황에 대해 환자가 점차 적응하도록 실제 상황에서 반복적으로 노출시키는 기법은 무엇인가?

① 체계적 탈감작법(Systematic desensitization)
② 노출치료(Exposure treatment)
③ 홍수 기법(Flooding)
④ 내폭법(Implosion)

🕮 해설: 노출치료는 실제 상황에서 이완훈련 없이 직접적으로 반복 노출함으로써 불안을 점진적으로 감소시키는 방법이다. 체계적 탈감작법은 상상과 이완을 결합하여 점진적으로 불안을 낮추는 방법이다. 홍수 기법과 내폭법은 강도 높은 노출로 공포를 소거하는 방식이지만, 점진적 적응을 강조하지 않는다.

문제 56. 다음 중 행동수정기법(Behavior modification techniques)에 대한 설명으로 옳지 않은 것은 무엇인가?

① 원하는 행동을 강화하여 습득하게 하거나 원치 않는 행동을 소거할 수 있다.
② 양성강화는 예측 가능하고 규칙적으로 제공될 때 가장 효과적이다.
③ 음성강화보다 양성강화가 일반적으로 더 효과적이다.
④ 토큰경제(Token economy)는 만성 정신질환 환자의 재활치료에 자주 활용된다.

🕮 해설: 양성강화는 불규칙적이고 예측 불가능하게 제공될 때 행동을 더욱 강하게 학습시키는 경향이 있다. 따라서 "예측 가능하고 규칙적으로 제공될 때 가장 효과적이다"라는 2번 설명은 틀렸다. 행동수정기법은 강화와 벌을 통해 행동 습득 및 소거를 조절하며, 토큰경제는 실제 재활치료에서 널리 사용된다.

문제 57. 다음 설명에 해당하는 행동치료 기법은 무엇인가?

> 환자가 불안을 일으키는 자극을 상상하도록 유도하고, 실제로 직면하지 않은 상태에서 불안 반응을 유발한다. 가상현실(VR)을 활용하여 공포대상에 노출시키는 방식으로 확장되기도 한다.

① 내폭법(Implosion)
② 홍수 기법(Flooding)
③ 사회기술훈련(Social skill training)
④ 자기주장 훈련(Assertive training) ☞●●●●

해설: 내폭법(Implosion)은 실제 상황에 직접 노출시키지 않고, 심상(imagery)을 통해 불안을 유발하는 기법이다. 최근에는 VR 기술을 접목하여 공포증 치료에 응용하는 사례가 늘어나고 있다. 홍수 기법은 실제 상황에서 강제적·집중적 노출을 통해 공포를 소거하는 방식이며, 사회기술훈련과 자기주장 훈련은 행동 수정 및 사회적 기능 향상에 초점을 둔다.

문제 58. 다음 설명에 해당하는 행동치료 기법은 무엇인가?

> 환자가 불안하거나 위축되지 않고 자신의 감정을 표현하며, 다른 사람의 권리를 침해하지 않고 자신의 권리를 행사할 수 있도록 돕는 훈련이다. 구매 물건의 결함을 반환 요구하거나, 대인관계에서 한계를 긋는 연습 등이 포함된다.

① 사회기술훈련(Social skill training)
② 자기주장 훈련(Assertive training)
③ 체계적 탈감작법(Systematic desensitization)
④ 행동수정기법(Behavior modification techniques) ☞●●●○

해설: 자기주장 훈련(Assertive training)은 개인이 불안 없이 자신의 권리를 당당히 표현하는 방법을 배우는 훈련이다. 사회기술훈련은 대인관계 기술 향상에 초점을 두며, 체계적 탈감작법과 행동수정기법은 불안 감소 및 행동 조절을 목적으로 한다.

문제 59. 다음 중 인지행동치료(CBT)의 기본 작동 모델로 가장 적절한 것은 무엇인가?
① 욕구 → 동기 → 행동 → 결과
② 자극 → 반응 → 강화 → 습관
③ 사건 → 인지적 평가 → 감정 → 행동
④ 무의식 → 갈등 → 불안 → 방어기제

문제 60. 다음 중 인지행동치료(CBT)의 특징으로 가장 거리가 먼 것은 무엇인가?

① '지금-여기(Here and now)'의 특정 문제에 초점을 둔다.
② 목표지향적이고 구조화된 세션을 통해 치료가 진행된다.
③ 무의식적 갈등을 탐색하여 과거 경험을 해석하는 데 초점을 둔다.
④ 증상 완화뿐 아니라 환자의 취약성 감소도 치료의 목표이다.

문제 61. 다음 중 인지행동치료(CBT) 기법 중 인지기법에 해당하는 것은 무엇인가?

① 자동적 사고를 확인하고 검증하는 과정
② 환자에게 숙제를 내주어 실제 행동을 시도하게 하는 것
③ 공포 상황에 노출될 때 느낀 불안을 일기 형태로 기록하는 것
④ 무망감을 극복하기 위한 행동계획을 세우는 것

문제 62. 다음 중 설명기법(Didactic techniques)에 해당하지 않는 것은 무엇인가?

① 인지치료 기본개념과 진행방식을 환자에게 설명한다.
② 잘못된 논리와 우울증의 관련성을 교육한다.
③ 공포 상황에서 느낀 불안을 기록하게 한다.
④ 책자나 컴퓨터 프로그램을 활용한 자기 학습을 권장한다.

해설: ③은 글쓰기 기법에 속하며, 환자가 자신의 경험과 감정을 기록하도록 하는 방법이다. 설명기법(Didactic techniques)은 주로 이론, 원리, 잘못된 사고방식, 우울증과 인지·감정·행동의 관계를 환자에게 교육하고 학습하도록 돕는 과정이다. ①, ②, ④는 모두 설명기법의 대표적 예시이다.

문제 63. 인지행동치료(CBT)에서 '글로 쓰기' 기법의 주요 목적은 무엇인가?

① 환자의 무의식을 탐색하여 억압된 기억을 떠올리게 하기 위함
② 자신의 불안이나 공포를 객관적으로 기록·분석하여 인지왜곡을 인식하도록 돕기 위함
③ 환자의 감정을 자유롭게 표현하여 긴장을 완화하기 위함
④ 치료자와 환자의 관계를 강화하고 의존성을 높이기 위함

해설: 글쓰기 기법은 환자가 자신의 불안·공포를 기록하여 객관적으로 바라보고, 왜곡된 인지과정을 스스로 인식하고 교정하도록 돕는다. ①은 정신분석적 접근과 관련, ③은 일반적 표현 활동, ④는 치료자-환자 관계 강화 목적과 관련된다. CBT에서 글쓰기 기법은 인지왜곡 인식 및 수정이 핵심이다.

문제 64. 인지행동치료(CBT)에서 치료적 관계를 가장 잘 설명한 것은 무엇인가?

① 무의식 탐색을 중심으로 하는 전이관계
② 환자가 수동적으로 따르는 지시적 관계
③ 공동 연구팀과 같은 협력적 관계
④ 치료자가 중립적 태도를 유지하는 분석적 관계

해설: CBT의 치료적 관계는 협력(collaboration)에 기초하며, 치료자와 환자가 공동 연구팀처럼 함께 문제를 탐구하고 해결해 나가는 특성이 있다. ①과 ④는 정신분석적 접근과 관련되며, ②는 지시적·수동적 관계로 CBT의 핵심 원리와 거리가 있다.

문제 65. '지역사회 기반' 원칙이 개입 단계에 반영될 때 강조되는 접근은 무엇인가?

① 병원 중심 치료 강화
② 약물 치료의 철저한 순응도 관리
③ 지역사회 자원 활용과 커뮤니티 활동 참여
④ 장기 입원 및 시설 수용 강화

문제 66. 원칙과 과정이 유기적으로 연결되지 않을 경우 가장 우려되는 결과는 무엇인가?

① 단기적인 치료 효과 증가
② 환자의 자기효능감과 치료 협조도 저하
③ 지역사회 자원의 과도한 활용
④ 환자의 목표가 과도하게 반영되는 부작용

해설: 원칙과 과정이 따로 놀면 환자는 단순한 절차 대상이라는 느낌을 받을 수 있으며, 자기효능감과 치료 협조도 저하로 장기 회복에 부정적 영향을 준다.

문제 67. 정신재활의 실질적 변화를 이끌어내는 조건으로 가장 적절하지 않은 것은?

① 회복 중심, 개인 맞춤, 권한 부여 등 원칙 반영
② 원칙을 실제 과정 전반에 체계적으로 적용
③ 전문가 훈련, 제도적 뒷받침, 서비스 통합 체계 구축
④ 환자를 관리와 통제의 대상으로 보는 관점 유지

해설: 환자를 능동적 주체로 존중할 때 지속 가능한 회복이 가능하며, 관리·통제적 관점은 실질적 변화에 반하는 접근이다.

문제 68. 행동치료에 대한 설명으로 옳은 것은?

① 정신질환을 선천적 기질의 문제로 보고, 약물치료로 교정
② 잘못 학습된 행동을 소거하고 새로운 행동을 학습하도록 돕는 치료
③ 무의식적 갈등을 해소하여 행동 변화를 이끌어내는 정신역동적 접근
④ 사고를 중심으로 왜곡된 인지를 교정하는 데 초점

해설: 행동치료는 정신질환을 잘못 학습된 행동으로 보고, 학습이론을 적용하여 새로운 행동 학습을 돕는다.

문제 69. 다음 사례에서 적용된 행동치료 기법으로 가장 적절한 것은?

> 사회적 불안으로 인해 외부 활동을 회피하던 성인이 치유농업 기반 재활 프로그램에 참여하고 있다. 대상자는 초기에는 타인과의 상호작용 및 농작업 참여에 강한 불안을 보였으나, 치료사는 안전하게 구조화된 농장 환경에서 실제 농작업과 대인 접촉 상황에 반복적으로 참여하도록 계획하였다. 대상자는 회기를 거듭할수록 불안 수준이 점차 감소하고, 회피 행동도 완화되었다.

① 체계적 탈감작법　　　　② 노출치료
③ 홍수 기법　　　　　　　④ 내폭법

해설: 이 사례는 사회적 불안으로 인해 외부 활동을 회피하던 대상자가 치유농업 프로그램이라는 실제 생활 환경에서 농작업 및 대인 상호작용에 반복적으로 참여하도록 구성된 개입이다. 이는 불안을 유발하는 자극을 회피하지 않고 현실 상황에서 직접 경험하게 함으로써, 불안 반응의 자연적 소거와 적응을 유도하는 노출치료(exposure therapy)의 핵심 원리에 해당한다.

문제 70. 다음 프로그램에 적용된 행동수정기법에 대한 설명으로 옳지 않은 것은?

> 만성 정신질환을 가진 성인을 대상으로 한 치유농업 기반 재활 프로그램에서, 치료사는 대상자의 자발적 농작업 참여와 대인 상호작용을 증진하기 위해 행동수정기법을 활용하고 있다. 프로그램 초반에는 작업 참여 시 즉각적인 보상이 제공되었고, 이후에는 참여 빈도와 질이 안정됨에 따라 보상 제공 방식을 점차 변화시켰다. 또한 치료사는 불필요한 문제행동에는 주의를 최소화하고, 바람직한 행동에 초점을 맞추었다.

① 치유농업 활동에서의 행동수정은 목표 행동을 강화하고 부적응 행동을 소거하는 데 활용될 수 있다.
② 프로그램 초기에는 행동 형성을 위해 지속적 강화가 효과적이며, 이후 행동 유지를 위해 간헐적 강화로 전환하는 것이 바람직하다.
③ 대상자의 회피 행동 감소를 위해 사용된 보상 제공은 혐오 자극을 제거하는 음성강화의 한 형태로 볼 수 있다.
④ 토큰경제는 치유농업 기반 재활 프로그램에서도 적용 가능하며, 만성 정신질환 대상자의 동기 유발과 사회적 기능 향상에 효과적이다.

해설: 본 사례에서 치료사는 대상자가 농작업에 참여할 때 보상을 제공하여 행동 발생 빈도를 증가시키고 있다. 이는 양성강화에 해당하며, 혐오 자극을 제거하여 행동을 증가시키는 음성강화와는 구분된다. 따라서 ③은 사례의 개입 내용을 잘못 해석한 설명으로 옳지 않다.

문제 71. 다음 사례에 적용된 불안 감소 기법으로 가장 적절한 것은?

> 사회적 불안이 심한 대상자가 치유농업 기반 재활 프로그램 참여를 앞두고 있다. 대상자는 농장 내 타인과의 상호작용이나 집단 농작업 상황을 떠올리는 것만으로도 강한 불안을 경험한다. 이에 치료사는 실제 농장 활동에 참여시키기 전에, 치료실에서 대상자가 농작업 및 사회적 상황을 구체적으로 상상하도록 유도하여 불안을 충분히 경험하게 하되, 현실에서 직접 직면시키지는 않았다.

① 내폭법
② 홍수 기법
③ 사회기술훈련
④ 자기주장 훈련

☞●●●●

📖 해설: 본 사례는 대상자가 실제 상황에 노출되지 않은 상태에서, 불안을 유발하는 장면을 상상 속에서 최대한 생생하게 떠올리도록 유도하고 있다. 이는 현실 노출 없이 상상만으로 불안을 유발하여 소거를 도모하는 내폭법(implosive therapy)의 핵심 특징에 해당한다. 치유농업·재활 맥락에서는, 실제 농장 참여 이전 단계에서 불안 수준을 평가하거나 준비 단계 개입으로 활용될 수 있다.

문제 72. 다음 사례에 적용된 중재로 가장 적절한 것은?

> 치유농업 기반 재활 프로그램에 참여 중인 한 대상자는 집단 농작업 상황에서 과도한 부담을 느끼면서도 타인의 요구를 거절하지 못해 지속적인 불안과 피로를 호소하였다. 이에 치료사는 대상자가 자신의 신체적·정서적 한계를 인식하고, 타인을 공격하지 않으면서도 농작업 분담, 휴식 요구, 도움 요청을 명확하고 적절한 언어로 표현하도록 역할연습과 피드백을 반복적으로 제공하였다.

① 사회기술훈련
② 자기주장 훈련
③ 체계적 탈감작법
④ 행동수정기법

☞●●●●

📖 해설: 본 사례의 핵심은 대상자가 불안을 동반한 회피나 순응 행동에서 벗어나, 타인의 권리를 침해하지 않으면서도 자신의 요구와 한계를 분명히 표현하도록 훈련받았다는 점이다. 이는 공격성이나 회피를 줄이고, 자기표현 능력과 대인관계 효능감을 향상시키는 것을 목표로 하는 자기주장 훈련(assertiveness training)의 전형적인 적용 사례이다. 치유농업·재활 프로그램에서는 집단 활동과 역할 분담이 빈번하므로, 자기주장 훈련은 과도한 부담·불안·갈등을 예방하고 지속 가능한 참여를 돕는 핵심 개입으로 활용된다.

문제 73. 다음 중 인지행동치료(CBT)의 주요 적응증이 아닌 것은 무엇인가?

① 범불안장애, 강박증, 공황장애
② 경조증, 전환장애, 신체형 장애
③ 정신분열증(조현병) 망상 상태
④ 비정신병적 우울증(경도~중등도)

해설: CBT는 경도~중등도의 비정신병적 우울증, 불안장애, 강박증, 공황장애, 신체형 장애, 경조증, 전환장애 등에 적용 가능하다.
그러나 망상성 정신병 상태나 조현병의 급성 망상 상태에서는 CBT 적용이 제한적이다.
나머지 선택지들은 CBT의 대표적 적응증이다.

문제 74. 인지행동치료(CBT)에서 치료자가 면담 시 하는 행동으로 가장 적절한 것은 무엇인가?

① 환자의 과거 무의식적 갈등을 자유연상으로 탐색한다.
② 치료 진행표를 작성하고 숙제를 부여하며 새로운 기술을 교육한다.
③ 환자에게 스스로 알아서 극복하라고 과제를 주지 않는다.
④ 중립성을 유지하며 해석은 최소화한다.

해설: CBT 치료자는 구조화된 면담을 진행하며, 치료 진행표 작성, 숙제 부여, 기술 교육 등을 통해 환자의 적극적 참여를 유도한다.
①과 ④는 정신분석적 접근과 관련되고, ③은 CBT의 능동적 참여 원리와 거리가 있다.

문제 75. 마음챙김 기반 인지행동치료(MBCT)의 핵심적인 특징으로 옳은 것은 무엇인가?

① 생각과 감정을 통제하여 억제하는 것을 강조한다.
② 판단하지 않고 현재 순간의 경험을 인식하고 수용한다.
③ 문제행동을 교정하기 위해 강화·벌을 사용한다.
④ 무의식적 갈등을 탐색하여 해결한다.

해설: MBCT는 마음챙김과 인지치료를 결합한 접근으로, 생각과 감정을 억제하거나 통제하지 않고, 판단 없이 인식하고 그대로 수용하는 것을 강조한다. 나머지 선택지는 행동치료, 강화/벌, 정신분석적 접근과 관련된다.

문제 76. 강점관점(Strengths perspective)에 대한 설명으로 옳지 않은 것은 무엇인가?

① 인간은 회복력과 자원을 지니고 있다는 전제에 기초한다.
② 환자의 문제와 결함을 중심으로 개입 전략을 수립한다.
③ 환자와 전문가 간 협력적 관계를 중시한다.
④ 환경적 자원(가족, 지역사회 등)과의 연계를 강조한다.

해설: 강점관점은 문제 중심 접근을 탈피하고, 개인의 강점과 자원을 활용하여 회복을 촉진하는 접근이다. 따라서 환자의 문제와 결함만을 중심으로 개입 전략을 세우는 ②번은 옳지 않다.

문제 77. 인간중심 이론(Person-centered theory)에서 강조하는 핵심 요소가 아닌 것은 무엇인가?

① 무조건적인 긍정적 존중
② 공감적 이해
③ 진정성(일치성)
④ 조건부 수용과 규범 준수

해설: 로저스의 인간중심 이론은 무조건적 긍정적 존중, 공감적 이해, 진정성을 핵심 요소로 강조한다. 반대로 조건부 수용과 규범 준수는 그의 철학과 배치된다.

문제 78. 다음 중 정신재활 현장에서 MBCT, 강점관점, 인간중심 이론 각각의 적용을 바르게 연결한 것은?

① MBCT - 자조모임 지원/ 강점관점 - 스트레스 감소/ 인간중심 - 자동적 사고 교정
② MBCT - 판단 없는 수용/ 강점관점 - 강점과 자원 탐색/ 인간중심 - 긍정적 존중과 공감
③ MBCT - 문제행동 교정/ 강점관점 - 환자의 결함 분석/ 인간중심 - 통제와 지시 강조
④ MBCT - 무의식 탐색/ 강점관점 - 행동주의적 강화/ 인간중심 - 증상 억제

해설: MBCT는 판단하지 않고 현재 순간의 경험을 수용하고 인식하는 것을 핵심으로 한다. 강점관점은 개인의 강점과 자원을 탐색하고 활용하여 회복을 촉진한다. 인간중심 이론은 무조건적 긍정적 존중, 공감, 진정성을 바탕으로 대인관계를 형성한다.

문제 79. 세계보건기구(WHO)가 정의한 "건강"의 개념으로 가장 적절한 것은?

① 질병이 없는 상태를 의미한다.
② 신체적·정신적·사회적으로 완전히 안녕한 상태를 의미한다.
③ 정신적 건강과 사회적 건강을 배제한 신체적 건강을 의미한다.

④ 영양 상태가 균형 잡힌 상태를 의미한다.　　　　　　　　　　　☞ ●○○○

> 해설: WHO는 건강을 단순히 질병이 없는 상태로 한정하지 않고, 신체적·정신적·사회적으로 완전히 안녕한 상태라고 정의하였다.

문제 80. 다음 중 신체 건강의 구성요소로 볼 수 없는 것은?

① 근력, 지구력, 유연성 등 체력 향상
② 체내 신진대사 기능 유지 및 개선
③ 균형 잡힌 영양 상태 유지
④ 사회적 관계망 확장과 대인관계 기술　　　　　　　　　　　☞ ●●○○

> 해설: 사회적 관계망 확장은 사회적 건강에 해당하며, 신체 건강의 구성 요소로는 체력, 신진대사 기능, 영양, 면역력, 건강한 생활습관 등이 포함된다.

문제 81. 신체건강의 구성 요소 중 면역력과 저항력 유지와 가장 밀접한 관련이 있는 요인은 무엇인가?

① 충분한 수면과 영양 섭취, 스트레스 관리
② 근력 강화와 유연성 훈련
③ 균형 잡힌 사회적 관계 유지
④ 여가시간 확보와 취미생활　　　　　　　　　　　☞ ●●○○

> 해설: 면역력과 저항력은 외부 감염이나 환경 변화에 대응하기 위한 신체 방어 능력으로, 충분한 수면, 영양 섭취, 스트레스 관리와 직결된다.

문제 82. 다음 중 신체건강과 정신건강의 관계에 대한 설명으로 옳은 것은?

① 신체건강은 정신건강과 별개로 작용한다.
② 신체건강이 좋아질수록 우울, 불안, 스트레스에 대한 저항력이 낮아진다.
③ 신체건강은 정신건강과 밀접하게 연결되어 삶의 질 향상과 연관된다.
④ 정신건강이 좋으면 반드시 신체건강도 자동적으로 유지된다.

> 해설: 신체건강은 정신건강과 상호작용하며, 신체건강이 좋을수록 우울·불안·스트레스에 대한

저항력이 높아지고, 삶의 질도 향상된다.

문제 83. 다음 중 건강한 생활습관 실천과 가장 직접적인 관련이 있는 것은 무엇인가?

① 충분한 수면, 규칙적인 운동, 올바른 식생활
② 사회적 지지망 확보와 대인관계 기술
③ 경제적 안정과 고용 보장
④ 정서적 안녕과 자아실현

📖 해설: 건강한 생활습관 실천은 규칙적인 운동, 충분한 수면, 올바른 영양섭취, 위생 관리 등을
통해 신체건강을 장기적으로 유지하는 데 기여한다.

문제 84. 치유농업에서 식단 계획을 세우기 위해 가장 먼저 고려해야 할 단계는 무엇인가?

① 계절별 적합 작물 선택
② 대상자의 영양 상태 정확한 파악
③ 저염·저지방 조리법 교육
④ 파이토케미컬의 효능 안내

📖 해설: 건강한 식단 계획의 출발점은 대상자의 영양 상태를 체계적으로 평가하는 것이다. 이를
위해 문진과 신체 계측을 통해 기초자료를 확보하는 것이 필수적이다.

문제 85. 비타민 K가 풍부하여 혈액 응고와 뼈 건강에 중요한 역할을 하는 작물은?

① 토마토, 파프리카
② 당근, 고구마
③ 시금치, 근대
④ 강낭콩, 완두콩

📖 해설: 시금치와 근대 같은 녹색 잎채소에는 비타민 K가 풍부하여 혈액 응고 및 뼈 건강 유지에
효과적이다.

문제 86. 다음 중 파이토케미컬(Phytochemical)과 그 대표적 효능의 연결이 옳은 것은?

① 리코펜 – 피부 건강, 면역 증강
② 안토시아닌 – 눈 건강, 혈관 건강
③ 클로로필 – 단백질 공급
④ 베타카로틴 – 혈액 응고

📖 해설: ·리코펜: 항산화 작용　　　　·안토시아닌: 눈 건강, 혈관 건강

문제 87. 치유농업에서 콩류 재배의 의의로 가장 적절한 것은?

① 단순히 재배가 쉬워 수업용으로만 적합하다.

② 동물성 단백질 대체원으로 활용되며 장 건강 개선에 도움을 준다.

③ 주로 색깔별 파이토케미컬 효능 교육을 위해 사용된다.

④ 토양 미네랄과 관계없이 영양 효과가 동일하다.　☞●●●●

📖 해설: 강낭콩, 서리태, 완두콩 등은 양질의 식물성 단백질과 풍부한 식이섬유를 포함하여 장 건강 개선에 도움을 주며, 치유농업 활동에도 적합하다.

문제 88. 치유농업 프로그램에서 영양 상태 모니터링 과정에 포함되지 않는 것은?

① 월별 또는 분기별 신체 계측

② 혈액검사를 통한 영양소 수치 확인

③ 대상자의 식사 만족도 및 피드백 조사

④ 프로그램 참여자의 농작물 재배 기술 향상 평가　☞●●●●

📖 해설: 영양 상태 모니터링에는 신체 계측, 혈액검사, 식사 일지, 피드백 수집 등이 포함된다. 그러나 재배 기술 향상 평가는 영양 상태 모니터링과 직접적인 관련이 없다.

문제 89. 농업 활동 중 걷기, 호미질, 물주기 등 반복적 동작을 통해 주로 향상되는 신체적 기능은 무엇인가?

① 근력　　　　　　　② 유연성

③ 심폐 기능　　　　　④ 균형 능력　☞●○○○

📖 해설: 걷기, 호미질, 물주기 등은 대표적인 유산소 활동으로, 심박수와 호흡수를 증가시켜 심폐 기능 향상에 기여한다.

문제 90. 농업 활동에서 삽질, 물건 들어올리기, 밭갈이와 같이 전신 근력을 활용하는 활동은 어떤 운동 효과와 가장 밀접한가?

① 심폐 지구력 강화　　　② 대근육군 근력 강화

③ 반사 신경 발달　　　　　④ 협응 능력 증진　　　　　　　　　　　　　☞●●○○

해설: 삽질, 물건 들기, 밭갈이와 같은 고강도 활동은 대근육군을 활성화하여 전신 근력 강화에 가장 큰 효과가 있다.

문제 91. 농업 활동에서 몸을 구부리거나 한 발로 서서 작업하는 동작이 특히 기여하는 신체적 효과는 무엇인가?

① 근육량 증가　　　　　　② 유연성과 균형 향상
③ 심박수 증가　　　　　　④ 근지구력 증진　　　　　　　　　　　☞●●○○

해설: 농업 활동 중 다양한 자세 변화는 관절 가동 범위와 균형 능력 향상에 도움을 준다.

문제 92. 치유농업사가 맞춤형 운동 프로그램을 설계할 때 가장 먼저 고려해야 할 단계는 무엇인가?

① 다양한 농업 활동을 순환식으로 배치
② 대상자의 초기 평가(체력, 건강 상태, 연령 등)
③ 프로그램에 보조 도구 활용 여부 결정
④ 휴식 시간과 강도 조절　　　　　　　　　　　　　　　　　　　☞●●●●

해설: 맞춤형 운동 설계의 출발점은 대상자의 상태 평가이다. 이를 기반으로 운동 목표와 제한 사항을 설정한 후, 다양한 농업 활동 배치, 보조 도구 활용, 휴식 시간과 강도 조절 등을 계획한다.

문제 93. 치유농업 프로그램에서 특정 동작의 난이도를 조절하거나 허리에 가는 부담을 줄이기 위해 사용할 수 있는 방법은 무엇인가?

① 프로그램 지속 시간을 단축한다.
② 긴 손잡이가 있는 농기구를 활용한다.
③ 심폐 운동의 강도를 낮춘다.
④ 순환식 프로그램 구성을 중단한다.　　　　　　　　　　　　　☞●●●●

해설: 긴 손잡이가 있는 도구는 작업 시 허리에 가해지는 부담을 줄여 동작 난이도를 효과적으로 조절할 수 있는 방법이다.

문제 94. 유·아동기의 주요 신체 발달 특성으로 옳은 것은 무엇인가?

① 근력과 지구력이 정점에 달하고 반응속도가 가장 빠르다.
② 근육량과 골밀도가 점진적으로 감소하며 대사증후군 위험이 높다.
③ 걷기, 뛰기 등 대근육 운동 능력과 손가락을 사용하는 미세운동 기능이 발달한다.
④ 근력 약화와 균형감각 저하로 낙상 위험이 크게 증가한다.　☞●●○○

　　📖 해설: 유·아동기는 급격한 신체 성장과 함께 대근육과 소근육 발달, 오감의 성숙이 이루어지는 시기이다. ①은 초기 성인기의 특징, ②는 중년기의 특징, ④는 노년기의 특징

문제 95. 청소년기에 흔히 발생하는 건강 문제로 가장 적절한 것은?

① 근감소증과 골다공증
② 학업 스트레스와 스마트폰 과다 사용으로 인한 수면 부족
③ 면역 기능 저하로 인한 상처 치유 속도 저하
④ 기초대사율 저하로 인한 체중 증가　☞●●●○

　　📖 해설: 청소년기는 학업량 증가와 디지털 기기 사용 증가로 인해 자세 불량, 수면 부족, 정서적 문제 등이 두드러진다. ①과 ③은 노년기의 특징, ④는 중년기의 주요 문제

문제 96. 성인기(중년기 포함)의 주요 건강 문제와 가장 거리가 먼 것은?

① 대사증후군(고혈압, 당뇨, 이상지질혈증 등)
② 허리디스크, 목디스크 등 근골격계 질환
③ 근육량 감소와 기초대사율 저하
④ 오감 기능의 저하와 낙상 위험 증가　☞●●●○

　　📖 해설: 오감 기능 저하와 낙상 위험 증가는 노년기의 대표적 문제이다. 성인기에는 대사증후군, 근육량 감소, 직업적 특성으로 인한 근골격계 질환 등이 흔하게 나타난다.

문제 97. 노년기 치유농업 프로그램 설계 시 가장 중요한 고려 요소로 적절하지 않은 것은?

① 개인의 신체적 능력에 맞춘 저강도 활동 선택
② 매일 규칙적인 농업 활동을 통한 생활 리듬 유지
③ 근력 향상을 위해 고강도 농기구 작업 위주로 구성

④ 세대 간 교류를 통한 사회적 고립 해소 

> 📖 해설: 노년기는 근력과 균형감이 약화되어 있어 고강도 농기구 작업은 오히려 위험하다. 안전한 저강도 활동, 생활 구조화, 세대 간 소통이 핵심 고려 요소이다.

문제 98. 생애주기별 치유농업 프로그램 설계의 원칙으로 가장 적절한 것은?

① 발달 단계와 무관하게 동일한 활동을 제공해야 한다.
② 신체 건강만 고려하면 충분하다.
③ 점진적 발전과 맞춤 전략을 반영해야 한다.
④ 안전성은 고려할 필요가 없다. 

> 📖 해설: 생애주기별 치유농업 프로그램은 발달 단계별 특성에 맞는 활동 선택, 안전성, 개인차 반영, 점진적 발전, 신체·정신·사회적 건강을 함께 고려하는 통합적 접근이 필요하다.

문제 99. 코르티솔 상승이 장기간 지속될 경우 발생할 수 있는 건강 문제로 옳지 않은 것은?

① 인슐린 저항성 증가　　　　② 면역 기능 변화
③ 수면의 질 향상　　　　　　④ 불안 및 우울감 

> 📖 해설: 코르티솔이 만성적으로 높아지면 혈당 상승, 내장지방 증가, 수면 장애, 불안·우울, 면역 저하 등이 나타난다. 오히려 수면 질은 저하된다.

문제 100. 치유농업 프로그램에서 마그네슘을 활용한 스트레스 관리 전략으로 가장 적절한 것은?

① 고단백 식품 위주의 프로그램 운영
② 마그네슘 풍부한 작물 재배 및 식이 활용
③ 카페인 섭취를 권장하여 각성 유도
④ 코르티솔 수치를 높이기 위해 운동 직후 측정

> 📖 해설: 마그네슘은 신경 안정, 스트레스 완화, 수면 개선에 중요한 역할을 한다. 치유농업에서는 시금치, 깻잎, 호박씨 등 마그네슘이 풍부한 작물을 활용하는 것이 효과적이다.

문제 101. 치유농업 프로그램에서 코르티솔 리듬을 고려한 활동 배치로 가장 적절한 것은?

① 오전: 허브 가꾸기 / 오후: 채소 수확
② 오전: 활동적인 텃밭 작업 / 오후: 편안한 활동
③ 오전: 명상 / 오후: 고강도 운동
④ 오전: 식사 프로그램 / 오후: 코르티솔 측정

해설: 코르티솔이 높은 오전에는 활동적이고 에너지가 필요한 작업을, 오후에는 허브 가꾸기, 채소 수확 등 편안한 활동을 배치하는 것이 효과적이다.

문제 102. 스트레스 완화 기법과 관련하여 옳은 설명을 고르시오.

① 자연환경에서의 활동은 코르티솔 수치를 높이고 세로토닌 분비를 억제한다.
② 정원 가꾸기와 같은 반복적 활동은 마음 챙김 명상과 유사한 효과를 낼 수 있다.
③ f-MRI 연구 결과, 농업 활동은 뇌의 전두엽 기능을 억제하는 것으로 나타났다.
④ 치유농업사는 과학적 근거보다는 직관에 따라 활동을 설계해야 한다.

해설: 자연환경에서의 활동은 스트레스 호르몬(코르티솔)을 낮추고 세로토닌 분비를 촉진한다. 또한 정원 가꾸기나 식물 돌보기 같은 활동은 마음 챙김 명상과 유사한 효과를 주며, f-MRI 연구에서 전전두엽 피질의 활성화가 확인되었다. 따라서 ②번이 옳다.

문제 103. 치유농업사가 스트레스 완화 활동을 설계할 때 고려해야 할 요소로 가장 적절한 것은?

① 대상자의 연령과 성별만 고려한다.
② 스트레스 수준과 개인적 선호도를 고려한다.
③ 비용과 장비 사용의 효율성만 고려한다.
④ 계절에 따른 농산물 생산성만 고려한다.

해설: 치유농업사는 과학적 근거를 바탕으로 대상자의 스트레스 수준과 개인적 선호를 고려하여 맞춤형 활동을 설계해야 한다.

문제 104. 다음 중 치유농업사가 특정 대상자에게 적절히 제안한 활동의 예로 가장 알맞은 것은?

① 고강도 스트레스를 경험하는 대상자 → 허브 가꾸기
② 불안 증상이 두드러지는 대상자 → 흙 다지기
③ 고강도 스트레스를 경험하는 대상자 → 잔디 깎기

④ 불안 증상이 두드러지는 대상자 → 장작 패기

문제 105. 멜라토닌 분비와 가장 밀접한 관련이 있는 자극은 무엇인가?

① 음식의 칼로리
② 신체 활동량
③ 빛의 자극
④ 체온 변화

해설: 멜라토닌은 송과체에서 분비되며, 빛 자극(특히 청색광)에 민감하게 반응한다. 낮에는 멜라토닌 분비가 억제되어 각성이 유지되고, 어두워지면 분비가 촉진되어 수면을 유도한다.

문제 106. 다음 중 멜라토닌 합성에 직접적으로 도움이 되는 영양소와 그 식품의 연결이 옳은 것은?

① 트립토판 – 호박씨, 병아리콩
② 마그네슘 – 감자, 고구마
③ 비타민 B6 – 시금치, 상추
④ 칼슘 – 라벤더, 캐모마일

해설: 멜라토닌 합성에는
트립토판 (호박씨, 병아리콩, 완두콩), 비타민 B6 (고구마, 감자), 마그네슘 (시금치)가 필요하다.
②, ③, ④번의 매칭은 올바르지 않다.

문제 107. 수면 개선에 도움을 주는 허브와 그 효과의 연결이 옳지 않은 것은?

① 라벤더 – 진정 효과 및 수면 질 개선
② 캐모마일 – 불안 감소 및 수면 유도
③ 발레리안 – 수면 잠복기 단축
④ 패션 플라워 – 낮 시간 각성 증가

해설: 패션 플라워는 각성을 증가시키는 것이 아니라 수면의 질을 개선하는 효과가 보고되었

다. 따라서 ④번이 옳지 않다.

문제 108. 효과적인 치유농업 기반 수면 위생 전략으로 가장 적절한 것은?

① 오전에 허브차 만들기, 저녁에는 햇빛 노출하기
② 오전에 자연광 노출 활동, 오후에 이완 활동 배치
③ 오후 늦게 전자기기 사용 늘리기
④ 야간에 인공조명 많이 사용하기 

해설: 오전에는 수확·물주기 등 햇빛 활동을 통해 멜라토닌 분비를 조절하고, 오후에는 허브차 만들기, 아로마 테라피 등 이완 활동을 배치하는 것이 수면 위생 관리에 효과적이다. ③, ④번은 오히려 수면을 방해할 수 있다.

문제 109. 다음 중 농업 활동을 통한 생체리듬 조절의 효과로 옳지 않은 것은 무엇인가?

① 규칙적인 루틴 형성에 기여한다.
② 신체 시계 유전자의 안정화에 도움을 준다.
③ 단순히 식물 재배 기술 습득에만 초점을 맞춘다.
④ 계절과 낮밤 변화에 적응하도록 돕는다. 

해설: 농업 활동은 단순한 기술 습득이 목적이 아니라, 자연의 주기와 일상 루틴을 맞추어 생체 리듬 안정화, 수면 패턴 개선, 스트레스 완화에 기여한다. 따라서 ③은 옳지 않다.

문제 110. 치유농업사가 대상자의 생체리듬 변화를 과학적으로 평가하기 위한 방법으로 알맞지 않은 것은?

① 활동 기록계를 활용한 일중 주기 분석
② 주관적 스트레스 척도 평가
③ 코르티솔 수치 측정
④ 단순한 감에 의한 직관적 판단 

해설: 치유농업사는 대상자의 변화를 객관적이고 과학적인 지표로 평가해야 한다. 활동 기록계, 스트레스 척도, 코르티솔 측정 등이 이에 해당하며, 단순한 직관적 판단은 신뢰성과 타당성이

부족하다.

문제 111. 다음 중 치유농업 프로그램이 생체리듬 안정화에 기여하는 통합적 요인으로 옳은 것을 모두 고르시오.

ㄱ. 자연과의 연결	ㄴ. 규칙적인 신체 활동
ㄷ. 마음챙김 실천	ㄹ. 불규칙한 생활습관 유지

① ㄱ, ㄴ   ② ㄱ, ㄷ

③ ㄱ, ㄴ, ㄷ   ④ ㄴ, ㄷ, ㄹ

해설: 치유농업은 자연과의 상호작용(ㄱ), 규칙적 신체 활동(ㄴ), 마음챙김(ㄷ)을 통해 스트레스 완화와 생체리듬 안정화에 기여한다. 반대로 불규칙한 생활습관(ㄹ)은 리듬을 방해하는 요인이다.

문제 112. 치유농업에서의 신체재활이 전통적인 병원 중심의 재활과 가장 뚜렷하게 구별되는 특징은 무엇인가?

① 약물치료와 물리치료를 병행하는 점
② 자연환경과 농업 활동을 활용한 생활 중심적 접근
③ 단기 집중 치료를 통한 기능 회복 강조
④ 전문 의료진의 지시에 따라 수동적으로 참여하는 점

해설: 치유농업에서의 신체재활은 단순히 병원 치료 중심이 아니라, 자연환경과 농업 활동을 활용하여 일상생활과 유사한 환경 속에서 재활을 돕는 생활 중심적 접근이 핵심이다.

문제 113. 현대사회에서 신체재활의 필요성이 증가하는 주요 원인으로 옳지 않은 것은?

① 고령화로 인한 신경퇴행성 질환의 증가
② 좌식 생활 증가로 인한 근골격계 질환
③ 디지털 기기 사용 증가로 인한 운동 부족
④ 영양 과다섭취로 인한 지능 저하

해설: 현대사회에서 신체재활의 필요성은 고령화, 좌식 생활, 디지털 기기 사용 증가로 인한 운동 부족 등이 원인이지만, 영양 과다섭취가 직접적으로 지능 저하를 일으킨다는 근거는 제시되지 않았다.

문제 114. 치유농업적 관점에서 신체재활이 제공하는 효과로 가장 적절한 것은 무엇인가?

① 감각적 자극과 심리적 안정, 목적 있는 활동을 통한 재활 동기 부여
② 단순 반복적 근력 운동을 통한 근육량 증가
③ 의학적 수술과 처방을 통한 기능 회복
④ 실내 공간에서의 고립적 재활 훈련

해설: 치유농업은 햇빛, 바람, 흙 냄새 등 감각적 자극을 주고, 씨앗 심기·수확 같은 목적 있는 활동을 통해 심리적 안정감과 재활 동기를 부여하는 특징을 가진다.

문제 115. WHO의 국제기능장애건강분류(ICF) 모델을 기반으로 한 현대적 신체재활의 핵심 목표와 가장 거리가 먼 것은?

① 신체 기능의 회복
② 일상활동 능력 향상
③ 사회적 참여 증진
④ 단순한 근육량 증가만을 목표로 함

해설: ICF 모델은 단순한 신체 기능 회복에 그치지 않고, 활동 능력과 사회참여까지 포함하는 전인적 접근을 강조한다. 단순 근육량 증가는 포괄적 목표와 거리가 있다.

문제 116. 치유농업에서 보고된 신체 및 심리사회적 효과로 옳지 않은 것은?

① 근력, 지구력, 균형감각 향상
② 우울감 감소와 자존감 향상
③ 사회적 상호작용 증진
④ 스트레스 호르몬 증가와 불안감 촉진

해설: 치유농업은 스트레스 호르몬을 감소시키고 심리적 안정을 돕는 효과가 있으며, 불안감을 촉진하지 않는다.

문제 117. 농작업을 활용한 신체재활 운동의 주요 장점으로 올바른 것은 무엇인가?

① 대상자의 신체 기능 향상을 위해 전통적인 병원 중심 운동만을 사용한다.
② 농작업을 통해 실질적이고 목적 있는 활동을 제공하여 재활 동기를 부여한다.
③ 농작업 활동은 정신적 건강에는 거의 영향을 미치지 않는다.

④ 근력 운동을 위해 반드시 기계식 운동기구만 사용한다.　　　　　☞●●●○

> 해설: 농작업을 활용한 재활 운동은 단순한 운동 기능 향상에 그치지 않고, 실제적이고 목적 있
> 는 활동을 제공하여 대상자가 재활에 적극적으로 참여할 수 있도록 동기를 부여하는 장점이 있다.
> ①과 ④는 전통적이고 제한적인 접근이며, ③은 사실과 다르다.

문제 118. 다음 중 작물 관리 활동을 통해 기대할 수 있는 재활 효과로 가장 적절한 것은?

① 근육의 최대 수축력 향상
② 관절 가동 범위 회복과 유연성 향상
③ 심폐 기능의 극대화
④ 시각과 청각 능력 향상　　　　　☞●●●○

> 해설: 작물 관리 활동(씨앗 심기, 물주기, 가지치기 등)은 상지와 척추, 어깨, 팔꿈치 등 여러 관절
> 을 활용하게 하여 자연스럽게 가동 범위를 넓히고 유연성을 향상시키는 효과가 있다. ①과 ③은 주로
> 전문적 체력 단련이나 운동을 통해 기대되는 효과이며, ④는 농작업 활동의 주된 효과가 아니다.

문제 119. 농기구를 활용한 재활 프로그램에서 적절한 접근 방법으로 옳은 것은?

① 대상자의 근력 수준과 상관없이 동일한 농기구를 사용한다.
② 근력 강도를 점진적으로 높이면서 농기구 사용을 조절한다.
③ 근력 운동 대신 유연성 운동만 진행한다.
④ 농기구 사용은 정신적 회복에만 도움을 준다.　　　　　☞●●●●

> 해설: 농기구를 활용한 재활 운동은 대상자의 현재 근력 수준을 고려하여야 하며, 점진적으로 작
> 업 강도를 높이는 것이 바람직하다. 이를 통해 근력 강화와 코어 안정성을 효과적으로 개선할 수 있
> 다. ①은 위험하며, ③은 불완전한 접근이고, ④는 농기구 활용 효과를 지나치게 제한한 설명이다.

문제 120. 밭고랑 걷기, 과일 수확, 쟁기질 등의 농작업이 신체재활에 미치는 효과로 올바른 것은?

① 정적 균형만 향상시키며 협응력에는 영향을 미치지 않는다.
② 다양한 전신 움직임을 통해 균형 능력과 전신 협응력을 향상시킨다.
③ 오직 상지 근력 강화에만 도움을 준다.

④ 재활 효과는 운동 기능 향상과 관련이 없다. 

> 🕮 해설: 농작업 활동은 불규칙한 지면에서 걷기, 다양한 높이에서 손 뻗기, 전신을 활용한 움직임 등을 통해 균형 능력과 상·하지 협응력을 동시에 강화한다. 또한 일상생활과 연결되는 기능적 움직임을 훈련하는 데 효과적이다. ①과 ③은 효과를 제한적으로만 설명한 것이며, ④는 잘못된 설명이다.

문제 121. 다음 중 국내외 농업 기반 재활 프로그램의 공통적인 효과가 아닌 것은?
① 작업 수행 능력 향상
② 일상생활 수행 능력 향상
③ 직업 능력 개발 및 취업 연계
④ 재활 대상자의 정신적 기능 저하

> 🕮 해설: 국내외 사례(예: 네덜란드 Care Farm, 영국 Thrive's Garden Project)를 보면, 농업 기반 재활은 작업 수행 능력, 일상생활 기능 향상, 직업 능력 개발 및 취업 연계 등 다양한 긍정적 효과를 보여주었다. 반대로, 정신적 기능 저하는 농업 재활을 통해 완화·개선될 수 있는 영역이므로 ④는 옳지 않다.

문제 122. 농장 환경에서 햇빛, 물, 흙과 같은 자연 요소를 활용한 신체재활의 효과로 옳지 않은 것은?
① 햇빛 노출은 비타민 D 합성을 촉진하여 골밀도 향상에 도움을 준다.
② 물을 이용한 운동은 관절 부담을 줄이며 근력 강화를 돕는다.
③ 흙을 이용한 운동은 고유수용감각 향상 및 감각 민감도 개선에 효과적이다.
④ 햇빛과 흙을 이용한 재활은 심폐 기능을 직접적으로 향상시키는데 가장 효과적이다.

> 🕮 해설: 농장 환경의 햇빛은 비타민 D 합성을 촉진해 뼈 건강을 돕고, 물은 부력 효과로 관절 부담을 줄이면서 근력을 강화한다. 또한 흙은 고유수용감각 및 감각 통합 능력을 향상시키는 데 기여한다. 그러나 심폐 기능 향상은 주로 걷기, 오르막·내리막 운동 등 유산소 운동을 통해 얻어지므로 ④는 옳지 않다.

문제 123. 농장 지형을 활용한 보행 훈련에서 경사로, 불규칙한 지면, 장애물 코스를 포함한 목적과 가장 관련이 깊은 항목은?
① 하지 근력 강화, 전신 균형 능력 향상, 문제 해결 능력 개발

② 근육 긴장 완화와 관절 가동 범위 감소
③ 심리적 안정감 향상과 우울증 치료 단독 목적
④ 단순 스트레칭과 유연성 향상만을 목표   ☞●●●●

> 🕮 해설: 경사로는 하지 근력과 심폐 기능을 강화하고, 불규칙한 지면은 고유수용감각과 균형 능력을 높이며, 장애물 코스는 동적 균형 및 문제 해결 능력을 발달시킨다. 따라서 ①이 가장 적절하다. ②, ③, ④는 효과를 제한적으로만 설명하거나 핵심 목표를 충분히 반영하지 못한다.

문제 124. 농장에서 수중치료를 실시할 때 기대되는 효과로 옳은 것은?

① 물의 부력을 활용하여 관절 부담을 줄이고 근력 강화에 도움을 준다.
② 햇빛과 결합 시 혈중 세로토닌 수치를 낮춘다.
③ 흙과 혼합하여 감각 통합 능력을 감소시킨다.
④ 장애물 코스 수행 능력과 직접적인 연관이 없다.   ☞●●●○

> 🕮 해설: 수중치료는 물의 부력을 활용하여 체중 부담을 줄이고, 근력 및 균형 능력을 향상시키는 데 효과적이다. ②는 햇빛 노출과 관련된 효과와 반대되는 설명이고, ③은 잘못된 설명이며, ④는 수중치료의 핵심 효과와 관련이 적다.

문제 125. 치유농업에서 흙을 이용한 치료의 예로 가장 적절한 것은?

① 맨발로 흙을 밟는 보행 훈련
② 수중 찜질 요법
③ 실내 러닝머신 걷기
④ 경사로 오르내리기   ☞●●●○

> 🕮 해설: 흙을 이용한 치료는 촉각 자극과 저항을 활용하여 근력 및 균형 능력을 강화하는 것이 핵심이다. 맨발로 흙을 밟는 보행 훈련은 감각 통합과 협응력 개선에 효과적이다. ②는 물을 활용한 치료, ③과 ④는 흙 관련 활동이 아니므로 적절하지 않다.

문제 126. 식물 기반 작업치료가 일상생활 동작 훈련에 적합한 이유로 가장 적절한 것은?

① 식물 재배 활동은 주로 정신적 안정에만 도움을 주기 때문이다.
② 원예 활동은 자연스럽게 손과 손가락의 미세운동, 물건 조절, 협응력을 요구한다.
③ 식물 활동은 일상생활 동작과 직접적 관련이 없으므로 독립성 향상에는 제한적이다.

④ 식물 재배는 상지 근력 향상에는 도움을 주지 않는다.　　　　　　　

> 📖 해설: 식물 재배 활동(화분 심기, 물주기, 잎 따기 등)은 손과 손가락의 미세운동, 물건 조절 능력, 협응력 향상을 자연스럽게 훈련시켜 옷 입기, 단추 잠그기, 글쓰기 등 일상생활 기술과 직접적으로 연결된다. ①, ③, ④는 활동의 핵심 효과를 잘못 설명하고 있다.

문제 127. 원예 도구 사용이 작업 능력 향상에 기여하는 대표적 이유로 옳은 것은?

① 삽과 가위 사용은 손과 상지 근력, 조작 능력, 협응력 향상에 도움을 준다.
② 원예 도구 사용은 단순한 정신적 만족만 제공하며 신체적 기능과는 무관하다.
③ 분무기 사용은 신체 기능보다는 심리적 안정 효과만 제공한다.
④ 원예 도구 사용은 직업적 기술 향상과는 직접적 관련이 없다.　　　　　

> 📖 해설: 원예 도구 사용(삽, 가위, 분무기 등)은 손과 상지 근력, 조작 능력, 협응력 향상에 효과적이며, 실제 직업 환경이나 일상생활에서 필요한 기술 습득과도 직결된다. ②, ③, ④는 신체적·직업적 기능 개선 효과를 충분히 반영하지 못한 설명이다.

문제 128. 다음 중 식물 기반 작업치료가 대상자에게 제공할 수 있는 효과가 아닌 것은?

① 신체적 기능 향상
② 인지적 기능 자극
③ 사회적 상호작용 경험
④ 심폐 지구력 단기간 향상　　　　　　　　　　　　　　　　　

> 📖 해설: 식물 기반 작업치료는 근력과 협응력 등 신체적 기능, 조작 능력과 계획 능력 등 인지적 기능, 그룹 활동과 협동을 통한 사회적 상호작용 향상에 도움을 준다. 그러나 심폐 지구력 향상은 걷기, 경사로 오르내리기 등 유산소 운동을 통해 이루어지므로 단기간 효과를 기대하기 어렵다.

문제 129. 화분에 식물을 심는 활동이 일상생활 동작 훈련에 특히 유용한 이유로 옳은 것은?

① 손과 손가락의 미세 운동 능력을 개발하여 글쓰기나 단추 잠그기와 관련된다.
② 심폐 지구력과 전신 근력 향상에 직접적으로 기여한다.
③ 사회적 상호작용을 최소화하여 집중력 향상만 유도한다.

④ 정신적 안정감만 제공하고 작업 능력 향상에는 영향을 미치지 않는다. 

📖 해설: 화분에 식물을 심는 활동은 손과 손가락의 미세 운동 능력을 자연스럽게 훈련시켜 옷 입기, 단추 잠그기, 글쓰기 등 일상생활 기능 향상에 도움이 된다. 심폐 지구력 향상이나 단순 정신적 안정감 제공과는 차별되는 효과가 있다.

문제 130. 원예 작업치료가 직업 재활에 기여하는 방식으로 옳지 않은 것은?

① 대상자들에게 농업 관련 실질적 기술을 습득할 기회를 제공한다.
② 원예 활동을 통해 근력과 균형 능력을 향상시키는 기능적 운동 훈련을 포함한다.
③ 꽃꽂이나 허브 제품 만들기를 통해 부가가치 창출 능력을 개발할 수 있다.
④ 지역 농업 환경과 노동 시장의 특성을 고려한 프로그램 설계가 가능하다. 

📖 해설: 원예 작업치료는 주로 직업 기술 습득과 직업적 능력 향상을 목적으로 하며, 근력과 균형 능력 향상과 같은 신체적 재활은 주로 응용 운동 요법에서 다뤄진다. 나머지 선택지는 모두 직업 재활과 관련된 적절한 내용이다.

문제 131. 농작업 기반 응용 운동 요법에서 손과 손가락의 미세 운동 능력 향상에 가장 직접적인 영향을 주는 활동은?

① 작물 수확
② 씨앗 심기
③ 물주기
④ 꽃꽂이

📖 해설: 씨앗 심기는 손과 손가락의 정교한 움직임을 필요로 하므로 미세 운동 능력(fine motor skills) 향상에 효과적이다.
· 물주기: 상지 근력, 지구력, 균형 능력 향상과 관련
· 작물 수확: 전신 협응력과 유연성 향상
· 꽃꽂이: 직업적 기술 및 부가가치 창출 능력 개발

문제 132. 발달장애인(Developmental disability)의 정의로 옳은 것은?

① 18세 이후에 발생하여 성인기에만 영향을 주는 신체적 장애를 의미한다.

② 특정 질환이나 장애를 지칭하며, 자폐증과만 동일하게 사용된다.

③ 22세 이하에서 발달 지연으로 주요 일상생활활동에 세 가지 이상의 실질적인 기능 제한이 있는 상태를 의미한다.

④ 시각·청각 장애만 포함되며, 언어 발달이나 학습 능력과는 관련이 없다.　　☞●●●○

📖 해설: 발달장애인은 특정 질환을 지칭하지 않으며, 18세 이전 발병으로 인해 발달이 지연되어 주요 일상생활활동에 3개 이상의 기능 제한이 있는 경우를 의미한다. ①, ②, ④는 정의에 부합하지 않는다.

문제 133. 자폐 스펙트럼 장애(ASD)의 특징으로 가장 적절하지 않은 것은?

① 사회적 상호작용 장애

② 상동적이고 반복적인 운동 양상

③ 언어성·비언어성 의사소통 장애

④ 18세 이후에 발달 문제를 시작하는 질환　　☞●●●○

📖 해설: 자폐 스펙트럼 장애는 대부분 3세 이전에 발달 문제가 나타나며, 사회적 상호작용 장애, 의사소통 장애, 상동적·반복적 행동을 특징으로 한다. 따라서 18세 이후에 시작된다는 ④는 옳지 않다.

문제 134. 뇌성마비(Cerebral Palsy, CP)의 특징으로 옳지 않은 것은?

① 발달 과정 중 뇌에 발생한 비진행성 병변으로 인해 나타난다.

② 운동과 자세에 장애가 나타나는 다양한 임상 증후군을 포함한다.

③ 주로 18세 이후에 발생하며 성인기에 발병한다.

④ 선천적 기형, 저산소, 뇌동맥 경색, 출생 후 외상 등이 원인이 될 수 있다.　　☞●●●○

📖 해설: 뇌성마비(CP)는 발달 과정 중 뇌에 발생한 비진행성 병변으로 인해 나타나며, 주로 2~5세 시기에 발현된다. 따라서 18세 이후 발병한다는 ③은 옳지 않다. 나머지 선택지는 CP의 특징과 원인을 올바르게 설명한다.

문제 135. 지적장애(Intellectual Disability)의 진단 기준으로 옳은 것은?

① 18세 이후에 발병하며 직업 기술 습득에만 영향을 준다.

② 개념적, 사회적, 실행적 영역에서 지적기능과 적응기능 모두에 결함이 발달 시기에 나타난다.

③ IQ가 100 이상이면 지적장애로 진단된다.

④ 적응기능 결함이 있어도 지적 기능이 정상이라면 지적장애로 진단할 수 없다. ☞●●●○

> 📖 해설: 지적장애는 18세 이전 발병하며, 지적 기능(IQ)과 적응 기능 모두에 결함이 나타나야 진단된다. IQ가 100 이상이면 정상 범위이고, 적응기능만 결함이 있을 경우에는 진단 기준을 충족하지 않는다. ①, ③, ④는 진단 기준에 부합하지 않는다.

문제 136. 자폐 스펙트럼 장애(Autism Spectrum Disorder, ASD)의 특징으로 가장 적절하지 않은 것은?

① 3세 이전부터 사회적 상호작용과 의사소통 영역에 문제를 보인다.

② 제한적이고 반복적인 행동이나 상동적 운동이 나타날 수 있다.

③ 반드시 지적장애와 동반되어야 진단할 수 있다.

④ 사회적, 직업적 또는 중요한 기능 영역에서 임상적 손상을 초래한다. ☞●●●●

> 📖 해설: 자폐 스펙트럼 장애(ASD)는 지적장애와 동반될 수도 있고, 동반되지 않을 수도 있으며, 동반 여부는 진단 요건이 아니다. 진단은 사회적 의사소통 능력 저하와 제한적·반복적 행동이 발달 수준에 비해 나타나는지를 기준으로 한다. ①, ②, ④는 ASD의 특징과 부합한다.

문제 137. 작업치료에서 신체 기능과 관련하여 "수행기술(Performance skills)"의 의미로 가장 적절한 것은?

① 개인의 IQ나 지적 수준을 평가하는 기술

② 기능적인 목적을 위해 관찰 가능한 신체 기능과 구조의 연합으로 나타나는 기술

③ 사회적 상호작용 능력만을 의미하는 기술

④ 운동 기능과 무관하게 단순히 감각 자극에 반응하는 능력 ☞●●●○

> 📖 해설: 수행기술(Performance skills)은 기능적 목적을 위해 관찰 가능한 행동으로 나타나며, 다양한 신체 기능과 구조의 연합을 통해 원하는 작업이나 행동에 참여할 수 있도록 한다. ①, ③, ④는 정의와 일치하지 않는다.

문제 138. 수행기술 중 '처리기술(Process skills)'의 특징으로 옳은 것은?

① 개인의 신체 기능과 무관하게 단순히 움직임만 관찰한다.

② 실제 과제 물체와 상호작용하며, 일상적 과제 수행에서 문제 발생을 방지하는 기술이다.

③ 공구나 식기 등 물체와 상호작용하지 않고 단순한 운동 능력 향상에 집중한다.

④ 단지 생리학적 능력 평가에 초점을 맞춘다.

📖 해설: 처리기술(Process skills)은 실제 과제 물체와 상호작용하며, 관찰 가능한 행동으로 나타나고, 과제 수행 중 문제 발생이나 재발을 방지하는 기능적 기술이다. ①, ③, ④는 정의와 일치하지 않는다.

문제 139. 감각통합(Sensory Integration)의 주요 기능으로 가장 적절한 것은?

① 단순한 근력 향상과 근육 발달

② 중추신경계에서 감각 자극을 조직화하고 적절한 운동 행동을 유도하며 정보처리 과정을 변화시키는 것

③ 지능지수(IQ) 평가와 학습 능력 측정

④ 사회적 상호작용 능력만을 향상시키는 것

📖 해설: 감각통합(Sensory Integration)은 중추신경계에서 다양한 감각 자극을 통합하고 조직화하여, 적절한 작업 행동과 운동 반응을 유도하며, 뇌의 신경학적 정보처리 과정에도 변화를 가져온다. ①, ③, ④는 감각통합의 정의와 관련이 없다.

문제 140. 감각처리장애(Sensory Processing Disorder)의 유형과 특징으로 옳지 않은 것은?

① 감각조절장애(Sensory modulation disorder)는 감각 입력에 대한 조절 문제로 회피 또는 과민 반응이 나타난다.

② 감각구별장애(Sensory discrimination disorder)는 자극의 질적 차이나 유사성을 인식하고 해석하기 어려워한다.

③ 감각기반 운동장애(Sensory based motor disorder)는 저긴장도, 관절 불안정성, 자세 조절 및 양측 협응 문제를 포함한다.

④ 실행장애(Disorder of execution)는 단순 근력 강화와 관련되며, 자세 조절이나 운동 기술과 관련이 없다.

📖 해설: 실행장애(Disorder of execution)는 익숙하지 않은 행동을 계획, 순서화, 실행하는 것이 어려워 부적절한 자세를 취하거나 비협응된 운동 기술을 보이는 것을 의미하며, 단순 근력 강

화와는 관련이 없다. ①, ②, ③은 각각 감각처리장애 유형의 특징과 일치한다.

문제 141. 발달장애인의 정상적인 손 기능 발달 단계에서 2~4개월 영아의 손 기능 특징으로 옳은 것은?

① 두 손을 사용하여 큰 사물을 능숙하게 잡는다.

② 손 안에 물체를 잠시 동안 잡을 수 있으며 주먹을 쥐는 형태를 보인다.

③ 한 손에서 다른 손으로 사물을 능숙하게 옮긴다.

④ 손가락에서 손바닥으로 사물을 옮길 수 있으며 능숙하게 내려놓는다.

> 해설: 2~4개월 영아는 주먹을 쥐고 잠시 물체를 잡을 수 있는 시기이다.
> ① 두 손으로 큰 사물을 잡는 능력: 48개월
> ③ 한 손에서 다른 손으로 사물 이동: 8~12개월
> 손가락에서 손바닥으로 사물을 옮기고 능숙하게 내려놓음: 12세 단계

문제 142. 1~2세 아동의 손 기능 발달 특징으로 가장 적절한 것은?

① 흔들기 동작과 할퀴는 동작으로 작은 사물을 잡는다.

② 두 손을 함께 사용하여 큰 사물을 잡는다.

③ 손 조작 기술이 시작되며 손가락에서 손바닥으로 사물을 옮기고 능숙하게 내려놓을 수 있다.

④ 손 안에 물체를 잠시 동안 잡는 주먹 쥐기 형태를 보인다.

> 해설: 1~2세 아동은 손 조작 기술이 발달하며, 손가락에서 손바닥으로 사물을 옮기고 능숙하게
> 내려놓는 능력을 갖는다.
> ① 흔들기·할퀴기 동작: 2~4개월
> ② 두 손으로 큰 사물 잡기: 48개월
> ④ 주먹 쥐기 형태: 2~4개월

문제 143. 뇌졸중 등 뇌혈관장애 환자의 근긴장 변화와 관련하여 옳은 설명은?

① 손상측 사지의 근긴장은 항상 저긴장으로 유지된다.

② 뇌 손상 환자는 저긴장증 후 경직(Spasticity)이 나타날 수 있다.

③ 근긴장 변화와 통증은 서로 무관하다.

④ 경직은 관절을 움직이는 동안 통증을 유발하지 않는다.

> 해설: 뇌 손상 환자는 초기 저긴장증 후 경직(Spasticity)이 발생할 수 있으며, 경직으로 인해
> 수동적 관절 운동 동안 통증이 나타날 수 있다. ①, ③, ④는 사실과 다르다.

문제 144. 소뇌손상 환자에게 나타나는 운동 증상으로 옳지 않은 것은?

① 눈떨림(Nystagmus)으로 눈동자가 불수의적으로 움직인다.
② 운동실조증(Ataxia)으로 몸의 균형과 안정성이 저하된다.
③ 의도성 떨림(Intention tremor)은 운동 목표에 접근할수록 심해진다.
④ 협동운동이상증(Dyssynergia)은 단순 근력 감소로 인해 발생한다. ☞●●●●

해설: 협동운동이상증(Dyssynergia)은 근육 간 상호 협력 장애로 복잡한 운동 수행이 어려워지는 것이며, 단순 근력 감소 때문이 아니다. ①, ②, ③은 소뇌손상에서 나타나는 전형적 증상이다.

문제 145. 바닥핵(Basal ganglia) 손상과 관련된 특징으로 옳은 것은?

① 무정위성 운동은 주로 상지/하지에서만 나타나며 얼굴에는 영향을 주지 않는다.
② 바닥핵 손상 시 강직(Rigidity)은 가장 흔하게 나타나며 수동적 움직임에 대한 저항이 지속적으로 증가한다.
③ 발리즘, 무도병, 근긴장이상, 강직 등은 바닥핵 손상과 관련이 없다.
④ 무정위성 운동은 작은, 빠른 움직임으로 특징지어진다. ☞●●●●

해설: 바닥핵 손상은 무정위성 운동, 발리즘, 무도병, 근긴장이상, 강직 등을 유발하며, 특히 강직(Rigidity)이 가장 흔하고, 수동적 움직임에 대한 저항이 지속적으로 증가한다. ①, ③, ④는 사실과 다르다.

문제 146. 다음 중 우리나라 장애인 주간보호시설의 주요 서비스에 해당하지 않는 것은 무엇인가?

① 재활 서비스 제공   ② 취미생활 지원
③ 직업 훈련 및 고용 알선   ④ 중식 및 간식 지도 ☞●●○○

해설: 장애인 주간보호시설의 주요 서비스에는 재활, 견학, 취미생활 지원, 교육 지도, 상담, 이/미용, 중식 및 간식 지도 등이 포함된다. 그러나 직접적인 직업 훈련이나 고용 알선은 주간보호시설의 서비스 범위에 포함되지 않는다.

문제 147. 다음 중 발달장애인의 상지 기능 향상과 가장 밀접한 치유농업 활동은 무엇인가?

① 식물 관찰하기와 기록하기   ② 파종하기, 정식하기, 꽃꽂이 활동

③ 농작물 수확 후 세척하기　　　　　④ 지역사회 견학 프로그램 참여　　　

> 📖 해설: 파종, 정식, 꽂꽂이 활동은 손을 자주 사용하고 흙을 만지거나 뿌리를 손질하는 과정에서 손 기능과 장악력을 향상시키는 데 효과적이다.
> 반면, 식물 관찰이나 견학 활동은 상지 기능과 직접적인 연관성이 적고, 수확 후 세척 활동은 손 기능 강화보다는 단순 작업 중심이다.

문제 148. 다음 중 일반적으로 치유농업 프로그램 참여 후 발달장애인에게 유의미하게 증가하지 않은 항목은 무엇인가?

① 손 기능 ($p < .01$)　　　　　　② 장악력 ($p < .05$)
③ 일상생활활동 수행능력 ($p < .001$)　　④ 사회적 관계망 형성 ($p < .05$)　　

> 📖 해설: 연구 결과(유은하 외, 2023)에 따르면 손 기능, 장악력, 일상생활활동 수행능력은 치유 농업 프로그램 참여 후 유의하게 증가하였다.

문제 149. 다음 중 치유농업 연구의 한계점으로 가장 적절한 것은 무엇인가?

① 프로그램 활동이 신체 기능에 영향을 주지 않았다.
② 발달장애인의 특성상 많은 대상자 참여가 어려워 표본 수가 적었다.
③ 치유농업 프로그램이 발달장애인의 사회문제 해결과 무관하다.
④ 치유농업 활동이 장기적으로 효과가 지속되지 않았다.

> 📖 해설: 연구에서는 발달장애인의 개별 특성으로 인해 많은 인원을 참여시키지 못해 표본 수가 적었다는 점이 한계로 지적되었다.
> 다른 선택지는 연구 결과나 프로그램 효과와 관련하여 실제로 보고된 한계점과 일치하지 않는다.

문제 150. 다음 중 발달장애인의 자립 촉진과 사회적 적응을 위해 향후 치유농업 프로그램 발전 방향으로 가장 타당한 것은 무엇인가?

① 단기적·일회성 프로그램 운영 강화
② 장애 유형과 상관없이 동일한 프로그램 적용
③ 개별 특성과 장애 정도에 맞춘 맞춤형 프로그램 운영

④ 재활보다 여가 중심 활동 강화 

> 📖 해설: 발달장애인은 성향과 장애 정도가 다르기 때문에, 개별 특성에 맞춘 맞춤형 치유농업 프로그램을 운영할 때 프로그램 효과가 극대화된다.
> 단기적·일회성 운영이나 모든 대상에게 동일 프로그램 적용은 효과를 제한하며, 여가 중심 활동만 강조하는 것은 재활적 효과를 충분히 담보하지 못한다.

문제 151. 다음 중 인지 기능에 해당하지 않는 것은 무엇인가?

① 기억력
② 사고력
③ 판단력
④ 운동 협응력 

> 📖 해설: 인지 기능에는 기억력, 사고력, 이해력, 판단력 등이 포함된다.
> 반면, 운동 협응력은 주로 운동 기능 영역에 속하며 인지 기능과 직접적인 관련은 없다.

문제 152. 다음 중 정보처리 이론에 따른 인지 과정의 단계로 옳은 것은 무엇인가?

① 감각 등록 → 주의 집중 → 작업기억 → 장기기억 → 반응 실행
② 주의 집중 → 감각 등록 → 작업기억 → 장기기억 → 반응 실행
③ 작업기억 → 감각 등록 → 장기기억 → 주의 집중 → 반응 실행
④ 감각 등록 → 작업기억 → 주의 집중 → 장기기억 → 반응 실행 

> 📖 해설: 정보처리 이론에 따르면 인지 과정은
> 감각 등록 → 주의 집중 → 작업기억 → 장기기억 → 반응 실행 순으로 진행된다.
> 다른 선택지는 단계의 순서가 올바르지 않거나 과정이 누락되어 정확하지 않다.

문제 153. 다음 중 장기기억의 세부 구분에 대한 설명으로 옳지 않은 것은 무엇인가?

① 명시적 기억은 의식적으로 회상 가능한 기억을 말한다.
② 일화 기억은 개인적 경험과 사건에 대한 기억이다.
③ 의미 기억은 학습된 기술과 습관과 관련된 기억이다.
④ 절차 기억은 의식하지 않아도 수행 가능한 능력을 포함한다.

> 📖 해설: 의미 기억은 사실, 개념, 지식과 같은 의미적 정보에 대한 기억을 의미한다.
> 반면, 학습된 기술과 습관은 절차 기억(암묵 기억)에 속하므로 ③번 설명은 옳지 않다.

문제 154. 다음 중 치유농업·재활 상황에서 대상자의 인지 기능에 영향을 미칠 수 있는 요인으로 옳은 것을 모두 고르시오.

> ㄱ. 노인의 발달 단계 및 연령 특성
> ㄴ. 일상생활에서의 신체활동, 수면, 영양 상태
> ㄷ. 평생 교육 경험과 농작업을 통한 인지적 자극 수준
> ㄹ. 프로그램 참여 중 경험하는 정서 상태(스트레스, 동기, 우울)
> ㅁ. 뇌 건강 상태 및 기저 신경학적 질환 여부

① ㄱ, ㄴ, ㄷ   ② ㄱ, ㄴ, ㄷ, ㄹ
③ ㄱ, ㄷ, ㄹ, ㅁ   ④ ㄱ, ㄴ, ㄷ, ㄹ, ㅁ

📖 해설: 치유농업·재활 프로그램에서의 인지 기능 변화는 단일 중재 효과만으로 설명되기 어렵고, 생물학적·심리적·생활환경적 요인이 상호작용한 결과로 이해해야 한다.
노인의 발달 단계와 연령(ㄱ)은 인지 변화의 기본적 범위를 규정하며, 생활습관(ㄴ)은 주의력과 기억력 유지에 중요한 영향을 미친다. 또한 교육 경험과 농작업을 통한 인지적 자극(ㄷ)은 인지 예비능력을 강화하고, 정서 상태(ㄹ)는 인지 수행의 효율성을 좌우한다. 더불어 뇌 건강과 신경학적 질환 여부(ㅁ)는 인지 기능의 기초적 토대로 작용한다.
따라서 제시된 모든 요인이 인지 기능에 영향을 미치므로 ④번이 옳다.

문제 155. 다음 중 치유농업 프로그램 운영 시 인지 기능 이해가 중요한 이유로 가장 적절한 것은 무엇인가?
① 대상자의 정서적 안정과 사회적 관계 증진을 위해
② 대상자의 인지 수준에 맞는 활동 구성과 안전 고려를 위해
③ 농업 생산성을 높이기 위해
④ 장애인의 신체 재활 효과를 검증하기 위해

📖 해설: 치유농업 프로그램에서는 대상자의 인지 수준을 고려하여 활동을 설계하고, 안전과 의사소통 방식을 조절하는 것이 필수적이다. 정서적 안정이나 사회적 관계 증진, 농업 생산성, 신체 재활 효과는 중요하지만, 인지 기능 이해와 직접적으로 연결된 이유는 ②번이 가장 적절하다.

문제 156. 다음 중 노화에 따른 인지 기능 변화에 대한 설명으로 옳지 않은 것은 무엇인가?

① 노화는 지능 저하, 기억력 감퇴, 정보 처리 속도 둔화 등을 동반할 수 있다.

② 결정성 지능은 축적된 지식과 언어 능력 등을 포함하며, 노화에도 비교적 안정적이다.

③ 유동성 지능은 새로운 문제 해결 능력과 정보 처리 속도와 관련되며, 노화와 함께 점진적으로 향상된다.

④ 동작성 지능은 시공간적 처리 및 비언어적 추론을 포함하며, 노화에 따라 빠르게 감퇴한다.

☞●●●○

해설: 유동성 지능은 새로운 문제 해결 능력과 정보 처리 속도와 관련되며, 노화에 따라 점진적으로 감소하는 특징을 가진다. ③번 선택지는 '향상된다'라고 잘못 기술되어 있어 옳지 않다. 결정성 지능은 나이가 들어도 비교적 안정적이며, 동작성 지능과 전반적인 정보 처리 속도는 노화로 인해 감소한다.

문제 157. 다음 중 Wechsler(1981)가 구분한 지능의 유형과 노화의 영향에 대한 설명으로 옳은 것은 무엇인가?

① 언어성 지능은 노화로 인해 빠르게 감퇴한다.

② 동작성 지능은 노화와 무관하게 안정적으로 유지된다.

③ 언어성 지능은 비교적 안정적으로 유지되며, 동작성 지능은 빠르게 감퇴한다.

④ 언어성 지능과 동작성 지능 모두 중년 이후 급격히 감소한다.

☞●●●○

해설: Wechsler(1981)는 지능을 언어성 지능과 동작성 지능으로 구분하였다.
· 언어성 지능: 축적된 지식과 언어 능력 중심으로 비교적 안정적
· 동작성 지능: 시공간 처리, 비언어적 추론 등과 관련되며 노화에 따라 빠르게 감소
따라서 ③번이 가장 올바른 설명이다.

문제 158. 다음 중 노인의 반응 속도 저하에 대한 설명으로 가장 적절한 것은 무엇인가?

① 단순히 뇌 기능의 퇴화로만 나타난다.

② 노인은 반응 시 정확성보다 속도를 우선시한다.

③ 뇌에 축적된 정보가 많아 적절한 반응 선택에 시간이 걸릴 수 있다.

④ 학습 능력 감소와 직접적인 관련은 없다.

☞●●●○

해설: Hedden & Gabrieli(2004)에 따르면, 노인의 반응 속도 저하는 단순한 뇌 기능 퇴보로 보기보다는, 이미 축적된 정보량이 많아 선택 과정에 시간이 걸리는 현상으로 이해할 수 있다.

따라서 ③번이 가장 적절한 설명이다.

문제 159. 다음 중 노화에 따른 인지 기능의 특성과 치유농업적 접근으로 올바른 것은 무엇인가?

① 새로운 정보를 학습하는 능력은 향상되므로 반복적 자극은 불필요하다.

② 저장된 지식을 활용하는 능력은 유지 또는 향상될 수 있으므로 경험 기반 과제를 제공하는 것이 효과적이다.

③ 모든 인지 영역이 동일하게 감퇴하므로 차별화된 학습 전략은 필요 없다.

④ 노인의 자존감은 인지적 강점보다는 신체적 기능에만 의존한다.　　　☞●●●●

> 📖 해설: 노인은 새로운 학습 능력은 저하되지만, 저장된 지식을 활용하는 능력은 유지되거나 향상될 수 있다. 따라서 경험 기반 과제, 반복적이고 시각적인 정보 제공이 치유농업 프로그램에서 효과적이다. ①, ③, ④는 노화 특성과 치유농업적 접근 측면에서 부적절하다.

문제 160. 다음 중 인지기능 저하의 가역적 요인에 해당하는 것은 무엇인가?

① 치매　　　　　　　　　　　② 만성 뇌혈관 손상

③ 약물 부작용　　　　　　　　④ 알코올성 뇌병증　　　☞●●●○

> 📖 해설: 가역적 요인은 원인을 제거하거나 치료하면 인지 기능이 회복될 수 있는 경우를 말한다. 대표적인 가역적 요인에는 약물 부작용, 수면 부족, 영양 결핍 등이 있다.
> 반면, 치매, 만성 뇌혈관 손상, 알코올성 뇌병증은 비가역적 요인으로 회복이 어렵다.

문제 161. 다음 중 항콜린성 작용 약물로 인해 나타날 수 있는 인지 저하 증상으로 옳지 않은 것은 무엇인가?

① 기억력 저하　　　　　　　　② 집중력 저하

③ 주의력 저하　　　　　　　　④ 언어능력 향상　　　☞●●●○

> 📖 해설: 항콜린성 약물은 특히 노인에게 기억력, 집중력, 주의력 저하를 유발할 수 있다.
> 반면, 언어능력 향상과는 관련이 없으므로 ④번이 옳지 않은 설명이다.

문제 162. 다음 중 벤조디아제핀계 약물의 부작용으로 올바른 것은 무엇인가?

① 기억력 개선　　　　　　　　② 균형 장애와 낙상 위험 증가

③ 집중력 향상　　　　　　　　④ 우울증 예방 효과

문제 163. 다음 중 고령자의 우울증에 의한 인지 저하(가성치매, Pseudodementia)의 특징으로 옳은 것은 무엇인가?

① 진행이 서서히 나타나며 자기 인식이 부족하다.
② 하루 중 기복이 있고, 본인의 인지 문제를 자각하는 경우가 많다.
③ 반복적인 실수와 지남력 저하가 두드러진다.
④ 항우울제 치료로는 호전되지 않는다.

문제 164. 다음 중 고령자의 우울증과 치매 감별에 대한 설명으로 가장 적절한 것은 무엇인가?

① 우울증은 인지 저하가 진행성이고 비가역적이다.
② 치매 환자는 자신의 인지 문제를 명확히 자각하는 경우가 많다.
③ 우울증은 항우울 치료 후 회복 가능성이 높다.
④ 치매와 우울증은 임상적으로 구분할 수 없다.

문제 165. 다음 중 치매의 일반적 특징에 대한 설명으로 옳은 것은 무엇인가?

① 치매는 단일 질환으로, 알츠하이머병에서만 나타난다.
② 치매는 노화 현상과 동일하다.
③ 치매는 다양한 원인에 의해 인지 기능이 지속적으로 저하되는 임상 증후군이다.

④ 치매는 대부분 급성으로 발생하여 회복이 빠르다. 

> 📖 해설: 치매는 알츠하이머병, 혈관성 치매, 루이소체 치매 등 여러 원인에 의해 발생할 수 있는 임상 증후군이다. 보통 만성적이고 점진적으로 진행하며, 단순한 노화와는 구분된다.

문제 166. 다음 중 알츠하이머 치매의 주요 병리적 특징으로 옳지 않은 것은 무엇인가?

① 아밀로이드 베타 단백질의 비정상적 축적
② 타우 단백질의 과인산화에 따른 신경섬유 얽힘
③ 뇌혈관의 다발성 경색으로 인한 손상
④ 점진적인 기억력 저하와 인지 기능 저하 

> 📖 해설: 다발성 뇌경색으로 인한 손상은 혈관성 치매의 특징이다. 알츠하이머병은 아밀로이드 베타 단백질의 축적과 타우 단백질의 병리적 변화가 중심 병리이며, 임상적으로 점진적인 기억력 및 인지 기능 저하가 주요 증상이다.

문제 167. 혈관성 치매에 대한 설명으로 옳은 것은 무엇인가?

① 주로 45~65세의 젊은 연령층에서 나타난다.
② 주로 루이소체 단백질의 축적으로 발생한다.
③ 뇌혈관 손상 이후 갑작스럽거나 계단식으로 증상이 악화된다.
④ 초기에는 미묘한 기억력 저하로 시작된다.

> 📖 해설: 혈관성 치매는 뇌졸중, 다발성 뇌경색, 미세혈관 질환 등으로 인해 발생한다. 알츠하이머병이 점진적·서서히 진행되는 것과 달리, 급격하거나 계단식으로 악화되는 경과를 보이는 것이 특징이다.

문제 168. 다음 중 전두측두엽 치매(FTD)의 특징에 해당하지 않는 것은 무엇인가?

① 기억력 저하가 초기 주요 증상으로 나타난다.
② 사회적 규범을 지키는 능력 저하와 충동 조절의 어려움이 있다.
③ 언어 이해력 및 단어 사용 능력이 점차 감소한다.
④ 주로 45~65세 사이의 비교적 젊은 연령에서 발병한다.

> 📖 해설: 전두측두엽 치매는 알츠하이머병과 달리 초기에는 기억력 저하보다 성격 변화, 감정·행동 조절의 어려움, 사회적 규범 상실, 언어 능력 저하가 먼저 나타난다. 또한 비교적 젊은 연령층(45~65세)에서 발병하는 경우가 많다.

문제 169. 다음 중 루이소체 치매와 파킨슨병 치매의 구분 기준으로 옳은 것은 무엇인가?

① 운동 증상이 먼저 나타나면 루이소체 치매, 이후 인지 저하가 나타나면 파킨슨병 치매다.
② 인지 기능 저하가 먼저 나타나면 파킨슨병 치매, 이후 운동 증상이 나타나면 루이소체 치매다.
③ 운동 증상 발생 1년 이내에 인지 저하가 동반되면 루이소체 치매, 1년 이후에 인지 저하가 나타나면 파킨슨병 치매다.
④ 두 질환은 발병 시점과 관계없이 동일하게 분류된다.

> 📖 해설: 루이소체 치매와 파킨슨병 치매는 병리적으로 유사하지만, 운동 증상과 인지 증상의 발현 시점으로 구분한다. 즉, 운동 증상 발생 후 1년 이내 인지 저하가 나타나면 루이소체 치매, 1년 이후에 인지 저하가 동반되면 파킨슨병 치매로 분류한다.

문제 170. 섬망에 대한 설명으로 옳은 것은 무엇인가?

① 치매와 달리 증상이 서서히 진행되고 지속된다.
② 주의력 저하, 착란, 환시, 수면-각성 주기 변화 등이 주요 증상이다.
③ 단일 원인으로 주로 발생하며, 환경 요인과는 관련이 없다.
④ 치유농업 현장에서는 섬망 위험을 고려할 필요가 없다.

> 📖 해설: 섬망은 급성 뇌기능 장애로 주의력 저하, 혼란, 지남력 장애, 환시, 수면-각성 주기의 변화 등이 특징이다. 치매와 달리 급성 발병하고 변동성이 크며, 단일 원인보다는 복합 요인에 의해 발생한다.

문제 171. 다음 중 섬망의 대표적인 유발 요인으로 옳지 않은 것은?

① 저나트륨혈증　　　　② 폐렴
③ 항콜린제　　　　　　④ 규칙적인 낮잠 습관

> 📖 해설: 섬망은 감염(폐렴, 요로감염), 대사 이상(저나트륨혈증), 약물(항콜린제, 벤조디아제핀 등), 수술 및 마취, 신경계 손상, 심혈관 문제, 환경 변화, 탈수 등 다양한 원인에 의해 발생한다. 그러나 규칙적인 낮잠 습관은 섬망과 관련된 위험 요인이 아니다.

문제 172. 섬망 환자 관리에서 비약물적 중재에 해당하지 않는 것은 무엇인가?

① 낮밤 구분을 명확히 해주기
② 환자에게 안경과 보청기를 착용시켜 주기
③ 조용하고 밝은 병실 환경 유지하기
④ 항정신병 약물을 투여하여 증상을 조절하기

> 📖 해설: 섬망 치료의 원칙은 원인 교정이며, 비약물적 중재가 우선된다. 비약물적 중재에는 환경 안정화, 낮밤 구분, 안경·보청기 사용, 가족 접촉 유지 등이 포함된다. 약물은 반드시 필요한 경우 최소한으로 사용한다.

문제 173. 섬망과 치매를 구분하는 주요 특징으로 옳은 것은?

① 섬망은 만성적이며 치매는 급성이다.
② 섬망은 주로 노화 과정에서 발생하며 진행이 느리다.
③ 섬망은 급성 발병하고 증상 변동성이 크다.
④ 섬망은 기억력 저하만 나타나고 주의력은 보존된다.

> 📖 해설: 섬망은 급성 뇌기능 장애로 짧은 시간 안에 발생하고 변동성이 크다. 반면 치매는 만성적으로 진행되며 점진적 악화가 특징이다.

문제 174. 치유농업 현장에서 섬망 관리와 관련된 설명으로 옳은 것은?

① 섬망은 치유농업 프로그램과는 무관하므로 고려하지 않아도 된다.
② 대상자의 혼란이나 행동 변화는 정상적인 적응 반응으로 판단한다.
③ 섬망 위험 요인을 미리 파악하고 탈수 방지, 감염 예방을 포함한 예방 조치를 한다.

④ 섬망이 의심되면 프로그램을 즉시 중단하고 약물 치료를 시작해야 한다.　　　👉●●○○

> 📖 해설: 치유농업 현장에서도 섬망 초기 징후(주의력 저하, 혼란 등)를 신속히 인지하고 보호
> 자·의료진과의 협력을 통해 중재해야 한다. 또한 고령자 대상 프로그램에서는 탈수 방지, 감염 예
> 방, 수면 환경 개선 등 예방적 접근이 필수적이다.

문제 175. DSM-5에서 제시한 인지기능의 6개 주요 영역에 해당하지 않는 것은 무엇인가?

① 복합적 주의 (Complex attention)
② 집행 기능 (Executive function)
③ 학습과 기억 (Learning and memory)
④ 정서적 안정성 (Emotional stability)　　　👉●●○○

> 📖 해설: DSM-5에서는 인지기능을 복합적 주의, 집행 기능, 학습과 기억, 언어, 지각-운동, 사회인지
> 의 6개 영역으로 구분한다. 정서적 안정성은 인지기능이 아니라 정서 및 정신 건강 영역에 속한다.

문제 176. 다음 중 집행 기능(Executive function)에 해당하는 세부 기능으로 옳은 것은 무엇인가?

① 시각적 지각 (Visual perception)
② 피드백에 대한 반응/오류 수정 (Feedback/Error utilization)
③ 최신기억 (Recent memory)
④ 이름 대기 (Naming)　　　👉●●●○

> 📖 해설: 집행 기능에는 계획·의사결정, 작업기억, 피드백 반응 및 오류 수정, 습관 억제, 정신적
> 유연성이 포함된다.
> ① 시각적 지각은 지각-운동 영역
> ③ 최신기억은 학습과 기억 영역
> ④ 이름 대기는 언어 영역에 해당한다.

문제 177. 한 환자가 대화 중 상대방의 표정 변화를 잘 이해하지 못하고, 타인의 마음을 추론하
는 데 어려움을 보인다. DSM-5 인지기능 분류에서 이 환자의 손상과 가장 관련이 깊은 영역은

무엇인가?

① 사회인지 (Social cognition)
② 언어 (Language)
③ 학습과 기억 (Learning and memory)
④ 복합적 주의 (Complex attention)　　　　　　　　　　　　　　☞●●●●

해설: 사회인지(Social cognition)는 타인의 감정, 의도, 마음 상태를 이해하고 추론하는 능력과 관련된다. 이는 표정, 제스처, 사회적 단서의 해석과 밀접하다. 반면, 언어는 의사소통 능력, 학습과 기억은 정보 저장·회상, 복합적 주의는 집중·주의 분산 조절과 관련된다.

문제 178. 다음 중 복합적 주의(Complex attention)의 세부 기능에 속하지 않는 것은 무엇인가?

① 지속적 주의 (Sustained attention)
② 선택적 주의 (Selective attention)
③ 분할 주의 (Divided attention)
④ 자전적 기억 (Autobiographic memory)　　　　　　　　　　　☞●●●●

해설: 복합적 주의에는 지속적 주의, 선택적 주의, 분할 주의, 처리 속도 등이 포함된다. 반면 자전적 기억은 학습과 기억 영역의 장기 기억 하위 요소로 분류된다. 따라서 복합적 주의의 세부 기능에 해당하지 않는다.

문제 179. 지남력 장애의 전형적인 진행 경로로 가장 적절한 것은 무엇인가?

① 사람 → 장소 → 시간
② 장소 → 시간 → 사람
③ 시간 → 장소 → 사람
④ 시간 → 사람 → 장소　　　　　　　　　　　　　　　　　　☞●●●○

해설: 지남력은 보통 시간에 대한 인식에서 먼저 손상되며, 이어서 장소(공간) 인식이 저하되고, 마지막으로 사람(자신과 타인) 인식이 상실된다. 이러한 진행 경로는 알츠하이머병 초기 환자에서 흔히 관찰되는 특징이다.

문제 180. 주의력의 하위 요소에 대한 설명으로 옳지 않은 것은?

① 각성(Arousal)은 전반적인 정신적 깨어 있음 상태를 의미한다.
② 경계(Vigilance)는 짧은 순간에 강렬한 자극에만 반응하는 능력이다.
③ 선택주의(Selective attention)는 여러 자극 중 특정 자극에 집중하는 능력이다.
④ 자원(Resources)은 주어진 인지 과업에 집중할 수 있는 정신적 자원의 양이다.　☞●●●○

> 📖 해설: 경계(Vigilance)는 짧은 순간의 반응이 아니라, 오랜 시간 동안 자극을 감지하고 반응할 수 있는 능력을 뜻한다.

문제 181. 다음 중 노인의 주의력 특성에 대한 설명으로 가장 적절한 것은?

① 복잡한 과제 수행에서는 주의력이 쉽게 분산되거나 과부하될 수 있다.
② 단순한 주의력도 나이가 들수록 급격히 저하된다.
③ 여러 과제를 동시에 수행할 때 오히려 더 효율적으로 대처한다.
④ 주의력은 기억력이나 판단력에 거의 영향을 주지 않는다.　☞●●○○

> 📖 해설: 노인의 경우 처리할 수 있는 정보의 양이 제한되어 복잡하거나 복수의 과제 수행 시 주의력이 쉽게 분산되지만, 단순한 주의력은 비교적 오래 유지된다.

문제 182. 다음 중 지남력과 주의력에 관한 설명으로 옳은 것은?

① 정상적인 지남력을 보인다면 반드시 기억력도 잘 보존된 상태이다.
② 주의력은 기억력, 판단력 등 다른 인지 기능에 영향을 거의 주지 않는다.
③ 지남력은 주의력과 기억력 모두에 영향을 받는다.
④ 알츠하이머병 초기에는 지남력은 보존되지만 주의력이 먼저 저하된다.　☞●●●●

> 📖 해설: 지남력은 주의력과 기억력의 영향을 모두 받는다. 하지만 정상적인 지남력이 곧 기억력 보존을 의미하는 것은 아니며, 알츠하이머 초기에는 지남력 오류가 흔히 나타난다.

문제 183. 처리속도(Processing speed)에 대한 설명으로 옳은 것은 무엇인가?

① 처리속도는 단순히 반응의 '빠르기'만을 의미한다.
② 처리속도는 기억력, 실행기능, 언어능력 등 다른 인지 기능과는 무관하다.
③ 처리속도의 저하는 노화 과정에서 가장 일관되게 나타나는 특징 중 하나이다.

④ 처리속도는 주의력과는 별개의 기능으로, 서로 상호작용하지 않는다.　👉●●○○

📖 해설: 처리속도는 단순한 '빠름'이 아니라 효율성과 정확성을 포함하며, 주의력과 함께 고차원적 인지 기능의 기반을 이룬다. 또한, 노화에 따라 점진적으로 저하되는 가장 일관된 특징 중 하나로 관찰된다.

문제 184. 시공간 능력이 저하될 경우 일상생활에서 가장 직접적으로 어려움을 겪을 수 있는 예는 무엇인가?

① 약 복용 시간 판단
② 대중교통 탑승 시 신속한 판단
③ 집에서 목적지까지 길 찾기
④ 복잡한 계산 능력　👉●●○○

📖 해설: 시공간 능력은 사물의 위치와 방향을 인식하고, 공간 속에서 이동 계획을 세우는 데 필요하다. 따라서 길 찾기와 같은 일상 과제 수행에서 가장 직접적인 어려움이 나타난다.

문제 185. 다음 중 처리속도 저하의 원인과 가장 거리가 먼 것은 무엇인가?

① 백질 손상
② 전두엽 기능 저하
③ 신경전달 속도의 감소
④ 혈압 상승으로 인한 단기적 긴장　👉●●●○

📖 해설: 처리속도 저하는 주로 뇌의 구조적·생리적 요인과 관련된다. 예를 들어 백질 손상, 전두엽 기능 저하, 신경전달 속도 감소 등이 원인이 된다. 반면, 혈압 상승으로 인한 일시적 긴장은 처리속도 저하의 직접적 원인으로 보기 어렵다.

문제 186. 시공간 능력 및 구성 능력의 저하와 관련된 설명으로 가장 적절한 것은 무엇인가?

① 시공간 능력은 오직 도형을 그리는 과제에서만 확인할 수 있다.
② 시공간 능력은 기억, 주의, 실행기능과 상호작용하지 않는다.
③ 시공간 능력은 추상적 사고, 문제 해결 능력과도 관련이 있다.

④ 시공간 능력의 저하는 항상 치매의 초기 증상으로만 나타난다.

☞●●●●

> 📖 해설: 시공간 능력은 단순 도형 재현을 넘어 추상적 사고, 시각적 조직화, 문제 해결 능력과 밀접히 연결된다. 따라서 치매의 진단·감별 및 일상 기능 평가에서 중요한 지표로 활용된다.

문제 187. 기억의 세 가지 주요 인지 단계에 해당하지 않는 것은 무엇인가?

① 부호화(Encoding)   ② 저장(Storage)
③ 강화(Reinforcement)   ④ 인출(Retrieval)   ☞●●○○

> 📖 해설: 기억 과정은 부호화(Encoding) → 저장(Storage) → 인출(Retrieval)의 세 단계로 구분된다. 강화(Reinforcement)는 학습 원리와 관련된 개념으로, 기억의 주요 인지 단계에는 포함되지 않는다 (Lezak, 2004).

문제 188. 다음 중 작업 기억(Working memory)의 특징으로 옳은 것은 무엇인가?

① 단순히 정보를 일정 기간 저장하는 능력을 말한다.
② 특정 시간과 장소에서의 개인적 경험을 저장한다.
③ 정보를 일시적으로 저장하면서 동시에 조작할 수 있다.
④ 특정 시점에 계획된 행동을 수행하도록 돕는다.   ☞●●●○

> 📖 해설: 작업 기억(Working memory)은 단순 저장을 넘어 정보를 동시에 조작할 수 있는 능력을 포함한다. 이는 복잡한 문제 해결, 추론, 언어 이해 등 고차원적 인지 기능과 밀접히 연관된다 (Baddeley, 2012).

문제 189. 다음 사례에 해당하는 기억 유형은 무엇인가?

> "한 학생이 오후 3시에 약속이 있다는 것을 기억해 두었다가, 시간이 되자 약속 장소에 가는 것."

① 일화적 기억(Episodic memory)
② 작업 기억(Working memory)
③ 미래 계획 기억(Prospective memory)

④ 시각·공간적 기억(Visuospatial memory)

> 📖 해설: 미래 계획 기억(Prospective memory)은 특정 시점이나 상황에서 수행해야 할 일을 기억하고 실행하는 능력을 의미한다. 예를 들어, 약속 시간을 기억하고 정해진 시간에 행동으로 옮기는 것이 해당된다 (Uttl, 2008).

문제 190. 언어적 기억은 주로 어떤 뇌 영역과 관련이 있는가?

① 좌측 측두엽
② 우측 두정엽 및 후두엽
③ 전두엽
④ 소뇌

> 📖 해설: 언어 기반 정보는 좌측 측두엽에서 주로 처리된다. 반면, 시공간적 정보는 우측 두정엽 및 후두엽과 연관된다 (Milner, 1968).

문제 191. 기억 기능 저하가 일어나는 원인과 그 설명으로 옳은 것은 무엇인가?

① 부호화 실패 – 정보가 저장은 되었으나 인출 전략 부족으로 회상이 어려움
② 저장 실패 – 정보가 아예 입력되지 않아 기억 흔적이 형성되지 않음
③ 인출 실패 – 기억은 존재하지만 적절한 전략 부족으로 회상 곤란
④ 부호화 성공 – 저장된 정보가 자동적으로 회상됨

> 📖 해설: ·부호화 실패: 정보가 제대로 입력되지 않아 저장 자체가 불가능하다.
> ·저장 실패: 정보가 아예 기억 흔적을 형성하지 못함.
> ·인출 실패: 기억은 존재하지만 적절한 전략이나 단서 부족으로 회상이 어려움.
> ·부호화 성공: 저장되었더라도 회상은 자동으로 이루어지지 않는다(Squire & Kandel, 2003).

문제 192. 언어 기능에 대한 설명으로 옳지 않은 것은 무엇인가?

① 언어 기능에는 말하기뿐 아니라 듣기, 이해, 읽기, 쓰기 능력도 포함된다.
② 표현 언어는 상대방의 말을 듣고 이해하는 능력을 의미한다.
③ 단어가 쉽게 떠오르지 않는 현상은 노화나 뇌 질환 초기에서 나타날 수 있다.
④ 치유농업 활동에서는 대상자의 언어적 특성에 맞춘 소통이 참여도와 정서 안정에 긍정적 영향을 준다.

📖 해설:
· 표현 언어(Expression language): 자신이 말하고자 하는 내용을 문장으로 구성하여 말로 표현하는 능력
· 수용 언어(Receptive language): 상대방의 말을 듣고 이해하는 능력
따라서, ②는 옳지 않다. 나머지 선택지는 언어 기능의 특징과 치유농업 활동에서의 적용을 올바르게 설명하고 있다.

문제 193. 치매와 같은 뇌 질환에서 자주 나타나는 언어적 어려움으로 가장 적절한 것은 무엇인가?

① 새로운 언어를 배우는 능력이 일시적으로 향상된다.
② 알고 있는 사람이나 물건의 이름이 쉽게 떠오르지 않는다.
③ 수용 언어 능력은 완전히 유지되며 표현 언어만 저하된다.
④ 말의 유창성과 단어 사용에는 변화가 거의 없다.

📖 해설: 치매 환자에서는 이름대기(Name recall)의 어려움이 자주 발생하며, 단어 선택이 어렵거나 반복·오용이 증가한다. 수용 언어와 표현 언어 모두 영향을 받을 수 있으며, 새로운 언어 능력이 향상되는 경우는 없다.

문제 194. 언어 기능과 관련하여 옳은 설명은 무엇인가?

① 언어 기능은 단순히 말하기 능력만을 의미한다.
② 언어 기능은 인간의 사고, 정서, 사회적 관계 유지와 밀접하게 관련된다.
③ 언어 기능 저하는 뇌 건강과는 무관하다.
④ 치유농업에서는 언어적 특성을 고려하지 않아도 된다.

📖 해설: 언어 기능은 사고, 정서, 사회적 관계 유지에 핵심적인 역할을 한다. 여기에는 말하기, 듣기, 이해, 읽기, 쓰기 능력이 모두 포함되며, 뇌 건강과 밀접하게 연결되어 있다. 따라서 치유농업 활동에서는 대상자의 언어적 특성과 어려움을 이해하고 맞춤형 소통이 필요하다.

문제 195. 치유농업 활동에서 언어 기능과 관련한 적절한 소통 방법으로 올바른 것은?

① 말을 빠르게 하고 질문을 복잡하게 구성한다.

② 말할 기회를 제한하고 지시 위주로 진행한다.

③ 천천히 말하고 질문을 쉽게 구성하며, 말할 기회를 충분히 제공한다.

④ 대상자의 말하기 능력이 떨어지더라도 소통 방식을 바꾸지 않는다.

> 해설: 치유농업 활동에서는 대상자의 언어적 특성과 어려움을 고려하여,
> 천천히 말하고, 질문을 쉽게 구성하며, 말할 기회를 충분히 제공하는 것이 참여도와 정서적 안정
> 에 긍정적인 영향을 준다. ①, ②, ④는 부적절한 소통 방식이다.

문제 196. 다음 중 실행기능과 가장 관련이 깊은 활동은 무엇인가?

① 새로운 단어를 외우고 시험에서 암기한 내용을 회상하는 활동

② 마트에서 장을 볼 때 구매할 물건을 기억하고 순서를 정하며 계산대로 향하는 활동

③ 특정 역사적 사건의 연대를 정확히 기억하는 활동

④ 음악을 듣고 감정을 느끼는 활동

> 해설: 실행기능(Executive function)은 계획, 작업 기억, 주의 전환, 억제 조절 등 복합적 고
> 차원적 인지 과정과 관련된다.
> 마트에서 장을 보는 활동은 작업 기억(물건 기억), 계획(구매 순서), 억제력(주변 유혹 억제), 주의
> 전환(계산대로 이동)이 모두 포함되어 실행기능과 밀접하다.
> ①, ③은 주로 기억력, ④는 정서·감각 경험과 관련된다.

문제 197. 개념화와 추론 능력의 핵심 특징으로 가장 옳은 것은 무엇인가?

① 단순히 외운 정보를 회상하는 능력

② 여러 구체적 경험을 통합하여 추상적인 규칙이나 일반화를 도출하는 능력

③ 단순 자극에 대한 반사적 반응을 빠르게 수행하는 능력

④ 감정을 조절하고 타인의 마음을 이해하는 능력

> 해설: · 개념화(Concept formation): 다양한 구체적 사건이나 정보를 추상적 수준에서 통합
> 하고 규칙성을 도출하는 고차원적 사고 과정이다.
> · 추론(Reasoning): 이를 바탕으로 논리적 결론을 도출하며, 연역적·귀납적 추론을 포함한다.
> ①은 단순 기억, ③은 반사적 반응, ④는 사회적 인지(Social cognition)와 관련된다.

문제 198. 다음 설명 중 귀납적 추론에 해당하는 사례는 무엇인가?

① "모든 사람은 언젠가는 죽는다. 소크라테스도 인간이므로 소크라테스는 죽는다."

② "이 사과는 빨갛다. 저 사과도 빨갛다. 따라서 모든 사과는 빨갛다."

③ "자동차를 운전할 때 안전벨트를 매면 사고 시 부상을 줄일 수 있다."

④ "오늘 아침은 비가 왔다. 어제도 비가 왔다. 따라서 이번 주 내내 비가 올 것이다."

📖 해설: 귀납적 추론(Inductive reasoning): 여러 구체적 사례를 관찰하여 일반적 규칙이나 결론을 도출하는 과정이다.
사례 B는 여러 사과가 빨간 것을 관찰하고 일반화한 전형적 귀납적 추론이다.
①은 연역적 추론(Deductive reasoning), ③은 경험적 사실 제시, ④는 예측적 추론이나 논리적 귀납법 형태가 명확하지 않다.

문제 199. 사회적 인지가 손상된 경우 나타날 수 있는 문제로 가장 적절한 것은 무엇인가?

① 일상적인 물건의 이름을 기억하지 못함

② 타인의 감정을 잘 이해하지 못하고, 부적절하게 반응함

③ 계산 능력이나 숫자 이해가 떨어짐

④ 단순한 시각적 자극에 대한 반응 속도가 느려짐

📖 해설: 사회적 인지(Social cognition): 타인의 감정, 의도, 신념, 행동을 이해하고 적절히 반응하는 능력 손상 시 표정 해석 실패, 부적절한 감정 표현, 타인 관점 무시 등이 나타난다.
①은 기억, ③은 수리능력, ④는 처리 속도와 관련된다.

문제 200. 다음 중 노인 인지 기능 평가 시 실행 기능과 개념화/추론 능력을 동시에 평가할 수 있는 활동은 무엇인가?

① 기억력 검사를 통해 단어 목록을 회상하게 함

② 장을 보는 시나리오에서 구매 순서 계획, 물건 위치 고려, 계산 결정까지 수행하도록 함

③ 표정 사진을 보고 감정을 맞추도록 함

④ 간단한 운동 과제를 수행하게 함

📖 해설: 활동 ②는 실행 기능(계획, 작업 기억, 주의 전환, 억제 조절)과 개념화/추론 능력(물건 위치와 우선순위 판단, 효율적 구매 전략 수립)을 동시에 요구되는데, ①은 기억, ③은 사회적 인지, ④는 신체 기능 평가와 관련된다.

문제 201. 경도인지장애 노인을 대상으로 한 텃밭정원 프로그램의 주요 목적이 아닌 것은 무엇인가?

① 신체활동 및 건강한 생활습관 실천 유도
② 정서적 안정 및 긍정적 태도 형성
③ 인지기능 향상 및 기억감퇴 완화
④ 고강도 근력 운동을 통한 체력 최대화

📖 해설: 텃밭정원 프로그램은 경도인지장애 노인의 인지 건강 증진, 생활습관 개선, 정서적 안정을 목표로 한다. 고강도 근력 운동을 통한 체력 최대화는 주 목적에 포함되지 않으며, 프로그램에서는 소근육 및 대근육 운동을 포함하지만 체력 최대화가 핵심은 아니다.

문제 202. 텃밭정원 프로그램에서 감각자극을 위한 활동으로 적절한 것은 무엇인가?

① 씨앗 종류별 분류를 통한 선택적 집중력 향상
② 허브 차 마시기, 식물 관찰, 향기 맡기
③ 바느질 점검 및 순서 기억하기
④ 젓가락으로 팥 옮기기를 통한 지속적 집중력 훈련

📖 해설: 감각자극 활동은 오감(시각, 청각, 후각, 미각, 촉각)을 자극하는 활동
예: 식물 관찰, 손으로 만지기, 허브 차 마시기
①, ③, ④는 주의력, 수행 기능, 시공간력 훈련 활동에 해당하며 감각자극 중심이 아니다.

문제 203. 다음 중 텃밭정원 프로그램에서 주의력 중 '변환 집중력'을 향상시키는 활동으로 가장 적합한 것은 무엇인가?

① 그림카드 끝말잇기를 통한 기억력 강화
② 기본 동작 수행 중 특정 지시에 따라 동작 변화
③ 바느질 선 따라 하기
④ 텃밭 주변 식물 관찰하며 변화 기록

📖 해설: ·변환 집중력(Shifting attention): 한 가지 행동 수행 중 특정 지시가 주어지면 다른 형태로 변화하거나 추가하는 능력
·프로그램 예: 동작 수행 중 단어 추가, 속도·방향 변화 지시
①은 기억력, ③은 시공간력, ④는 감각자극 활동과 관련됨

문제 204. 텃밭정원 프로그램에서 회상 활동의 예시로 적절하지 않은 것은 무엇인가?

① 추석 명절 가족과 송편 빚기 기억하기
② 두꺼비 집짓기 놀이 경험 떠올리기
③ 허브 차 만들기 과정에서 색·향 관찰하기
④ 청군 백군 운동회 경험 떠올리기　　　　　　　　　　　☞●●●○

> 📖 해설: 회상 활동: 과거 경험과 관련된 일화나 의미 있는 기억을 떠올리는 활동
> 허브 차 만들기는 현재 감각을 활용한 감각자극 활동이며, 회상 활동에 해당하지 않음
> ①, ②, ④는 과거 경험을 회상하는 활동으로 회상 활동에 포함됨

문제 205. 텃밭정원 프로그램을 통해 인지재활을 위한 '생활화' 활동으로 가장 적절한 것은 무엇인가?

① 그림카드를 보며 주변 사물의 위치 기억하기
② 텃밭의 식물과 자원을 활용해 집안 공간 꾸미기
③ 젓가락으로 팥 50알 옮기기
④ 씨앗 소리를 듣고 종류 맞추기　　　　　　　　　　　☞●●●●

> 📖 해설: 생활화(Life application) 단계: 학습한 활동을 일상생활에 적용하는 것
> 텃밭 식물과 자원을 활용해 집안 공간 꾸미기는 생활 속 적용 사례
> ①, ③, ④는 주로 인지훈련 중심 활동에 해당

문제 206. 심리·정서적 기능과 관련된 활동으로 치유농업에서 가장 직접적으로 촉진될 수 있는 것은 무엇인가?

① 근육 강도 향상
② 감정 인식과 조절
③ 혈압 및 혈당 조절
④ 언어 능력 향상　　　　　　　　　　　☞●●○○

> 📖 해설: 심리·정서적 기능: 자신의 감정을 인식·조절하고, 타인과 긍정적 관계를 형성하는 능력
> 치유농업 활동 예시: 식물 돌보기, 감정일지 작성, 감정카드 활용 등을 통해 정서 인식과 조절 촉진
> ①, ③, ④는 각각 신체 기능, 생리적 건강, 언어·인지 기능과 관련됨

문제 207. Mayer & Salovey(1997)의 정서지능 이론에서 제시하는 세 가지 영역이 아닌 것은 무엇인가?

① 정서 인식　　　　　　　② 정서 조절
③ 정서 활용　　　　　　　④ 정서 회피　　　　　　　

> 📖 해설: Mayer & Salovey(1997)의 정서지능 이론에서 제시하는 세 가지 핵심 영역
> ・정서 인식: 자신의 감정과 타인의 감정을 정확히 인식
> ・정서 조절: 감정을 적절히 조절하고 관리
> ・정서 활용: 감정을 사고와 행동에 효율적으로 활용
> 정서 회피는 정서지능 영역에 포함되지 않음

문제 208. 자기결정성이론(Self-determination theory)에 따르면, 인간이 심리적 건강을 유지하기 위해 충족되어야 하는 기본 욕구가 아닌 것은 무엇인가?

① 자율성　　　　　　　　② 유능감
③ 관계성　　　　　　　　④ 경쟁성

> 📖 해설: 자기결정성이론(Deci & Ryan, 2000)에서 제시하는 인간의 기본 욕구:
> ・자율성(Autonomy): 스스로 선택하고 결정할 수 있는 능력
> ・유능감(Competence): 환경과 상호작용하며 효과적으로 목표 달성
> ・관계성(Relatedness): 타인과 의미 있는 관계 형성
> 경쟁성은 이 이론에서 기본 욕구로 포함되지 않음

문제 209. 스트레스 회복이론(Stress recovery theory)에 따른 치유농업 활동의 효과로 옳지 않은 것은 무엇인가?

① 심박수 감소　　　　　　② 근육 긴장 완화
③ 혈압 상승　　　　　　　④ 기분 개선

> 📖 해설: 스트레스 회복이론(Ulrich et al., 1991)에 따르면 자연 환경과 접촉할 때 나타나는 효과
> ・심박수 감소
> ・근육 긴장 완화
> ・기분 개선 및 정서 안정
> 혈압 상승은 스트레스 회복과 반대되는 현상이므로 옳지 않음

문제 210. 주의회복이론(Attention restoration theory)에서 제시하는 '회복에 필요한 네 가지 조건'에 포함되지 않는 것은 무엇인가?

① 탈일상성　　　　　　　　② 매혹성
③ 범위성　　　　　　　　　④ 정서 지능

📖 **해설:** 주의회복이론(Kaplan & Kaplan, 1989)에서 집중력 회복을 위해 제시한 네 가지 조건
· 탈일상성: 일상적 환경에서 벗어나 주의를 환기
· 매혹성: 자연 환경에서 주의를 저절로 끌어주는 요소
· 범위성: 환경이 충분히 넓고 다양한 경험 제공
· 일치성: 환경이 개인의 요구와 목표에 적합
정서 지능(Emotional intelligence)은 포함되지 않음

문제 211. 치유농업에서 식물이나 동물과의 비언어적 교감을 통해 감정을 표현하고 정서를 순화할 수 있는 대상자로 가장 적합한 사례는 무엇인가?

① 일상적으로 감정을 자유롭게 표현하는 청소년
② 발달장애인이나 외상 경험자
③ 규칙적인 스트레스 관리 훈련을 이미 받은 직장인
④ 운동 능력이 뛰어난 성인

📖 **해설:** 치유농업은 언어적 표현이 어려운 대상자에게 감정 투사 및 표현 기회를 제공한다. 아동, 발달장애인, 외상 경험자, 만성 정신질환자는 식물·동물과의 비언어적 상호작용을 통해 정서적 순화를 경험할 수 있다(Song et al., 2010). 반면, 언어적 표현이 자유롭거나 이미 스트레스 관리가 가능한 성인에게는 주된 효과가 상대적으로 제한적이다.

문제 212. 치유농업 활동을 통해 반복적·점진적인 성취 경험을 제공함으로써 자기효능감을 높이고 우울감이나 무기력감을 완화하는 효과를 가장 잘 설명한 것은 무엇인가?

① 참여자가 자연 속에서 자유롭게 휴식을 취한다.
② 씨를 뿌리고 수확하며 자신의 노력이 결과로 나타나는 경험을 한다.
③ 자연 소리와 햇빛을 감각적으로 느끼며 마음을 안정시킨다.
④ 공동 텃밭에서 다른 사람과 식물을 나누며 사회적 유대를 형성한다.

📖 해설: 자기효능감 강화는 자신의 행동이 결과로 나타나는 경험을 반복적으로 제공할 때 발생한다. 치유농업에서는 씨앗을 심고 성장과 수확을 직접 경험함으로써 '나도 해낼 수 있다'는 믿음을 회복시키고, 우울·무기력감을 완화하는 데 기여한다(Jeong et al., 2023).
①, ③은 주로 심리적 안정 및 휴식과 관련되며, ④는 사회적 유대 형성과 관련된다.

문제 213. 다음 중 치유농업 활동의 정서적 안정과 스트레스 완화 효과와 직접 관련이 없는 것은 무엇인가?
① 녹색 식물과 자연 소리, 흙냄새 경험
② 치유농업 공간에서의 반복적·예측 가능한 환경 제공
③ 공동체 활동을 통한 사회적 관계 회복
④ 자연의 리듬에 맞춘 활동으로 과각성 상태 진정　　

📖 해설: 정서적 안정과 스트레스 완화는 자연 환경 자극(시각·청각·촉각), 반복적 환경, 과각성 상태 진정 등과 직접 연관된다.
공동체 활동은 사회적 관계 회복 및 소속감 향상과 관련되며, 스트레스 완화와는 직접적 효과가 아니다(Ulrich, 1991; Relf, 1992; WHO, 2022).
①, ②, ④는 모두 정서 안정과 스트레스 완화와 직접적인 관련이 있다.

문제 214. 치유농업이 단순한 활동을 넘어서 공간 자체가 치유적 기능을 발휘하도록 설계될 때 기대할 수 있는 효과로 옳은 것은 무엇인가?
① 대상자의 운동 능력 향상
② 트라우마 대상자에게 안전감 제공
③ 단기간 집중력 향상
④ 사회적 기술 학습　　

📖 해설: 치유농업 공간은 시각·청각·촉각 자극을 통해 감각 통합을 돕고, 반복적·예측 가능한 환경은 트라우마 대상자에게 안전감을 제공한다.
공간 자체가 '회복의 장'으로 기능하여 심리적 안정에 기여한다.
①은 신체 기능 향상과 관련, ③은 일시적 주의력과 관련, ④는 사회적 기술 습득과 관련되며, 공간 설계와 직접적 치유 효과와는 차이가 있다.

문제 215. 정서지능의 "자기 감정 인식" 능력에 대한 설명으로 옳은 것은 무엇인가?

① 타인의 감정을 자기 감정처럼 느끼고 적절히 반응하는 능력
② 자신의 감정을 정확히 자각하고 명명하는 능력
③ 감정 경험을 창의적 사고와 문제 해결에 활용하는 능력
④ 타인의 정서 상태를 인지하고 이를 완화하거나 긍정적으로 유도하는 능력　☞●●●○

　　📖 해설: 자기 감정 인식은 자신의 감정을 정확히 인지하고 명명하는 능력으로, 감정조절과 정서적 자율성의 출발점이다. ①은 감정이입(공감), ③은 창의적 사고, ④는 타인 정서 조절과 관련된다.

문제 216. 다음 중 정서지능(Emotional Intelligence)의 "정서 활용" 영역에 속하는 요소가 아닌 것은 무엇인가?

① 동기화　　　　　　　　　　② 창의적 사고
③ 주의 전환　　　　　　　　　④ 타인의 감정 이해　☞●●●○

　　📖 해설: 정서 활용(Emotion Utilization) 영역에는 창의적 사고, 동기화, 주의 전환, 계획 수립 및 실행 등이 포함된다.
반면, 타인의 감정 이해는 정서의 인식과 표현(Emotion Perception/Expression) 영역에 속하며, 정서 활용과는 구분된다.

문제 217. 치유농업 프로그램에서 참여자의 심리정서적 건강을 향상시키기 위해 활용될 수 있는 정서지능 요소 중 '대인 갈등 조절과 지원 행동'과 직접적으로 관련 있는 것은 무엇인가?

① 자기 정서 조절　　　　　　② 타인 정서 조절
③ 창의적 사고　　　　　　　　④ 주의 전환　☞●●●●

　　📖 해설: 타인 정서 조절은 타인의 감정을 인지하고 이를 완화하거나 긍정적으로 유도하는 능력으로, 대인 갈등 조절과 지원 행동과 직접 관련된다.
반면, 자기 정서 조절은 자신의 감정을 관리하는 능력이며, 창의적 사고와 주의 전환은 정서 활용의 다른 측면과 관련된다.

문제 218. 다음 중 "정서지능의 조절 영역"에 해당하는 능력은 무엇인가?

① 비언어적 정서 표현　　　　② 자기 정서 조절
③ 창의적 사고　　　　　　　　④ 계획 수립 및 실행

📖 해설: 정서지능의 조절 영역에는 자기 정서 조절과 타인 정서 조절이 포함된다.
비언어적 정서 표현은 정서 인식·표현 영역에, 창의적 사고와 계획 수립 및 실행은 정서 활용 영역에 속한다.

문제 219. 만성 스트레스와 적응장애가 있는 대상자에게 치유농업이 가장 효과적인 이유로 옳은 것은 무엇인가?

① 격렬한 운동을 통해 스트레스 호르몬을 즉각 배출할 수 있다.
② 반복 가능하고 예측 가능한 활동을 통해 긴장을 완화하고 일상의 안정감을 회복할 수 있다.
③ 복잡한 문제 해결 활동으로 인지 능력을 극대화할 수 있다.
④ 자연 환경에서 무작위적인 자극을 받아 심리적 변화를 촉진한다.

☞●●●●○

📖 해설: 만성 스트레스와 적응장애는 생활사건에 대한 과도한 정서 반응과 긴장을 특징으로 한다.
치유농업에서는 반복적이고 예측 가능한 활동을 통해 긴장을 완화하고 일상의 안정감을 회복하도록 돕는 것이 핵심 전략이다.
격렬한 운동(①)은 일부 도움을 줄 수 있지만 핵심 메커니즘은 아니며, 복잡한 인지 활동(③)과 무작위 자극(④)은 오히려 불안이나 스트레스를 증가시킬 수 있다.

문제 220. 다음 중 치유농업이 주요우울장애 환자의 회복에 도움을 주는 방식으로 가장 적절한 것은 무엇인가?

① 자연의 주기적 순환과 생명 돌봄을 통해 소속감과 희망감을 회복한다.
② 규칙적인 심리검사와 설문 평가를 통해 우울 정도를 모니터링한다.
③ 고강도 신체활동으로 신경전달물질을 즉시 활성화한다.
④ 혼자 집중적으로 작업하도록 하여 자기반성을 촉진한다.

☞●●●●○

📖 해설: 주요우울장애 환자는 슬픔, 무기력, 흥미 상실을 경험한다.
치유농업은 식물이나 동물을 돌보며 자연의 순환을 체험함으로써 소속감, 의미감, 희망감을 회복하도록 돕는다. 단순 모니터링(②), 고강도 운동(③), 고립적 작업(④)은 회복에 직접적 효과를 주는 핵심 요소가 아니다.

문제 221. 불안장애 및 신체화 증상을 가진 대상자를 치유농업 프로그램에 참여시킬 때 기대되는 효과로 가장 적절한 것은 무엇인가?

① 자율신경계 항진을 악화시켜 불안 반응을 강화한다.

② 안정적 자극과 신체활동 결합을 통해 신경계 조절과 감정 완화를 촉진한다.

③ 집단 경쟁 활동으로 성취감을 높여 불안을 감소시킨다.

④ 복잡한 인지 과제를 수행하여 주의력 결핍을 보완한다.

해설: 불안장애는 자율신경계 과활성화, 예기불안, 신체 증상 등을 특징으로 한다.
치유농업에서는 안정적 자극과 적절한 신체활동을 결합하여 신경계 균형과 감정 조절을 돕는 것이 핵심이다. 경쟁적 활동(③)이나 과도한 인지 과제(④)는 오히려 불안을 증가시킬 수 있으며, ①은 명백히 반대 효과이다.

문제 222. 경계선 성격장애나 PTSD(Post-Traumatic Stress Disorder, 외상 후 스트레스 장애) 등에서 나타나는 감정조절 장애와 충동성 문제를 가진 대상자에게 치유농업이 제공할 수 있는 주요 이점은 무엇인가?

① 반복적·감각적 체험과 타자 돌봄을 통해 안정감 회복과 감정 전환 기제를 훈련할 수 있다.

② 단기적인 경쟁 활동을 통해 충동성을 외부로 발산하도록 한다.

③ 과제 수행 과정에서 자기비하적 생각을 반복적으로 검토하게 한다.

④ 혼자 활동하도록 하여 내면의 감정을 집중적으로 탐색하도록 한다.

해설: 감정조절 장애와 충동성은 외상 경험이나 애착 손상과 깊은 관련이 있다.
치유농업에서는 반복적·감각적 체험과 타자를 돌보는 활동을 통해 안정감을 회복하고, 감정을 전환하며 자기조절 능력을 훈련할 수 있다.
②, ③, ④는 안정감 회복과 자기조절 훈련에는 도움이 되지 않는 활동이다.

문제 223. 치유농업에서 아동과 청소년을 대상으로 한 프로그램의 주요 목적과 적합한 활동으로 가장 적절한 것은 무엇인가?

① 직무 스트레스 해소와 자기 돌봄 능력 향상을 위해 허브 가꾸기와 감정 일지 작성

② 감정을 식물이나 동물에 투사하며 표현하고, 자기효능감과 사회성을 기르기 위해 감정 텃밭 만들기와 협동 작업

③ 은퇴 후 무기력감 해소를 위해 수확물 나눔과 계절성 농업 활동 수행

④ 충동성과 과각성 완화를 위해 반복적이고 예측 가능한 식물 관리 활동

문제 224. 치유농업 프로그램에서 노년기의 대상자에게 가장 적합한 활동은 무엇인가?

① 감정 텃밭 만들기와 협동 작업
② 자연 명상과 감정 일지 작성
③ 정서 회고 중심의 작물활동과 공동체 참여
④ 허브 가꾸기와 반복적 식물 관리

문제 225. 정신건강 취약군을 위한 치유농업 프로그램에서 활동 설계 시 고려해야 할 중요한
요소로 옳지 않은 것은 무엇인가?

① 반복적이고 예측 가능한 활동 제공
② 식물과의 상호작용을 통한 비언어적 정서 표현
③ 감각자극 중심 활동으로 과각성 신경계 안정
④ 경쟁 중심의 협동 작업과 빠른 성과 달성 요구

문제 226. 발달장애 또는 인지장애가 있는 대상자에게 치유농업이 제공할 수 있는 주요 효과로 올바른 것은 무엇인가?

① 직무 스트레스 감소와 자기돌봄 역량 향상
② 감각 자극을 통한 안정 환경 제공과 정서 통제력 향상
③ 계절성과 주기성을 통한 정서적 리듬 회복
④ 감정 회고와 자아 통합 경험 촉진

  해설: 발달장애 또는 인지장애 대상자는 언어적 표현과 사회적 상호작용에 제약이 있으며, 감각처리에 어려움이 있을 수 있다.
따라서 시각, 후각, 촉각 등 다양한 감각 자극과 단순 반복 활동을 통해 안정된 환경 제공과 정서적 통제력 향상이 효과적이다.
①은 청년/성인 대상, ③은 중장년층 대상, ④는 노년기 대상에게 적합한 활동이다.

문제 227. "마음성장 텃밭" 프로그램에서 아동·청소년의 심리·정서적 건강 증진을 위해 포함되는 활동 중 정서 자각 능력 향상과 감정 명명 능력을 가장 직접적으로 돕는 활동은 무엇인가?

① 식물에게 감정 이름 붙이기 활동
② 동물 돌봄과 역할 분담
③ 감정 텃밭 관찰 일지 및 소감 나누기
④ 내 감정 표현 화분 만들기

  해설: 식물에게 감정 이름 붙이기 활동은 아동·청소년이 자신의 감정을 구체적 이름으로 표현해보는 활동으로, 정서 자각과 감정 명명 능력을 직접적으로 훈련함.
②는 책임감과 배려, 사회성 발달에 도움을 줌.
③는 정서 표현과 사회적 유대 강화에 기여함.
④는 감정 발산 중심의 정서 표현 훈련 활동임.

문제 228. 아동·청소년을 대상으로 한 치유농업 프로그램에서 정서적 완충 효과와 스트레스 해소를 가장 효과적으로 제공하는 요소는 무엇인가?

① 감정 일기와 감정 색깔 돌을 통한 정서 인식 훈련
② 동물과의 교류 및 돌봄 활동
③ 화분에 감정을 표현하는 미술 활동
④ 텃밭 관찰 일지 작성

📖 해설: 동물 매개 활동은 아동·청소년이 부정적 감정(우울, 불안, 분노 등)을 자연스럽게 표현하고 발산하도록 돕고, 정서적 지지 및 완충 효과를 제공함.
①, ③, ④는 주로 정서 자각, 표현, 관찰 능력 향상에 초점을 맞춘 활동임.

문제 229. 다음 중 치유농업 프로그램 참여 후 아동·청소년에게 나타날 수 있는 심리·정서적 효과로 연구에서 보고된 내용과 가장 일치하는 것은?

① 공격성이 증가하고 자기표현 능력이 감소한다.
② 정서지능이 높아지고 사회적 발달이 촉진된다.
③ 자기효능감과 기억력은 변하지 않는다.
④ 동물과의 활동은 정서적 자각에 아무런 영향을 주지 않는다.

📖 해설: 연구에 따르면 치유농업 프로그램에 참여한 아동은 공격성이 낮아지고, 정서지능 및 사회적 발달이 향상된다(Jeong et al., 2017).
①, ③, ④는 연구 결과와 반대되는 내용으로, 프로그램의 긍정적 심리·정서 효과를 반영하지 않는다.

문제 230. "마음돌봄 텃밭" 프로그램에서 대학생이 감정 상태에 따라 허브나 꽃 식물을 선택하여 양육하는 활동의 주된 목적은 무엇인가?

① 식물 재배 기술 향상
② 감정 인식과 표현 능력 강화
③ 운동 기능 향상
④ 대인관계 능력 향상

📖 해설: 이 활동은 학생이 자신의 감정을 식물에 비유하고 돌보는 과정을 통해 감정을 인식하고 표현하도록 설계된다.
단순한 식물 재배 기술 습득(A)이나 운동 기능 향상(C), 대인관계 능력 향상(D)보다는 정서적 자기돌봄 능력 향상에 중점을 둔다.

문제 231. 대학생 대상 치유농업 프로그램에서 "내 마음 텃밭 발표회"와 같은 활동의 기대 효과로 가장 적절한 것은 무엇인가?

① 운동 수행 능력 향상
② 자기 이해와 공감 능력 증진
③ 시험 점수 향상
④ 단순한 스트레스 해소

●●○○

📖 해설: 기말 발표회를 통해 학생이 기록하고 돌본 텃밭과 감정 경험을 공유함으로써 자기 이해와 타인에 대한 공감 능력이 향상된다.
단순 스트레스 해소 ④나 학업 성취 ③, 운동 수행 능력 ①과는 직접적인 관련이 없다.

문제 232. "마음돌봄 텃밭" 프로그램 설계에서 사용된 이론 중, 학생이 스스로 선택하고 활동에 참여하도록 함으로써 자기돌봄 능력을 높이는 데 근거가 되는 이론은 무엇인가?

① 주의회복이론 (Kaplan & Kaplan, 1989)
② 자기결정성이론 (Deci & Ryan, 2000)
③ 감정표현 기반 정서지능 이론 (Mayer & Salovey, 1997)
④ 사회학습이론 (Bandura, 1977)

●●●○

📖 해설: 자기결정성이론(Self-determination theory)은 개인의 자율적 선택과 참여가 심리적 동기와 자기돌봄 능력을 증진한다고 설명한다.
프로그램에서는 학생이 활동과 식물을 스스로 선택하도록 설계하여 이 이론을 적용하였다.
①, ③, ④는 각각 주의 회복, 정서지능, 학습 과정 관련 이론으로, 자기 선택 기반 자기돌봄 능력과는 직접 관련이 없다.

문제 233. 정순진 외(2023)가 보고한 대학생 치유농업 프로그램 효과 중 포함되지 않는 것은 무엇인가?

① 스트레스, 우울, 불안 감소
② 자기효능감 증진
③ 운동 능력 향상
④ 대인관계 개선

●●○○

📖 해설: 대학생 치유농업 프로그램 참여 학생은 정서적 회복, 자기효능감 증진, 대인관계 개선 등의 효과를 경험하였다.
운동 능력 향상은 프로그램의 주목적이 아니며, 신체적 체력보다는 정서·심리적 건강 증진에 초점을 맞춘 프로그램이다.
①, ②, ④는 프로그램 효과로 보고된 항목이다.

문제 234. 치유농업 '자기돌봄 치유텃밭' 프로그램의 주요 활동으로 옳지 않은 것은 무엇인가?

① 주중 감정 리듬에 맞춘 작물 돌봄 스케줄링
② 출근 전 '아침 햇살 관찰'을 통한 텃밭 명상
③ 허브 향기요법과 자기 치유 차 만들기
④ 고향 작물 심기를 통한 과거 회상 활동

해설: '고향 작물 심기'와 같은 과거 회상 활동은 주로 노인을 대상으로 한 회상 기반 치유정원 프로그램에 포함된다.
성인 대상 자기돌봄 치유텃밭 프로그램에서는 감정 리듬 맞춤 작물 돌봄, 아침 햇살 명상, 허브 향기요법, 자기 치유 차 만들기 등 현재 감정과 자기돌봄 중심 활동이 주요 활동으로 포함된다.
①, ②, ③은 성인 프로그램의 핵심 활동이다.

문제 235. 노인 대상 '회상과 연결의 치유정원' 프로그램의 기대 효과로 적절하지 않은 것은 무엇인가?

① 자아통합 및 정서적 안정 경험　　② 사회적 연결성 강화
③ 혈압 감소 및 신체 건강 증진　　④ 자기이해 및 정서 인식 능력 향상

해설: '자기이해 및 정서 인식 능력 향상'은 성인 자기돌봄 텃밭 프로그램의 주요 기대효과이다.
노인 대상 회상과 연결의 치유정원 프로그램은 주로 회상 활동, 공동체 참여, 감각 기반 인지 자극을 통해 정서 안정과 사회적 연결성 회복에 중점을 둔다.
혈압 감소 등 생리적 효과도 보고되지만, 자기이해 능력 향상은 성인 프로그램의 특징이다.
①, ②, ③은 노인 프로그램의 기대 효과에 포함된다.

문제 236. 치유농업 프로그램 설계 시 성인과 노인의 공통적인 설계 이론으로 올바른 것은 무엇인가?

① 자기결정성 이론과 스트레스 회복 이론
② 행동주의 학습 이론과 인지부하 이론
③ 고전적 조건화 이론과 사회적 학습 이론
④ 다중지능 이론과 상호작용주의

해설: 성인과 노인 프로그램 모두 자기결정성 이론(Self-Determination Theory)과 스트레스 회복 이론(Stress Recovery Theory)을 중심으로 설계되어, 감정 회복, 자율성 강화, 공동체 회복을 목표로 한다.
나머지 선택지는 치유농업 프로그램 설계와 직접적 관련이 없으며, 특정 학습이나 인지 이론 중심으로만 접근하는 경우에는 설계의 핵심 목표를 반영하지 못한다.

문제 237. 다음 중 치유농업 참여자의 심리적·생리적 효과에 대한 연구 결과로 옳은 것은 무엇인가?

① 성인은 치유농업 참여로 인지 기능이 개선된다.
② 직장인은 직무 스트레스가 많을수록 치유농업 참여도가 낮다.
③ 노인은 치유농업 참여로 스트레스와 우울 감소, 생활 만족도 증가가 보고되었다.
④ 치유농업은 심리적 안정에는 도움이 되지만 혈압에는 영향을 미치지 않는다.

해설: 노인 참여자의 경우 스트레스와 우울 감소, 생활 만족도 증가, 혈압 등 생리적 변화가 관찰되었다. 성인의 경우 주요 효과는 인지 기능 개선이 아닌 자기이해, 정서 조절, 자기효능감 향상이다. 직장인은 스트레스가 많을수록 참여도가 오히려 높게 나타났으며, 혈압 역시 치유농업의 생리적 효과 중 하나로 보고된다.

문제 238. "느린 돌봄, 회복의 정원" 프로그램에서 만성 정신질환자에게 적용되는 활동 중 정서 안정감과 반복성 기반 안정감 향상을 직접적으로 목적으로 하는 활동은 무엇인가?

① 소규모 발표를 통한 감정 공유와 자기 표현 훈련
② 집단 기반의 식물 돌보기 협동 과제(책임 분담 방식)
③ 매일 정해진 시간에 반복되는 작물 물주기와 관찰 활동
④ 돌봄 대상 식물에게 편지 쓰기 및 정서 기록 활동

해설: 매일 정해진 시간에 반복적으로 작물에 물을 주고 관찰하는 활동은 낮은 자극과 고예측성 환경에서 진행되어 정서 예측성과 반복성 기반 안정감을 향상시키는 데 초점을 둔다.
①과 ②는 사회적 기능과 자기 표현 훈련에, ④는 정서 기록과 자기 성찰에 초점을 맞춘 활동이다.

문제 239. 조현병 환자에게 치유농업, 특히 원예치료가 약물치료로는 충분히 개선되지 않는 영역에서 도움을 주는 부분은 무엇인가?

① 환각과 망상 등 양성 증상의 조절
② 정서의 위축과 감소, 의욕 상실 등의 음성 증상 개선
③ 약물 부작용 경감
④ 발달장애와 지적 능력 향상

해설: 조현병 치료에서 약물치료는 주로 양성 증상(환각, 망상)에 효과가 있으나, 음성 증상(정서 위축, 의욕 상실) 개선에는 한계가 있다.
원예치료와 치유농업은 음성 증상 개선과 사회성 증진을 돕는 보조적 치료법이다.
④는 만성 정신질환과 구별되는 발달장애 관련 내용으로 적절하지 않다.

문제 240. 식용원예치료(Edible horticultural therapy)가 조현병 환자의 사회적 기능 및 재활능력을 증진시키는 기전으로 가장 적합한 설명은 무엇인가?

① 약물을 대신하여 뇌 화학물질을 조절한다.
② 오감 경험과 자연 관찰을 통해 자기효능감과 일상생활 기능을 회복한다.
③ 지적 능력 향상을 위해 학습 중심 활동을 제공한다.
④ 인지 행동 치료(CBT)를 대신하여 심리 상담을 수행한다.

해설: 식용원예치료는 관찰, 촉각, 후각, 미각 등 오감을 활용하여 자연의 치료적 효과를 경험하도록 한다. 이를 통해 자기효능감, 일상생활 기능, 사회적 기능 회복과 정신재활 활성화에 도움을 준다. ①, ③, ④는 원예치료의 직접적 기전과 관련이 없다.

문제 241. 다음 중 만성 정신질환자용 치유농업 프로그램 설계에서 고려해야 할 핵심 요소가 아닌 것은 무엇인가?

① 인지적 과부하 회피
② 저자극·고예측성 환경 제공
③ 반복적·정서적 의미를 담은 활동
④ 고강도 신체활동과 경쟁적 과제

해설: 만성 정신질환자 프로그램은 인지적 부담 최소화, 정서 안정성 확보, 자기효능감 회복을 위해 저자극·고예측성 환경에서 반복적이고 의미 있는 활동을 중심으로 설계된다.
고강도 신체활동과 경쟁적 과제는 스트레스와 불안 유발 가능성이 있어 적합하지 않다.

문제 242. 치유농업이 정신건강 회복을 위해 사회적 기능을 향상시키는 방식으로 가장 적절한 사례는 무엇인가?

① 혼자서 텃밭에서 식물을 돌보며 감정적 안정감을 느끼는 활동
② 농작업 과정에서 다른 참여자와 자연스럽게 대화하고 공동의 목표를 달성하는 활동
③ 농업 관련 책을 읽고 지식을 습득하는 개인 학습 활동
④ 농작물 판매 수익을 전적으로 자신의 사적인 용도로 사용하는 활동

해설: 치유농업은 단순 정서 안정이나 여가 활동을 넘어 사회적 기능 회복을 돕는다.
농작업에서 공동 목표 달성과 타인과의 상호작용 경험은 대인관계, 사회참여, 역할 수행 등 사회적 기능을 강화한다. ①, ③, ④는 사회적 상호작용이나 기여 경험이 부족하여 사회적 기능 향상과 직접적인 관련이 적다.

문제 243. 치유농업에서 사회적 상호작용을 통해 대상자가 공동체 속에서 자신의 정체성을 재구성하도록 돕는 이론적 근거로 가장 적절한 것은 무엇인가?

① 에릭슨의 심리사회적 발달이론　　　② 회복지향 관점
③ 심리사회적 모델(Psychosocial model)　　　④ 사회적 학습이론　　　☞●●○○

해설: 심리사회적 모델은 건강과 행동을 생물학적 요인뿐 아니라 심리적, 사회적 환경과의 상호작용으로 이해한다. 치유농업에서는 사회적 상호작용과 역할 수행을 통해 사회적 기능 회복과 정체성 재구성을 지원하며, 이는 심리사회적 모델의 핵심 개념을 반영한다.
①, ②, ④는 사회적 기능 회복과 정체성 재구성 측면에서 직접적 근거가 부족하다.

문제 244. 다음 중 치유농업이 생애주기별 발달 과업을 지원하는 방식으로 가장 적절한 설명은 무엇인가?

① 정서 안정과 스트레스 완화만 제공한다.
② 대상자의 사회적 기술을 관찰과 모방을 통해 학습하게 한다.
③ 역할 경험, 협력적 과업, 세대 간 상호작용을 구조화하여 사회적 기능을 강화한다.
④ 공동체 감각 형성을 위해 집단 내 규칙을 엄격하게 적용한다.　　　☞●●○○

해설: 에릭슨의 심리사회적 발달이론에 따르면, 생애주기마다 해결해야 할 발달 과업이 존재한다. 치유농업은 역할 경험, 협력적 과업, 세대 간 상호작용 등을 구조화하여 사회적 기능과 발달 과업 수행을 자연스럽게 지원한다.
①은 기능이 제한적이며, ②는 직접적 사회적 기능 강화와 연계가 약하고, ④는 과도한 규율 중심으로 발달 과업 지원과 거리가 있다.

문제 245. McMillan과 Chavis(1986)의 공동체 감각 이론에 따르면, 치유농업에서 '함께 씨앗을 심고 수확하는 활동'이 강화하는 요소로 올바른 것은 무엇인가?

① 상호영향력과 사회적 자기효능감　　　② 소속감과 정서적 연결
③ 자기결정성과 역할 회복　　　④ 심리적 안정감과 스트레스 완화　　　☞●●○○

해설: 공동체 감각은 소속감, 상호영향력, 정서적 연결, 공동 역사/상징 등 4요소로 구성된다. '함께 씨앗을 심고 수확'하는 경험은 개인 간 유대와 사회적 소속감, 정서적 연결을 강화하여 공동체 감각 형성을 촉진한다.

문제 246. Bandura(1977)의 사회적 학습이론에 근거하여 치유농업 프로그램에서 기대할 수 있는 효과로 가장 적절한 것은 무엇인가?

① 자연환경을 통해 심리적 안정감만을 제공한다.

② 참여자 간 상호작용을 통해 의사소통, 협력, 감정 표현 등 사회적 기술이 학습된다.

③ 개별적 역할 수행을 강조하여 공동체 활동을 최소화한다.

④ 생애주기 발달 과업 수행과는 무관하다.　　　　　　　　　　

📖 해설: 사회적 학습이론은 관찰, 모방, 강화 과정을 통해 사회적 행동을 학습한다고 본다. 치유농업은 집단 기반 활동을 통해 사회적 기술을 자연스럽게 습득하고 반복 강화할 수 있는 환경을 제공한다.

문제 247. 치유농업의 사회적 기능에 대한 설명 중 옳지 않은 것은 무엇인가?

① 치유농업은 반복적·공동체 기반 활동을 통해 사회적 연결망 회복을 촉진하고, 사회적 고립과 단절을 완화할 수 있다.

② 참여자가 식물 돌봄과 공동작업에 참여함으로써 사회적 역할과 정체성을 재구성하는 경험을 제공한다.

③ 치유농업은 경쟁적·평가 중심 활동 구조를 통해 참여자의 사회적 기술을 강화하며, 성과 중심 피드백을 제공한다.

④ 자연 환경 속에서의 활동은 공동체 감각 형성, 심리적 안전망 회복, 정서적 안정에도 기여할 수 있다.

📖 해설: ①은 맞는 설명. 치유농업은 자연 기반의 비임상적 접근으로 반복적·공동체 활동을 통해 사회적 연결망을 회복하도록 돕는다.

②는 맞는 설명. 참여자는 활동을 통해 '기여하는 존재'로서 사회적 역할을 수행하며 정체성을 재구성할 수 있다.

③은 틀린 설명. 치유농업은 비경쟁적·비판단적 구조에서 사회적 기술 학습과 재형성을 촉진하며, 성과 중심 평가를 강조하지 않는다.

④는 맞는 설명. 자연환경 활동은 공동체 감각(Sense of community)과 정서적 안정, 심리적 안전망 회복에 기여한다.

문제 248. 치유농업 활동 중 참여자가 타인의 감정을 이해하고 적절히 반응하며, 공동작업 중 의견을 조율하는 능력은 사회적 기능의 어떤 하위 요소와 가장 관련이 있는가?

① 역할 정체성　　　　　　② 공감과 배려

③ 참여 동기　　　　　　　④ 성공 경험

📖 해설: 대인관계 기능의 하위 요소인 공감과 배려는 타인의 감정과 상황을 이해하고 적절히 반응하는 능력을 의미하며, 치유농업에서는 공동작업 중 자연스럽게 발현된다.
· 역할 정체성: 역할 수행 능력과 관련
· 참여 동기: 사회적 참여와 관련
· 성공 경험: 사회적 자기효능감과 관련

문제 249. 다음 중 치유농업에서 사회적 자기효능감을 강화하는 활동으로 가장 적절한 것은 무엇인가?

① 씨앗을 심고 성장 과정을 관찰하며 성취감을 경험하는 활동
② 공동체 행사에서 단순히 참여만 하는 활동
③ 농장 구성원 간 역할 없이 개별 작업을 수행하는 활동
④ 참여자가 관찰자 역할만 맡고 직접 참여하지 않는 활동 

📖 해설: 사회적 자기효능감은 개인이 사회적 관계 속에서 의미 있는 행동을 수행할 수 있다는 자기 신념을 의미한다. 치유농업에서는 작은 성공 경험의 반복과 기여감 내면화를 통해 강화된다.
단순 참여, 역할 없는 개별 작업, 관찰자 역할은 자기효능감을 경험할 기회를 제공하지 않는다.

문제 250. 치유농업 프로그램에 참여한 대상자들이 정해진 일정에 따라 반복적으로 공동 농작업에 참여하는 과정에서, 집단 내 협력 행동의 증가, 공동 목표에 대한 책임감 형성, 활동 지속 의지 및 소속감의 강화가 관찰되었다.

이와 같은 변화가 가장 직접적으로 향상된 사회적 기능 영역으로 옳은 것은 무엇인가?
① 대인관계 기능
② 역할 수행 능력
③ 사회적 참여
④ 정체성과 사회적 통합 

📖 해설: 사회적 참여는 공동체 활동에 대한 접근성, 참여 의지, 지속성, 기여 의식을 포함한다.
공동체 활동에 자발적·지속적으로 참여하며 소속감, 연대감, 책임 의식을 형성하는 기능 영역
→ 반복적 공동작업이라는 핵심 단서와 가장 부합한다.

문제 251. 다음과 같은 변화가 가장 적절하게 설명되는 사회적 기능 영역으로 옳은 것은 무엇인가?

> 치유농업 프로그램에 참여한 대상자가 활동 초기에는 보호와 지원의 대상으로 참여하였으나,
> 프로그램이 진행됨에 따라 작업 수행을 통한 기여 경험을 축적하고, 세대 간 상호작용과 협력 활
> 동을 통해 자신을 공동체의 유의미한 구성원으로 인식하게 되었다.

① 대인관계 기능
② 역할 수행 능력
③ 사회적 자기효능감
④ 정체성과 사회적 통합　　　　　　　　　　　　　　　　　　　☞ ●●●●

　　　📖 해설: 정체성과 사회적 통합은 참여자가 사회 속에서 자신의 역할과 위치를 인식하고, 공동체
와의 관계 속에서 자아 정체성, 상호 존중, 공동체 일원으로서의 인식을 형성하는 과정을 의미한
다. 사회적 역할 전환을 통해 자기 정체성을 재구성하고, 공동체의 일원으로 소속·통합되는 과정
을 포괄하는 영역→ 세대 간 협력, 기여 경험, 공동체 인식이라는 핵심 단서와 정확히 부합한다.

문제 252. 사회적 고립(Social isolation)에 대한 설명으로 가장 적절한 것은 무엇인가?
① 디지털 기기 사용이 과도해도 사회적 고립과는 관련이 없다.
② 타인과의 의미 있는 관계와 정서적 교류가 단절된 상태를 의미한다.
③ 단순히 혼자 있는 시간의 양이 많다는 것만으로 정의된다.
④ 사회적 고립은 청소년에게만 나타나는 문제이다.　　　　　　　☞ ●●○○

　　　📖 해설: 사회적 고립은 단순히 혼자 있는 시간의 많고 적음과 달리, 타인과의 의미 있는 관계와
정서적 교류가 이루어지지 않는 상태를 의미한다. 이는 고령자, 은둔형 청년, 정신질환자 등 다양
한 연령과 집단에서 나타날 수 있으며, 우울증, 자살 위험 등 심각한 건강 문제와 연관된다.
디지털 기기 사용 여부, 혼자 있는 시간, 특정 연령대만의 문제라는 단정은 적절하지 않다.

문제 253. 사회적 기능 저하 유형 중 '정서적 무동기(Affective amotivation)'와 가장 관련이
깊은 설명은 무엇인가?
① 사회적 역할을 상실하여 정체성 혼란을 경험하는 상태
② 디지털 과의존으로 오프라인 대인관계를 회피하는 상태
③ 외부 세계에 대한 동기와 관심이 감소하여 사회적 활동 참여 의지가 저하된 상태
④ 타인의 감정을 이해하지 못해 상호작용이 왜곡되는 상태

📖 해설: 정서적 무동기(Affective amotivation)는 우울증, 정신장애 음성증상, 중독 회복기 대상자 등에서 나타나는 사회적 기능 저하 유형이다.
특징적으로 외부 세계에 대한 동기와 관심이 현저히 줄어들어 사회적 활동 참여 의지가 저하된다.
이는 단순한 게으름이 아니며, 보상 시스템 저하와 관련된 생물학적 반응과 연관된다.
다른 선택지는 정서적 무동기와 직접적인 관련이 없거나 사회적 기능 저하의 다른 유형과 관련된다.

문제 254.

사회적 기능이 저하된 대상자에게 효과적인 중재는 역할 상실 경험을 완화하고, 사회적 예측 가능성과 성공 경험의 누적을 통해 참여 동기를 회복시키는 특성을 갖는다. 다음 중 치유농업이 이러한 사회적 기능 저하에 대응할 수 있는 이유로 가장 타당한 설명은 무엇인가?

① 신체 기능 회복을 최우선 목표로 하여 사회적 요소를 최소화한다.
② 반복적이고 예측 가능한 공동작업을 통해 성취 경험과 사회적 역할을 제공한다.
③ 치료 대상자에게 '환자'라는 정체성을 지속적으로 강화한다.
④ 대면 상호작용을 줄이기 위해 디지털 기기 활용을 중심으로 운영된다.

📖 해설: 치유농업은 계절성과 반복성, 작은 성취 경험을 통해 정서적 안정과 사회적 참여를 촉진한다. 참여자는 능동적 존재로서 역할 수행, 자기효능감, 존엄성 회복을 경험한다. 단순 신체 활동이나 디지털 활동 대체, 환자 정체성 상기 등은 사회적 기능 회복과는 관련이 없다. 따라서 반복적 공동작업과 성취 경험 제공이 핵심이며, 사회적 기능 저하 대응의 근거로 가장 타당하다.

문제 255.

치유농업에서 청소년 대상 프로그램 "자기돌봄 치유텃밭"의 주요 활동으로 옳지 않은 것은 무엇인가?

① 모둠 단위 텃밭 설계와 작물 공동재배
② 감정 나무 만들기와 정서 표현 워크북 활동
③ 친구에게 전하는 식물 편지 쓰기
④ 개인별 독서 일지 작성과 독서 토론

📖 해설: 프로그램은 공동체 소속감과 사회적 상호작용 촉진을 목표로, 텃밭 공동재배, 감정 나무, 식물 편지 쓰기, 협업 요리 등의 활동을 포함한다. 반면, 개인별 독서 일지 작성과 독서 토론은 정서 표현 및 사회적 상호작용과 직접적 연관성이 낮아 프로그램 활동에 포함되지 않는다.
따라서 청소년 대상 자기돌봄 치유텃밭 활동에서는 ④가 적절하지 않은 선택지이다.

문제 256. 치유농업 청년 프로그램 "리부트 가든(Reboot Garden)"의 기대 효과와 가장 관련이 높은 이론은 무엇인가?

① 자기결정이론(Deci & Ryan)　　② 애착이론(Bowlby)
③ 행동주의 이론(Skinner)　　　④ 인지부조화 이론(Festinger)

　　해설: 리부트 가든 프로그램은 청년의 자율성 회복과 사회적 참여 동기 강화를 목표로 설계되었다. 자기결정이론(Self-Determination Theory)은 개인의 자율성, 소속감, 관계성 회복이 심리적 동기와 행동에 중요한 영향을 준다고 설명하며, 프로그램 설계에 직접 적용된다.
애착이론, 행동주의, 인지부조화 이론은 해당 프로그램의 주요 목표와 직접적 연관성이 낮다.

문제 257. 다음 중 치유농업 활동이 아동·청소년의 사회성 향상에 기여하는 주요 메커니즘으로 옳은 것은?

① 자연 속에서 개인적 성취만 강조하여 자신감 증진
② 활동 과제를 수행하면서 타인과 상호작용하고 협력 경험 제공
③ 정서 표현보다는 지식 전달 중심 활동 강화
④ 독립적 활동으로 사회적 자극 최소화

　　해설: 치유농업은 텃밭 공동재배, 감정 표현 활동 등 참여자 간 상호작용과 협력을 통해 사회적 유대와 공감 능력을 향상시키는 것이 핵심이다. 단순 개인 성취나 독립적 활동, 지식 전달 중심 활동은 사회성 발달과 직접적인 관련이 적다.

문제 258. 치유농업 프로그램 "함께 자라는 채소, 함께 나누는 마음"의 활동 중 발달장애인의 사회적 상호작용 능력 향상에 가장 직접적으로 기여하는 활동은 무엇인가?

① 허브 식물 체험 활동을 통한 향기·촉감·색상 구별 경험
② 1:1 또는 1:2 구조의 협업 텃밭 가꾸기와 단계별 역할 분담
③ '수확한 채소로 우리 밥상 차리기' 요리 협동활동
④ 의사소통 그림카드를 활용한 작업 순서 익히기

　　해설: 협업 텃밭 가꾸기는 1:1 또는 1:2 구조로 역할을 분담하며 진행되므로, 발달장애인이 타인과 상호작용하고 공동작업을 수행하는 경험을 직접적으로 제공한다. 이는 사회적 관계 기술 향상과 협력 경험 확대에 가장 효과적이다. 다른 활동들은 감각 자극(①), 의사소통 훈련(④), 또는 협동 요리(③)로 보조적 기능을 수행한다.

문제 259. 다음 중 DSM-5 신경발달장애 유형과 치유농업 프로그램의 기대효과를 올바르게 연결한 것은 무엇인가?

① 지적장애 → 감각 기반 활동을 통한 자기표현 및 정서 조절 능력 강화

② 자폐 스펙트럼 장애 → 단순히 식물 만지기 활동만으로 사회적 상호작용 향상

③ 주의력 결핍·과잉행동 장애 → 의사소통 그림카드를 통한 언어 능력 향상

④ 특정 학습장애 → 협동 텃밭 활동으로 운동 조정 능력 향상　

　📖 해설: 지적장애인의 경우 낮은 인지 능력으로 인해 정서 조절과 대인관계에서 어려움이 크다. 감각 기반 활동(허브 체험, 식물 만지기 등)은 정서 자각 및 자기표현을 강화하여 사회적 참여와 적응 능력 향상에 도움을 준다. ②, ③, ④는 활동과 효과가 직접적으로 연결되지 않아 부적절하다.

문제 260. 치유농업 프로그램에서 발달장애인의 사회적 기능 향상을 위해 사용되는 이론적 기반이 아닌 것은 무엇인가?

① TEACCH 접근(구조화된 시각적 환경 제공)

② 감각통합이론

③ 사회적 학습이론(모델링, 관찰 학습)

④ 인지행동치료(CBT)　

　📖 해설: 제시된 프로그램 사례는 TEACCH 접근, 사회적 학습이론, 감각통합이론을 기반으로 설계되어 있다. 인지행동치료(CBT)는 발달장애인의 사회적 상호작용 훈련에 직접적으로 적용된 사례가 언급되지 않았다.

문제 261. 치유농업 프로그램 참여가 발달장애인에게 미치는 긍정적 효과 중 사회적 고립 예방과 자기주장 능력 향상에 가장 직접적으로 관련된 설명은 무엇인가?

① 반복 가능하고 예측 가능한 텃밭 작업으로 안정성과 성취감을 제공한다.

② 감각 기반 활동을 통해 정서 조절과 자기표현 능력을 강화한다.

③ 협업 과정을 통한 역할 이해 및 공동체 경험 확대가 가능하다.

④ 허브 식물 체험으로 향기, 촉감, 색상 구별 능력을 향상시킨다.　

　📖 해설: 협업 활동을 통한 역할 이해와 공동체 경험 확대는 발달장애인이 사회적 관계를 형성하고 적절히 자기주장을 할 수 있는 능력을 길러주며, 사회적 고립을 예방하는 데 직접적 영향을 미친다. ①과 ②는 안정감과 정서 조절을 제공하는 보조적 효과이며, ④는 감각 자극 중심 활동이다.

문제 262. 치유농업 프로그램이 노인, 특히 경증 치매 노인에게 긍정적인 효과를 주는 주요 이유로 가장 적절한 것은 무엇인가?

① 단순히 노인이 혼자 정원을 가꾸며 신체활동을 하도록 유도하기 때문에
② 원예 활동을 통해 신체기능, 인지기능, 정서 안정 및 사회적 상호작용을 동시에 촉진할 수 있기 때문에
③ 약물 치료를 완전히 대체할 수 있는 비약물적 치료법이기 때문에
④ 노인들이 원예활동에만 집중하도록 하여 외부 자극을 최소화하기 때문에

📖 해설: 치유농업, 특히 원예 활동은 단순 신체활동을 넘어 인지기능 자극, 정서적 안정, 자존감 향상, 사회적 상호작용 촉진 등 다양한 영역에 긍정적 영향을 미친다. 연구에 따르면 경증 치매 노인을 대상으로 한 프로그램 참여 시 전반적인 인지 기능 개선, 스트레스·우울감 감소, 삶의 질 향상이 나타났다. ①, ③, ④는 단일 요인만을 강조하여 정확하지 않다.

문제 263. 다음 중 치유농업 프로그램의 노인 대상 효과로 올바르게 연결된 것은 무엇인가?

① 공동텃밭 가꾸기 → 외로움 및 사회적 고립감 완화
② 인지훈련 반복 학습 → 사회적 역할 회복
③ 미술활동과 원예 결합 → 체력 향상만 집중
④ 작은 장터 운영 참여 → 인지기능 향상에는 영향 없음

📖 해설: 공동텃밭 가꾸기 등 참여 기반 활동은 반복적 관계 경험과 역할 수행을 통해 노인의 고립감 완화와 사회적 연결망 재형성에 효과적이다.
· 인지훈련은 인지능력 향상에 초점을 맞추며 사회적 역할 회복과 직접적 관련은 낮다.
· 미술활동과 원예 결합 프로그램은 체력뿐 아니라 정서 안정과 삶의 질 향상에도 기여한다.
· 작은 장터 참여는 사회적 역할 수행과 자존감 향상에도 도움을 준다.

문제 264. 다음 사례에 가장 적절한 치유농업 개입 목표는?

> 65세 남성 A씨는 은퇴 후 사회적 고립과 무기력, 경미한 우울 증상을 보이고 있다. 신체 기능에는 큰 제한이 없으나 대인관계 회피 경향이 두드러진다.

① 상지 근력 강화
② 우울 증상에 대한 약물 치료
③ 사회적 역할 회복과 정서적 안정
④ 인지 기능 검사 중심 개입

> 📖 해설: 노년기 정신건강 문제의 핵심은 상실과 역할 붕괴이며, 치유농업은 사회적 기능 회복을 중점 목표로 삼는다.

문제 265. 치유농업이 정신재활 관점에서 효과적인 이유로 가장 타당한 것은?

① 치료자의 지시 중심 구조
② 반복적 농작업을 통한 행동 수정
③ 의미 있는 활동을 통한 자기효능감 회복
④ 병원 환경과의 유사성

> 📖 해설: 정신재활은 '의미 있는 삶의 회복'을 핵심으로 하며, 치유농업은 자기효능감과 주체성을 강화한다.

문제 266. 다음 중 치유농업이 비약물 기반 중재로 분류되는 핵심 이유는?

① 의료진이 개입하지 않기 때문
② 치료 효과가 약하기 때문
③ 예방–회복–증진을 포괄하는 생활기반 접근이기 때문
④ 단기 프로그램이기 때문

> 📖 해설: 치유농업은 치료 이전과 이후까지 연속적으로 개입하는 생활기반 중재이다.

문제 267. 다음 사례에서 가장 우선 고려해야 할 치유농업 설계 원칙은?

발달장애 성인 참여자들이 동일 프로그램에서 과제 수행 속도와 집중력 차이를 크게 보였다.
① 집단 동일화 원칙
② 효율성 원칙
③ 개별화와 단계화 원칙
④ 결과 중심 평가 원칙

> 📖 해설: 기능 수준 차이가 큰 대상군에는 단계별·개별화 설계가 필수다.

문제 268. 다음 중 정신건강 회복 모델과 치유농업의 연결로 가장 적절한 것은?

① 질병 제거 중심 → 농약 관리
② 병리 진단 중심 → 신체 계측
③ 강점 기반 회복 → 농작업 역할 부여
④ 약물 순응도 → 활동 일지

📖 해설: 치유농업은 강점관점·회복모델과 직접적으로 연결된다.

문제 269. 치유농업이 신체·정신·사회 영역을 동시에 자극한다는 설명으로 가장 적절한 것은?

① 농작업은 단순 반복 활동이다.
② 자연 노출은 정서 안정에만 기여한다.
③ 활동·관계·의미가 동시에 작용한다.
④ 신체 건강 중심 서비스다.

📖 해설: 치유농업의 핵심은 다차원적 자극의 통합 효과다.

문제 270. 다음 중 치유농업 프로그램의 과정 평가 지표로 가장 적절한 것은?

① 수확량 ② 참여자의 상호작용 변화
③ 프로그램 운영 비용 ④ 참여 인원 수

📖 해설: 과정 평가는 참여 태도·관계·몰입의 변화를 본다.

문제 271. 다음 사례에서 치유농업의 주요 개입 초점은?

청소년 B군은 충동적 행동과 낮은 좌절 인내도를 보이며, 교실 적응에 어려움을 겪는다.
① 인지검사
② 규칙 기반 공동 작업 경험
③ 체력 단련
④ 의료 상담

📖 해설: 공동 농작업은 규칙성·자기조절·사회성 발달에 효과적이다.

문제 272. 치유농업이 병원 기반 재활과 구별되는 가장 본질적인 차이는?

① 전문 인력 수
② 비용 구조
③ 일상성 및 생활 연계성
④ 평가 도구

☞●●●●

> 📖 해설: 치유농업이 병원 기반 재활과 구별되는 가장 본질적인 차이는 '치유가 일어나는 공간과 삶의 맥락'에 있다.

문제 273. 다음 중 사회적 기능(Social functioning) 정의에 가장 부합하는 것은?

① 타인과의 단순 접촉 빈도
② 사회적 역할 수행과 참여 능력
③ 집단 활동 참여 여부
④ 언어적 표현력

☞●●●●

> 📖 해설: 사회적 기능은 역할·관계·참여의 통합 개념이다.

문제 274. 치유농업이 노년기 자살 위험 완화에 기여하는 핵심 경로는?

① 의료 접근성 증가
② 신체 활동량 증가
③ 삶의 의미와 소속감 회복
④ 인지 기능 향상

☞●●●●

> 📖 해설: 노년기 정신건강의 핵심은 의미 통합과 관계 회복이다.

문제 275. 다음 중 치유농업 서비스 제공자의 윤리적 책임으로 가장 중요한 것은?

① 성과 극대화
② 대상자 통제
③ 자율성과 존엄성 보장
④ 참여율 확대

☞●●●●

문제 276. 다음 사례를 바탕으로 볼 때, 치유농업에서 자연환경의 역할에 대한 설명으로 가장 타당한 것은 무엇인가?

① 자연환경은 프로그램 참여를 유도하는 분위기 조성 요소로서, 치료 효과는 주로 지도자의 개입에 의해 결정된다.

② 자연환경은 활동 수행을 용이하게 하는 보조적 수단이며, 인지·정서 변화는 부차적으로 발생한다.

③ 자연환경은 감각 자극과 정서 반응을 매개하여 기억 회상, 주의 집중, 자발적 상호작용을 유도하는 핵심 치료 요인으로 작용한다.

④ 자연환경은 물리적 시설과 동일한 환경 요소로 분류되며, 관리 효율성과 안전성이 가장 중요한 기능이다.

👉●●●●

📖 해설: 치유농업에서 자연환경은 단순한 배경이나 보조 수단이 아니라, 치료적 변화가 발생하도록 작동하는 '핵심 매개 요인'이다. 자연환경은 인간의 감각·정서·인지·사회적 반응을 동시에 자극하며, 이 과정에서 회복과 변화를 유도한다는 점에서 치료 구조의 중심에 놓인다.

문제 277. 다음은 경도 인지 저하(MCI) 노인을 대상으로 12회기 치유농업 프로그램을 운영한 사례이다.

다음 중 아래 목표와 치유농업의 치료 원리를 고려할 때, 가장 부적절한 개입은 무엇인가?

> 참여자들은 일상생활은 독립적으로 수행하나, 최근 기억력 저하와 주의 집중의 감소를 호소하고 있으며, 과제 실패 경험에 대한 불안과 자신감 저하가 관찰된다.
> 이 프로그램의 목표는 인지 기능 유지 및 정서적 안정, 자발적 참여와 사회적 상호작용 촉진이다.

① 익숙한 작물을 활용한 반복적 농작업을 통해 절차기억과 주의 지속을 강화한다.

② 참여자가 작물 선택이나 수확 순서를 고르는 등 단순한 의사결정 활동을 포함한다.

③ 표준화된 고난도 기억 검사 과제를 중심으로 한 인지훈련 수업을 지속적으로 실시한다.

④ 흙 촉감, 식물 향기, 색채를 활용한 감각 자극 활동을 통해 정서 안정과 인지 각성을 유도한다.

👉●●●●

📖 해설: 경도 인지 저하 노인을 위한 치유농업에서는 성공 경험, 정서적 안정, 자연스러운 인지 자극이 핵심 치료 원리이다.

문제 278. 다음 상황에서 치유농업의 정책적 확산과 지속 가능성을 확보하기 위해 가장 선행되어야 할 과제는 무엇인가?

> 정부는 치유농업을 보건·복지·농업을 연계한 공공정책 영역으로 확산하기 위해 시범사업을 다수 운영하고 있으나, 지역별로 운영 기준·대상자 선정·성과 평가 방식이 상이하여 지속성과 공공성 확보에 한계를 보이고 있다. 또한 일부 사업은 담당 부서 변경이나 예산 구조 변화에 따라 단기 사업으로 종료되는 문제가 반복되고 있다.

① 지역별 특성에 맞춘 치유농업 프로그램 수를 대폭 확대한다.
② 치유농업의 개념, 대상, 운영 기준, 재정 지원 근거를 명확히 하는 법·제도적 기반을 구축한다.
③ 사업 운영의 효율성을 높이기 위해 민간 기관에 위탁 운영을 확대한다.
④ 국민 인식 제고를 위해 대중매체 중심의 홍보 활동을 강화한다.

☞ ●●●●

📖 해설: 치유농업의 정책적 확산은 개별 사업의 증가가 아니라 제도화 여부에 의해 결정된다. 법·제도적 근거가 없는 상태에서는 프로그램 확대, 민간 위탁, 홍보 강화는 모두 일시적·선별적 효과에 그칠 수밖에 없다.

문제 279. 다음은 정신건강 영역에서 회복 패러다임을 적용한 지역사회 기반 치유농업 프로그램 사례이다.

아래 사례를 통해 볼 때, 치유농업이 회복 패러다임에 부합하는 가장 핵심적인 이유는 무엇인가?

① 치료 목표와 개입 내용이 전문가에 의해 표준화되어 제공되기 때문이다.
② 참여자의 선택권과 주체성을 존중하며, 삶의 맥락 속 회복 과정을 강조하기 때문이다.
③ 단기간에 측정 가능한 증상 개선 효과를 도출할 수 있기 때문이다.
④ 의료적 진단과 처방 중심의 치료 모델을 그대로 적용하기 때문이다.

☞ ●●●●

📖 해설: 회복 패러다임은 '증상 제거'가 아니라 삶의 주체로서 다시 살아갈 수 있도록 돕는 과정을 핵심 가치로 삼는다.

문제 280. 다음은 정서적 위축과 낮은 자기평가를 보이는 성인을 대상으로 한 치유농업 프로그램 운영 사례이다. 아래 사례를 바탕으로 볼 때, 치유농업이 제공하는 심리·정서적 효과로 가장 적절한 것은 무엇인가?

> 프로그램은 작물 재배 전 과정을 참여자가 주도적으로 선택·수행하도록 설계되었으며, 평가나 비교 없이 과정 중심의 활동과 자연환경 노출을 강조하였다. 그 결과 참여자들은 "내가 해낼 수 있다"는 인식이 증가하고, 정서적 긴장과 불안이 완화되는 변화를 보였다.

① 전문적 진단 도구 활용을 통한 진단 정확도 향상
② 자기효능감 증진과 정서 안정
③ 약물 복용에 대한 순응도 증가
④ 질병 인식 수준(병식)의 향상

📖 해설: 치유농업의 심리·정서적 효과는 비의료적 환경에서의 성공 경험과 정서적 이완을 통해 나타난다. 치유농업의 심리·정서적 효과는 '문제를 인식시키는 것'이 아니라, '할 수 있다는 감각을 회복시키는 것'에 있다.

문제 281. 지역사회 기반 치유농업 프로그램에서 다양한 연령과 진단명을 가진 참여자들이 함께 참여하고 있다. 일부 참여자는 신체 기능이 비교적 양호하나 사회적 위축이 두드러지고, 다른 참여자는 인지 기능 저하가 있으나 대인 상호작용에는 적극적인 모습을 보인다. 프로그램의 목표는 안전한 참여 보장, 상호작용 촉진, 집단 내 긍정적 역할 형성이다.
이러한 목표를 가장 효과적으로 달성하기 위해 치유농업 프로그램에서 집단 구성 시 가장 우선적으로 고려해야 할 원칙은 무엇인가?

① 연령대를 최대한 동일하게 구성하여 세대 간 차이를 최소화한다.
② 동일한 장애 유형 또는 진단명 기준으로 집단을 편성한다.
③ 참여자의 기능 수준과 상호작용 가능성을 종합적으로 고려하여 집단을 구성한다.
④ 프로그램 운영의 효율성을 위해 참여 인원 수를 동일하게 유지한다.

📖 해설: 치유농업에서 집단은 치료적 상호작용이 발생하는 핵심 환경이다. 따라서 집단 구성의 기준은 행정적 편의나 진단명이 아니라, 실제 활동 수행 능력과 관계 형성 가능성이어야 한다.

문제 282. 치유농업 서비스는 농업 활동을 기반으로 하되, 대상자의 신체·인지·정서·사회적 요구에 따라 보건·복지·정신건강·교육 분야 전문가가 협력하여 운영된다. 한 지역에서는 농업인이 재배 활동을 담당하고, 사회복지사는 대상자 참여와 가족 연계를 지원하며, 정신건강 전문가는 정서 변화 모니터링과 자문 역할을 수행하고 있다.

이 사례를 바탕으로 볼 때, 치유농업 서비스가 갖는 다학제적 특성을 가장 잘 설명한 것은 무엇인가?

① 농업 기술을 중심으로 한 단일 서비스 제공 모델이다.
② 기존 의료 서비스를 대체하기 위한 비의료 치료 체계이다.
③ 농업·복지·정신건강이 통합되어 상호보완적으로 작동하는 서비스 체계이다.
④ 지역 관광 산업 활성화를 위한 체험 프로그램과의 연계이다.

☞●●●●

📖 해설: 치유농업의 다학제적 특성은 한 분야가 다른 분야를 대체하는 구조가 아니라, 각 전문 영역이 고유한 역할을 유지한 채 통합적으로 협력한다는 점에 있다. 치유농업의 다학제성은 '융합'이 아니라, 각 전문 영역의 역할이 살아 있는 '통합'이다.

문제 283. 지역사회 기반 치유농업 프로그램은 신체·정신적 어려움을 지닌 참여자를 대상으로 일정 기간 농업 활동에 참여하도록 하되, 증상의 완전한 소거보다는 일상 역할 회복, 관계 형성, 의미 있는 활동 지속을 핵심 목표로 설정하였다. 프로그램 종료 후 일부 증상은 남아 있음에도 불구하고, 참여자들은 지역 모임 참여 증가, 자기역할 인식 회복, 삶에 대한 만족도 향상을 보고하였다.

이 사례를 통해 볼 때, 치유농업이 추구하는 궁극적 목표로 가장 타당한 것은 무엇인가?

① 임상적 증상의 제거를 최우선 목표로 한다.
② 손상된 기능을 정상 수준으로 회복시키는 데 목적이 있다.
③ 삶의 질 향상과 사회적 회복을 통해 지속 가능한 일상으로의 복귀를 지원한다.
④ 단기간 내 가시적인 성과를 창출하는 것이 핵심이다.

☞●●●●

📖 해설: 치유농업의 목표는 전통적 치료 모델과 달리 '정상화'나 '완치'가 아니라 '살아갈 수 있는 힘의 회복'에 있다.

제 2 권

·

치유농업자원의 이해와 관리

(객관식 321문제)

제 2 권

치유농업자원의 이해와 관리

(전체 321문제)

👉 난이도 : 쉬움 ●○○○, 보통 ●●○○, 어려움 ●●●○, 아주 어려움 ●●●●

문제 1. 치유농업에서 엽채류 채소를 재배할 때, 배추와 양배추가 엽구(葉球)를 형성하는 과정과 관련된 설명으로 옳은 것은 무엇인가?

① 엽구형성 채소는 외엽의 수와 관계없이 엽구가 자연스럽게 형성된다.
② 양배추의 엽구 형성을 위해 필요한 외엽의 수는 배추보다 많다.
③ 외엽 발육기 → 엽구형성기 → 엽구충실기의 순서로 엽구가 형성된다.
④ 잎상추는 결구성 엽채류로 분류되며 엽구를 형성한다.　　　👉 ●●○○

📖 해설: 엽구형성 채소(배추, 양배추 등)는 외엽 발육기 → 엽구형성기 → 엽구충실기의 과정을 거쳐 엽구를 형성한다. 배추와 양배추는 모두 결구성 엽채류이지만, 잎상추는 비결구성으로 엽구를 형성하지 않는다. 외엽의 수는 채소마다 다르며, 배추(약 15~20매), 양배추(약 10매)로 다르기 때문에 보기 ①, ②번은 옳지 않다.

문제 2. 치유농업에서 인경채류를 재배할 때 올바른 설명으로 가장 적절한 것은 무엇인가?

① 마늘과 양파는 인경을 형성하지 않으며, 잎만 수확한다.
② 대부분의 인경채류는 가을에 파종하여 월동 후 이듬해 봄부터 생장하여 초여름에 수확한다.
③ 양파는 인경을 번식 수단으로 이용하며, 마늘과 쪽파는 종자로 번식한다.
④ 인경 형성을 위해서는 장일과 저온 조건만 있으면 충분하다.　　　👉 ●●○○

📖 해설: 인경채류(마늘, 양파, 쪽파)는 보통 가을 파종 → 월동 → 봄 생장 → 초여름 수확의 생육 과정을 거친다. 마늘과 양파는 인경을 식용으로 이용하며, 번식에서는 마늘·쪽파는 인경, 양파는 종자를 사용한다. 인경 형성에는 일정 기간의 저온 처리 후 장일·고온 조건이 필요하다. 따라서 ①, ③, ④번은 모두 옳지 않다.

문제 3. 근채류 채소의 비대근 형성 형태와 대표 채소의 연결이 올바른 것은?

① 목부비대형 – 당근, 비트　　　　② 사부비대형 – 무, 순무
③ 환상비대형 – 비트　　　　　　　④ 목부비대형 – 감자

　📖 해설: ·목부비대형: 목부 발달 → 무, 순무, 우엉
·사부비대형: 사부 발달 → 당근
·환상비대형: 새로운 형성층이 반복적으로 생겨 비대 → 비트
감자는 비대근이 아닌 괴경에 해당하므로 목부비대형이 아님.

문제 4. 다음 중 일계성 딸기의 특성으로 틀린 것은?

① 저온과 단일 조건에서 꽃눈이 분화된다.
② 저온과 단일 조건이 상보적으로 작용한다.
③ 장일 조건에서 런너 발생이 억제된다.
④ 일장에 관계없이 꽃눈이 형성된다.

　📖 해설: ·일계성 딸기: 저온·단일 조건에서 꽃눈이 분화하며, 장일에서는 런너가 활발히 발생한다.
·사계성 딸기: 일장 조건과 무관하게 꽃눈이 형성된다.
따라서 "일장에 관계없이 꽃눈이 형성된다"는 설명은 사계성에 해당하므로, 일계성 딸기에 대해서는 틀린 설명이다.

문제 5. 과채류 재배에서 영양생장과 생식생장의 균형을 위해 착과 이전과 이후에 해야 하는 관리로 옳은 것은?

① 착과 이전에는 충분한 엽면적 확보, 착과 이후에는 과실 수 조절
② 착과 이전에는 과실 수 조절, 착과 이후에는 엽면적 확보
③ 착과 전후 모두 런너 제거
④ 착과 이후에는 과실 간 경합 무시

　📖 해설: ·착과 이전: 충분한 영양생장이 필요하므로 잎 면적을 확보해야 한다.
·착과 이후: 과실 간 경쟁을 방지하기 위해 적절한 과실 수 조절이 필요하다.
이를 위해 정지, 적엽, 적심, 유인, 적과 등 관리 기술을 활용한다.
따라서 ②, ③, ④번은 틀린 설명이다.

문제 6. 가지과 채소의 개화 후 암술의 수정 능력과 꽃가루의 수정 능력이 유지되는 기간으로 올바른 것은?

① 암술: 개화 후 12일, 꽃가루: 45일

② 암술: 개화 후 4~5일, 꽃가루: 2일까지

③ 암술: 개화 당일, 꽃가루: 개화 후 3~4일

④ 암술과 꽃가루 모두 개화 후 1~2일

📖 해설: 가지과 채소의 암술은 개화 후 약 4~5일 동안 수정 능력이 유지된다.

꽃가루는 개화 후 2일 정도만 수정 능력이 있다.

따라서 수분 및 수정 시기의 관리가 과실 발달과 수량 확보에 매우 중요하다.

보기 ①, ③, ④번은 기간이 맞지 않아 모두 오답이다.

문제 7. 채소 재배 초심자이거나 연령이 높은 대상자를 위한 포장 규모와 적합한 채소 선택으로 가장 알맞은 것은 무엇인가?

① 소규모 포장(3.3~6.6㎡)에 상추, 시금치, 20일무와 같이 다회 수확이 가능하고 크기가 작은 채소를 선택한다.

② 대규모 포장(20~33㎡)에 새싹채소와 콩나물과 같이 재배기간이 1주일 내외인 채소를 선택한다.

③ 중규모 포장(9.9~17㎡)에 아스파라거스, 마늘, 양파와 같이 재배기간이 6개월 이상인 채소를 선택한다.

④ 소규모 포장(3.3~6.6㎡)에 배추, 고추, 당근과 같이 재배기간이 5개월 이상인 채소를 선택한다.

📖 해설: 초심자나 고령자는 관리 부담이 적은 소규모 포장에서 재배기간이 짧고 다회 수확 가능한 엽채류(상추, 시금치, 20일무 등)를 선택하는 것이 적합하다.

새싹채소·콩나물은 소규모에서 효율적이지만, 대규모 포장에는 비효율적이다.

아스파라거스·마늘·양파는 장기 재배 작물로 초심자에게는 부적합하다.

배추·고추·당근도 관리 기간이 길어 고령자에게는 부담이 된다.

문제 8. 재배기간별 채소 선택과 관련하여, 약 2개월 내외 재배가 적합한 채소를 고르시오.

① 새싹채소, 콩나물

② 20일무, 열무

③ 근대, 쑥갓, 시금치, 순무, 알타리, 오이

④ 가지, 토마토, 멜론, 비트, 호박

> 📖 해설: 1주일 내외: 새싹채소, 콩나물
> · 1개월 내외: 20일무, 열무
> · 약 2개월 내외: 근대, 쑥갓, 시금치, 순무, 알타리, 오이
> · 약 4개월 내외: 가지, 토마토, 멜론, 비트, 호박
> 따라서 ③이 올바른 선택이다.

문제 9. 치유농업 프로그램 운영자가 20~33㎡ 규모의 대규모 포장을 활용하여 연중 재배 활동을 계획하고 있다. 이 포장은 다수의 참여자가 동시에 이용하며, 토양 건강 유지와 교육·치유 효과의 지속성을 모두 고려해야 하는 상황이다.

이러한 조건을 종합적으로 고려할 때, 가장 적절한 재배 운영 전략은 무엇인가?

① 포장을 여러 구획으로 분할하고, 계절별로 재배 작물을 달리하여 토양 부담을 분산하고 참여자의 학습·경험 범위를 확장한다.

② 관리의 편의성을 위해 생육 기간이 매우 짧은 새싹채소만을 반복적으로 재배한다.

③ 대규모 포장이라 하더라도 소규모 포장용 작물만 고정적으로 재배하여 작물 선택의 변수를 최소화한다.

④ 넓은 포장은 관리 난이도가 높으므로 재배 경험이 없는 초심자만을 대상으로 제한적으로 활용한다.

👆●●●●

> 📖 해설: 대규모 포장(20~33㎡)은 공간 활용의 유연성과 장기적 운영 가능성이 핵심이다.

문제 10. 다음 중 재배기간이 길수록 재배 관리 기술이 더 필요한 이유로 가장 적절한 것은?
① 장기간 재배 채소는 병해충 발생 가능성이 높고, 수확 시기 관리가 복잡하다.
② 재배기간이 길어질수록 다회 수확이 가능하다.
③ 초심자라도 장기간 채소는 쉽게 관리할 수 있다.
④ 재배기간과 노동력은 관계가 없다.

👆●●●○

> 📖 해설: 재배기간이 길어질수록 병해충 발생, 수분 관리, 영양 관리 등 복합적인 관리 기술이 필요하다.
> 장기 재배 채소는 관리 난도가 높아 초심자나 고령자에게는 적합하지 않다.
> 따라서 재배기간이 길수록 전문적인 관리 기술이 더 요구된다.

문제 11. 경운과 쇄토 작업에 대한 설명으로 옳지 않은 것은 무엇인가?

① 경운은 파종 또는 정식 이전에 주로 수행된다.

② 쇄토는 큰 토양 덩어리를 부수는 작업으로 로터리를 이용한다.

③ 경운의 깊이는 대상 채소의 근계와 상관없이 일정하게 유지하는 것이 좋다.

④ 경운은 경운기나 트랙터에 쟁기를 부착하여 수행할 수 있다.

☞●●○○

해설: · 경운 - 파종·정식 전에 토양을 갈아엎는 작업이며, 경운기·트랙터 + 쟁기를 이용한다.

· 쇄토 - 큰 흙덩이를 잘게 부수는 작업으로, 주로 로터리를 사용한다.

· 경운 깊이 - 채소의 근계 특성에 따라 달리해야 한다. (예: 심근성 채소는 깊게 경운)

따라서 "근계와 상관없이 일정하게 유지한다"는 ③번은 옳지 않은 설명이다.

문제 12. 채소 재배에서 멀칭의 주요 효과가 아닌 것은 무엇인가?

① 토양 수분 조절

② 잡초 발생 억제

③ 토양 산성화 촉진

④ 적정 지온 유지

☞●●○○

해설: 멀칭은 토양 표면을 덮어 수분 증발을 줄이고, 잡초 발생을 억제하며, 적정한 지온을 유지하는 효과가 있다. 하지만 토양 산성화 촉진과는 관련이 없다.

문제 13. 솎음 작업의 주요 목적과 가장 관련 있는 설명은 무엇인가?

① 파종 전 토양을 고르게 다지는 작업

② 발아 후 웃자람 방지와 강건한 모종 확보

③ 지하수위가 높은 포장에서 두둑 높이 조절

④ 비닐 멀칭을 통해 지온 상승 효과 증가

☞●●○○

해설: 솎음은 발아 후 밀식된 개체 중 일부를 제거하여 일정한 간격을 확보하고 웃자람을 방지하며 튼튼한 모종을 확보하는 목적을 가진다. A는 경운, ③번은 이랑짓기, ④번은 멀칭에 해당한다.

문제 14. 치유농업을 접목한 사과 과원을 운영하던 A 농장은 토양 관리 방식 변경 이후 다음과 같은 변화를 관찰하였다.

아래와 같은 관리 결과를 종합적으로 설명할 수 있는 토양 관리 방식으로 가장 적절한 것은 무엇인가?

> 가. 사과나무 하부에 비닐이나 유기 피복재는 사용하지 않음
> 나. 나무 아래에 자연적으로 발생한 풀과 일부 파종한 작물이 유지됨
> 다. 겨울철 강우 후에도 토양 유실이 현저히 감소
> 라. 이른 봄 토양 분석 결과, 질소 이용 효율과 미생물 활성 증가
> 마. 참여자들이 과원 바닥의 식생 변화를 관찰·관리하는 활동이 프로그램에 포함됨

① 멀칭재배
② 초생재배
③ 청경재배
④ 무관리 자연방임 재배

해설: · 초생재배 - 사과나무 밑에 자연적으로 발생한 풀이나 작물을 재배하여 토양 침식 방지 및 질소 고정 효과다.

· 멀칭재배 - 볏짚, 왕겨, 풀, 비닐 등으로 토양 수분 유지와 잡초 억제에 효과, 질소 고정 기능 제한적이다.

· 청경재배 - 사과나무 아래를 제초제나 기계로 깨끗하게 관리하여 병해 예방 목적이다.

· 기계재배 - 일반적인 토양관리 방법으로 구분되지 않는다.

문제 15. 사과 재배 시 토양 적응성과 관련해 알맞은 설명으로 옳지 않은 것은 무엇인가?

① 사과는 약산성에서 중성(pH 6.0~6.5) 토양에서 잘 자란다.
② 사과는 건조에 강하고 습해에 민감하다.
③ 토양은 유기물이 풍부한 양토·사양토가 적합하다.
④ 토양 깊이는 약 60cm 정도가 필요하다.

해설: 사과는 건조에 약하고, 습해는 중간 정도로 견디는 특성을 가진다.
따라서 "건조에 강하고 습해에 민감하다"는 설명(④)는 옳지 않다.
①, ③, ④번은 사과 재배에 적합한 토양 조건을 올바르게 설명한다.

문제 16. 치유농업에서 사과나무를 장기 재배할 때 고려해야 할 사항으로 적절하지 않은 것은 무엇인가?

① 재배 지역의 기후 조건과 동해 피해 여부 확인

② 수확 시기에 따라 조생종, 중생종, 만생종 품종 선택

③ 묘목의 접수뿐 아니라 대목 품종 확인

④ 사과나무 밑의 풀을 모두 제거하여 토양을 무기질 상태로 유지

해설: 사과 재배에서는 사과나무 밑의 풀을 무조건 제거하기보다는 초생재배, 멀칭재배, 청경 재배 등 다양한 관리 방법을 활용하여 토양 보호와 질소 고정 등 치유농업 목적에 맞게 관리한다.

①, ②, ③번은 장기 재배와 치유자원 활용을 위한 중요한 고려 사항이다.

문제 17. 복숭아(Prunus persica)에 대한 설명으로 옳은 것은 무엇인가?

① 장미과 벚나무속에 속하며, 내부에 단단한 씨앗을 가진 과수이다.

② 복숭아꽃은 잎이 난 후에 피며, 주로 흰색을 띤다.

③ 사과에 비해 내한성이 강하여 −20℃ 이하에서도 잘 자란다.

④ 과육이 단단해 치유농업 체험에 적합하지 않다.

해설: 복숭아는 장미과 벚나무속에 속하며, 내부에 단단한 씨앗(핵)을 가진 과수이다.

꽃은 잎보다 먼저 피고 연분홍색을 띤다. 내한성은 사과보다 약하며, 과육이 부드러워 치유농업 체험에 적합하다. 따라서 ②, ③, ④번은 틀린 설명이다.

문제 18. 복숭아 재배 시 치유농업 체험 목적에 맞게 고려해야 할 사항으로 가장 적절하지 않은 것은?

① 겨울철 온도가 −20℃ 이하로 내려가는 지역에서는 동해 발생 가능성을 고려해야 한다.

② 조생종, 중생종, 만생종 등 품종 선택 시 수확 시기와 육질을 고려한다.

③ 과실에 있는 털 때문에 알레르기 반응 가능성을 확인해야 한다.

④ 복숭아는 사과보다 내한성이 강하므로 겨울철 온도를 크게 신경 쓰지 않아도 된다.

해설: 복숭아는 내한성이 약하므로 겨울철 온도와 재배 적지를 반드시 고려해야 한다.

①, ②, ③번은 재배 및 치유농업 체험 활용 시 필수적으로 고려해야 하는 사항이다.

따라서 "내한성이 강해 겨울철 온도를 신경 쓰지 않아도 된다"는 ④번은 부적절한 설명이다.

문제 19. 치유농업형 과수 재배를 계획하는 한 농가는 복숭아 품종 선택 과정에서 재배 안정성, 관리 효율성, 수확 활용도를 종합적으로 검토하고 있다. 이 농가는 동일 면적 내에서 품종을 혼식할 예정이며, 병해 관리와 작업 일정 조정이 중요한 조건이다.

다음 중 이러한 복숭아 품종 선택의 실질적 판단 기준으로 보기 어려운 요소는 무엇인가?

① 과육의 색깔 차이에 따른 소비자 기호 및 가공·체험 활용 가능성
② 과육의 연질·경질 여부에 따른 저장성 및 운반·작업 편의성
③ 개화 시기의 꽃 색상 차이에 따른 경관적 아름다움과 시각적 효과
④ 수확 시기 차이에 따른 노동 분산과 재배 관리의 용이성

👉●●●●

📖 해설: 꽃 색상 자체는 복숭아 품종 선택에서 재배·수확·관리 측면의 핵심 기준이 아니며, 개화 시기 또한 수분 관리나 서리 피해 판단에는 참고 요소가 될 수 있으나 꽃 색상은 품종 선택의 실질적 판단 요소로 보기 어렵다. 따라서 재배 목적과 관리 효율을 기준으로 할 때 가장 부적절한 선택지는 ③이다.

문제 20. 복숭아를 치유농업 프로그램에 활용할 때 적합한 활용 방법으로 가장 알맞은 것은?

① 겨울철 −25℃ 이하 지역에서 재배하여 수확 체험을 진행한다.
② 육질이 부드러운 복숭아를 활용하여 과실 수확 및 가공 체험 활동을 진행한다.
③ 과실 털로 인해 알레르기 반응을 고려하지 않고 체험을 진행한다.
④ 수확 시기를 고려하지 않고 모든 품종을 동시에 수확한다.

👉●●●○

📖 해설: 복숭아는 육질이 부드러워 수확 체험 및 가공 체험 활동에 적합하다. 알레르기 가능성, 재배 적지, 수확 시기는 반드시 고려해야 한다. 따라서 ①, ③, ④번은 체험 안전성과 적합성 측면에서 부적절하다.

문제 21. 복숭아 재배와 관련하여 치유농업 프로그램 기획 시 종합적으로 고려해야 할 사항으로 올바른 것은?

① 재배 적지 선정, 품종 선택, 체험 목적 고려, 알레르기 주의
② 단순히 수확량이 많은 품종 선택
③ 겨울철 기온과 관계없이 재배 가능
④ 꽃 색상과 향기만으로 품종 선택

📖 해설: 복숭아를 치유농업에 활용하려면 재배 적지 선정, 품종 선택, 체험 목적, 알레르기 주의 등 종합적인 요소를 고려해야 한다. 단순히 수확량이나 꽃 색상만으로 품종을 선택하면 체험 목적과 안전성을 보장할 수 없다. ②, ③, ④번은 치유농업 활용 관점에서 부적합하다.

문제 22. 복숭아 재배에서 토양 관리와 관련하여 옳지 않은 설명은 무엇인가?

① 복숭아는 물 빠짐이 좋은 사양토에서 가장 잘 자라며, 점토와 모래가 적절히 섞인 토양이 적합하다.

② 토양 속 뿌리가 호흡할 수 있도록 통기성을 확보하는 것이 중요하며, 이는 뿌리의 양분 흡수와 생장에 필수적이다.

③ 복숭아는 내습성이 강하므로 과습되는 토양에서도 생육에 문제가 없다.

④ 표토 관리 방법으로는 초생재배, 멀칭재배, 청경재배 등을 절충하여 사용하는 것이 바람직하다.

📖 해설: 복숭아는 내습성이 약하므로, 물이 잘 빠지지 않는 토양에서는 생육이 저하된다. 따라서 과습된 토양에서 재배하는 것은 적합하지 않다. 배수가 좋은 사양토에서 재배하며, 통기성 확보, 표토 관리, 적절한 비료 사용 등이 필수적이다. ①, ②, ④번은 올바른 토양 관리 방법이다.

문제 23. 포도 재배에서 토양관리가 중요한 이유로 가장 적절한 것은 무엇인가?

① 포도는 깊은 뿌리를 내리지 않기 때문에 토양 물리성보다 시비관리가 중요하다.

② 포도는 토심이 얕고 습해에 약하므로 표토관리만으로 충분하다.

③ 포도는 심경과 토양 개량을 통해 뿌리 생육과 토양의 공기·수분 함량을 증가시킬 수 있다.

④ 포도는 모든 토성에서 동일하게 재배 가능하므로 토양관리보다 품종 선택이 우선이다.

📖 해설: 포도는 천근성 과수로 토심이 40~50 cm 정도이며, 심경 작업을 통해 뿌리 생육과 토양의 공기 및 수분 함량을 증가시킬 수 있다. 표토 관리, 물 관리, 시비 관리는 서로 연계되어 있으며, 품질과 생산성 유지를 위해 필수적이다. ①, ②, ④번은 포도 재배에서 토양 관리의 중요성을 제대로 설명하지 않는다.

문제 24. 치유농업과 체험농장을 병행 운영하는 한 농장은 방문객의 만족도 향상, 체험 활동의 안전성, 수확물의 부가가치 창출을 동시에 고려하여 포도 품종을 새롭게 도입하고자 한다. 이 농장은 어린이·고령자·가족 단위 방문객 비율이 높으며, 체험 후 현장 시식 및 소포장 판매를 주요 수익 구조로 삼고 있다.

다음 중 이러한 치유농업·체험농장 운영 목적에 가장 부합하는 품종 선택 기준과 그에 해당하는 품종 조합으로 가장 적절한 것은 무엇인가?

① 산미가 강하고 전통성이 높은 품종을 선택하여 교육적 가치에 집중한다 – 캠벨얼리
② 과립이 크고 수세가 강한 품종을 선택하여 생산량 극대화를 우선한다 – 거봉
③ 가공 적합성이 높은 품종을 선택하여 와인·주스 체험 위주로 구성한다 – 머스캣베일리에이(MBA)
④ 무핵성·고당도·껍질째 섭취 가능하여 체험 만족도와 판매성을 동시에 높일 수 있는 품종을 선택한다 – 샤인머스캣

해설: 과거에는 캠벨얼리, 거봉, MBA가 주로 재배되었으나, 최근 소비자의 선호도 증가로 샤인머스캣 재배 면적이 급격히 늘고 있다. 포도 품종은 소비자의 기호에 따라 빠르게 갱신되는 특징이 있다. 따라서 치유·체험·판매를 통합적으로 고려한 품종 선택으로 가장 타당한 것은 ④ 이다.

문제 25. 포도를 치유농업 체험 및 6차 산업과 연계할 때 적합한 활동으로 가장 알맞은 것은?
① 포도잼 만들기, 포도주 제조, 수확 체험
② 포도 재배 연구 논문 작성
③ 포도 잎 관찰만 하는 단순 학습
④ 포도 뿌리 생육 실험만 수행

해설: 포도는 간이비가림 등 시설재배가 가능하며, 수확 체험과 포도주, 포도잼 만들기 등 다양한 2차 가공 체험 활동이 가능하다. 팜스테이와 접목하면 하루 이틀 머물면서 다양한 체험을 즐길 수 있어 6차 산업과 연계 가능하다.

문제 26. 포도와 관련된 건강 기능성 물질로 올바르게 짝지어진 것은?
① 적포도 – 카데킨, 청포도 – 안토시아닌
② 적포도 – 안토시아닌, 청포도 – 카데킨
③ 적포도 – 폴리페놀 없음, 청포도 – 폴리페놀 풍부
④ 모든 포도 – 단순 탄수화물만 함유

📖 해설: 포도에는 항산화력이 높은 폴리페놀류가 함유되어 있다.

적포도 계통은 안토시아닌, 청포도 계통은 카데킨이 풍부하여 기능성 식품으로 활용된다.

①, ③, ④번은 포도의 기능성 성분과 관련해 잘못된 설명이다.

문제 27. 감귤 재배에 관한 설명으로 옳지 않은 것은?

① 감귤은 추위에 약하므로 따뜻한 지역에서 재배하거나 시설재배를 해야 한다.

② 감귤의 적정 생장온도는 최저 12.5-13.0℃, 최적 23-34℃이다.

③ 감귤은 배수가 불량한 토양에서도 잘 자라므로 토양 물리성은 큰 고려 사항이 아니다.

④ 최근 기상 온난화 현상으로 내륙에서도 감귤 재배 가능성이 점차 확대되고 있다.

📖 해설: 감귤은 배수가 잘 되고 공기 유동이 좋은 토양에서 잘 자란다.

배수가 불량한 토양에서는 뿌리 호흡이 원활하지 않아 나무 수세와 과실 품질이 저하될 수 있으므로, 토양 물리성은 중요한 재배 고려 사항이다.

①, ②, ④번은 감귤 재배 조건과 관련하여 올바른 설명이다.

문제 28. 감귤 재배지 선정 전 참고할 수 있는 방법으로 적절한 것은?

① 품종 선택만으로 재배 가능 여부를 판단한다.

② 시·군 농업기술센터에서 제공하는 토양검정을 통해 재배 적지를 판단한다.

③ 감귤 나무의 키가 작은 것을 기준으로 재배지를 선정한다.

④ 과일의 당도를 측정하여 토양 적응성을 결정한다.

📖 해설: 토양검정을 통해 유기물·무기물 함량과 산도(pH) 등을 분석할 수 있으며, 부족한 양분에 대한 비료 처방도 받아 재배 적지를 판단할 수 있다. 품종만으로 판단하거나 과실 특성만으로 토양 적응성을 결정하는 것은 적절하지 않다.

문제 29. 감귤 토양 적응성에 대한 설명으로 옳은 것은?

① 감귤은 알칼리성 토양에서 잘 자란다.

② 감귤은 공기 유통이 좋지 않은 토양에서도 수세가 강하게 유지된다.

③ 감귤은 배수가 양호하고 pH 5.0~7.0 범위의 산성 토양에 강하다.

④ 비료 흡수력이 약한 토양에서는 비료 시비량을 줄이는 것이 바람직하다.

👉●●○○○

> 📖 해설: 감귤은 배수가 양호하고 산성(pH 5.0~7.0)에 강하며, 공기 유통이 좋은 토양에서 잘 자란다. 흡비력이 약한 토양에서는 과실과 나무 수세 유지를 위해 오히려 시비 횟수와 시비량을 늘리는 것이 필요하다.

문제 30. 감귤의 치유농업 활용과 관련된 설명으로 옳은 것은?

① 감귤은 오직 과실 재배와 수확만으로 치유자원으로 활용할 수 있다.
② 감귤 가공물 제작 활동을 통해 소비자에게 심리적·정서적 체험을 제공할 수 있다.
③ 치유농업에서는 감귤 재배 시 온도와 토양 조건을 고려할 필요가 없다.
④ 감귤은 관광지와 연관되지 않으므로 치유농업 프로그램과는 연계성이 낮다. 👉●●○○

> 📖 해설: 감귤은 재배와 수확뿐 아니라, 감귤을 활용한 가공물 제작 활동을 통해 참가자들에게 성취감과 심리적·정서적 만족을 제공할 수 있어 치유농업 자원으로서의 활용 가치가 높다. 관광지와 연계되어 프로그램 개발에도 적합하다.

문제 31. 블루베리 재배에 적합한 토양 조건은 무엇인가?

① 중성토양(pH 6.5.7.0)에서 배수가 잘 되지 않는 토양
② 산성토양(pH 4.2.5.5)에서 배수가 양호한 토양
③ 알칼리성 토양(pH 7.5 이상)에서 건조한 토양
④ 산성토양(pH 4.0~5.0)에서 과습한 토양 👉●●○○

> 📖 해설: 블루베리는 pH 5.0~5.5 정도의 산성토양에서 잘 자라며, 배수가 양호하고 통기성이 좋은 토양에서 생육이 잘 된다. 과습하거나 중성·알칼리성 토양에서는 뿌리 썩음 등으로 생장이 어렵다.

문제 32. 우리나라에서 블루베리 재배를 계획하는 한 치유농업 농가는 노지 재배를 기본으로 하되, 장기적인 수세 안정과 동해(凍害) 위험 최소화를 가장 중요한 목표로 설정하였다. 이 지역은 여름 고온·다습하고 겨울에는 지역별로 한랭 정도의 편차가 큰 기후 특성을 보인다.

이와 같은 국내 재배 환경을 고려할 때, 블루베리 품종 선택 단계에서 가장 우선적으로 검토해야 할 요소는 무엇인가?

① 노지·시설 여부와 관계없이 화분 재배 가능성
② 재배 관리 단계에서 조절 가능한 토양의 유기물 함량
③ 월동 실패 시 재배 지속이 불가능해질 수 있는 겨울철 기온과 품종의 추위 적응성
④ 수확 시기 차이에 따른 출하 일정과 노동 분산 가능성

해설: 블루베리는 추위에 민감한 품종이 있으므로, 겨울철 기온을 고려해 적절한 품종을 선택해야 합니다. 토양 산도와 재배 방법은 다음 단계에서 고려할 사항이다.

문제 33. 블루베리 재배를 위한 토양 관리에서 옳지 않은 것은?

① 물 빠짐이 좋고 통기성이 확보된 토양을 사용한다.
② 질소, 아연, 철 등의 공급이 충분해야 한다.
③ 칼슘과 마그네슘은 과도하게 공급해야 한다.
④ 화분재배 시 코코피트, 펄라이트 등을 섞어 배지를 구성할 수 있다.

해설: 블루베리는 칼슘과 마그네슘 요구량이 낮으므로 과다 공급은 필요 없다.

문제 34. 블루베리 품종 중 추위에 상대적으로 강한 품종은 무엇인가?

① 로우부쉬
② 북부 하이부쉬
③ 남부 하이부쉬
④ 하이부쉬 전체

해설: 하이부쉬 품종은 북부 하이부쉬와 남부 하이부쉬로 나뉘며, 북부 하이부쉬가 추위에 강합니다. 남부 하이부쉬는 추위에 약하다.

문제 35. 블루베리 시설재배와 노지재배의 수확 시기 차이로 옳은 것은?

① 시설재배가 노지재배보다 2~4주 늦다.
② 시설재배가 노지재배보다 2~4주 빠르다.
③ 두 재배 방식의 수확 시기는 동일하다.
④ 시설재배는 1개월 이상 더 늦게 수확한다.

해설: 시설재배는 환경 조절이 가능하여 노지재배보다 2~4주 정도 빨리 수확할 수 있다.

문제 36. 블루베리 잎이 붉게 물드는 이유와 관련된 설명으로 옳은 것은?

① 질병에 의한 엽변 현상이다.

② 단풍 형성으로 관상적 가치가 높다.

③ 토양 pH가 맞지 않아 나타나는 증상이다.

④ 과습으로 인해 잎이 손상된 결과이다.

📖 해설: 수확 이후 블루베리 잎은 붉게 물들어 단풍을 형성하며, 관상용 가치가 높다.

문제 37. 블루베리 재배 시 산성토양을 유지하기 어려운 경우 가장 적합한 대안은?

① 중성토양을 그대로 사용하고 비료만 충분히 준다.

② 화분재배 또는 포트재배를 활용하여 배지를 조성한다.

③ 토양의 배수만 개선하면 된다.

④ 노지재배에서 물을 자주 준다.

📖 해설: 블루베리는 산성토양 조건이 필수이므로, 산도 조절이 어려운 경우 화분이나 포트에 적합한 배지를 만들어 재배하는 것이 효과적이다.

문제 38. 블루베리 재배에서 질소, 아연, 철 등의 공급이 중요한 이유는?

① 뿌리 발근을 억제하기 위해 　　② 정상 생육과 과실 품질 향상을 위해

③ 과도한 토양 산도를 낮추기 위해 　　④ 수확 시기를 늦추기 위해

📖 해설: 블루베리는 질소, 아연, 철 등의 영양소 요구량이 높으며, 정상적인 생육과 건강한 과실을 위해 충분히 공급해야 한다.

문제 39. 블루베리 재배에서 과습한 토양이 문제되는 이유는?

① 잎이 빨리 떨어지기 때문이다.

② 뿌리 썩음 발생으로 생육이 저해된다.

③ 꽃눈 형성이 촉진되기 때문이다.

④ 잎의 붉은 색깔이 사라지기 때문이다.

📖 해설: 블루베리는 배수가 양호한 산성토양에서 잘 자라며, 과습할 경우 뿌리가 썩어 생육이 저해된다.

문제 40. 블루베리 재배에서 활용 가능한 재배 방식으로 옳은 것은?
① 노지재배와 시설재배, 화분재배   ② 노지재배와 수경재배만 가능
③ 화분재배와 배수장치 재배만 가능   ④ 시설재배만 가능   ☞●●○○

📖 해설: 블루베리는 노지재배, 시설재배, 화분·포트재배가 모두 가능하여 재배자의 환경과 목적에 따라 유연하게 활용할 수 있다.

문제 41. 치유농업에서 초화류의 장점으로 옳은 것은?
① 종자 파종에서 개화까지 시간이 오래 걸려 장기 계획에 적합하다.
② 다양한 색상과 초장이 다른 식물을 선택하여 단기간 내 화단 조성이 가능하다.
③ 지하부가 살아남아 다음 해에도 재생한다.
④ 건조에 강하여 물 관리가 거의 필요 없다.   ☞●●○○

📖 해설: 초화류는 다양한 색상과 높이를 가진 단년생 식물로, 짧은 시간 내 화단 조성 및 치유활동 활용이 가능하다.

문제 42. A 시는 봄철 도시 경관 개선을 위해 초화류를 활용한 화단 조성 사업을 계획하고 있다. 담당자는 3월 중순에 파종 또는 모종 생산을 시작하여 5월 초 정식, 별도의 월동 관리 시설 없이 노지에서 안정적인 개화가 가능한 초화류를 선정하려 한다.
다음 중 이 조건을 고려할 때 선정 대상에서 제외하는 것이 가장 타당한 작물은 무엇인가?
① 피튜니아   ② 팬지
③ 임파티엔스   ④ 메리골드   ☞●●●●

📖 해설: 팬지는 온대지역 원산으로 가을 파종 초화류에 해당하며, 봄 파종식물과 구분된다. 반면 피튜니아, 임파티엔스, 메리골드는 모두 난온성(여름형) 초화류이다.

문제 43. 치유농업 프로그램에서 초화류를 활용하여 참여자의 정서적 안정과 성취 경험을 증진하고자 할 때, 초화류의 특성에 대한 설명으로 가장 적절한 것은 무엇인가?

① 초화류는 대부분 다년생으로 지하부가 월동하여 지속적인 공간 유지에 유리하므로, 장기적 치유공간 설계에 필수적이다.

② 초화류는 생육 기간이 길고 개화까지 많은 시간이 필요하여, 참여자의 인내력 향상과 장기 목표 설정 프로그램에 주로 활용된다.

③ 초화류는 다양한 화색과 초형을 지닌 품종 선택이 가능하며, 생육 기간이 비교적 짧아 단기간 내 시각적 성취감을 제공하는 데 효과적이다.

④ 초화류는 건조 및 척박지 적응성이 뛰어나 물 관리와 환경 관리가 거의 필요하지 않아 유지 관리 부담이 적다.

📖 해설: 초화류(주로 1·2년생)는 생육 속도가 빠르고 화색·초장·질감이 다양하여 단기간 내 화단 연출이 가능하다. 치유농업에서는 즉각적 성취감, 시각적 자극, 계절감 표현, 감각 자극 강화 측면에서 활용도가 높다.
①은 다년생 숙근초에 해당하는 설명이며,
②는 초화류의 일반적 특성과 다르고,
④는 초화류의 일반적 특성으로 보기 어렵다(수분 관리 필요).

문제 44. 초화류 종자의 수명과 관련 없는 것은?

① 상온에서 12년 유지되는 단명종자
② 24년 유지되는 상명종자
③ 4~6년 유지되는 장명종자
④ 10년 이상 유지되는 초장명종자

📖 해설: 초화류 종자는 최대 6년 유지되는 장명종자까지이며, 10년 이상 유지되는 종자는 없다.

문제 45. 치유농업 프로그램에서 초화류를 활용할 때 가장 적합한 활동은?

① 장기간 관찰용으로 단일 식물만 심는 활동
② 화단 조성, 화분 재배 등 계절별 관찰과 수확 활동
③ 온실에서 다년간 생육을 유지하는 활동
④ 관상용 목본 식물을 전시하는 활동

📖 해설: 초화류는 단기간 내 개화 관찰과 다양한 활동이 가능하므로 화단 조성, 화분 재배 등 치유활동에 적합하다.

문제 46. 다음 중 아래 농장이 정의한 숙근초의 특성에 가장 부합하는 설명은 무엇인가?

> B 치유농업 농장은 매년 새로 파종·식재하지 않아도 관리 부담이 적고, 겨울철 노지 환경에서도 다음 해 자연스럽게 재생되는 초본식물을 중심으로 정원을 조성하고자 한다.
> 이 농장은 특히 겨울이 지나면 지상부는 고사하지만, 토양 속 기관을 통해 다음 해 다시 발아·생육하는 식물군을 숙근초로 분류하여 도입하려 한다.

① 생육 주기 동안 지상부와 지하부가 모두 고사하여 다음 해 종자로만 번식하는 단년성 식물
② 겨울철 지상부는 고사하지만 지하부 생존으로 여러해에 걸쳐 반복적으로 생육하는 초본식물
③ 줄기와 잎에 수분을 저장하여 건조 환경에 적응한 다육성 초본식물
④ 비늘줄기·덩이줄기 등 알뿌리로 변형된 기관을 통해 생육하는 구근식물

☞ ●●●●

📖 해설: 숙근초는 지하부가 살아남아 매년 생육하며, 지상부는 개화 후 죽는다.

문제 47. 다음 숙근초 중 내한성이 강해 노지에서 월동 가능한 식물은?
① 칼랑코에
② 구절초
③ 거베라
④ 안스리움

☞ ●●○○

📖 해설: 구절초는 내한성이 강해 노지에서 월동 가능하며, 칼랑코에·거베라·안스리움은 내한성이 약해 온실에서 재배한다.

문제 48. 숙근초의 개화에 가장 중요한 환경 요인은?
① 열과 습도
② 장일과 춘화 처리
③ 산소 공급
④ 토양 산도

☞ ●●●○

📖 해설: 숙근초는 겨울 저온에 의한 춘화 처리와 일장이 꽃눈 분화 및 개화에 중요한 요인이다.

문제 49. 춘식구근과 추식구근의 생육 차이로 옳은 것은?
① 춘식구근은 고온에서 생육이 좋고, 추식구근은 서늘한 기후에서 잘 자란다.
② 추식구근은 단일 상태에서 생육과 개화가 우수하다.
③ 춘식구근은 겨울 저온 처리가 필요하다.
④ 구근류는 모두 온실에서만 재배해야 한다.

해설: 춘식구근은 고온, 장일에서 생육과 개화가 좋으며, 추식구근은 저온 처리를 통해 휴면 타파 후 개화한다.

문제 50. K시는 봄철 공원 경관 개선을 위해 구근을 식재하여 계절별 개화를 반복적으로 유도하는 초화류 중심의 화단을 조성하고자 한다. 담당자는 다음과 같은 조건을 우선적으로 고려하고 있다. 다음 중 아래 조건을 종합적으로 고려할 때, 구근류로 분류할 수 없어 사업 대상에서 제외하는 것이 가장 타당한 작물은 무엇인가?

> 담당자는 다음과 같은 조건을 우선적으로 고려하고 있다.
> 가. 지하부가 비늘줄기·덩이줄기·구경 등으로 발달하여 저장기관의 역할을 할 것
> 나. 종자 파종이 아닌 구근 식재를 통해 번식·재배가 가능할 것
> 다. 월동 또는 휴면을 거쳐 이듬해 다시 발아·개화가 가능할 것

① 달리아   ② 튤립
③ 글라디올러스   ④ 백일홍

해설: 백일홍은 종자 파종으로 번식하는 일년생 초화류로, 지하부 저장기관이 발달하지 않으며 구근을 형성하지 않는다. 따라서 사례에서 요구하는 구근 식재·월동·반복 개화 조건에 부합하지 않는다. 나머지는 모두 구근류(다년생)이다.

문제 51. 구근류의 관리 시 주의 사항으로 옳지 않은 것은?
① 추식구근은 습기가 많은 토양에 방치하면 썩을 수 있다.
② 춘식구근은 장일 조건에서 생육과 개화가 좋다.
③ 구근류는 물 주기가 거의 필요 없으므로 관리가 자유롭다.
④ 온실구근은 내한성이 약하므로 실내 관리가 필요하다.

해설: 구근류는 종류에 따라 습도·온도·토양 관리가 필요하며, 물 관리가 자유로운 것은 아니다.

문제 52. D 난 전문 치유정원은 연중 관람이 가능한 온실을 조성하면서, 열대·아열대 지역 원산의 난 (蘭) 을 중심으로 전시 품종을 선정하고자 한다. 운영 계획서에는 다음과 같은 관리 조건이 명시되어 있다. 이러한 조건을 종합적으로 고려할 때, 열대성 난의 생태적 특성에 대한 설명으로 가장 부적절한 것은 무엇인가?

> 운영 계획서에는 다음과 같은 관리 조건이 명시되어 있다.
> 가. 겨울철에도 최소 12~15℃ 이상의 온도 유지가 가능함
> 나. 실내 환경에서 장기간 관상 가치 유지가 중요함
> 다. 냉해 위험이 있는 노지 재배는 고려하지 않음

① 꽃이 크고 화려하여 관상 가치가 높다.
② 내한성이 강해 겨울철에도 노지에서 월동하며 생육이 가능하다.
③ 개화 후 꽃의 수명이 비교적 길어 전시 기간이 길다.
④ 저온에 민감하여 낮은 기온에서는 생육 장애가 발생한다. 

해설: 열대성 난은 저온에 약해 온실에서 관리해야 하며, 노지 생육은 어렵다.

문제 53. E 생태정원은 실내 온실이 아닌 노지형·반노지형 난 정원을 조성하면서, 사계절 관람이 가능하고 개화기 외 기간에도 경관적 가치가 유지되는 난류를 중심으로 식재 계획을 수립하고 있다. 정원 운영자는 아래와 같은 조건을 중점적으로 고려하였다. 이러한 조건을 바탕으로 볼 때, 온대성 난의 특징에 대한 설명으로 가장 타당한 것은 무엇인가?

> 정원 운영자는 다음과 같은 조건을 중점적으로 고려하였다.
> 가. 겨울철에도 일정 수준의 저온을 자연스럽게 경험할 수 있을 것
> 나. 개화기가 아닐 때에도 잎과 초형이 경관 요소로 활용될 것
> 다. 난 자체의 생육 특성이 온대 기후에 적응되어 있을 것

① 향기는 거의 없으나 꽃이 매우 크고 화려하다.
② 개화기 외에도 잎과 초형이 관상 요소로 활용된다.
③ 열대 원산으로 고온다습 환경에서만 안정적으로 생육한다.
④ 개화 후 꽃의 수명이 매우 길어 장기간 전시가 가능하다. 

해설: 온대성 난은 우리나라를 포함한 온대 기후에 자생하거나 적응한 난류로, 열대성 난에 비해 꽃의 크기나 화려함은 상대적으로 소박한 편이다. 그러나 잎의 형태·질감·배열이 뛰어나 비개화기에도 관상 가치가 유지되는 것이 중요한 특징이다.(예: 한란, 춘란, 풍란 등) 반면, ①과 ④번은 주로 열대성 난의 특징이며, ③번은 온대성 난의 기후 적응성과 정면으로 배치된다.

문제 54. 관엽식물의 주요 관상 대상은?

① 꽃
② 잎과 줄기
③ 뿌리
④ 열매

☞●●●○

🕮 해설: 관엽식물은 잎과 줄기가 주요 관상 대상이며, 꽃보다는 잎의 색상과 모양이 중요하다.

문제 55. 관엽식물 재배 시 적합한 환경은?

① 음지~반음지 조건, 습도가 높은 환경
② 강한 직사광선, 건조 환경
③ 겨울철 저온, 바람이 강한 노지
④ 고온 건조한 토양

☞●●●○

🕮 해설: 관엽식물은 열대·아열대 원산이 많으며, 음지~반음지 조건과 습도가 높은 환경에서 잘 자란다.

문제 56. 화목류의 정의로 적절한 것은?

① 초본성 식물로 단년생이다.
② 목본성 식물 중 꽃이 화려하여 관상 대상이 되는 식물이다.
③ 잎과 줄기에 수분을 저장하는 다육식물이다.
④ 물속에서 생육하며 수질 정화 기능이 있다.

☞●●○○

🕮 해설: 화목류는 목본성 식물 중 꽃이 화려하여 관상용으로 활용된다.

문제 57. 개화 양식 I 의 특징은?

① 꽃눈이 여름~가을에 생기고 휴면 후 이듬해 봄 꽃이 먼저 핀다.
② 꽃이 동시에 피며 개화 기간이 가장 긴 편이다.
③ 지난 해 꽃눈이 생긴 후 새 가지가 신장하며 꽃이 핀다.
④ 봄에 싹이 자라면서 만들어진 가지에 꽃눈이 생겨 개화한다.

☞●●●○

🕮 해설: 개화양식 I는 여름~가을에 꽃눈이 생기고 휴면 후 다음 봄 꽃이 먼저 피는 유형이다.

문제 58. 화목류 번식 방법으로 가장 일반적인 것은?
① 종자 번식
② 삽목, 접목 등 영양번식
③ 수중 번식
④ 단일 파종 번식

📖 해설: 화목류는 꽃 특성을 유지하기 위해 영양번식을 주로 활용한다.

문제 59. 다음 중 관상수(觀賞樹)의 기능과 활용 목적을 가장 정확하게 종합적으로 설명한 것은 무엇인가?
① 향기 성분과 약리 효과를 주된 가치로 하여 기능성 자원으로 활용된다.
② 경관 형성의 핵심 요소로 활용되며, 미기후 조절·공기질 개선·시각적 차폐 등 복합적 환경 기능을 수행한다.
③ 개화 기간이 짧은 단년생 식물로서 계절별 화색 연출에 주로 이용된다.
④ 수생 환경에서 용존산소를 공급하여 수질 정화를 목적으로 한다.

📖 해설: 관상수는 단순히 '보기 좋은 나무'가 아니라, 조경·환경·공간 기능이 통합된 식재 자원이다. ②번은 관상수가 수행하는 조경적 기능(경관 형성)뿐 아니라, 공기 정화, 그늘 제공, 소음·시선 차폐, 미기후 조절 등 복합적 생태·환경 기능을 정확히 반영하고 있다. 따라서 관상수를 '환경 기능을 수행하는 조경 수목'으로 이해하고 있는지를 평가하는 문항으로, 상급 수준에 해당한다.

문제 60. 다음 중 산울타리(생울타리) 조성을 목적으로 관상수를 선택할 때 요구되는 특성을 가장 잘 충족하는 수종은 무엇인가?
① 수관이 넓고 개체 간 간격을 크게 요구하여 독립수로 식재하는 것이 적합한 수종
② 내전정성이 우수하고 맹아력이 강하여 반복적인 가지치기에도 균일한 울타리 형성이 가능한 수종
③ 화색과 개화 시기의 장식성이 뛰어나 계절 경관 연출에 주로 이용되는 수종
④ 줄기와 뿌리 발달이 강하여 대형 교목으로 성장하는 것을 전제로 하는 수종

📖 해설: 쥐똥나무, 회양목, 사철나무 등은 담장 역할을 하는 산울타리용으로 활용된다.

문제 61. 다음 중 수생식물의 기능을 생태계 관리 및 환경 개선 관점에서 가장 타당하게 설명한 것은 무엇인가?
① 수생식물은 계절 변화에 따라 지상부가 고사하고 지하부만 생존하는 특성이 있어, 월동 형태 구분의 기준이 된다.
② 수중 및 습윤 환경에서 영양염류를 흡수하여 수질을 정화하고, 광합성을 통해 용존산소를 공급하며, 수생 생물의 서식·은신 공간을 제공한다.
③ 수생식물은 시각적 경관 연출을 주목적으로 하며, 생태적 기능은 부수적으로 나타난다.
④ 수생식물은 향신료나 허브로 이용되어 식·약용 자원으로 활용 가치가 높다.

☞●●●○

　　해설: 수생식물은 물 속에서 생육하며, 수질 정화와 생태계 서식지 제공 기능을 한다. 수생식물은 단순한 경관 요소가 아니라, 수생태계 유지의 핵심 생물학적 구성 요소이다.

문제 62. 연꽃과 수련의 적합 수심 환경이 올바른 것은?
① 연꽃은 얕은 물, 수련은 깊은 물
② 연꽃은 깊은 물, 수련은 중간 높이에서 성장
③ 두 식물 모두 얕은 물에서만 성장
④ 두 식물 모두 깊은 물에서만 성장

☞●●●○

　　해설: 연꽃은 깊은 물, 수련은 중간 높이에서 잘 자라며, 수심 관리가 수생식물 생육에 중요하다.

문제 63. 다음 중 허브(Herb)를 정의할 때 적용되는 식물학적 특성과 이용 목적을 가장 정확하게 통합한 설명은 무엇인가?
① 허브는 주로 화색과 개화 형태를 감상하기 위한 목본성 관상식물로 분류된다.
② 허브는 향기 성분과 생리활성 물질을 지닌 초본성 식물로서, 식용·약용·향신료·아로마 등 다양한 생활 활용을 목적으로 재배된다.
③ 허브는 수중 환경에서 생육하며 영양염류를 흡수하여 수질 개선을 수행하는 기능성 식물이다.
④ 허브는 건조 환경에 적응하여 수분 저장 조직이 발달한 다육질 식물군을 의미한다.

☞●●○○

　　해설: 허브는 음식·약용·향신료 등으로 활용되는 초본성 식물을 의미한다.

문제 64. 다음 중 허브의 활용 사례를 기능적·생활문화적 관점에서 가장 폭넓고 정확하게 설명한 것은 무엇인가?

① 허브는 주로 실내 공기 중 유해물질을 흡착하여 공기 정화를 목적으로 배치되는 관엽식물이다.

② 허브는 방향 성분과 생리활성 물질을 활용하여 신경 안정과 수면 보조에 이용되며, 차·샐러드·향신료·입욕제 등 식·치유·생활 전반에 걸쳐 활용된다.

③ 허브는 수중에서 광합성을 통해 용존산소를 공급하는 수생식물로 활용된다.

④ 허브는 개화 기간이 짧아 화단 경관 연출을 목적으로 하는 단년생 초화류를 의미한다.

☞●●●○

> 📖 해설: 허브식물은 신경안정, 불면, 음식, 미용, 목욕제 등 다양한 활용이 가능하다.

문제 65. 허브식물의 기능성 물질 중 항우울, 항박테리아 효과가 밝혀진 이유로 옳은 것은?

① 관상 목적의 꽃 색상 때문　　　　② 식물 향과 색상, 생리 활성 물질 활용
③ 줄기와 잎의 수분 저장 기능　　　④ 수질 정화 기능

☞●●○○

> 📖 해설: 허브의 기능성 물질과 향기, 색상이 치유농업에서 활용되어 항박테리아, 항우울 효과가 연구되었다.

문제 66. 치유농업에서 화훼식물을 활용한 프로그램의 효과로 옳지 않은 것은 무엇인가?

① 식물을 보는 것만으로도 마음의 평화를 주고, 긴장을 완화시킨다.

② 관엽식물이나 수생식물을 활용한 정원 활동은 인지, 정서, 정신운동 영역에 긍정적 영향을 미친다.

③ 열대풍 화단 조성은 시민의 삶의 질 향상과 관련이 없으며, 단순히 경관미적 효과만 있다.

④ 초화류, 구근식물, 허브, 관엽식물 등 다양한 식물 활용이 가능하다.

☞●●○○

> 📖 해설: 연구에 따르면 열대풍 화단을 조성하면 시민의 삶의 질 향상, 쾌적한 공간 제공, 스트레스 해소 등 다양한 긍정적 효과가 나타난다(Jang et al., 2023). 따라서 단순히 미적 효과만 있다는 ③번은 옳지 않다.

문제 67. 발달장애인 대학생을 대상으로 한 그린테리어 프로그램에서 개선된 영역이 아닌 것은 무엇인가?

① 식물 친숙도   ② 인지 기능

③ 정신운동/운동 감각 영역   ④ 외부 경제활동 능력

📖 해설: Kim(2024)의 연구에 따르면, 그린테리어 프로그램은 식물 친숙도, 인지, 정서, 정신운동/운동 감각 영역에 긍정적 영향을 미쳤으나, 외부 경제활동 능력과 관련된 언급은 없다.

문제 68. 다음 중 치유농업 아동 대상 프로그램에서 식물 소재로 '꽃식물'이 가장 빈번하게 활용되는 이유를 발달심리 및 프로그램 설계 관점에서 가장 타당하게 설명한 것은 무엇인가?

① 꽃식물은 재배 관리가 까다로워 아동의 책임감과 인내심을 강하게 훈련하는 데 적합하기 때문이다.

② 꽃식물은 색·형태·개화 과정이 뚜렷하여 시각·정서 자극이 크고, 흥미 유발과 표현 활동(관찰·그리기·이야기화)에 용이하기 때문이다.

③ 꽃식물은 영양 공급 목적이 분명하여 수확 중심의 성취감을 제공하기 때문이다.

④ 꽃식물은 공기 정화 기능이 가장 우수하여 실내 환경 개선 효과가 크기 때문이다.

📖 해설: 아동 대상 치유농업 프로그램은 인지·정서·감각 발달과 흥미 유지가 핵심이다. ②번은 이러한 특성을 발달심리와 프로그램 설계 논리로 연결하여 설명하고 있어 가장 적절하다. ①번은 관리 난이도를 과도하게 강조한 설명으로 아동 프로그램의 현실성과 맞지 않는다. ③번은 채소류에 더 적합한 설명이다. ④번은 관엽식물의 대표적 기능이다. 본 문항은 '왜 꽃이 많이 사용되는가'를 이유 중심으로 설명할 수 있는지를 평가하는 내용이다.

문제 69. 치유농업에서 실내외 정원 활동에 활용할 수 없는 활동은 무엇인가?

① 관엽식물 분갈이 활동

② 수생식물을 이용한 미니 연못 구성

③ 종자 파종을 통한 정원 구성원 확장

④ 열대풍 화단에서 고층 건물 구조물 설치

📖 해설: 치유농업에서는 관엽식물 분갈이, 수생식물 미니 연못, 종자 파종 등 다양한 활동이 가능하다. 그러나 열대풍 화단 활동과 관련해 고층 건물 구조물을 설치하는 활동은 내용상 언급되지 않았으며, 치유 목적과 관련이 적다.

문제 70. 치유농업 스마트팜에서 온실 내 온도와 습도 관리에 대한 설명으로 옳지 않은 것은 무엇인가?

① 온실 내 최적 수증기압포차(VPD) 범위는 0.5~1.2kPa이며, 이 범위를 벗어나면 작물 생장에 문제를 일으킬 수 있다.

② 일출 직후 오전에는 광합성을 촉진할 수 있는 온도로 온도를 관리하고, 일몰 후에는 야간 호흡 억제를 위해 온도를 낮춘다.

③ 습구온도계는 백엽상 상자에 설치하며, 팬과 필터를 장착하여 먼지로 인한 오작동을 방지한다.

④ 광양자 센서는 lux 단위를 사용하며, 사람의 시각 기준으로 광도를 측정하여 식물 생장 분석에 가장 적합하다.

☞ ●●●●○

> 📖 해설: ④번 설명은 잘못되었다. 광양자 센서(Quantum sensor)는 광합성유효광(PAR, 400~700nm)만을 측정하며 단위는 $\mu mol \cdot m^{-2} \cdot s^{-1}$입니다. lux 단위를 사용하고 사람의 시각 기준으로 측정하는 것은 조도계에 해당된다. 따라서 식물의 생장 반응 분석에는 조도계보다 광양자 센서가 적합하다.
>
> 나머지 ①~③번은 온실 내 온도 및 습도 관리, 센서 설치와 관련된 올바른 내용이다.

문제 71. 온실 내 작물의 증산(transpiration)과 관련하여 수증기압포차(VPD, Vapor Pressure Deficit)에 대한 설명으로 옳은 것은?

① VPD가 0.4kPa 이하이면 저습도 조건으로 생장이 억제될 수 있다.

② VPD가 1.4kPa 이상이면 고습도로 인해 각종 병해가 발생할 수 있다.

③ 온실 내 최적 VPD 범위는 0.5~1.2kPa로, 이 범위에서 증산과 광합성이 적절히 이루어진다.

④ VPD는 상대습도와 무관하게 일정하게 유지되는 값으로, 온도 변화와 상관없다.

☞ ●●●●○

> 📖 해설: VPD는 온도와 상대습도에 따라 달라지는 값이며, 작물의 증산과 광합성 속도를 조절하는 중요한 환경 요소이다. 최적 범위는 0.5~1.2kPa이며, 0.4kPa 이하에서는 고습으로 인한 병해가, 1.4kPa 이상에서는 저습으로 인한 생장 억제가 발생할 수 있다.
>
> 따라서 ③번이 옳다. ①, ②, ④번은 잘못된 설명이다.

문제 72. 다음 중 온실 내 광 측정 센서에 대한 설명으로 올바른 것은 무엇인가?

① 조도계는 광합성유효광(PAR)만을 측정하며 단위는 $\mu mol \cdot m^{-2} \cdot s^{-1}$이다.

② 일사량계는 lux 단위를 사용하며 사람의 시각 기준으로 측정을 수행한다.

③ 광양자 센서는 PAR 범위(400~700nm)만 측정하며, 인공광 수직농장에서 활용도가 높다.

④ 조도계는 태양광 복사에너지를 측정하며 단위는 $W \cdot m^{-2}$이다.

📖 해설: ③번이 정확합니다. 광양자 센서는 광합성유효광(PAR, 400~700nm)만 측정하며, 특히 LED 등 인공광을 사용하는 수직농장에서 활용된다.
①번: 조도계는 lux 단위를 사용하고 사람 시각 기준 측정, PAR 측정과는 관련 없다.
②번: 일사량계는 $W \cdot m^{-2}$ 단위로 복사에너지를 측정, lux 단위를 사용하지 않는다.
④번: 조도계는 lux 단위, 일사량계가 $W \cdot m^{-2}$ 단위를 사용한다.

문제 73. 온실 온도 관리와 관련하여 올바른 설명은 무엇인가?

① 일출 전 온도는 낮게 유지해야 광합성이 최대가 된다.
② 오전 중에는 광합성을 촉진할 수 있는 온도로 관리하고, 주간에는 차광, 환기, 냉방 등으로 생육적온 범위를 유지한다.
③ 일몰 후에는 온도를 높게 유지하여 불필요한 호흡을 촉진한다.
④ 야간에는 항상 주간과 동일한 온도를 유지해야 한다.

📖 해설: 오전 중에는 광합성이 활발하므로 적정 온도를 유지해야 하고, 주간에 일사량 증가로 기온이 높아지면 차광, 환기, 냉방 등으로 생육적온 범위를 유지한다.
일몰 후에는 호흡 억제를 위해 온도를 낮추는 것이 올바른 관리 방법이다.

문제 74. 토경 재배에서 토양수분 관리를 위해 널리 사용되는 센서로, 토양의 수분장력을 측정하여 관수 시기와 관수량을 결정할 수 있는 것은 무엇인가?

① FDR 센서
② 토양수분장력계(Tensiometer)
③ pH 측정기
④ EC 측정기

📖 해설: 토양수분장력계는 세라믹 컵을 통해 토양의 수분 상태를 연속적으로 측정하며, 토양수분이 낮아지면 압력계가 장력을 감지하여 관수 시기와 양을 결정할 수 있다. FDR 센서는 상대적인 수분 함량을 측정하지만, 토양수분장력계를 대체하지는 않는다. pH 측정기는 산도, EC 측정기는 이온 농도를 확인하는 센서이다.

문제 75. 최근 개발되어 가격이 저렴하고 관리가 편리하며, 토양 내 유전체 상수를 이용하여 상대적인 수분 함량을 측정할 수 있는 센서는 무엇인가?

① 토양수분장력계   ② FDR 센서
③ pH 측정기   ④ EC 측정기   

> 📖 해설: FDR(Frequency Domain Reflectometry) 센서는 토양 내 유전체 상수를 측정하여 상대적인 수분 함량을 산출하며, 최근에는 토양 온도와 전기전도도(EC) 측정 기능도 추가되어 정밀한 지하부 환경 관리가 가능하다.

문제 76. 토경 재배에서 점적 관수(drip irrigation)의 장점으로 가장 적절한 것은?
① 넓은 면적에 동시에 물을 줄 수 있다.
② 작물의 뿌리 근처에 필요한 물을 정밀하게 공급할 수 있다.
③ 관수 후 잎이 젖어도 상관없는 작물에만 적합하다.
④ 토양수분 센서 없이 자동관수 시스템을 구현할 수 있다.

> 📖 해설: 점적 관수는 작물의 뿌리 근처에 필요한 물만 공급하므로, 물 낭비를 줄이고 식물체에 물이 직접 닿지 않아 병해 발생 위험도 낮춘다. 넓은 면적 동시 관수는 살수 관수의 특징이며, 자동관수 시스템은 센서와 전자밸브를 활용해야 한다.

문제 77. 토경 재배에서 자동관수 시스템을 구축할 때, 작물의 수분 스트레스를 실시간으로 판단하여 관수 개시 시점을 결정하고 전자밸브 제어 신호의 기준값으로 가장 직접적으로 활용되는 센서는 무엇인가?
① 토양의 산성도 변화를 측정하여 양분 흡수 상태를 판단하는 pH 센서
② 양액 농도 및 염류 집적 상태를 확인하기 위한 EC 센서
③ 토양 내 수분 함량을 감지하여 설정된 임계값 도달 시 관수를 개시하도록 하는 토양수분 센서
④ 재배 환경의 기온 변화를 감지하여 생육 적온 여부를 판단하는 온도 센서

> 📖 해설: 토양수분 센서를 통해 측정된 수분 데이터가 설정값 이하로 내려가면 시스템이 전자밸브를 작동시켜 자동으로 관수를 시행한다. pH나 EC 센서는 양분 관리 및 산도 조절용 센서이며, 온도 센서는 관수 개시와 직접적인 관련이 없다.

문제 78. 다음 중 토경 재배 자동관수 시스템에서 토양수분 센서를 활용할 때, FDR(Frequency Domain Reflectometry) 센서와 토양수분장력계(Tensiometer)의 차이점으로 가장 적절한 것은?

① FDR 센서는 토양수분장력을 직접 측정하고, Tensiometer는 상대적 수분 함량을 측정한다.
② FDR 센서는 토양수분의 상대적 함량을 측정하며, 가격이 저렴하고 관리가 용이하다.
③ Tensiometer는 유전체 상수를 측정하며, 자동관수 시스템에 적합하지 않다.
④ 두 센서 모두 pH와 EC를 동시에 측정할 수 있다. 

 📖 해설: Tensiometer는 토양수분장력을 직접 측정하여 관수 시기와 양을 결정할 수 있으며, FDR 센서는 유전체 상수를 이용하여 상대적인 수분 함량을 측정하고, 가격이 저렴하며 관리가 편리하다. pH와 EC 측정은 별도의 센서를 이용해야 한다.

문제 79. 점적 관수 시스템과 자동관수 시스템을 연계할 때, 다음 설명 중 옳지 않은 것은?

① 점적 관수는 작물의 뿌리 근처에만 물을 공급하여 물 낭비를 줄인다.
② 자동관수 시스템은 토양수분 센서의 측정값을 기준으로 전자밸브를 작동시킨다.
③ 살수 관수는 자동관수 시스템과 연계하기 어렵다.
④ 압력보상형 호스나 핀을 사용하면 점적 관수의 수압이 일정하게 유지된다. 

 📖 해설: 살수 관수도 자동관수 시스템과 충분히 연계 가능하며, 센서 신호로 전자밸브를 작동시킬 수 있다. 점적 관수에서는 수압을 일정하게 유지하기 위해 압력보상형 호스나 핀을 사용하며, 물을 뿌리 근처에 정밀하게 공급할 수 있다.

문제 80. 시설 내 토경 재배에서 FDR 센서를 이용한 자동관수 시스템을 구축할 때, 고려해야 할 사항으로 가장 적절한 것은?

① 토성에 따른 보정이 필요하며, 토양 온도와 EC 측정 기능을 활용하면 정밀 관리가 가능하다.
② FDR 센서는 토양의 수분장력만 측정하므로 자동관수에 직접 활용할 수 없다.
③ 점적 관수는 FDR 센서 없이만 구현 가능하다.
④ pH 측정값을 기준으로 관수 개시 시점을 설정한다.

 📖 해설: FDR 센서는 토양수분의 상대적 함량을 측정하며, 토성별 보정이 필요하다. 최근 제품에는 토양 온도와 전기전도도(EC) 측정 기능이 포함되어 있어 보다 정밀한 지하부 환경 관리가 가능하다. 관수 개시 시점은 수분 센서 기준으로 설정하며, pH와 직접적인 관련은 없다.

문제 81. 다음은 순수수경(Soilless Hydroponics)과 고형배지경(Substrate Hydroponics)의 구조적·물리적 특성에 대한 설명이다. 설명으로 옳지 않은 것을 고르시오.

① 담액수경(DFT)은 재배 베드 내 양액 수위가 비교적 안정적으로 유지되어, 정전이나 순환 장애 시에도 뿌리의 탈수 위험이 상대적으로 낮다.

② 박막수경(NFT)은 얇은 양액층을 지속적으로 흘려보내므로 산소 공급에는 유리하지만, 양액 공급 중단 시 뿌리 스트레스가 빠르게 발생할 수 있다.

③ 코이어(coir) 배지는 유기성 소재로서 펄라이트보다 통기성과 배수성이 모두 우수하며, 장기간 사용 후에도 물리적 구조 변화가 거의 발생하지 않는다.

④ 암면(rockwool) 배지는 초기 흡수성이 낮아 충분한 포습 처리가 필요하며, 건조가 진행되면 재흡수가 어려워 수분 관리 실패 시 생육 불량이 발생할 수 있다.

> 해설: 코이어 배지는 통기성과 보수성이 좋지만 폐기 처리가 용이하지 않으며, 과습에 쉽게 취약하다. 펄라이트는 통기성과 배수성이 뛰어나지만, 완충능력이 없다. 따라서 ③번이 틀린 설명이다. ①, ②, ④번은 모두 본문 내용과 일치한다.

문제 82. 수경재배용 양액 관리에 대한 설명으로 틀린 것은 무엇인가?

① 양액의 pH는 5.5∼6.5 범위가 적정하나, 5.0∼7.0에서도 생육에 큰 지장이 없다.

② 양액에는 질소, 인, 칼륨 등 다량원소와 철, 망간, 붕소 등 미량원소가 포함되어야 한다.

③ 염소(Cl)는 작물 생육에 필수적이므로 반드시 별도로 공급해야 한다.

④ 양액의 EC값은 작물 종류, 생육단계, 환경 조건에 따라 달라지므로 주기적으로 측정이 필요하다.

> 해설: 본문에 따르면 염소는 작물 요구량이 적고, 용수와 일반 비료에도 포함되어 있어 별도로 공급할 필요가 없다. 나머지 ①, ②, ④번은 양액 관리의 기본 원칙과 일치한다.

문제 83. 다음 고형배지 중 보수성이 낮고 통기성이 우수하며 다량 사용이 필요한 배지는 무엇인가?

① 코이어 ② 피트모스
③ 펄라이트 ④ 암면

> 해설: 펄라이트는 보수성은 낮지만 통기성이 우수하고, 배지의 양을 많이 사용해야 한다.
> 코이어와 피트모스는 보수성이 우수하며, 암면은 보수성과 통기성이 좋지만 폐기 곤란하다.

문제 84. 분무경(Aeroponics)에 대한 설명으로 가장 적절한 것은?
① 작물의 뿌리를 양액에 완전히 잠기게 하여 재배하는 방식이다.
② 경사진 베드에 양액을 얇게 흐르게 하여 재배하는 방식이다.
③ 작물의 뿌리에 양액을 직접 분무하여 재배하는 방식이다.
④ 고형배지를 사용하여 배수와 보수성을 동시에 확보하는 방식이다.

해설: 분무경은 뿌리에 양액을 직접 분무하여 산소 공급과 영양 공급을 동시에 가능하게 하는 순수수경 방식이다. ①번은 담액수경(DFT), ②번은 박막수경(NFT), ④번은 고형배지경에 해당한다.

문제 85. 채소에 함유된 비타민과 관련된 설명으로 옳지 않은 것은 무엇인가?
① 시금치는 β-카로틴 형태의 비타민 A와 비타민 B 복합체를 공급하는 대표 채소이다.
② 당근과 풋고추는 지용성 비타민 E의 주요 공급원이다.
③ 딸기는 비타민 C가 풍부하여 항산화 작용을 돕는다.
④ 파슬리와 호박은 β-카로틴 형태의 비타민 A를 제공하며, 체내에서 비타민 A로 전환된다.

해설: 비타민 E는 당근, 시금치, 토마토 등에 함유되어 있으며, 풋고추는 비타민 C와 A 공급원으로 알려져 있다. 따라서 당근은 맞지만 풋고추는 비타민 E 주요 공급원으로 보기 어렵다.

문제 86. 채소의 기능성 물질과 효능에 대한 설명으로 옳은 것은?
① 고추의 캡사이신(capsaicin)은 체중 조절과 항암 작용 외에 신진대사 촉진에도 도움을 준다.
② 딸기의 엘라그산(ellagic acid)은 신경통 및 류머티즘 치료 효과가 있다.
③ 마늘과 파류의 알리인(alliin)은 혈압 강하에 주로 효과적이다.
④ 토마토의 루틴(rutin)은 항암 작용을 하는 기능성 물질이다.

해설: 고추의 캡사이신은 신진대사 촉진, 암세포 증식 억제, 체중 조절 등 다양한 효능이 있다. 딸기의 엘라그산은 항암 작용, 메틸살리실산은 신경통/류머티즘 치료에 관련된다. 마늘/파류의 알리인은 주로 살균 및 항암 작용에 해당하며, 루틴은 혈압 강하에 관련된다.

문제 87. 채소의 색소와 관련된 설명으로 옳지 않은 것은?

① β-카로틴은 황색 계열 색소로 당근, 토마토, 호박 등에 존재한다.
② 리코펜(lycopene)은 적색 색소로 당근과 토마토에서 발견된다.
③ 케르세틴(quercetin)은 안토시아닌계 색소에 속하며 양파에 많다.
④ 델피니딘(delphinidin)은 청자색을 나타내며 가지에 함유되어 있다.

☞ ●●●○

📖 해설: 케르세틴은 플라보노이드계 색소로 황색을 나타내며, 안토시아닌계 색소가 아니다. 안토시아닌계 색소에는 델피니딘, 프라가린 등이 속한다.

문제 88. 다음 중 채소의 식이섬유 역할과 관련된 설명으로 옳은 것은?

① 식이섬유는 장내 세균의 활동을 억제하고 혈중 콜레스테롤을 증가시킨다.
② 양배추, 시금치, 우엉에는 셀룰로오스, 펙틴 등의 식이섬유가 풍부하다.
③ 채소의 식이섬유는 포만감을 줄 수 없으며, 주로 단맛을 내는 성분이다.
④ 식이섬유는 체내에서 비타민 A 합성을 돕는 역할을 한다.

☞ ●●●●

📖 해설: 식이섬유는 장의 활동을 촉진하고 장내 세균의 활동을 돕는다. 또한 담즙산을 흡착·배설하여 혈중 콜레스테롤을 낮추는 역할을 한다. 양배추, 시금치, 우엉 등에는 셀룰로오스, 펙틴, 헤미셀룰로오스 등의 식이섬유가 풍부하다.

문제 89. 치유농업에서 허브식물이 선호되는 주요 이유로 옳지 않은 것은?

① 허브식물에는 다양한 화학성분이 있어 시너지 효과를 나타낼 수 있다.
② 허브식물의 휘발성 정유 성분은 향수용으로만 활용되며 치유농업에는 적용되지 않는다.
③ 허브식물의 화학성분은 항염증, 항균, 진정 효과 등을 나타낼 수 있다.
④ 하나의 식물에 여러 성분이 존재하여 부작용 위험을 낮출 수 있다.

☞ ●●●●

📖 해설: 허브식물의 휘발성 정유 성분은 향수뿐 아니라 치유농업에서 치료, 면역 작용, 진정, 자극 등의 효과를 위해 활용된다. 따라서 단순히 향수용으로만 사용된다는 설명은 옳지 않다.

문제 90. 다음 중 식용 꽃의 기능성 물질과 그 효과가 잘못 연결된 것은?

① 플라보노이드(Flavonoids) – 항산화 활성이 뛰어나 노화 억제에 도움
② 폴리페놀(Polyphenols) – 뇌질환 예방에 도움
③ 글루코사이드(Glucosides) – 신맛을 내고 비타민C 공급
④ 꽃잎에 포함된 무기질·비타민 – 영양 공급 및 항산화 효과

해설: 글루코사이드는 심장 기능, 진정, 자극, 항생 작용 등과 관련된 성분이며, 신맛과 비타민 C 공급과는 관련이 없다. 신맛과 비타민C 공급은 주로 베고니아, 로즈힙 등 식용꽃의 다른 성분에서 나타난다.

문제 91. 치유농업에서 활용되는 식용꽃의 예로 가장 적절하지 않은 것은?

① 장미, 데이지, 라벤더
② 국화, 무궁화, 수레국화
③ 팬지, 프리뮬러, 한련화
④ 디기탈리스, 트로팬 알칼로이드 함유 가지과 식물

해설: 디기탈리스와 트로팬 알칼로이드가 포함된 가지과 식물은 허브식물의 특정 성분으로, 식용꽃으로 활용되지 않는다. 나머지 선택지는 모두 치유농업에서 식용꽃으로 활용 가능한 꽃이다.

문제 92. 다음 중 식용꽃을 활용한 치유농업 프로그램 활동으로 올바른 설명이 아닌 것은?

① 꽃잎을 이용한 샐러드, 허브잎과 블렌딩 차 등 다양한 요리 활동 가능이 가능하다.
② 꽃을 섭취하면 항산화, 항균, 비타민 공급 등 건강 효과를 기대할 수 있다.
③ 꽃을 단순히 관상용으로만 사용하며, 섭취나 요리 활용은 피해야 한다.
④ 로즈힙 시럽이나 티 등으로 치유농업 활동에 다채로운 경험 제공이 가능하다.

해설: 식용꽃은 섭취와 요리에 활용하여 영양과 기능성을 얻을 수 있으며, 단순 관상용으로만 제한하지 않는다. 따라서 ③번 설명은 올바르지 않다.

문제 93. 실내 화훼류의 관상적 가치와 관리에 관한 설명으로 옳지 않은 것은?

① 실내 식물이 존재하면 자율신경계를 자극하여 정신생리학적 안정성을 제공할 수 있다.
② 실내 식물의 광요구도가 높은 경우라도 200 lux 이상의 광도만 있으면 충분하다.

③ 실내에서 식물 관리 시 관수, 전정, 시비, 병충해 방제, 분갈이 등의 활동이 필요하다.
④ 실내 정원 조성은 대상자에게 정신적 안정감을 제공하고, 다양한 식물 관리 활동을 적용할 수 있는 활동이 된다.

📖 해설: 실내 식물의 광요구도는 식물 종류에 따라 다르며, 광요구도가 높은 식물은 약 2,000 lux가 필요하다. 200 lux는 생육에 충분하지 않다. ①번은 연구에서 실내 식물이 자율신경계를 자극하여 정서적 안정에 도움을 준다는 결과가 보고되어 있어 옳다. ③번은 실내 식물 관리 활동의 대표적인 예로 맞다. ④번은 치유농업 활동에서 실내 정원 조성이 가지는 효과로 맞다.

문제 94. 실내 환경에서 식물이 잘 자라기 위한 조건으로 옳은 것은?

① 광요구도가 낮은 식물은 100 lux 이하에서도 생육이 가능하다.
② 대부분의 열대·아열대 식물은 실내 온도 18~28℃ 범위에서 문제가 없다.
③ 상대습도는 80~90% 정도가 가장 적합하며 사람에게도 쾌적하다.
④ 겨울철 난방 시 실내 습도를 낮추기 위해 관수나 분무는 피해야 한다.

📖 해설: ① 광요구도가 낮은 식물이라도 최소 500 lux 이상이 필요하다.
② 열대·아열대 식물은 일반 실내 온도(18~28℃)에서 생육에 문제가 없다.
③ 실내에서 쾌적한 상대습도는 약 50~70%이며, 80~90%는 사람에게 불쾌감을 줄 수 있다.
④ 겨울철 난방으로 습도가 낮아질 경우, 관수나 분무를 통해 공중습도를 높이는 것이 필요하다.

문제 95. 실내 무늬 관엽식물의 선호도 변화에 관한 설명으로 옳은 것은?

① 2010년과 2020년 조사에서 빨강 계열 단색 무늬 식물이 가장 선호도가 높았다.
② 코로나-19 이후 초록 계열과 흰색 또는 노랑색이 조화를 이루는 무늬식물 선호도가 증가하였다.
③ 스킨답서스 '엔조이'는 선호도가 낮은 식물로 분류된다.
④ 환경 문제와 자연 정책 변화는 실내 식물 선호도와 관련이 없다.

📖 해설: 삼육대학교 김유선, 서지현의 연구결과(2010, 2020) 모두 초록과 흰색, 또는 초록과 노랑색이 조화를 이루는 무늬식물의 선호도가 높아졌다. 스킨답서스 '엔조이'는 선호도가 높은 식물 중 하나이다. 환경 문제, 코로나-19 등으로 인해 초록 계열 무늬식물 선호도가 증가하였다.

문제 96. 실외용 치유정원에서 초화정원(꽃 중심 정원)을 조성할 때 고려해야 하는 기본 조건으로 올바른 것은?

① 하루 12시간 햇빛만 받으면 충분하다.
② 배수가 잘되지 않는 토양이 이상적이다.
③ 하루 56시간 햇빛과 배수가 좋은 환경이 필요하다.
④ 식물의 색상과 질감은 중요하지 않다.

📖 해설: 초화정원은 하루 5~6시간 햇빛이 필요하고, 배수가 잘되는 토양에서 잘 자란다. 필요 시 유공관 매립, 토양 치환, 높임화단 등을 통해 배수 환경을 개선할 수 있다.

문제 97. 다음 중 실외 치유정원에서 계절에 따라 활용할 수 있는 색상 요소로 적절하지 않은 것은?

① 겨울철에는 잎, 꽃, 열매, 수피, 가지의 색상을 활용할 수 있다.
② 여름철에는 토양 색상만 고려하면 충분하다.
③ 계절별로 어울리는 꽃 색상을 선택할 수 있다.
④ 컬러 테라피적 요소를 활용하여 정원 계획이 가능하다.

📖 해설: 정원에서 색상은 계절별 식물과 컬러 테라피적 효과를 고려해 선택할 수 있다. 여름철에도 단순히 토양 색상만 고려하는 것은 적절하지 않으며, 꽃, 잎, 질감, 열매 등 다양한 요소를 함께 고려해야 한다.

문제 98. 다음은 컨테이너 정원(container garden) 계획 시 공간 구성 원리와 식물 배치 전략에 대한 설명이다. 이 중 가장 타당한 것을 고르시오.

① 컨테이너 정원은 식물의 직립·포복·수형 등 형태적 대비와 색채, 질감의 조화를 고려하여 공간의 입체감과 시각적 리듬을 형성한다.
② 컨테이너 정원은 제한된 공간의 안정성을 위해 평면적 배열을 기본으로 하며, 수직적 요소의 도입은 바람직하지 않다.
③ 컨테이너 정원은 배수와 일조 조건의 제약으로 인해 실외 공간에만 적용하는 것이 원칙이다.
④ 유지관리의 편의성을 확보하기 위해 계절 변화에 관계 없이 일년초만을 선택하는 것이 계획 단계에서 가장 합리적이다.

📖 해설: 컨테이너 정원은 식물의 직립형, 사각형, 타원형, 평면형 등 형태뿐만 아니라 색상, 질감까지 고려해 구성할 수 있다. 관리가 어려운 경우 평면형 형태나 다육식물도 가능하지만, 반드시

일년초만 사용해야 하는 것은 아니다. 또한 컨테이너 정원은 제한된 공간에서 형태(수직·수평·하수형), 색채, 질감의 대비와 조화를 통해 입체적 공간감과 시각적 완성도를 높이는 것이 핵심 계획 원리이다.

문제 99. 치유정원에서 방향성 식물(허브, 다년초)을 활용할 때 얻을 수 있는 효과로 옳지 않은 것은?

① 벌, 나비, 나방 등 유익한 곤충을 유인할 수 있다.

② 식물 색상과 질감을 통해 정원의 시각적 아름다움을 높일 수 있다.

③ 방향성 식물은 해충으로부터 다른 식물을 보호하고, 요리나 차로 활용 가능하다.

④ 방향성 식물은 반드시 실내에서만 기를 수 있다.

📖 해설: 방향성 식물은 실외 정원에서도 활용 가능하며, 꽃과 향으로 곤충을 유인하고, 해충을 막아 다른 식물을 보호하며, 수확 후 요리나 차로 활용할 수 있다. 실내 전용 식물이라는 제약은 없다.

문제 100. 다음 중 봄, 가을 정원에서 단일 구근 식물을 반복적으로 심었을 때 얻을 수 있는 효과로 옳은 것은?

① 식물의 생장이 억제된다.

② 시각적으로 리듬감 있는 경관을 표현할 수 있다.

③ 다양한 곤충을 유인하기 어렵다.

④ 식물의 색상 변화가 나타나지 않는다.

📖 해설: 한 종류의 구근 식물을 반복적으로 심으면 단조로운 식재가 아니라 시각적 리듬감을 만들어 경관을 아름답게 표현할 수 있다.

문제 101. 실외 치유정원에서 야생화를 활용할 때 장점으로 올바른 것은?

① 관리가 어려워 지속적으로 보기 어렵다.

② 환경 적응성이 높아 한 번 식재하면 지속적으로 관찰 가능하다.

③ 계절별 색상 변화가 없어 단조롭다.

④ 화분에서만 기를 수 있다.

📖 해설: 야생화는 환경 적응성이 높고 다년초가 많아 한 번 자리 잡으면 지속적으로 식물 관찰이 가능하며 관리가 상대적으로 쉽다.

문제 102. 다음 중 실외 치유정원에서 전정(Pruning)을 통해 얻을 수 없는 효과는?

① 식물 크기 조절
② 개화 및 착과 증진
③ 식물의 병충해 피해 최소화
④ 식물의 토양 배수 개선

📖 해설: 전정은 식물 크기 조절, 생장 유도/억제, 개화·착과 증진, 병든 부위 제거 등 식물 관리에 도움을 준다. ①, ②, ③번은 전정을 통해 얻을 수 있는 올바른 효과이다.

문제 103. 다음 중 실외 화훼류 관리 시 멀칭(Mulching)의 효과로 옳지 않은 것은?

① 토양 증발 감소로 수분 유지
② 잡초 발생 억제 및 토양 침식 방지
③ 식물 뿌리의 성장 억제
④ 다양한 장식적 요소로 활용 가능

📖 해설: 멀칭은 토양 수분 유지, 잡초 억제, 토양 침식 방지, 장식적 효과가 있지만 식물 뿌리 성장을 억제하지는 않는다.

문제 104. 다음 중 실외용 화훼류 중 겨울철 우리나라 환경에서 월동이 어려운 식물에 대한 관리 방법으로 올바른 것은?

① 그대로 두어 자연 상태에 맡긴다.
② 화분에 심어 실내 온실로 옮겨 보호한다.
③ 겨울철에 물을 주지 않는다.
④ 시든 꽃과 꽃대를 남겨 구근에 에너지를 저장한다.

📖 해설: 겨울철 우리나라 환경에서 월동이 어려운 식물은 화분에 심어 실내 온실로 옮겨 보호해야 한다. 시든 꽃과 꽃대 제거는 에너지를 구근에 저장할 때 필요하며, 물주기와 온도 관리도 중요하다.

문제 105. 공기정화식물이 실내 환경에 기여하는 방식 중 올바른 것은 무엇인가?

① 식물은 광합성으로 산소를 만들고, 증산작용과 피톤치드 방출로 공기를 정화한다.
② 식물은 직접적으로 실내 먼지를 흡수하여 물리적으로 제거한다.
③ 식물은 모든 유해 물질을 단 1시간 만에 완전히 제거할 수 있다.
④ 식물은 증산작용 대신 광합성을 통해 습도를 감소시킨다.

문제 106. 포름알데히드 제거 능력이 가장 우수한 실내 식물 종류는 무엇인가?
① 양치류
② 스파티필럼
③ 크라슐라
④ 아이비

문제 107. 실내 음이온의 효과에 대한 설명으로 옳지 않은 것은?
① 음이온은 양이온으로 대전 된 오염물질을 안정화 시켜 제거한다.
② 음이온은 피부와 호흡을 통해 신체 신진대사를 촉진한다.
③ 현대 도시 환경은 음이온이 많아 건강에 유리하다.
④ 숲속은 광합성과 증산작용으로 음이온 농도가 높다.

문제 108. 실내 습도 조절을 위해 적절한 식물 배치 방법과 비율로 옳은 것은?
① 실내 공간의 약 30%를 화분으로 채우면 공기 $1cm^2$ 당 100~400개의 음이온이 발생한다.
② 증산작용이 90%, 화분 표면 증발이 10% 기여하여 습도가 증가한다.
③ 실내에 배치된 식물은 증산작용으로 온도를 높이는 효과가 있다.
④ 습도 증가 효과가 뛰어난 식물로는 장미허브, 제라늄, 애플민트가 포함된다.

> 📖 해설: 실내 습도 증가에 대한 연구에서 증산작용이 90%, 화분 표면 증발이 10%로 기여한다. ①번은 음이온 관련 내용이며, ③번은 증산작용으로 기화열이 발생해 온도를 낮춘다. ④번은 맞지만, 문항에서 '적절한 배치 방법과 비율'과 관련된 정답은 ②가 가장 정확하다.

문제 109. 치유농업에 활용 가능한 공기정화식물 선정 기준으로 옳은 것은?

① 식물의 잎 색상, 모양, 재배 및 관리 편이성, 유해 화학물질 제거율을 종합적으로 고려한다.
② 식물의 크기와 꽃의 색상만으로 선정한다.
③ 실내공기정화 효과는 고려하지 않고, 허브 향기만으로 선택한다.
④ 유해 화학물질 제거율이 낮아도 외형이 아름다운 식물은 우선 선정한다.

> 📖 해설: 공기정화식물은 재배·관리 편이성, 해충 적응력, 휘발성 유기화합물 제거율, 증산율 등 종합 평가를 기준으로 선정하며, 잎 색상과 모양도 프로그램 참여자의 관심을 고려해 선택한다.

문제 110. 미국 NASA의 연구가 치유농업 공기정화식물 연구에 기여한 내용으로 옳은 것은?

① 1984년 밀폐된 실험 공간에서 식물이 포름알데히드를 제거할 수 있다는 것을 확인하였다.
② NASA 연구는 실내장식 목적의 식물 색상과 형태를 평가하는 연구였다.
③ NASA 연구는 오직 실외 조경용 식물만을 대상으로 진행되었다.
④ NASA 연구에서는 허브식물의 향기만 실험 대상으로 삼았다.

> 📖 해설: NASA는 폐쇄 공간에서 생태학적 생명유지시스템 가능성을 연구하며, 밀폐된 공간에서 식물이 포름알데히드를 제거할 수 있음을 실험적으로 확인했다.

문제 111. 국내 연구진이 제시한 공기정화식물 분류에 포함되지 않는 것은?

① 자생식물　　　　　　② 목본성 관엽식물
③ 수생식물　　　　　　④ 허브식물

> 📖 해설: 국내 연구진은 공기정화식물을 자생식물, 목본성·초본성 관엽식물, 허브식물, 양치식물, 난 식물 등으로 분류하였다. 수생식물은 언급되지 않았다.

문제 112. 치유농업 프로그램에서 공기정화식물을 선택할 때 우선순위를 정하는 방법으로 옳은 것은?
① 종합 점수가 높은 식물을 우선 선택하며, 동점인 경우 유해 화학물질 제거율이 높은 식물을 선택한다.
② 꽃의 색깔이 화려한 식물을 무조건 선택한다.
③ 증산율이 낮은 식물을 우선 배치한다.
④ 외형이 독특한 식물만 선택하고 실내공기정화 효과는 고려하지 않는다.

☞●●●●

🔖 해설: 식물 선정은 종합 점수를 기준으로 하고, 동점일 경우 유해 화학물질 제거 능력이 우수한 식물을 우선순위로 선택하여 치유농업 활동에 적합한 공기정화 효과를 높인다.

문제 113. 식물병의 발생을 위해 필요한 3가지 조건(식물병의 삼각형)으로 옳은 것은?
① 기주식물, 병원체, 환경　　　　② 기주식물, 해충, 환경
③ 병원체, 환경, 잡초　　　　④ 기주식물, 토양, 야생동물

☞●●●●

🔖 해설: 식물병이 발생하기 위해서는 기주식물, 병원체, 환경의 세 가지 조건이 필요하다. 이 세 가지를 '식물병의 삼각형'이라고 한다.

문제 114. '식물병의 삼각형'에서 기주 측 변이 길어지는 상황은 어떤 경우인가?
① 식물이 저항성을 가지거나 재식거리가 넓은 경우
② 식물이 감수성이고 재식거리가 가까운 경우
③ 환경이 병원체에 부적합한 경우
④ 병원체 수가 적은 경우

☞●●●●

🔖 해설: 식물이 감수성이며, 생육 조건이 발병에 적합하고 재식거리가 가까울수록 기주 측 변이 길어지고 발병 가능성이 높아진다. 반대로 저항성 식물이나 재식거리가 넓으면 변이 짧아진다.

문제 115. 식물병의 삼각형에서 환경 요소가 병원체에 알맞게 작용할 때 나타나는 결과로 옳은 것은?
① 발병 가능성이 낮아진다.
② 병원체 측 변이가 길어져 발병 가능성이 높아진다.
③ 기주 측 변이가 짧아진다.
④ 병원체가 "0"이면 발병 가능성이 높아진다.

해설: 환경 조건(온도, 습도, 바람 등)이 병원체에 적합하면 병원체 측 변이가 길어지고 발병 가능성이 높아진다. 환경 조건이 부적합하면 변이가 짧아져 발병 가능성이 낮아진다.

문제 116. 식물병을 예방하기 위해 병의 삼각형 요소를 관리하는 방법으로 적절하지 않은 것은?

① 기주의 저항성을 높인다.
② 병원체 수를 줄인다.
③ 환경을 발병에 유리하게 조성한다.
④ 재식거리를 넓힌다.

해설: 병 발생을 줄이기 위해서는 기주의 저항성 강화, 병원체 수 감소, 재식거리 확보 등이 필요하다. 환경을 발병에 유리하게 조성하는 것은 오히려 병 발생을 증가시키는 잘못된 방법이다.

문제 117. 식물병을 일으키는 원인 중 비생물적 요인에 속하지 않는 것은 무엇인가?

① 토양 영양 결핍
② 일조 과다
③ 곰팡이 감염
④ 농약의 약해

해설: 비생물적 요인은 온도, 수분, 광, 토양 영양, 농약의 약해 등 식물 외부 환경이나 화학적 요인으로 인해 발생하는 비전염성 병을 말한다. 곰팡이 감염은 생물적 요인(전염성 병)에 해당하므로 비생물적 요인이 아니다.

문제 118. 다음 중 곰팡이병(균류 또는 진균)에 의한 증상으로 가장 적절한 것은?

① 잎의 반점 및 갈색무늬 발생
② 식물의 줄기 내부에서 전반적인 괴사
③ 감자의 걀쭉병 발생
④ 양파 누른오갈병 발생

해설: 곰팡이병은 식물의 다양한 기관에서 발생할 수 있으며, 잎에서는 점무늬병, 갈색무늬병, 흰가루병, 노균병 등이 대표적이다. 감자의 걀쭉병과 양파 누른오갈병은 각각 바이로이드와 파이토플라스마에 의해 발생한다.

문제 119. 다음 중 파이토플라스마(Phytoplasma)에 의한 병으로 올바르게 연결된 것은?
① 대추나무 빗자루병 → 바이러스
② 양파 누른오갈병 → 파이토플라스마
③ 감자 걀쭉병 → 세균
④ 황화바이러스 → 곰팡이

해설: 파이토플라스마는 바이러스와 세균의 중간형 미생물로, 전통적으로 바이러스로 오인되었던 질병 중 일부가 이에 속한다. 대표적 병으로는 대추나무 빗자루병, 뽕나무 오갈병, 양파 누른오갈병 등이 있다.

문제 120. 다음 중 바이러스병과 관련된 증상으로 옳지 않은 것은?
① 잎 모자이크 무늬 발생
② 잎의 황화 및 말림
③ 기주에 잠복하여 증상 없는 경우 존재 가능
④ 잎의 점무늬, 갈색 썩음

해설: 바이러스병의 일반적 증상은 모자이크 무늬, 황화, 잎 변형, 과실 변형 등이다. 반면 잎의 점무늬와 갈색 썩음은 곰팡이병에서 주로 나타나는 증상으로 바이러스병과는 관련이 없다.

문제 121. 다음 중 바이로이드(Viroid)에 대한 설명으로 올바른 것은?
① 핵산과 단백질로 이루어진 단세포 미생물이다.
② 감자 걀쭉병의 병원체로, 바이러스와 달리 입자가 존재하지 않는다.
③ 줄기마름병과 잎 갈변을 일으킨다.
④ 단순한 환경 요인에 의해 발생하는 비전염성 병이다.

해설: 바이로이드는 핵산(RNA)만 존재하며 바이러스와 달리 단백질 캡시드가 없어 독립적인 입자로는 존재하지 않는다. 감자 걀쭉병과 국화왜화바이로이드가 대표적이다.

문제 122. 식물병의 생활사에서, 병원균이 전년도 병든 식물체에서 겨울을 난 후 기주식물로 이동하는 단계를 무엇이라고 하는가?
① 침입 및 감염　　　　　　　② 전염원
③ 전파(전반)　　　　　　　　④ 발병

> 📖 해설: 병원균은 전년도 병든 식물체에서 월동한 후 비, 바람, 곤충 등 여러 수단으로 기주식물로 이동한다. 이러한 이동 단계를 '전파(전반)'라고 한다.

문제 123. 다음 중 식물병의 잠복기에 대한 설명으로 올바른 것은?
① 병원체가 침입과 감염 후 바로 병징이 나타난다.
② 잠복기는 기주 식물의 생육 단계와 환경조건에 따라 달라진다.
③ 잠복기는 항상 5일 내외로 일정하다.
④ 잠복기는 병징과 표징이 나타난 후를 의미한다.　　　

> 📖 해설: 잠복기는 병원체가 기주 내로 침입하여 감염된 후 병징이 발현되기까지의 기간이다. 발병 부위, 기주 생육 단계, 병원체 종류, 환경조건에 따라 기간이 크게 달라질 수 있다.

문제 124. 다음 중 1차 전염원으로 작용하는 형태가 아닌 것은?
① 균사　　　　　　　　② 분생포자
③ 자낭포자　　　　　　④ 매개충에 의해 옮겨진 바이러스　　

> 📖 해설: 1차 전염원은 전년도 병든 식물체에서 월동한 병원균의 형태로, 균사, 균핵, 분생포자, 자낭포자 등이 해당한다. 바이러스는 포자나 균사를 형성하지 않고 매개충 등을 통해 기계적·생물학적으로 옮겨지므로 1차 전염원 형태에는 해당하지 않는다.

문제 125. 식물병의 생활사에서 병원균이 기주 식물 내부로 침입할 때 주로 이용하는 경로로 잘못된 것은 무엇인가?
① 상처　　　　　　　　② 기공, 수공
③ 피목, 밀선　　　　　④ 토양 내 무기물　　　　

> 📖 해설: 병원균은 상처, 기공, 수공, 피목, 밀선 등과 같은 자연개구부를 통해 침입한다. 일부 곰팡이는 각피나 꽃, 눈, 뿌리 등의 특수 기관을 통해 침입하기도 하지만, 토양 내 무기물은 침입 경로가 아니다.

문제 126. 다음 중 식물의 잎, 줄기, 과실, 뿌리를 갉아먹고 식흔을 남기는 해충의 유형은?

① 흡즙성 해충

② 씹어 먹는 입을 가진 해충

③ 입으로 두드려 나온 즙액을 빨아먹는 해충

④ 산란에 의한 비정상 생장 해충

> 해설: 씹어 먹는 입을 가진 해충(예: 메뚜기, 나비·나방 유충)은 잎, 줄기, 과실, 뿌리를 갉아먹어 피해를 준다. 식물 표면에 식흔이 남는 것이 특징이다.

문제 127. 다음 중 뾰족한 입으로 식물의 즙액을 빨아먹으며 바이러스 감염을 매개할 수 있는 해충은?

① 총채벌레　　　　　　② 진딧물

③ 메뚜기　　　　　　　④ 나비 유충

> 해설: 진딧물 등 흡즙성 해충은 구침으로 잎이나 과실을 찔러 즙액을 빨아먹는다. 이 과정에서 바이러스 등의 병원체를 전파할 수 있어 피해가 크다.

문제 128. 총채벌레류의 피해 특징으로 옳은 것은?

① 잎, 줄기, 과실을 갉아 먹어 식흔 발생

② 알을 산란하여 조직에 상처를 남기고 유충이 다시 가해

③ 식물 표면을 두드려 즙액을 빨아먹어 잎에 흰 반점과 기형 발생, 2차 감염 가능

④ 뾰족한 입으로 식물 조직을 찔러 바이러스 전파

> 해설: 총채벌레류는 작고 관찰이 어렵지만, 식물 표면을 두드려 즙액을 빨아 먹는다. 이로 인해 잎에 흰색 반점과 기형이 나타나며, 상처 부위를 통해 2차 감염도 발생할 수 있다.

문제 129. 다음 중 해충의 산란과 관련된 피해 설명으로 옳은 것은?

① 식물 표면을 갉아먹어 식흔 발생

② 알을 낳은 부위가 비정상적으로 성장하여 혹처럼 나타남

③ 뾰족한 구침으로 즙액을 빨아 먹으며 바이러스 감염을 유발

④ 잎 표면을 두드려 즙액을 빨아먹고 흰 반점 발생

📖 해설: 산란관으로 알을 낳은 해충은 식물체 조직에 상처를 입히고, 유충이 깨어나면서 비정상적인 세포 증식이 일어나 혹처럼 생긴다. ①, ③, ④번은 다른 유형의 해충 피해에 해당한다.

문제 130. 다음 중 해충 피해 유형과 특징이 잘못 연결된 것은?

① 씹어 먹는 입 – 잎, 줄기, 뿌리를 갉아먹어 식흔 발생
② 흡즙성 해충 – 바이러스 감염 가능
③ 산란에 의한 피해 – 알을 낳은 부위가 비정상적으로 성장
④ 입으로 두드려 나온 즙액 – 잎, 줄기, 뿌리를 갉아먹어 식흔 발생　　

📖 해설: 입으로 두드려 나온 즙액을 빨아먹는 해충(총채벌레)은 식물 조직을 갉아먹지 않고 표면을 두드려 즙액을 빨아 먹는다. 따라서 잎, 줄기, 뿌리를 갉아먹는 것은 씹어 먹는 입 해충의 특징이며, ④번은 잘못된 연결이다.

문제 131. 선충의 피해와 방제에 관한 설명으로 옳지 않은 것은?

① 선충은 주로 뿌리 내부와 외부에 기생하여 식물의 생장을 저해하고 2차 토양병을 매개할 수 있다.
② 뿌리혹선충 피해는 연작 재배지에서 흔히 나타나며, 화학적 약제만으로 쉽게 방제할 수 있다.
③ 토양소독은 식물 정식 이전에 실시하는 것이 효과적이다.
④ 고구마, 당근, 땅콩 등 작물은 각각 특정 뿌리혹선충의 주요 기주로 알려져 있다.

📖 해설: 뿌리혹선충은 화학적 약제만으로 완전히 방제하기 어렵기 때문에, 연작 재배지에서는 토양소독과 같은 예방적 관리가 중요하다. 나머지 선택지는 모두 선충 피해와 방제 방법에 대한 올바른 설명이다.

문제 132. 해충 예찰의 목적과 방법으로 가장 적절한 것은?

① 해충이 이미 발생한 이후에 육안으로 관찰하여 방제 시기를 결정한다.
② 해충 발생 이전에 발육 단계, 발생 상황, 환경 조건 등을 조사하여 발생 시기와 분포를 예측한다.
③ 해충 발생 후 천적을 방사하여 피해를 완전히 제거하는 것이 목적이다.
④ 화학적 방제를 예방적으로 사용하여 모든 해충을 완전히 제거한다.

> 📖 해설: 예찰은 해충이 발생하기 이전에 상황을 조사하고, 발생 시기와 분포를 예측하여 예방적 방제에 활용하는 것이 목적이다. 육안 관찰만으로 방제 시기를 결정하거나, 발생 후 화학적·생물적 방제를 단독으로 사용하는 것은 예찰의 본래 의미와 다르다.

문제 133. 해충종합관리(IPM)에 대한 설명으로 옳지 않은 것은?

① IPM은 해충을 완전히 제거하는 것을 목표로 한다.
② 경종적 방제, 천적 활용, 선택적 농약 사용 등을 종합적으로 활용한다.
③ 경제적 피해 허용기준에 도달하기 전에 방제를 실시해야 한다.
④ 피해가 없을 정도의 낮은 밀도로 해충을 억제하는 것을 목표로 한다.

> 📖 해설: IPM은 해충을 완전히 제거하는 것이 아니라, 피해가 없을 정도의 낮은 밀도로 억제하는 것을 목표로 한다. 이를 위해 다양한 방제 수단을 통합적으로 활용하며, 예방적 예찰과 적기 방제가 필수적이다.

문제 134. 경종적 방제에 포함되는 방법으로 옳지 않은 것은?

① 재배 시기, 작물 종류 및 품종을 적절히 선택한다.
② 해충의 월동과 증식 장소를 제거한다.
③ 친환경 화학자재를 활용하여 해충을 제거한다.
④ 기주작물과 잡초를 제거하여 해충 발생을 줄인다.

> 📖 해설: 경종적 방제는 작물 관리와 환경 조절을 통해 해충 발생을 억제하는 방법으로, 화학적 방제는 포함되지 않는다. 친환경 화학자재 사용은 화학적 방제의 범주에 속한다.

문제 135. 치유농업에서 야생조수와 야생동물에 의한 피해와 방제 방법에 대한 설명으로 옳지 않은 것은?

① 멧돼지, 고라니, 노루, 청솔모 등 동물에 의한 피해가 전체의 60%를 차지한다.
② 노지에서 재배되는 과실류는 까치, 참새, 직박구리 등의 조류에 의해 피해를 입을 수 있으며, 봉지씌우기나 방조망 설치 등으로 완전히 방지할 수 있다.
③ 고라니와 노루는 과수의 잎이나 채소, 화훼의 어린 모종을 뜯어 먹어 피해를 준다.
④ 야생동물의 접근을 막기 위해 철조망이나 전기울타리를 설치하는 방법이 사용된다.

문제 136. 다음은 과수원에서 문제시되는 조류의 섭식 특성과 피해 과실 유형을 비교한 설명이다. 피해 양상이 실제 현장 관찰과 가장 부합하는 연결을 고르시오.

① 찌르레기는 군집성이 강해 성숙기 과실에 대량 침입하며, 배·포도·감·양앵두 등 당도가 높은 과실에서 집단 피해를 유발한다.
② 제주직박구리는 잡식성이며 과육이 단단한 과실을 선호하여, 사과·복숭아·감귤 등 경질 과실 위주로 피해를 발생시킨다.
③ 까치는 영역성이 강하고 주로 단일 개체로 행동하므로, 포도·감귤 등 다과종 과수에서 광범위한 피해를 유발하는 주된 가해종으로 분류된다.
④ 개똥지빠귀는 주로 곤충성에 가까워 과실 피해는 제한적이며, 사과·배·포도·복숭아 등 대과종 과실에서 지속적인 피해 사례는 드물다.

문제 137. 잡초의 특성 중 '타감작용'을 통해 다른 식물의 생장을 방해하는 능력은 무엇과 관련이 있는가?
① 경쟁력
② 지속성
③ 유해성
④ 생존력

문제 138. 잡초 방제에서 조기 방제가 중요한 이유로 가장 적절한 것은 무엇인가?

① 잡초가 꽃을 피우기 전에 제거해야 씨앗 확산을 막을 수 있다.

② 잡초가 충분히 자라야 농약을 효과적으로 사용할 수 있다.

③ 작물이 잡초보다 빠르게 성장하도록 유도하기 위해서이다.

④ 잡초가 작물과 함께 성장해야 생산성이 높아진다.

☞●●○○

🕮 해설: 잡초가 우점하기 전에 조기 방제를 하면 작물이 광, 수분, 양분 경쟁에서 유리한 위치를 차지할 수 있다. 이는 잡초 제거의 핵심 목표 중 하나이다.

문제 139. 치유농업 시설에서 잡초 방제 시 화학적 방제를 제한해야 하는 이유로 가장 적절한 것은?

① 잡초가 빨리 제거되기 때문이다.

② 다양한 사람들이 방문하고 작물과 활동이 연계되므로 안전에 주의가 필요하다.

③ 화학적 방제는 효과가 적기 때문이다.

④ 잡초가 생태계 유지에 필요하기 때문이다.

☞●●●○

🕮 해설: 치유농업 시설은 방문자가 많고 다양한 활동과 연결되므로 농약 등 화학적 방제는 제한하며, 안전한 방법을 우선 적용해야 한다.

문제 140. 다음 중 잡초의 지속성과 관련된 특징으로 옳지 않은 것은?

① 불리한 환경에서도 땅속에서 장기간 생존할 수 있다.

② 휴면 상태로 존재할 수 있다.

③ 잡초의 경쟁력은 조기 발아, 생장속도, 뿌리 발달과 관련된다.

④ 쉽게 전파할 수 있는 다량의 종자를 생산할 수 있다.

☞●●●●

🕮 해설: 조기 발아, 생장속도, 뿌리 발달 등은 잡초의 경쟁력과 관련된 특성이다. 지속성과 관련된 특징은 불리한 환경에서 생존, 휴면, 종자 생산 능력 등이다.

문제 141. 재배적 방제법은 병해충 발생을 예방하고 피해를 최소화하기 위해 작물의 생육 환경을 조절하는 방법을 포함한다. 다음 설명 중 재배적 방제법의 원리에 어긋나는 것은 무엇인가?

① 작물을 적절한 간격으로 배치하여 통풍과 일조 조건을 개선함으로써 병해 발생을 억제한다.
② 과수의 과실을 봉지로 덮어 해충 피해를 물리적으로 차단할 수 있다.
③ 병해충 발생을 억제하기 위해 재배 중 유기물 비료를 과도하게 사용하여 작물의 영양 상태를 극대화한다.
④ 수확 후 월동기에는 낙엽 제거, 껍질 정리, 소독 등 위생 관리로 초기 병해충 밀도를 낮춘다.

> 📖 해설: 재배적 방제법에서는 적절한 수분, 습도, 온도 환경을 유지하고, 과도한 유기물 사용은 피하는 것이 중요하다. 과도한 유기물은 병해충 발생 환경을 조성할 수 있으므로 권장되지 않는다. 나머지 선택지는 재배적 방제법의 올바른 예이다.

문제 142. 농작물의 화학적 방제법은 효과적인 병해충 관리를 위해 작물 특성과 농약 안전 규정을 준수해야 한다. 다음 중 올바른 설명은 무엇인가?

① 모든 작물에서 농약 종류와 사용량에 제한 없이 자유롭게 사용할 수 있다.
② 농약 허용물질목록 관리제도(PLS)에 따라, 각 작물별로 등록된 농약만 사용해야 하며, 등록되지 않은 농약 사용은 금지된다.
③ 화학적 방제법은 예방과 치료 효과가 모두 있으나, 인체와 환경에 미치는 영향은 거의 없다.
④ 농약은 발생 후 방제에는 효과가 없으므로, 오직 예방적 목적에서만 사용해야 한다.

> 📖 해설: PLS 제도에 따라, 각 작물별로 등록된 농약만 사용 가능하다. 이는 안전성과 잔류 농약 문제를 관리하기 위함이다. 선택지 ①, ③, ④번은 화학적 방제법의 특성을 잘못 설명하고 있다.

문제 143. 생물학적 방제법은 병해충을 환경 친화적 방법으로 억제하는 전략을 포함한다. 다음 중 생물학적 방제법의 원리에 부합하는 설명은 무엇인가?

① 생물학적 방제법은 사람과 작물 모두에 강한 독성을 나타내며, 병해충 선택성이 거의 없다.
② 비용이 낮고 약효가 길며, 화학적 방제처럼 즉각적인 효과를 기대할 수 있다.
③ 병해충 발생을 예방하는 목적이 주이며, 미생물이나 천연물 유래 물질, 천적 등을 활용하여 자연 생태계와 조화를 이루면서 병해충을 억제한다.
④ 화학적 방제법보다 훨씬 신속하고 강력하게 병해충을 제거할 수 있으며, 단기간 내 피해를 완전히 차단한다.

📖 해설: 생물학적 방제법은 천적, 미생물, 천연물 유래 물질 등을 이용하여 병해충을 자연스럽게 조절하는 예방적 방제법이다. 생물학적 방제법은 독성이 낮고, 기주식물에 대한 선택성이 높으며, 예방적 처리 중심으로 사용한다. 단점으로는 약효가 짧고 비용이 다소 높다는 점이 있다.

문제 144. 종합적 방제(IPM, Integrated Pest Management)에서 권장되는 전략이 아닌 것은?

① 경종적 방제, 물리적 방제, 화학적 방제, 생물학적 방제를 상황에 맞게 혼합하여 사용한다.
② 병 발생이 적은 시기에는 경종적, 생물학적 방제를 활용한다.
③ 병해충 발생 시에도 오직 화학적 방제만 사용한다.
④ 연작 재배 시 병해충 발생 패턴을 예찰하여 방제 시기를 조절한다.

📖 해설: 종합적 방제(IPM)에서는 다양한 방제 방법을 적절히 조합하여 사용하는 것이 핵심이다. 화학적 방제만 단독으로 사용하는 것은 IPM의 원칙에 맞지 않는다.

문제 145. 질문: 채소 종자에 묻어 있을 수 있는 병원체로 올바르지 않은 것은?

① 노균병균
② 덩굴쪼김병균
③ 라이족토니아균
④ 담배모자이크바이러스(TMV)

📖 해설: 라이족토니아균(Rhizoctonia spp.)은 주로 토양에 서식하며, 육묘 과정 중 어린 묘를 감염시키는 병원균이다. 반면, 노균병균, 덩굴쪼김병균, TMV는 종자에 묻어 전염될 수 있는 병원체이다.

문제 146. 육묘 과정에서 병해 예방을 위해 가장 적절한 관리 방법은?

① 과도한 거름을 주어 빠른 성장을 유도한다.
② 햇빛과 통풍이 충분한 환경을 유지한다.
③ 토양의 물 빠짐을 막아 습도를 높인다.
④ 어린 묘에 살충제를 집중적으로 살포한다.

해설: 육묘 과정에서 병원균 감염을 예방하려면 유묘가 튼튼하게 자랄 수 있는 환경을 유지하는 것이 중요하다. 과도한 거름이나 과습한 환경은 오히려 병 발생을 촉진하며, 살충제는 병 예방에 직접적인 역할이 없다.

문제 147. 연속적으로 동일 작물을 재배할 때 나타나는 현상은 농업 경영과 병해충 관리에 중요한 영향을 미친다. 다음 중 연작 시 발생할 수 있는 문제와 그 원리로 가장 적절한 것은 무엇인가?
① 동일 작물 재배가 반복되면 특정 병해충과 병원균이 토양과 작물에 축적되어 방제 난이도가 증가한다.
② 연작으로 인해 토양 pH가 자동으로 조절되어, 작물 생육에 유리한 상태가 유지된다.
③ 반복 재배를 통해 토양의 물리성이 개선되고, 배수와 통기성이 자연스럽게 향상된다.
④ 연작으로 인해 초기 병원균 밀도가 낮아지므로 방제 비용이 감소하고 수확량이 안정된다.

해설: 동일 작물을 연속적으로 재배하면, 특정 병원균과 해충이 토양과 작물 주변에 축적되어 피해가 점점 커지는 연작장해가 발생한다.
②와 ③번은 사실과 반대로, 연작은 토양 산성화, 영양 불균형, 물리성 악화를 유발할 수 있다.
④번은 초기 병원균 밀도가 높아지고 방제 비용이 증가하는 것이 일반적이므로 틀린 설명이다.

문제 148. 시설재배지에서 세균병 발생을 억제하기 위한 적절한 관리 방법으로 올바른 것은?
① 온도가 높고 습한 상태를 유지한다.
② 적당한 정식 간격과 예방적 항생제 처리를 한다.
③ 잎이 겹치도록 촘촘하게 재배한다.
④ 토양 전염성 병원균을 방제하기 위해 잿빛곰팡이병균을 살포한다.

해설: 세균병은 무덥고 다습한 환경에서 잘 발생하며, 주변으로 급속히 확산된다. 따라서 정식 간격 확보와 예방적 약제 처리가 효과적이다. 과도한 밀식이나 곰팡이병균 살포는 세균병 방제에 직접적인 도움이 되지 않는다.

문제 149. 붉은별무늬병(Gymnosporangium yamadae)에 대한 설명으로 옳지 않은 것은?

① 붉은별무늬병의 수포자는 910월에 사과 잎 뒷면에서 형성되어 다음 해 봄에 향나무에서 발아한다.

② 5월 상순부터 잎 표면에 1 mm 정도의 황색 반점이 나타나 오렌지색으로 변하며 병반은 0.51 cm 정도로 성장한다.

③ 병원균은 사과 잎에서 월동하며, 동포자퇴가 형성되어 사과로 다시 전염된다.

④ 4월 하순5월 하순에 등록약제를 23회 살포하면 효과적인 방제가 가능하다.

☞●●●○

📖 해설: 붉은별무늬병의 동포자퇴는 향나무에서 형성되어 월동하며, 사과 잎에서 월동하지 않는다. 따라서 사과 잎은 전염 과정에서 2차 감염의 대상이지만 월동처는 아니다.

문제 150. 점무늬낙엽병(Alternaria mali) 방제 방법으로 옳지 않은 것은?

① 낙화 후 10일부터 장마철까지 예방 위주로 약제를 살포한다.

② 전년도 병든 잎을 모아 제거하여 1차 전염원을 감소시킨다.

③ 질소비료를 과다하게 사용하여 잎을 연약하게 만들어 병 발생을 억제한다.

④ 여름 전정을 통해 병반이 많은 도장지를 제거하고 통풍을 원활히 한다.

☞●●●●

📖 해설: 질소비료 과다 시 잎이 연약해져 점무늬낙엽병 감염이 더 쉽게 발생하므로, 적절한 비료 사용이 필요하다. 과다 시 오히려 병 발생이 증가한다.

문제 151. 갈색무늬병(Diplocarpon mali)에 대한 설명으로 옳지 않은 것은?

① 병든 잎에서 월동한 균이 1차 전염원이 된다.

② 5월부터 비산되는 자낭포자는 10~15℃에서 48시간 이내에 발병할 수 있다.

③ 갈색무늬병은 주로 과실에서 발생하며 잎에는 거의 발생하지 않는다.

④ 장마기 전에 등록약제를 살포하면 방제 효과가 높다.

☞●●●○

📖 해설: 갈색무늬병은 잎과 과실 모두에 발생하지만 주로 잎에서 심하게 발생하며, 잎 감염으로 인해 조기 낙엽과 수세 약화가 발생한다.

문제 152. 사과 주요 병해의 발생과 방제에 대한 올바른 연결은?

① 붉은별무늬병 – 사과 잎에서 월동 → 4월 하순~5월 등록약제 살포
② 점무늬낙엽병 – 전년도 병든 잎 제거, 통풍 원활화 → 예방 위주 약제 살포
③ 갈색무늬병 – 병든 잎 월동 → 장마기 이후 살균제 방제
④ 붉은별무늬병 – 향나무에서 동포자퇴 월동 → 사과원 부근 향나무 제거

☞●●●●

해설: 붉은별무늬병은 사과가 아닌 향나무에서 동포자퇴가 월동하며, 사과원 근처 향나무를 제거하면 포자 비산을 줄일 수 있어 효과적 방제법이다. 나머지 보기들은 일부 사실이 맞지만, ④이 가장 정확한 병해·방제 연결이다.

문제 153. 사과 탄저병과 겹무늬썩음병의 발생 생태 및 방제에 대한 설명으로 옳지 않은 것은?

① 탄저병은 병든 과일이나 가지에서 월동하며, 78월 강우 시 빗물에 의해 전염된다.
② 탄저병의 병반은 과실 표면이 움푹 들어가며, 습도가 높을 때 담홍색 포자덩이가 형성된다.
③ 겹무늬썩음병은 사마귀나 가지마름 증상 부위에서 월동하며, 67월 비가 올 때 포자가 누출되어 감염된다.
④ 겹무늬썩음병은 감염 후 바로 과실에 발병하며, 예방을 위해서는 8월 초순 이전에만 살균제를 살포하면 충분하다.

☞●●●○

해설: 탄저병은 병든 과일이나 가지에서 월동하며, 강우가 많은 7~8월에 빗물, 곤충, 조류에 의해 전염된다. 병반은 움푹 들어가고 검은 점 위에 담홍색 포자덩이가 형성된다.
겹무늬썩음병은 사마귀나 가지마름 증상 부위, 미라 과실에서 월동하며, 6~7월 비가 올 때 포자가 누출된다. 과실 감염은 잠복 후 생육 후기 발병하므로, 단순히 8월 초순 이전 살균제 살포만으로는 충분하지 않고, 장마기와 발병 직전 침투성 살균제 살포 등 예방적 관리가 필요하다.

문제 154. 사과 탄저병의 방제 방법으로 가장 적절하지 않은 것은?

① 6월 중순부터 10일 간격으로 약제를 살포하며 겹무늬썩음병과 함께 방제한다.
② 병든 과실을 발견 즉시 제거하고 땅에 묻는다.
③ 과실에 봉지 씌우기를 통해 병원균 감염을 차단한다.
④ 사과나무 주변의 모든 나무를 제거하여 햇빛을 충분히 받게 한다.

☞●●●○

해설: 탄저병 방제에는 약제 살포, 병든 과실 제거, 봉지 씌우기, 중간기주 제거 등이 포함된다. 그러나 사과 주변 모든 나무 제거는 병 방제와 직접 관련이 없으며, 환경적 관리 차원에서도 적절하지 않다.

문제 155. 겹무늬썩음병의 발생과 관련된 설명 중 옳은 것은?

① 가지에서 침투하여 사마귀 증상을 일으키고, 동해를 받은 가지는 급속히 고사한다.

② 과실 감염은 병원균이 직접 과실 표면을 뚫고 즉시 발병한다.

③ 이 병은 병든 과일이나 가지가 아닌 토양에서 월동한다.

④ 예방을 위해 6월 이후에는 살균제 살포가 필요 없다.

☞●●●○

해설: 겹무늬썩음병은 가지 피목을 통해 침투하여 사마귀 증상과 가지마름을 일으키며, 동해를 받은 가지는 급속히 고사한다.

과실 감염은 잠복 후 생육 후기에 발병하며, 병원균은 사마귀·가지마름 부위에서 월동한다.

예방적 살균제 살포는 장마기와 발병 직전에도 필요하다.

문제 156. 복숭아 잎오갈병(Taphrina deformans)의 특징으로 옳지 않은 것은?

① 봄철 서늘하고 습한 환경에서 발생이 심하며 잎이 조기에 낙엽된다.

② 병원균은 새로운 잎에 부착하여 큐티클층을 뚫고 침입하며 세포 간극에서 증식한다.

③ 발병 시 잎의 뒷면이 붉은색에서 점차 갈색으로 변하며, 병든 잎은 흑갈색이 된 후 낙엽한다.

④ 탄저병과 달리 가지나 잎에서 분생포자를 형성하지 않고 토양에서만 월동한다.

☞●●●○

해설: 잎오갈병 병원균은 가지 표면에 부착하여 분생포자로 월동하며, 다음 해 봄에 비에 씻겨 새로운 잎에 감염된다. 따라서 가지나 잎에서 월동하지 않고 토양에서만 월동한다는 것은 잘못된 설명이다.

문제 157. 복숭아 세균구멍병은 복숭아 재배에서 중요한 세균성 병해 중 하나이다. 다음 중 세균구멍병의 발생 및 증상 특징으로 옳은 것은 무엇인가?

① 병원균은 주로 토양에서 월동하며, 잎과 가지에서는 거의 발생하지 않는다.

② 발병 초기에는 잎 표면에 수침상(물에 젖은 듯한) 작은 반점이 나타나고, 시간이 지나면서 갈색 조직이 탈락하여 구멍이 형성된다.

③ 병원균은 열매에는 영향을 미치지 않으며, 오직 잎과 가지에서만 증상을 나타낸다.

④ 병 발생이 많은 과원에서는 수확 후 약제 살포만으로는 방제 효과를 충분히 기대할 수 있다.

☞●●●○

해설: 세균구멍병은 잎, 가지, 열매 모두에 발생하며, 초기 잎에 수침상의 작은 반점이 생기고 점차 확대되어 갈변하며 구멍이 생긴다. 병원균은 가지와 낙엽 등에서 월동하며, 수확 후 등록약제 살포를 통해 다음 해 발생을 줄일 수 있다.

문제 158. 복숭아 탄저병(Colletotrichum spp.)의 발생과 방제에 대한 설명으로 옳은 것은?

① 주로 잎에 발생하며 과실에는 거의 피해를 주지 않는다.

② 발생 최성기는 6 ~ 7월이며, 강우가 많은 장마기 이후 발생이 급격히 증가한다.

③ 병든 과실은 처음에 담황색 포자가 밀생하지만 병진전과 관계없이 떨어지지 않는다.

④ 재배적 방제법으로 병든 잎이나 가지는 제거하지 않아도 된다.

☞●●●○

📖 해설: 복숭아 탄저병은 주로 과실에 발생하며, 6 ~ 7월 장마 이후에 발생이 급격히 증가한다. 병든 과실은 때때로 떨어지며, 병든 가지와 잎을 제거하는 재배적 방제가 중요하다.

문제 159. 복숭아 잿빛무늬병(Monilinia fructicola)과 관련된 설명으로 옳지 않은 것은?

① 과실 표면에 갈색 반점이 생기고 점차 확대되어 원형 병반을 형성한다.

② 오래된 병반에는 회백색 분생포자가 형성되며 과실 전체가 부패한다.

③ 병원균은 지표에서 균핵으로 월동하거나 병든 과실, 가지에서 월동한다.

④ 잿빛무늬병은 주로 잎오갈병과 같이 봄철 서늘하고 습한 시기에만 발생하며
여름철에는 발생하지 않는다.

☞●●●○

📖 해설: 잿빛무늬병은 꽃, 잎, 과실에서 발생하며 성숙기 및 수확 후 저장 중에도 발생할 수 있다. 따라서 봄철에만 발생한다는 설명은 옳지 않다.

문제 160. 포도 노균병(이슬병)에 대한 설명으로 옳지 않은 것은?

① 병반은 초기에는 잎의 앞면에서 담황록색을 띠며, 햇빛에 비추면 기름이 번 것처럼 보인다.

② 병반 형성 후 잎 뒷면에는 흰색 곰팡이가 형성되고, 이 곰팡이가 2차 감염의 원인이 된다.

③ 어린 과실에 발병하면 과실이 갈색으로 변하고 결국 미라과가 되며, 열매 꼭지에서 쉽게 떨어진다.

④ 병원균은 포도 송이의 성숙기 이후에만 전염되며, 봄과 여름에는 감염이 일어나지 않는다.

☞●●●○

📖 해설: 노균병은 5월경부터 늦가을까지 감염이 가능하며, 한여름에만 발병이 일시 정지된다. 따라서 봄과 여름에도 감염이 가능하므로 옳지 않은 설명이다.

문제 161. 포도 갈색무늬병(갈반병)에 대한 방제 방법으로 가장 적절하지 않은 것은?
① 질소비를 과다하게 시용하여 나무의 수세를 강화한다.
② 발아 전 석회유황합제를 살포한다.
③ 생육기에는 등록 약제를 잎 뒷면까지 충분히 살포한다.
④ 장마철에 등록약제를 살포하여 전염을 방지한다.

☞●●●●○

해설: 갈색무늬병은 수세가 약한 나무에 잘 발생하므로, 질소비를 과다하게 시용하면 오히려 병 발생 위험이 증가할 수 있다. 따라서 질소 시용은 조절해야 한다.

문제 162. 포도 탄저병(만부병)에 대한 설명 중 올바른 것은?
① 포도알이 성숙한 이후에는 병이 발생하지 않는다.
② 병반 위에는 흑색 포자 덩어리가 형성되어 붉은색 점액을 분비하며, 발병 과립은 쉽게 열과된다.
③ 발병 과립은 빗물과 관계없이 전염되지 않는다.
④ 밀식과 강전정을 장려하여 통풍을 막는 것이 방제에 유리하다.

☞●●●●○

해설: 탄저병은 병반 위에 흑색 포자 덩어리가 발생하며 붉은 점액을 분비하고, 발병 과립은 쉽게 열과된다. 발병 과립은 빗물에 의해 전염되므로 밀식과 강전정을 피하고 통풍을 좋게 하는 것이 방제에 유리하다.

문제 163. 포도 잿빛곰팡이병(Botrytis cinerea)의 방제에 관한 설명으로 옳은 것은?
① 밀식과 강전정을 피하고, 수관 내부까지 햇빛과 바람이 잘 통하도록 한다.
② 발병 과립은 제거하지 않고 방치해도 2차 감염이 발생하지 않는다.
③ 비닐하우스 재배에서는 환기와 배수가 병 발생에 영향을 주지 않는다.
④ 동일 약제를 계속 사용하면 병원균의 저항성이 생기지 않으므로 문제없다.

☞●●●●○

해설: 잿빛곰팡이병은 밀식, 강전정, 질소과용 등으로 병 발생이 증가하므로 통풍과 햇빛이 잘 통하게 관리해야 한다. 발병 과립은 2차 전염원이 되므로 제거해야 하며, 동일 약제 연속 사용 시 저항성이 생길 수 있으므로 교호 살포가 필요하다.

문제 164. 감귤에서 발생하는 궤양병에 대한 설명으로 옳지 않은 것은?

① 궤양병은 Xanthomonas citri subsp. citri에 의해 발생하는 세균병이다.

② 병이 진행되면 잎이 뒤틀리거나 낙엽이 떨어지고 새순 전체가 고사할 수 있다.

③ 궤양병의 병반은 초기에는 직경 약 1~2cm로 나타난다.

④ 온도와 습도가 높은 조건에서 발생이 활발하며, 초기에는 연한 노란색 기포 형태로 관찰된다.

☞●●●○

📖 해설: 궤양병의 초기 병반은 0.3~0.5mm 정도의 아주 작은 반점으로 시작하며, 1~2cm가 되기까지는 병이 진전된 후이다. 나머지 선택지는 모두 옳은 설명이다.

문제 165. 감귤 궤양병 방제 방법으로 적절하지 않은 것은?

① 병든 잎과 가지를 제거하여 병원균의 월동처를 줄인다.

② 바람에 의한 상처를 최소화하기 위해 방풍 시설을 설치한다.

③ 구리제를 살포할 때 고온기에는 약해를 방지하기 위해 주의한다.

④ 감귤 잎과 과실이 정상일 경우에도 살균제를 반복적으로 매일 살포한다.

☞●●●○

📖 해설: 감귤 궤양병 방제에서 살균제는 병 발생 조건이나 예방적 살포 시에 사용하며, 정상 조직을 대상으로 매일 반복 살포하는 것은 필요 없고 오히려 약해를 유발할 수 있다. 나머지 방법들은 모두 권장되는 방제법이다.

문제 166. 감귤 더뎅이병(Elsinoe fawcetti)에 대한 설명으로 옳은 것은?

① 병원균은 세균이며, 병징은 감염 후 약 7~10일 후 나타난다.

② 초기 병징은 파리똥같이 생긴 작은 반점이며 주변이 노랗게 변색된다.

③ 병원균은 상처를 통해 감귤 조직에 침입하므로 상처 방지가 중요하다.

④ 병이 진행되면 잎 뒷면 조직이 부풀어 올라 코르크화 된다.

☞●●●○

📖 해설: 더뎅이병은 곰팡이(Elsinoe fawcetti)에 의해 발생하며, 감염 후 약 3일부터 병징이 나타난다. 초기 병징은 작은 반점과 주변 노란색 변색이 특징이다. 선택지 ①, ③, ④번은 궤양병과 혼동된 설명이다.

문제 167. 감귤 더뎅이병(Phytophthora spp.)은 감귤 재배에서 생산량과 품질에 영향을 미치는 주요 병해 중 하나이다. 다음 중 더뎅이병 방제의 원리와 맞는 방법은 무엇인가?
① 과수원 내 습도를 높게 유지하여 토양과 공기 중 병원균 활동을 억제한다.
② 전년도에 감염된 잎과 가지의 병반을 제거하고, 월동 병원균 밀도를 낮춰 발생 위험을 줄인다.
③ 새순 발아가 끝난 이후에만 살균제를 살포하여 병 발생을 예방한다.
④ 병든 가지를 제거하지 않고 항생제를 사용하여 방제한다.

해설: 더뎅이병은 습하고 배수가 불량한 환경에서 쉽게 발생하므로, ①번은 잘못된 방법이다. ②번은 연중 병원균 밀도를 낮추는 위생적 방제 전략으로, 병 발생을 예방하는 핵심 관리법이다. ③는 예방적 살균제 살포 시기를 놓치는 문제를 유발하므로 적절하지 않다. 살균제는 병 발생 초기 또는 발생 가능성이 높은 시기에 예방적 살포가 중요하다. ④ 항생제 사용은 일반적인 식물병 방제에서는 권장되지 않으며, 병든 가지 제거가 방제의 기본이다.

문제 168. 블루베리 줄기썩음병의 발생 특성으로 옳지 않은 것은?
① 감염 초기에는 잎이 황색 또는 적색으로 변하며, 병이 진행되면 줄기가 갈색으로 말라 죽는다.
② 병든 줄기는 내부 조직이 썩지 않고 표면만 갈색 또는 황갈색으로 변한다.
③ 병원균 Botryophaeria dothidea는 병든 줄기 표면에 병자각을 형성하고 분생포자를 만들어 전파한다.
④ 5~6월 사이에 바람에 의해 분생포자가 이동하여 건전한 줄기에 감염을 일으킨다.

해설: 줄기썩음병에 감염된 줄기는 내부 조직도 썩게 된다. 따라서 "내부 조직이 썩지 않는다"는 내용은 잘못된 진술이다. 나머지 선택지는 줄기썩음병의 전형적인 병징과 발생 생태에 맞는다.

문제 169. 블루베리 줄기썩음병 방제 방법으로 올바른 것은?
① 병든 줄기는 그대로 두어야 지제부까지 병이 이동하지 않는다.
② 묘목을 선택할 때 줄기가 매끈하고 멍든 자국이 없는지 확인한다.
③ 블루베리 줄기썩음병은 저항성 품종이 존재하지 않는다.
④ 병 발생 후에는 살균제를 절대 사용할 수 없다.

해설: 묘목 선택 시 건강한 줄기를 고르는 것이 예방적 관리에 매우 중요하다. ①번은 병든 줄기를 그대로 두면 전체 나무가 고사할 수 있어 잘못된 방법이며, ③번은 케이프 휘어, 머피, 오닐 등 저항성 품종이 존재한다. ④번은 살균제를 예방적으로 사용 가능하다.

문제 170. 블루베리 탄저병에 대한 설명으로 올바른 것은?

① 탄저병은 주로 줄기에 감염되어 잎이 황갈색으로 변한다.

② 초기에는 과실에 작은 반점이 생기며, 병이 진행되면 움푹 들어간 과실 부위에서 분생포자가 형성된다.

③ 탄저병균은 병든 과실이 아닌 건전한 과실에서 월동한다.

④ 고온 건조한 조건에서 발병이 가장 많다.

해설: 탄저병은 주로 과실에 감염되며, 병든 과실 중심에서 분생포자가 형성되어 전염된다. ① 번은 줄기 감염이 아니라 과실 감염 위주이므로 잘못되었고, ③번은 병든 과실이나 가지에서 월동한다. ④번은 고온 다습 조건에서 발병이 많다.

문제 171. 블루베리 탄저병을 예방하거나 방제하기 위한 적절한 방법은?

① 병든 과실과 가지를 수거하여 땅에 묻어 월동처를 제거한다.

② 블루베리 묘를 빽빽하게 심어 햇빛 차단과 습기 유지에 유리하게 한다.

③ 탄저병 방제용 살균제는 발병 후에만 살포한다.

④ 병원균 Colletotrichum spp.는 공기 중에서 자연적으로 사멸하므로 관리가 필요 없다.

해설: 병든 과실이나 가지를 제거하여 병원균의 월동처를 없애는 것이 예방적 방제의 핵심이다. ②번은 통풍을 방해하여 발병을 증가시키므로 잘못된 방법이며, ③번은 예방적 살포가 가능하다. 보완하자면, 블루베리 탄저병의 원인균인 Colletotrichum spp.는 전 세계적으로 과수·채소·화훼류에 큰 피해를 주는 대표적인 곰팡이(진균) 속(屬)이다. ※ "spp."는 특정 한 종이 아니라 여러 종(species)을 통칭할 때 사용하는 표현이다.

문제 172. 다음 중 동물교감치유에 대한 설명으로 옳지 않은 것은?

① 동물교감치유는 건강한 사람뿐만 아니라 의료적·사회적으로 치유가 필요한 사람을 대상으로 한다.

② 동물교감치유는 치유 효과를 경험적으로만 판단하며 과학적 분석은 필요하지 않다.

③ 동물자원을 활용한 치유 프로그램은 치유농업사의 계획에 따라 운영된다.

④ 동물교감치유는 보완대체요법의 한 분야로 분류된다.

해설: 동물교감치유는 보완대체요법으로, 치유 효과를 경험적뿐만 아니라 과학적으로 평가·분석하여 운영하는 것이 특징이다. 따라서 "과학적 분석이 필요하지 않다"는 설명은 옳지 않다.

문제 173. 치유농업 동물자원을 활용할 때 요구되는 기본 조건이 아닌 것은?

① 공격성이 없어야 한다.

② 사회화가 잘 되어 있어야 한다.

③ 질병 문제가 없어야 한다.

④ 특정 품종의 동물만 사용해야 한다. 　　　　　　　　　　☞●●●○

　해설: 치유동물의 조건은 공격성이 없고, 사회화가 잘 되어 있으며, 질병 문제가 없어야 한다. 특정 품종을 반드시 사용해야 한다는 제한은 없다.

문제 174. 치유농업사(DT)가 치유동물을 선발할 때 수행해야 하는 검토 사항으로 옳게 짝지어진 것은?

① 수의학적 검토 – 프로그램 적합성과 동물 행동 예측 가능성 확인

② 공격성 검토 – 동물의 공격성이 없음을 확인하고 공격성 있는 동물은 배제

③ 사회성 검토 – 예방접종과 정기 검진 여부 확인

④ 적합성 검토 – 동물의 위생관리와 질병 치료 여부 확인 　　　　☞●●●○

　해설: · 수의학적 검토- 위생관리, 정기검진, 예방접종, 질병 치료 여부 확인

· 공격성 검토 : 동물의 공격성을 확인하고 공격성 있는 동물은 배제

· 사회성 검토 : 동물 간, 사람과의 사회성 및 사회화 정도 확인

· 적합성 검토 : 프로그램 목표 달성, 활동 환경, 대상자 및 동물의 적합성 검토

문제 175. 치유동물의 적합성을 평가할 때 고려하지 않아도 되는 요소는?

① 동물의 종과 품종　　　　　　　　　② 동물의 행동 예측 가능성

③ 치유 프로그램 과제와 환경　　　　　④ 동물의 색상과 외형의 아름다움 　　☞●●●○

　해설: 치유동물의 적합성 평가는 종, 품종, 성별, 나이, 건강, 행동 예측 가능성, 프로그램 환경 등과 관련이 있으며, 외형이나 색상은 치유 효과와 관련이 없어 고려하지 않는다.

문제 176. 곤충을 활용한 치유농업 프로그램의 특징으로 옳지 않은 것은 무엇인가?

① 곤충을 관찰하고 기르며 돌보는 활동을 포함한 다차원적 체험 과정을 제공한다.

② 대상자의 치유 목표를 달성하기 위해 치유농업사가 계획하고 운영하며, 치유 효과를 평가한다.

③ 곤충은 사람과 감정 소통 능력이 있어 직접적인 교감을 통해 치유 효과를 제공한다.

④ 곤충을 활용한 치유농업은 몸과 마음의 치유를 목적으로 한다.

해설: 곤충은 반려동물과 달리 사람과 직접적인 감정 소통이나 교감 능력이 없으므로, 치유 효과는 곤충의 생육 과정과 돌봄 활동을 통해 간접적으로 얻어진다.

문제 177. '곤충기(Bug's period)'에 대한 설명으로 옳은 것은?

① 곤충기는 주로 성인기에 시작되며, 중년 이후 사라진다.
② 곤충기는 어린 시절의 공룡기 이후 이어지며, 대체로 4~5세부터 시작하여 12세 정도에 감소한다.
③ 곤충기는 오직 유아기에만 나타나며 성인이 되면 경험할 수 없다.
④ 곤충기는 치유농업과 관련된 새로운 개념으로 최근에 정의되었다.

해설: 에드워드 윌슨(Edward Wilson)이 정의한 곤충기는 어린 시절 공룡기를 거친 후 시작되며, 대체로 4~5세부터 시작하여 사춘기인 12세 정도에 흥미가 감소한다.

문제 178. 곤충을 치유 요소로 활용할 때 식물과 유사한 점으로 가장 적절한 것은?

① 곤충도 사람과 교감하며 감정을 표현하므로 정서적 치유가 가능하다.
② 곤충은 외골격을 가지고 있어 표정을 지을 수 없지만, 돌봄과 먹이 주기를 통해 성장 과정을 관찰하면서 즐거움과 자신감을 얻을 수 있다.
③ 곤충은 물만 주면 스스로 성장하며, 돌봄이 필요하지 않다.
④ 곤충을 키우는 과정은 식물과 달리 치유 효과가 거의 없다.

해설: 곤충은 표정이 없어 감정 전달이 어렵지만, 먹이와 돌봄을 통해 성장 과정을 관찰함으로써 식물을 기를 때 얻는 즐거움과 유사한 심리적 치유 효과를 얻을 수 있다.

문제 179. 치유농업에서 곤충을 활용하는 차별적 특징으로 옳은 것은?

① 곤충은 사람과 직접적으로 교감하며 사회적 유대감을 형성한다.
② 곤충은 외골격 때문에 표정을 읽을 수 없지만, 돌봄 활동과 성장 관찰을 통해 심리적 치유를 제공한다.
③ 곤충은 어린이에게만 치유 효과가 있으며 성인에게는 효과가 없다.
④ 곤충을 활용한 치유농업은 과거 경험과 전혀 관련이 없다.

📖 해설: 곤충은 무표정하고 외골격을 가지지만, 돌봄과 성장 관찰을 통해 사람들에게 즐거움, 자신감 회복, 정서적 치유 효과를 제공하는 것이 치유농업에서의 차별적 특징이다.

문제 180. 치유농업 곤충자원의 선발 조건에 관한 설명으로 옳지 않은 것은?

① 심각한 불쾌감이나 위험 요소가 없는 곤충이어야 한다.
② 대상자가 스스로 돌보고 관리할 수 있을 정도로 먹이 조달과 사육이 용이해야 한다.
③ 외형적으로 위협적이지만 역사·문화적으로 의미가 있는 곤충도 포함될 수 있다.
④ 친근하고 예쁜 이미지를 가진 곤충이면 프로그램 적용 효과가 높아진다.　👉●●●●○

📖 해설: 치유농업 곤충자원은 대상자에게 불쾌감이나 위험을 주는 곤충은 제외되며, 외형적으로 위협적인 곤충은 치유농업용으로 적합하지 않다. 역사·문화적 의미가 있더라도 기본적인 안전과 친근성을 갖춘 종이어야 한다.

문제 181. 곤충을 활용한 치유농업 프로그램의 단계적 접근 방식으로 옳지 않은 것은?

① 먼저 곤충에 대한 전반적인 교육으로 심리적 장벽을 낮춘다.
② 체험 과정에서는 곤충을 바로 손으로 만지도록 하여 대상자의 흥미를 극대화한다.
③ 교육과 체험을 거쳐 정서적 문이 열린 대상자는 치유 과정으로 나아간다.
④ 체험 과정은 이미지, 표본, 영상, 실제 곤충 순으로 점진적으로 진행된다.　👉●●●●○

📖 해설: 체험 과정에서는 대상자가 갑작스럽게 활동적인 곤충을 접하지 않도록 단계적으로 접근한다. 바로 손으로 만지게 하는 것은 대상자의 심리적 부담을 높일 수 있다.

문제 182. 곤충을 이용한 치유 과정의 특징으로 가장 적절한 것은?

① 곤충은 단순 관찰용으로만 사용되며, 대상자가 직접 돌보지는 않는다.
② 곤충을 돌보거나 키우는 과정에서 대상자는 자신감을 회복하고 심리적 결핍을 해소한다.
③ 체험 과정에서는 곤충의 영상을 보여주지만, 실제 곤충은 프로그램에서 제외된다.
④ 치유 과정에서는 교육 단계가 불필요하며 바로 곤충을 다루는 활동으로 진행한다.　👉●●●●○

📖 해설: 곤충을 돌보거나 관찰하는 과정에서 대상자는 책임감과 자신감을 회복하며, 정서적·심리적 결핍을 점차 해소할 수 있다.

문제 183. 다음 중 치유농업 곤충 프로그램에서 교육 단계의 필요성을 가장 잘 설명한 것은?

① 대상자가 곤충을 혐오스러운 존재로만 인식하지 않도록 심리적 장벽을 낮춘다.

② 곤충 체험은 교육 없이 바로 시작해도 효과가 크다.

③ 교육 단계에서는 곤충을 반드시 직접 만지게 해야 한다.

④ 치유 과정에서는 교육 내용보다 체험 시간만 늘리는 것이 중요하다.

해설: 교육 단계는 대상자가 곤충을 호기심 있고 흥미로운 존재로 이해하도록 돕고, 심리적 장벽을 낮춰 체험과 치유 과정의 효과를 높이는 데 필수적이다.

문제 184. 치유농업에서 곤충자원을 활용할 때의 장점으로 가장 적절하지 않은 것은?

① 곤충의 종류가 매우 다양하여 다양한 프로그램에 적용할 수 있다.

② 작은 케이지로 관리 가능하여 공간적 부담이 적다.

③ 곤충은 모든 연령층에서 호감도가 높아 치료 효과가 보장된다.

④ 어린이 계층에서 특히 친밀감과 흥미를 유발할 수 있다.

해설: 곤충은 어린이 계층에서 호감도가 높고, 프로그램 다양성에 기여할 수 있으나 모든 연령층에서 항상 호감도가 높다고 보장할 수는 없다. 따라서 '치료 효과가 보장된다'는 표현은 장점으로 적절하지 않다.

문제 185. 치유농업 곤충자원의 단점으로 옳지 않은 것은?

① 곤충을 이용한 치유적 효과에 대한 연구가 부족하다.

② 곤충에 대한 선입견으로 인해 대상자가 접근하기 어려울 수 있다.

③ 치유농업 곤충자원의 수급 체계가 잘 확립되어 있어 항상 적시에 확보할 수 있다.

④ 일부 곤충의 경우 적기 확보가 어려울 수 있다.

해설: 현재 치유농업 곤충자원의 수급 체계는 충분히 확립되어 있지 않아 일부 곤충은 적기에 확보하기 어렵다. 따라서 항상 적시에 확보할 수 있다는 내용은 단점으로 옳지 않다.

문제 186. 치유농업에서 곤충자원을 활용할 때 장점과 관련 없는 설명은?

① 곤충은 작은 크기로 관리가 용이하다.
② 농촌 경관에서 곤충의 종수와 풍부도가 높다.
③ 곤충 활용 연구가 충분히 이루어져 있어 과학적 근거가 확실하다.
④ 어린이에게 친밀감을 주어 자원 다양성에 기여할 수 있다.

📖 해설: 곤충 활용에 대한 연구가 충분히 이루어져 있지 않은 것이 단점으로 언급되므로, 과학적 근거가 확실하다는 설명은 사실과 맞지 않는다.

문제 187. 다음 중 치유농업 곤충자원의 활용을 위해 필요한 준비로 가장 적절한 것은?

① 곤충을 즉시 대상자에게 노출하여 자연스러운 경험을 유도한다.
② 대상자에게 곤충에 대한 교육을 제공하여 마음을 열게 한다.
③ 수급 체계가 확립되어 있어 사전에 준비할 필요가 없다.
④ 곤충의 다양성보다 관리의 편의성만을 고려한다.

📖 해설: 곤충에 대한 선입견 때문에 대상자가 다가가기 어려울 수 있으므로, 사전에 교육을 통해 마음을 열게 하는 것이 필요하다.

문제 188. 동물권(Animal rights)과 관련된 설명으로 옳지 않은 것은 무엇인가?

① 동물권은 동물의 권익을 지칭한다.
② 동물권 주의자들은 동물 이용을 어떠한 이유에서도 허용하지 않는다.
③ 동물권 주의자들은 동물이 인간과 동일한 권리를 가져야 한다고 주장한다.
④ 동물권은 동물에게 청결한 주거환경과 인도적인 취급을 제공하는 윤리적 책임을 강조한다.

📖 해설: ④번은 동물복지(Animal welfare)의 정의에 해당하며, 동물권은 동물이 인간과 동일하게 권리를 가지며 이용을 반대하는 것에 초점을 둔다.

문제 189. 세계동물보건기구(WOAH)에서 정의한 동물복지(Animal welfare)에 대한 설명으로 가장 적절한 것은?

① 동물은 인간과 동일한 권리를 가지고 있다.

② 동물복지는 동물이 고통을 겪지 않고, 건강하며 자연스러운 행동을 할 수 있는 상태를 의미한다.

③ 동물권 주의자들은 동물에게 필요한 경우 안락사를 허용한다.

④ 동물복지는 단순히 동물에게 음식과 물을 제공하는 것만을 의미한다.

해설: 동물복지는 동물이 건강하고, 안전하며, 본래의 습성을 표현할 수 있는 상태를 의미하며, 고통이나 두려움 등을 겪지 않도록 하는 것을 포함한다.

문제 190. 다음 중 FAWC(영국 농장동물복지위원회)가 제시한 '동물의 5대 자유(Five freedoms)'에 포함되지 않는 것은?

① 배고픔과 갈증으로부터의 자유

② 정상적인 행동 표현의 자유

③ 공포와 고통으로부터의 자유

④ 인간과 동일한 권리를 가질 자유

해설: '동물의 5대 자유'에는 인간과 동일한 권리 개념은 포함되지 않는다. 5대 자유는 배고픔·불안·통증·행동·공포로부터의 자유를 보장하는 것이 핵심이다.

문제 191. 한국의 「동물보호법」과 관련된 설명으로 옳은 것은 무엇인가?

① 동물보호법은 동물권 주의자의 주장과 동일하게 동물 이용을 전면 금지한다.

② 동물보호법의 기본원칙은 FAWC의 '동물의 5대 자유'를 지키는 것이다.

③ 동물보호법은 동물복지를 고려하지 않고, 단순히 동물 소유자의 권리만을 보호한다.

④ 동물보호법은 1991년 제정 이후 개정된 적이 없다.

해설: 한국의 「동물보호법」은 동물의 복지 향상을 위해 여러 번 개정되었으며, 기본원칙은 FAWC의 '동물의 5대 자유'를 준수하도록 규정하고 있다.

문제 192. 세계보건기구(WHO)에서 정의한 원 헬스(One Health)의 핵심 내용으로 옳지 않은 것은?

① 공중보건 향상을 위해 여러 부문이 서로 소통·협력하는 프로그램, 정책, 법률, 연구 등을 설계하고 구현하는 접근법이다.
② 원 헬스는 인간, 동물, 환경의 건강이 서로 독립적으로 존재한다고 전제한다.
③ 식품 위생, 인수공통감염병 관리, 항생제 내성 관리 등을 포함한다.
④ 공중보건 향상이라는 목표 아래 다양한 분야가 통합적으로 활동하도록 강조한다.

☞●●●○

📖 해설: WHO에서 정의한 원 헬스는 인간, 동물, 환경의 건강이 서로 상호의존적이며 통합적으로 고려되어야 함을 강조한다. 따라서 '독립적 존재'라고 전제하는 ②번은 옳지 않다.

문제 193. 원 헬스를 구성하는 3개의 축으로 가장 적절한 것은?
① 인간, 동물, 환경　　　　　　② 인간, 식물, 기술
③ 동물, 환경, 정책　　　　　　④ 인간, 동물, 의료기술　　☞●●●○

📖 해설: 원 헬스는 인간, 동물, 환경의 건강을 통합적으로 관리하는 다학제적 접근으로, 이 세 가지가 핵심 축이다.

문제 194. 한 치유농업 프로그램에서는 스트레스가 높은 성인 참가자들이 농장 동물과 함께 텃밭을 관리하며, 환경 정화 활동에도 참여하고 있다. 최근 프로그램 평가에서 참여자들의 스트레스 감소, 정서 안정, 신체 기능 향상과 함께 동물 복지와 토양 건강 개선이 동시에 이루어졌음이 관찰되었다. 이 프로그램에 One Health(원 헬스) 개념을 적용하는 가장 타당한 이유는 무엇인가?

① 농업 생산성을 극대화하여 프로그램 수익성을 높이기 위해서
② 인간, 동물, 환경의 건강이 상호 연계되어 있음을 기반으로, 프로그램 설계와 운영에서 참여자의 건강과 농장 생태계 건강을 동시에 고려하기 위해서
③ 특정 동물 질병 예방만을 목적으로 프로그램을 설계하기 위해서
④ 환경 보호 활동만 강조하여 프로그램 효과를 제한적으로 평가하기 위해서

☞●●●○

📖 해설: 치유농업에서 원 헬스적 접근은 인간, 동물, 환경이 서로 영향을 주고받는 관계를 고려하여 건강 문제를 통합적으로 해결하는 데 목적이 있다.

문제 195. 다음 중 동물복지 축산물 인증제도와 관련 없는 설명은?
① 영국 RSPCA는 'Freedom food'라는 자회사를 통해 동물복지 인증을 운영한다.
② 미국 AHA는 'American humane certified' 인증을 통해 동물복지 기준을 준수한 축산물을 인증한다.
③ 프랑스는 방사형 사육된 닭과 계란에 대해 'Label rouge' 인증을 부여한다.
④ 모든 국가에서 동물복지 인증을 의무적으로 시행하고 있으며, 인증 없는 축산물은 유통 금지된다.

☞●●●○

📖 해설: 동물복지 인증제도는 일부 국가에서 자율적으로 시행되는 제도로, 모든 국가에서 의무적으로 적용되는 것은 아니다. 따라서 ④번은 옳지 않다.

문제 196. 국내 동물복지축산농장 인증제도의 시행 연도와 축종의 연결로 옳은 것은?
① 산란계(2012년), 양돈(2013년), 육계(2014년), 오리(2015년)
② 산란계(2012년), 양돈(2013년), 육계(2014년), 한우·육우(2015년)
③ 산란계(2012년), 육계(2013년), 양돈(2014년), 젖소(2015년)
④ 산란계(2012년), 한우·육우(2013년), 양돈(2014년), 오리(2016년)

☞●●●○

📖 해설: 동물복지축산농장 인증제도는 산란계(2012), 양돈(2013), 육계(2014), 한우·육우·젖소·염소(2015), 오리(2016) 순으로 시행되었다. 따라서 ②번이 정확하다.

문제 197. 치유동물의 복지 준수와 관련하여 옳지 않은 설명은?
① 동물이 스트레스를 받을 경우 즉시 안전한 휴식처를 제공해야 한다.
② 과도한 먹이 제공은 동물복지 문제가 되지 않으므로 걱정하지 않아도 된다.
③ 동물의 활동 시간은 적정 시간을 준수해야 한다.
④ 사회적·신체적 환경의 갑작스러운 변화는 동물에게 큰 스트레스를 줄 수 있다.

☞●●●○

📖 해설: 과도한 먹이 제공은 동물복지 문제로 분류되며, 먹이를 적게 주는 것과 마찬가지로 주의가 필요하다. 따라서 ②번이 옳지 않은 설명이다.

문제 198. 치유활동에 활용되는 동물 선택 시 고려사항으로 옳은 것은?
① 야생동물은 길들지 않았어도 치유활동에 적합하다.
② 어린 시기 사육 환경이 동물 행동 형성에 큰 영향을 미친다.
③ 훈련은 반드시 외부 체벌을 통해 이루어져야 한다.
④ 동물마다 수행 능력이 동일하므로 프로그램에 제한을 둘 필요가 없다.

📖 해설: 동물 행동 형성에는 어린 시기 사육 환경이 매우 중요하며, 올바른 환경에서 성장한 동물이 치유활동에 적합하다. ①, ③, ④번은 모두 동물복지 관점에서 부적합한 설명이다.

문제 199. 치유활동 동물의 복지를 위해 프로그램 설계 시 고려사항으로 가장 적절한 것은?
① 동물이 할 수 없는 활동을 포함시켜 프로그램을 강화한다.
② 활동에 포함된 동물의 훈련 정도와 능력을 고려하여 적절히 설계한다.
③ 장비와 시설은 동물의 안전과 관계없으므로 비용 절감을 위해 최소화한다.
④ 치유활동 중 동물에게 스트레스가 발생하면 활동을 계속 진행한다.

📖 해설: 치유활동 프로그램은 동물의 능력과 훈련 정도를 고려하여 설계해야 하며, 스트레스와 안전을 최우선으로 고려해야 한다. ①, ③, ④번은 모두 동물복지를 침해할 수 있는 잘못된 방법이다.

문제 200. 치유농업 프로그램에서 동물복지를 위해 활동 중 나타나는 동물의 스트레스 징후에 대한 올바른 대처 방법으로 옳지 않은 것은?
① 동물이 스트레스 징후를 보이면 즉시 활동을 중단하고 휴식을 취하게 한다.
② 활동 시간은 동물 종에 따라 적정 시간을 정하고 그 이상 활동하지 않도록 한다.
③ 동물이 스트레스 징후를 보여도 활동을 계속 진행하여 적응하도록 한다.
④ 치유활동 후에는 몸을 가볍게 마사지해 주거나 긴장을 풀어 줄 수 있는 보상 처치를 해준다.

📖 해설: 스트레스 징후를 보이는 동물에게 활동을 강제로 계속시키는 것은 동물복지 원칙에 위배된다. 올바른 방법은 활동을 중단하고 휴식을 제공하며, 활동 후에는 적절한 보상 처치를 해주는 것이다.

문제 201. 치유활동 동물을 위한 윤리적 환경으로 옳지 않은 것은?

① 학대, 불편, 질병으로부터 신체적·정신적으로 보호한다.

② 활동 장소에서 떨어진 조용한 휴식 공간을 마련한다.

③ 활동 동물이 능력을 유지하도록 충분한 관리를 제공한다.

④ 대상자의 활동 요구에 따라 동물이 스트레스를 받아도 활동을 지속한다.

☞●●●○

📖 해설: 동물이 스트레스를 받을 경우, 어떤 상황에서도 활동을 지속하게 해서는 안 된다. 치유활동 동물의 학대와 스트레스 상황은 절대 용납되지 않는다.

문제 202. 치유농업에서 곤충자원의 복지 관리에 대한 설명으로 옳은 것은?

① 곤충은 법적으로 동물복지 대상이 아니므로, 프로그램 종료 후 돌봄이 필요 없다.

② 곤충의 고통과 스트레스는 고려하지 않아도 된다.

③ 프로그램 중 접촉이 필요하면 일부 곤충만 반복적으로 사용하여 관리 효율을 높인다.

④ 곤충에게 충분한 먹이와 공간을 제공하고 자연 행동 표현의 자유를 보장한다.

☞●●●○

📖 해설: 치유농업에서 곤충도 복지 측면에서 관리해야 하며, 충분한 먹이와 공간, 자연행동 표현의 자유를 보장해야 한다. 일부 곤충만 반복적으로 사용하면 과도한 스트레스를 줄 수 있으므로 적절한 교체가 필요하다.

문제 203. 치유농업사가 치유활동 동물의 복지를 위해 수행해야 하는 역할로 옳지 않은 것은?

① 스트레스 및 학대 여부를 항상 모니터링한다.

② 활동 중 동물이 피로하거나 스트레스를 받을 때 즉시 휴식과 활동 중단을 제공한다.

③ 동물이 나이가 들어 운동성과 사회성이 낮아지면 은퇴시키지 않고 계속 활동하게 한다.

④ 대상자가 동물을 학대할 위험이 예상될 때 사전 교육 및 활동 중단 조치를 취한다.

☞●●●○

📖 해설: 나이가 들어 활동 능력이 낮아진 동물은 복지를 위해 은퇴시키고 휴식이 있는 삶을 제공해야 한다. 활동을 강제하면 동물복지 원칙을 위반하게 된다.

문제 204. 인간과 동물의 유대(HA②, Human-Animal Bond)에 대한 설명으로 옳은 것은?
① 인간과 동물의 유대는 사람에게만 긍정적인 심리적 효과를 준다.
② 인간과 개의 유대(HCB)는 인간과 동물의 유대(HAB) 중 가장 강한 유대감이 형성된다.
③ 인간과 동물의 유대는 현대 사회에서만 형성되기 시작하였다.
④ 인간과 동물의 유대는 반려동물과 농장동물에게는 적용되지 않는다.

☞●●●○

해설: HCB(Human and Canine Bond)는 개와 주인 사이에 형성되는 교감으로, 인간과 동물의 유대(HAB) 중 가장 강한 유대감을 가진다. 인간과 동물의 유대는 구석기 시대부터 존재했으며, 다양한 동물 종에도 적용된다.

문제 205. 사람과 개가 서로 눈을 맞추는(Eye contact) 경우 나타나는 생리적 변화로 옳은 것은?
① 사람과 개 모두에서 아드레날린이 증가한다.
② 사람과 개 모두에서 옥시토신 분비가 증가한다.
③ 사람에게만 도파민이 증가한다.
④ 개에게만 엔도르핀이 감소한다.

☞●●●○

해설: 눈 맞춤을 통한 상호작용은 사람과 개 모두에서 사랑과 신뢰의 호르몬인 옥시토신 분비를 증가시켜 교감을 강화한다. 스트레스 호르몬 아드레날린은 오히려 감소한다.

문제 206. 인간과 동물의 긍정적인 상호작용 후 나타나는 호르몬 변화와 관련 없는 것은?
① 페닐에틸아민, 도파민, 엔도르핀, 옥시토신, 프로락틴은 증가한다.
② 아드레날린은 감소한다.
③ 베타 엔도르핀과 옥시토신 수치는 감소한다.
④ 상호작용 후 사람과 동물 모두 행복감이 증가한다.

☞●●●○

해설: 반려동물과의 긍정적 상호작용은 베타 엔도르핀과 옥시토신을 증가시켜 사람과 동물 모두의 행복감을 높인다. 따라서 '감소한다'는 설명은 틀리다.

문제 207. 사람과 동물 쌍방향에 도움되는 접촉 자극 활동의 효과로 옳은 것은?

① 단 5분의 접촉으로 스트레스 호르몬이 완전히 사라진다.

② 15분간의 가벼운 교감 후 사람과 동물 모두 혈압이 안정되고, 옥시토신과 도파민이 증가한다.

③ 접촉 자극 활동은 사람에게만 긍정적 효과가 있다.

④ 접촉 활동 후 사람은 행복감을 느끼지만 동물은 변화를 느끼지 못한다.

> 해설: 연구(Odentaal & Meintjes, 2002)에 따르면 반려견과 15분간의 가벼운 교감 후 사람과 동물 모두 혈압 안정과 행복 호르몬 증가 효과가 나타난다. 이는 쌍방향 치유효과를 보여준다.

문제 208. 닭의 급이기를 설치할 때, 동물복지축산농장 기준에 따라 올바른 방법은 무엇인가?

① 급이기는 모든 닭이 접근하기 어렵도록 높은 위치에 설치한다.

② 선형 급이기는 닭 1마리당 최소 10cm 이상, 원형 급이기는 최소 4cm 이상 공간을 할당해야 한다.

③ 굵은 모래는 닭이 사료에 소화를 돕는 성분이 포함될 경우, 일주일에 1회 이상 제공해야 한다.

④ 급이기가 서로 평행하게 설치될 경우, 급이기 사이의 간격은 30cm 이상이면 충분하다.

> 해설: 닭 급이기는 모든 닭이 오염 없이 접근할 수 있어야 하며, 선형 급이기는 1마리당 10cm 이상, 원형 급이기는 4cm 이상을 확보해야 한다. 굵은 모래는 사료에 소화 보조 성분이 포함되지 않은 경우에만 제공하고, 급이기 간격은 최소 60cm 이상이어야 한다.

문제 209. 한 농장에서 염소 20마리를 동일 축사에서 사육하고 있다. 최근 일부 염소가 먹이 경쟁으로 인해 체중 증가가 더딘 문제가 발생했다. 농장주는 급이기를 새로 설치하려고 한다. 염소의 행동 특성과 급이기 관리 기준을 고려할 때, 가장 적절한 급이기 설치 방식은 무엇인가?

① 모든 염소가 동시에 먹을 수 있도록 직사각형 형태의 급이기를 설치하고, 충분한 접근 공간을 확보한다.

② 원형 급이기를 설치하며, 미네랄 보충은 필요하지 않다.

③ 염소 급이기 두당 10~15cm만 확보하면 충분하므로, 공간을 최소화하여 설치한다.

④ 린칼블럭 등 미네랄 보충은 질병 치료 목적일 때만 제공한다.

> 해설: 염소 급이기는 동시에 모든 염소가 사료를 먹을 수 있도록 설치하며, 이상적인 형태는 직사각형이다. 또한 요결석 예방을 위해 린칼블럭 등 미네랄 보충제를 공급해야 한다.

문제 210. 한 농장에서 비육돈 60두를 관리하고 있다. 농장주는 무제한 건식 급이기를 사용하고 싶지만, 최근 일부 돼지가 급이 공간 부족으로 먹이 경쟁을 벌이고 있어 성장 불균형 문제가 나타났다. 이 상황에서 적절한 급이기 설치와 수용 두수 관리를 위해 올바른 접근은 무엇인가?

① 무제한 급여 방식의 건식 급이기는 칸막이가 없을 경우, 최대 10두까지만 한 급이기에 사용하도록 한다.

② 습식 급이기는 최대 14두까지 사용 가능하며, 모든 돼지가 동시에 접근할 수 있도록 설치한다.

③ 급이구 1개당 적정 수용 두수는 주둥이만 차단되는 경우 10두, 머리와 어깨까지 차단되는 경우 4~5두로 설치한다.

④ 급이 폭은 돼지 수와 관계없이 동일하게 설치하면 된다.

☞●●●○

> 🔖 해설: 돼지는 급이 경쟁이 심한 사회적 동물이므로, 급이기의 형태와 수용 두수를 정확히 설정해야 한다.
>
> ③번은 급이구 차단 형태에 따른 적정 수용 두수를 제시하여, 모든 돼지가 충분히 먹이를 섭취할 수 있도록 한 방법으로 올바르다.
>
> ①과 ②번은 급이기 최대 수용 두수와 접근 가능 여부가 상황과 달라, 실제 적용에는 오류가 있다.
>
> ④번은 돼지 수를 고려하지 않은 급이 폭 설정으로, 과밀로 인한 먹이 경쟁 문제가 발생할 수 있다.

문제 211. 한 승마 클럽에서는 여름철 혹서기 동안 체중 500kg인 말을 사육하고 있다. 최근 고온으로 인해 말의 먹이 섭취량이 감소하고 체중 유지가 어려운 문제가 발생했다. 프로그램 관리자는 말의 영양 상태를 유지하고 열 스트레스에 의한 건강 문제를 예방하기 위해 급이 전략을 조정하려 한다. 다음 중 여름철 혹서기 말의 급이 관리에서 가장 적절한 방법은 무엇인가?

① 농후사료 급여량을 체중의 3% 이상으로 늘려 열 손실을 막는다.

② 조사료와 농후사료를 동시에 급여하여 단시간 내 채식을 유도한다.

③ 알팔파 등 고단백질 건초를 피하고 곡류 중심으로 급여한다.

④ 옥수수유나 대두유와 같은 지방을 20% 내외로 첨가하여 에너지 밀도를 높이고 체온 부담을 최소화한다.

☞●●●○

> 🔖 해설: 여름철 고온 환경에서는 말의 소화 과정에서 발생하는 열(열부하, heat increment of feeding)을 최소화하는 것이 중요하다. 지방은 단위 에너지당 대사 열 발생이 낮고, 고온 스트레스 시 안전하게 에너지를 공급할 수 있어 옥수수유, 대두유 등 지방 첨가가 적절하다.
>
> ① 농후사료 급여량을 체중 대비 과도하게 늘리면 열 스트레스가 증가할 수 있다.
>
> ② 조사료와 농후사료를 동시에 급여하면 열 발생이 많아지고 섭취 저하를 유발할 수 있다.
>
> ③ 고단백질 건초는 소화 과정에서 열 발생이 크지만, 곡류 위주 급여도 고온에서 장기적으로는 적합하지 않다.

문제 212. 닭의 급수기 설치와 관련된 기준으로 옳은 것은 무엇인가?
① 닭 1마리당 선형 급수 공간은 최소 1cm 이상이어야 한다.
② 니플형 급수기는 10마리당 1개 이상 설치해야 한다.
③ 급수기는 닭의 크기와 연령과 관계없이 동일한 높이에 설치한다.
④ 컵형 급수기는 10마리당 1개 이상 설치해야 한다.

📖 해설: 닭의 급수기는 니플형은 10마리당 1개 이상, 컵형은 28마리당 1개 이상 설치해야 하며, 선형 급수 공간은 최소 2.5cm, 원형은 최소 1cm 이상이 되어야 한다. 또한 급수기는 닭의 크기와 연령에 맞는 최적의 높이에 설치해야 한다.

문제 213. 다음 중 염소의 급수 관리 방법으로 옳지 않은 것은?
① 급수기는 모든 염소가 접근하기 용이한 위치에 설치해야 한다.
② 급수기는 염소의 크기와 연령에 맞는 최적의 높이에 설치해야 한다.
③ 산지 방목 시 급수원이 없는 경우에는 급수통을 설치하지 않아도 된다.
④ 급수조는 청소하기 쉽도록 퇴수 밸브를 설치하는 것이 좋다.

📖 해설: 산지에서 방목하는 염소는 계곡물을 이용할 수 있으나, 급수원이 없는 방목지에서는 물통을 설치해 물을 보충해야 한다.

문제 214. 돼지의 급수 시설 설치와 관련하여 올바른 것은 무엇인가?
① 급수 시설은 공간의 구석진 곳에 설치하는 것이 좋다.
② 돼지 10마리당 1개의 급수 공간을 제공해야 한다.
③ 급수기가 급이기와 같이 있어도 별도의 급수기는 필요 없다.
④ 급수기는 돼지의 접근성을 고려하지 않아도 된다.

📖 해설: 돼지의 급수기는 오염을 방지하기 위해 구석에서 1m 이상 떨어진 위치에 설치해야 하고, 돼지 10마리당 1개의 급수 공간을 제공해야 한다. 또한 급수기가 급이기와 함께 있어도 별도의 급수기가 필요하다.

문제 215. 말의 급수 관리와 관련하여 옳은 설명은 무엇인가?

① 일반적인 조건에서 말은 1일 10~20ℓ의 물을 마신다.

② 임신한 암말은 비임신말보다 적게 물을 마신다.

③ 더운 날씨나 운동 후에는 음수량을 평소보다 2배 이상 제공해야 한다.

④ 비유 중인 암말은 음수량이 줄어든다.

📖 해설: 말은 일반적으로 하루 30~45ℓ의 물을 마시며, 임신한 암말은 비임신말보다 10% 이상, 비유 중인 암말은 유 생산을 위해 50~75% 음수량이 증가한다. 더운 날씨나 운동 후에는 평소보다 2배 이상 음수를 제공해야 한다.

문제 216. 닭을 사육할 때 계사와 관련하여 「동물복지축산농장 인증기준」에서 요구하는 사항으로 올바른 것은 무엇인가?

① 닭을 폐쇄형 케이지에 지속적으로 가두어 사육한다.

② 계사는 관리자가 닭에게 접근하기 어렵도록 설계한다.

③ 계사는 닭의 생리적 욕구 충족과 건강 유지가 가능해야 한다.

④ 조명도는 5 lux 이상이면 충분하다.

📖 해설: 계사는 닭의 건강 유지와 생리적 욕구를 충족시킬 수 있어야 하며, 관리자가 모든 닭을 쉽게 관찰하고 필요 시 조치를 취할 수 있도록 설계해야 한다. ①과 ②번은 동물복지 기준 위반, ④번은 조명 기준 미달(최소 20 lux 이상)이다.

문제 217. A 치유농장은 고령자(평균 연령 70세)를 대상으로 한 치유농업 프로그램을 운영하고 있다. 운영자는 참여자의 신체적 부담을 최소화하면서도 성취감·정서적 안정·지속적 참여를 유도하고자 한다.

이에 따라 다음과 같은 조건을 고려해 식물자원과 재배·관리 방안을 설계하려 한다.

> 참여자의 농업 경험은 거의 없음
> 관리 인력은 제한적이며 소규모 포장(약 5㎡) 운영
> 단기간 내 가시적인 성과(수확 또는 변화)를 경험하게 하고자 함
> 병해충 관리 부담은 최소화해야 함

이러한 조건을 종합적으로 고려할 때, 가장 적절한 치유농업 식물자원 선택 및 관리 전략으로 옳은 것은 무엇인가?

① 방울토마토를 선택하여 장기간 재배하고, 착과 조절·유인·적심을 통해 생식생장을 유도한다.

② 사과나무를 식재하여 초생재배 방식으로 토양을 관리하고, 장기적인 수확 체험을 목표로 한다.

③ 상추·시금치 등 엽채류를 선택하여 소규모 포장에서 재배하고, 멀칭을 통해 잡초 발생을 억제한다.

④ 마늘과 양파를 선택하여 인경 형성을 유도하고, 저온 처리와 장일 조건을 인위적으로 조절한다.

문제 218. 돼지의 휴식 공간에 대한 설명 중 옳지 않은 것은?

① 체중 30~60 kg인 돼지는 최소 휴식 공간 0.36㎡가 필요하다.

② 바닥은 천공성 구조여야 한다.

③ 깔짚을 충분히 제공하여 청결하고 건조하게 유지해야 한다.

④ 조명은 최소 40 lux 이상이며, 연속된 명기와 암기를 준수해야 한다.

문제 219. 한 농장에서 50두의 젖소를 방목하여 자연 상태에서 사육하고자 한다. 최근 일부 소가 식수 장소까지 지나치게 먼 거리를 이동해야 하는 상황이 발생해, 체중 감소와 스트레스 징후가 관찰되었다.

방목장 설계 시, 소의 복지와 생산성을 위해 적절하지 않은 조건은 무엇인가?

① 1두당 최소 337㎡ 이상의 공간을 제공하여 충분한 이동과 채식 기회를 보장한다.

② 식수가 있는 장소까지 500m 이상 이동하도록 설계하여 소가 활동량을 늘리도록 한다.

③ 직사광선이나 악천후 시 대피할 수 있는 차양 시설과 쉼터를 설치한다.

④ 살아있는 풀과 잡관목을 제공하여 자연 채식과 환경 자극을 가능하게 한다.

☞●●●○

> 📖해설: 소는 방목 시 체력과 스트레스 관리가 중요하므로, 식수 접근 거리가 지나치게 멀면 체중 감소, 탈수, 스트레스가 발생할 수 있다.
> ①, ③, ④번은 방목 환경에서 소의 행동 욕구, 건강, 복지를 충족시키는 올바른 조건이다.
> ②번은 오히려 과도한 이동 부담을 주므로 적절하지 않다.

문제 220. 농장 A에서는 15마리의 말을 사육하고 있으며, 겨울철 한파가 지속되고 있습니다. 최근 몇 건의 마사 내 안전사고가 발생하여 관리자가 마사 위생과 안전 점검을 강화하고자 합니다.

다음 중 올바른 관리 방안으로 가장 적절한 것은 무엇인가?

① 마사는 하루 최소 1회 이상 청소하고, 깔짚을 적정 수준으로 교체하여 말의 건강과 위생을 유지한다.

② 겨울철에는 마사 바닥에 충분한 물을 공급하여 얼음층을 형성함으로써 말이 미끄러지지 않도록 한다.

③ 마방 출입문 잠금 장치는 특별한 사고가 발생하지 않는 한 점검하지 않아도 된다.

④ 포니는 체구가 작으므로 대형종 말과 동일한 마방 면적을 확보하지 않아도 된다.

☞●●●●

> 📖해설: ① 마사 청소는 말의 배설물과 먼지를 제거하여 호흡기 질환과 질병 예방에 필수적이며, 깔짚 관리도 건강 유지에 중요하다. → 맞음
> ② 겨울철 바닥에 물을 공급해 얼게 하는 것은 오히려 미끄러짐 등 안전사고 위험을 증가시키므로 잘못된 방법이다.
> ③ 마방 출입문 잠금 장치는 말의 탈출 및 안전사고 방지를 위해 반드시 점검해야 한다.
> ④ 포니도 최소 안전·위생 기준에 맞는 마방 면적이 필요하며, 대형종과 동일할 필요는 없으나 과도하게 좁히면 스트레스와 부상 위험이 증가한다.

문제 221. 반려동물 사육 공간과 관련한 「동물보호법 시행규칙」 제6조 5항의 기준으로 옳지 않은 것은?

① 사육공간은 차량, 구조물 등으로 인한 안전사고 위험이 없는 곳에 마련해야 한다.

② 동물이 자연스러운 자세로 움직일 수 있도록 사육 공간의 가로는 동물 몸길이의 1.5배 이상, 세로는 1배 이상이어야 한다.

③ 동물을 줄로 묶어서 사육할 경우 줄의 길이는 2m 이상이어야 한다.

④ 동물을 빛이 차단된 어두운 공간에서 장기간 사육해서는 안 된다.

☞●●●●

> 📖 해설: 규칙에서는 사육 공간의 가로는 동물 몸길이의 2.5배 이상, 세로는 2배 이상이어야 하며, 1.5배 및 1배는 기준에 미달한다.

문제 222. 동물의 건강관리와 관련한 「동물보호법 시행규칙」 제6조 5항의 기준으로 옳지 않은 것은?

① 동물에게 질병이 발생하면 신속하게 수의학적 처치를 제공해야 한다.

② 2마리 이상의 동물을 함께 사육할 때 전염병이 발생한 동물은 즉시 격리해야 한다.

③ 동물을 줄로 묶어서 사육할 경우 동물이 목이 조이거나 상해를 입는 상황이 발생해도 상관없다.

④ 먹이와 물을 주는 설비 및 휴식 공간은 청결하게 관리해야 한다.

☞●●●○

> 📖 해설: 동물을 줄로 묶어 사육할 때는 고통이나 상해가 발생하지 않도록 해야 하며, 상관없다는 내용은 규칙에 위배된다.

문제 223. 다음 중 반려동물 사육 공간 관리 기준으로 옳은 것은?

① 사육 공간은 동물의 행동에 불편함이 없도록 털과 발톱을 관리하지 않아도 된다.

② 동물이 뒷발로 일어섰을 때 머리가 닿는 높이로 공간을 제공한다.

③ 하나의 사육 공간에서 2마리 이상을 사육할 경우, 각 동물별로 가로·세로 기준을 충족해야 한다.

④ 사육 공간이 소유자 거주지에서 멀리 떨어져 있어도 정기 관찰은 필요 없다.

☞●●●○

> 📖 해설: 규칙에 따르면, 2마리 이상 사육 시에도 각 동물별로 최소 공간 기준을 충족해야 하며, 털·발톱 관리, 높이, 정기 관찰 등은 필수 조건이다.

문제 224. 동물의 사육과 관리에 대한 설명 중 올바른 것은?
① 동물이 질병에 걸리거나 상해를 입어도 자연 치유를 기다리는 것이 바람직하다.
② 사육 공간 내 분변과 오물은 수시로 제거하고 청결하게 유지해야 한다.
③ 동물에게는 영양이 부족해도 사육자의 관리 편의를 위해 그대로 두어도 된다.
④ 장기간 어두운 공간에 사육하면 동물의 건강과 행동에 도움이 된다.

☞●●●●○

📖 해설: 사육 공간은 항상 청결하게 유지해야 하며, 질병이나 상해 발생 시 즉시 조치하고, 영양 및 밝기 조건을 충족해야 한다.

문제 225. 치유농업 프로그램에서 활용되는 곤충자원에 대한 설명으로 옳지 않은 것은?
① 왕귀뚜라미와 쌍별귀뚜라미는 모두 소리곤충으로서 활용 목적이 같다.
② 호랑나비는 완전 탈바꿈 곤충으로서 주로 꽃꿀과 식물 잎을 섭식한다.
③ 누에나방 애벌레는 잡식성으로 밀기울과 야채를 주식으로 한다.
④ 장수풍뎅이는 부식성으로 발효톱밥, 농익은 과일, 곤충용 젤리 등을 섭식한다.

☞●●●●○

📖 해설: 누에나방 애벌레는 뽕나무 잎을 먹는 식물섭식성 곤충으로, 잡식성이 아니므로 ③이 틀린 설명이다.

문제 226. 치유농업 곤충자원의 한살이 기간(알 → 성충)과 관련된 설명으로 옳은 것은?
① 호랑나비는 약 180일간 한살이를 한다.
② 왕귀뚜라미는 약 90일간 한살이를 한다.
③ 누에나방 애벌레는 약 180일간 한살이를 한다.
④ 장수풍뎅이는 약 40일간 한살이를 한다.

☞●●●●○

📖 해설: 곤충 발육/한살이 기간을 다룬 연구자료(한국곤충학회, 2022)에 따르면 왕귀뚜라미 한살이 기간은 약 90일이다. 호랑나비는 약 40일, 누에나방 약 45일, 장수풍뎅이는 약 180일이다.

문제 227. 치유농업 곤충자원의 활용 현장과 대상에 대한 설명으로 옳지 않은 것은?

① 학교 방과후 수업에서도 치유농업 곤충자원이 활용된다.
② 치유농업 곤충자원은 지역아동센터와 사회복지시설에서도 적용된다.
③ 치유농업 곤충자원은 주로 성인 환자에게만 적용된다.
④ 농촌지역 마을회관이나 체험교육장 등에서도 활용된다.　　　☞●●●○

해설: 치유농업 곤충자원은 아동, 노년층, 경증 장애우 등 다양한 연령층을 대상으로 활용되며, 성인만을 대상으로 하지 않는다.

문제 228. 치유농업 전문 농장 B에서는 2025년 이후 새롭게 개발되는 프로그램에서 참여자의 감각 자극, 정서 안정, 야간 체험을 강화하고자 합니다. 특히 곤충을 활용한 프로그램을 도입하려 하는데, 빛과 소리, 움직임을 관찰하며 심리적 안정과 자연 친화 경험을 제공할 수 있는 곤충을 선택해야 합니다. 다음 중 치유농업 프로그램에 가장 적합하게 추가 적용될 곤충은 무엇인가?

① 호랑나비 – 낮 시간 꽃과의 상호작용 중심, 주로 시각적 관찰용
② 누에나방 애벌레 – 재배와 사육 경험 중심, 감각 자극 제한적
③ 장수풍뎅이 – 생태 관찰과 손으로 잡기 체험 중심, 야간 활동 부적합
④ 반딧불이 – 야간 발광 관찰을 통해 심리적 안정과 자연 친화 경험 제공　　☞●●●○

해설: ④ 반딧불이는 야간에 빛을 발하며 관찰자에게 심리적 안정, 집중, 자연 친화 경험을 제공할 수 있어 치유농업의 정서·감각 자극 목적에 부합한다.
① 호랑나비는 낮에 활동하며 꽃 관찰 위주로 프로그램이 제한적이고,
② 누에나방 애벌레는 감각 자극이 제한적이며 정서적 안정 효과가 낮다.
③ 장수풍뎅이는 주로 손으로 잡는 활동 중심으로 야간 체험과 정서 안정 효과는 제한적이다.

문제 229. 치유농장에서 곤충자원을 확보하는 방법으로 옳지 않은 것은 무엇인가?

① 기존 곤충농장이나 곤충판매점에서 계약이나 구매를 통해 공급받는다.
② 치유농장에서 곤충을 대량 사육할 경우, 지자체에 곤충 농가로 등록해야 한다.
③ 곤충을 확보하기 위해 반드시 야생에서 포획한 곤충만 사용해야 한다.
④ 곤충 프로그램 일정에 맞춰 체류시키며 짧게는 1주, 길게는 수개월 동안 돌본다.　　☞●●●○

해설: 치유농업에서는 야생 곤충을 반드시 사용해야 하는 것은 아니며, 대부분 곤충농장이나 판매점에서 신고·허가된 산업용 곤충을 공급받아 이용한다. 나머지 선택지는 모두 곤충 수급과 관리 방법으로 올바른 내용이다.

문제 230. 치유농장에서 왕귀뚜라미를 사육할 때 알의 부화를 위해 필요한 조건으로 옳은 것은?
① 높은 온도에서 1개월간 보관하면 바로 부화된다.
② 알은 바나나 형태이며 야생에서는 흙 속에서 월동한다.
③ 알 상태에서는 광주기 24:0으로 유지해야 한다.
④ 알은 수분을 피하고 완전히 건조시킨 후 부화시킨다.

📖 해설: 왕귀뚜라미 알은 바나나 형태로 길이가 약 3mm이며, 야생에서는 흙 속에 낳고 늦가을~초봄까지 월동 후 자연스럽게 부화한다. 따라서 부화를 위해서는 저온에서 일정 기간 보존하는 것이 필요하다.

문제 231. 농장 C에서는 왕귀뚜라미를 치유농업 프로그램에 활용하기 위해 사육상자를 설치하고 있습니다. 관리자는 귀뚜라미의 건강과 활동성을 유지하면서 악취와 곰팡이 발생을 예방하고자 합니다. 다음 중 왕귀뚜라미 사육상자 관리에서 잘못된 방법은 무엇인가?
① 사육 온도는 25℃로 유지하여 귀뚜라미의 활동성과 번식에 적합하게 한다.
② 상대습도는 50% 수준으로 조절하여 탈수와 곰팡이 발생을 방지한다.
③ 광주기는 낮 16시간, 밤 8시간으로 설정하여 자연주기와 유사하게 한다.
④ 사육상자를 밀폐 상태로 유지하여 환기하지 않고, 냄새와 습기가 쌓이도록 한다.

📖 해설: 왕귀뚜라미 사육상자는 온도 25℃, 상대습도 50%, 광주기 16:8이 적절하며, 숨을 수 있는 공간을 마련하고 환풍이 가능하도록 해야 한다. 밀폐만 하고 환기를 하지 않으면 곤충 건강에 해롭다.

문제 232. 치유농장에서 곤충 돌봄 활동과 관련하여 바람직한 방법으로 가장 적절한 것은?
① 모든 치유농장은 자체 곤충 사육 시설을 갖추어야 한다.
② 일부 치유농장은 공급받은 곤충을 간이 사육실에서 프로그램 기간 동안 돌본다.
③ 곤충 돌봄을 위해 전문인력이 없어도 괜찮다.
④ 왕귀뚜라미는 알을 아무 환경에서나 바로 부화시킬 수 있다.

📖 해설: 치유농장이 곤충 전문 농장이 아니라면, 가까운 곤충농장에서 치유용 곤충을 공급받아 간이 사육실에서 일정 기간 돌보는 것이 바람직하다. 전문인력이 최소한의 사육 기술을 갖추는 것이 필요하며, 알은 부화 조건이 맞아야 부화한다.

문제 233. 왕귀뚜라미 애벌레를 부화 직후 약 2주 동안 30℃ 조건에서 돌보는 이유로 가장 적절한 것은 무엇인가?

① 알에서 부화한 애벌레가 곧바로 번데기로 변하기 때문
② 고온 조건에서 먹이 섭취와 성장 속도를 높이기 위해
③ 낮은 온도에서 발생할 수 있는 질병 예방을 위해
④ 짝짓기를 촉진하기 위해

해설: 애벌레는 부화 후 초기 2주 동안 고온(30℃)에서 돌보면 먹이를 잘 먹고 성장 속도가 빨라지므로 25℃로 옮기기 전에 초기 성장을 촉진하기 위함이다.

문제 234. 호랑나비 애벌레를 다른 화분으로 옮길 때 주의해야 할 사항으로 가장 적절한 것은 무엇인가?

① 애벌레를 손으로 바로 잡아 떼어 옮긴다.
② 허물벗기 중인 애벌레는 잎줄기째 옮겨 준다.
③ 먹이를 전혀 주지 않고 옮겨 스트레스를 준다.
④ 화분에 물만 주고 먹이는 제공하지 않는다.

해설: 허물벗기 준비 중인 애벌레는 몸을 고정하기 위해 실을 토해내므로, 무리하게 잡지 말고 잎줄기째 옮겨 주어야 한다.

문제 235. 치유농업 농장 D에서는 호랑나비를 활용한 프로그램을 계획하고 있으며, 내년 봄까지 번데기를 장기간 보관해야 합니다. 관리자는 번데기의 휴면 유지, 병해 예방, 성충 발생 시기 조절을 위해 온도와 광주기를 조절하고자 합니다. 다음 중 장기간 번데기를 안전하게 보호할 수 있는 조건으로 가장 적절한 것은 무엇인가?

① 상온 25℃, 광주기 14:10 – 활동적 대사로 인해 빠른 성충화 발생 가능
② 2℃ 내외 냉장보관, 최대 1년까지 보호 가능 – 휴면 유지로 장기 보관 적합
③ 30℃ 고온, 광주기 16:8 – 대사 촉진 및 스트레스 증가, 장기 보관 부적합
④ 18℃ 저온, 광주기 14:10 – 휴면 유지는 가능하나 1년 장기 보관에는 부족

해설: 호랑나비 번데기는 저온 휴면 상태에서 대사율이 최소화되어 장기간 보관이 가능하다.
2℃ 내외 냉장보관은 휴면 유지 + 병해 발생 억제에 적합하며, 최대 1년까지 보호 가능하다.
상온이나 고온 조건에서는 대사와 발육이 진행되어 장기 보호가 어렵고, 스트레스와 병해 위험이 증가한다. 18℃ 정도의 저온은 단기간 보호에는 가능하지만 1년 이상 장기 보호에는 안정성이 부족하다.

문제 236. 치유농업 농장 E에서는 호랑나비를 활용한 체험 프로그램을 위해 산란실을 구성하고 있습니다. 목표는 참여자가 산란 과정을 관찰하고, 건강한 유충을 확보하는 것입니다.
다음 중 호랑나비 산란실 설계에서 가장 적절한 환경 조건은 무엇인가?

① 조명을 약 1,000 lux 정도로 낮추고, 먹이식물 없이 산란 관찰만 진행한다.

② 조명을 3,000 lux 이상으로 유지하고, 씨나비와 호랑나비 먹이, 산란용 화분을 확보한다.

③ 산란실 온도를 15℃로 유지하고, 먹이를 인공 꿀 5%만 제공한다.

④ 산란실 내부에 번데기를 자유롭게 배치하여 자연 산란 환경을 재현한다.

☞●●●○

📖 해설: 호랑나비는 밝은 빛 환경(약 3,000 lux 이상)에서 활발하게 산란하며, 산란용 화분과 충분한 먹이를 제공해야 건강한 산란과 유충 확보가 가능하다.
① 조명과 먹이 부족은 산란률을 저하시킨다.
③ 낮은 온도와 제한된 먹이는 활동을 제한하고 산란률을 떨어뜨린다.
④ 번데기를 산란실에 자유롭게 배치하는 것은 산란에 직접적 도움이 되지 않으며, 번데기 손상 위험이 있다.

문제 237. 누에 애누에(1~3령) 돌봄과 관련된 환경 조건으로 옳지 않은 것은?

① 온도는 25~26℃로 유지한다.

② 습도는 뽕잎이 마르지 않는 범위 내에서 최대한 건조하게 한다.

③ 빛은 15~30 lux 정도로 너무 밝지도 너무 어둡지도 않게 한다.

④ 자리갈이 시에는 손으로 직접 옮기는 것이 가장 좋다.

☞●●●○

📖 해설: 애누에는 깨끗한 환경을 좋아하므로 자리갈이(똥갈이) 시에는 손으로 직접 옮기지 않고, 망 위로 뽕잎을 올려 누에가 스스로 이동하도록 하는 것이 바람직하다.
①, ②, ③번은 애누에 돌봄 시 적절한 환경 조건이다.

문제 238. 큰누에(4~5령) 돌봄 시 고려해야 할 사항으로 올바른 것은?

① 4령 누에는 병 발생을 막기 위해 최대한 습하게 관리한다.

② 5령 누에는 전체 사육 기간 동안 먹는 뽕잎의 88%를 이 시기에 집중적으로 제공한다.

③ 4령 누에는 온도를 10℃ 이하로 낮춰 성장 속도를 조절한다.

④ 5령 누에는 먹이보다 환기 관리가 중요하지 않다.

문제 239. 누에 허물벗기(탈피) 과정에 대한 설명으로 옳은 것은?
① 허물벗기 전에도 충분히 먹이를 주어야 한다.
② 허물벗기 시에는 몸을 건드려도 크게 문제가 없다.
③ 허물벗기 시 누에는 섭식을 중단하고 가만히 머문다.
④ 허물벗기 과정은 5령 이후에만 나타난다.

문제 240. 익은누에 단계에서 누에의 행동 특성으로 옳은 것은?
① 뽕잎을 많이 먹고 움직임이 적다.
② 활동 폭이 넓어지고 높은 곳으로 올라가려 한다.
③ 몸속 실샘이 작아 먹이를 적게 섭취한다.
④ 고치 짓기 전까지는 특별한 행동 변화를 보이지 않는다.

문제 241. 누에 성충과 알 받기 관련 내용으로 옳은 것은?
① 성충은 수컷이 먼저 나오며 암컷이 늦게 나온다.
② 수컷과 암컷은 생김새가 달라 쉽게 구별되지 않는다.
③ 교미 후 24시간 이내에 암나방만 떼어 켄트지에 올려놓으면 알을 산란하지 않는다.
④ 성충은 번데기 상태에서 바로 알을 낳는다.

해설: 누에 성충은 수나방이 먼저 나오고 암나방이 나중에 나온다.

수컷은 배가 홀쭉하고 날개의 형태가 균일하며 활동량이 많아 쉽게 구별된다.

교미 후 1일 정도 안에 암나방을 켄트지 위에 올려놓으면 약 500개의 알을 산란한다.

②, ③, ④번은 성충과 알 받기 과정에서 올바른 설명이 아니다.

문제 242. 장수풍뎅이 애벌레 사육에서 발효톱밥의 적정 함수율을 확인하는 간이 방법으로 옳은 것은?

① 톱밥을 손으로 쥐어 잡았을 때 물이 흘러내리면 적정함수율이다.

② 톱밥을 주먹 쥐듯이 잡았다가 놓았을 때 형태가 그대로 유지되면서 물이 흐르지 않으면 적정 함수율이다.

③ 톱밥을 비닐봉지에 넣고 하루 이상 냉장 보관하면 적정함수율이 된다.

④ 톱밥을 가열하면 함수율이 60~70%가 된다.

해설: 발효톱밥은 60~70% 정도의 함수율을 유지해야 하며, 간이 측정 방법으로 손으로 주먹 쥐듯 잡았다가 놓았을 때 형태가 유지되고 물이 흐르지 않으면 적정함수율이다.

문제 243. 장수풍뎅이 애벌레 3령기의 특징으로 옳지 않은 것은?

① 3령기는 약 4개월 정도 성장하며 먹이 섭취량이 많아진다.

② 3령기 애벌레는 배설물이 매우 커지고 단단해진다.

③ 3령기에는 새로운 톱밥 공급이 필요하지 않다.

④ 3령기 애벌레는 번데기 방을 만들기 위해 톱밥을 다져서 수직형 공간을 확보한다.

해설: 3령기에는 먹이 섭취량이 급격히 증가하므로 새로운 발효톱밥을 추가로 공급해야 한다.

문제 244. 번데기 상태의 장수풍뎅이를 관리할 때 주의할 점으로 올바른 것은?

① 직사광선이 들어오는 곳에 두어 성충이 빨리 우화하도록 한다.

② 번데기 방이 무너진 경우에는 톱밥이나 프로랄 폼으로 방 모양을 잡아 성충이 우화할 수 있게 한다.

③ 번데기는 수분 관리를 하지 않아도 된다.

④ 번데기는 성충이 되기 전까지 손으로 자주 만져야 한다.

📖 해설: 번데기 방이 무너지면 성충 우화 시 공간이 부족하므로, 함수량이 충분한 톱밥이나 물에 적신 폼으로 번데기 방 모양을 잡아 성충이 우화할 수 있도록 관리해야 한다.

문제 245. 장수풍뎅이 성충의 먹이로 옳지 않은 것은?

① 농익은 과일
② 수액
③ 곤충전용 젤리
④ 톱밥

☞●●●●○

📖 해설: 성충은 씹는 입이 발달하지 않아 톱밥을 먹지 못하며, 주로 과일, 수액, 곤충전용 젤리를 먹는다. 톱밥은 성충의 쉬는 공간으로만 사용된다.

문제 246. 장수풍뎅이 사육 시 응애 발생 예방과 관련한 설명으로 옳은 것은?

① 응애는 낮은 습도에서만 발생하므로 사육장 습도를 높인다.
② 발효톱밥은 멸균시키거나 햇볕에 충분히 말린 후 재사용하여 응애를 예방한다.
③ 응애가 붙은 성충은 자연적으로 사멸하기 때문에 제거할 필요가 없다.
④ 사육장 환기는 응애 발생과 관련이 없다.

☞●●●●○

📖 해설: 응애는 고온다습한 환경에서 발생하며, 발효톱밥을 멸균하거나 충분히 말려 재사용하면 발생을 줄일 수 있다. 응애가 붙은 장수풍뎅이 몸은 솔이나 붓으로 제거해야 한다.

문제 247. 농장동물을 활용한 치유농업 프로그램에서 부적합 대상자로 분류될 수 있는 경우는 무엇인가?

① 아동으로서 동물과 쉽게 친밀감을 형성할 수 있는 경우
② 집중적인 약물 처방을 받고 있으며 공격적 행동을 나타내는 '양극성 장애' 환자
③ 조현병 또는 우울증을 가진 환자
④ 프로그램 참여 중 다른 사람들과 상호작용을 잘 수행하는 경우

☞●●●●○

📖 해설: 부적합 대상자는 프로그램 진행 동안 다른 대상자나 구성원에게 위험 요소가 될 수 있는 통제가 어려운 정신질환 환자를 의미한다. 양극성 장애나 급성 스트레스 반응 등 공격적 행동이 나타날 수 있는 대상자가 여기에 해당된다. 반면, 아동이나 조현병·우울증 환자는 적절히 관리하면 프로그램 참여가 가능하다.

문제 248. 치유농업 프로그램에서 농장동물의 역할로 옳지 않은 것은?
① 대상자들의 대인관계 향상에 기여한다.
② 일상적인 치유사-대상자 관계 형성을 넘어 긴밀한 관계 형성을 촉진한다.
③ 치유 효과 향상을 위해 대상자의 신체 건강만 개선하는 역할을 한다.
④ 동물이 촉매제로 작용하여 대상자의 치유 효과를 향상시킨다.

해설: 농장동물은 심리적, 정서적 치유를 촉진하는 촉매자로 작용하며, 대상자와의 정서적 유대와 상호작용을 통해 치유 효과를 높인다. 신체 건강만을 개선하는 역할은 치유농업 동물의 주된 목적이 아니다.

문제 249. 연구에 따르면 치유농업 프로그램의 효과에 영향을 주는 요소로 올바른 조합은 무엇인가?
① 아동 참여, 남성 참여, 임상 스텝 평가
② 아동 참여, 여성 참여, 비임상 스텝 평가
③ 성인 참여, 남성 참여, 비임상 스텝 평가
④ 성인 참여, 여성 참여, 임상 스텝 평가

해설: 치유농업 프로그램에서는 아동이 성인보다, 여성이 남성보다 동물과의 감정이입과 상호 교감이 더 잘 이루어져 효과가 크다. 또한 비임상 스텝(농장 직원 등)이 효과에 대한 기대감을 높게 평가하는 경향이 있다.

문제 250. 치유농업 프로그램 운영에서 다양한 동물 종 확보가 중요한 이유로 옳지 않은 것은?
① 프로그램의 단조로움을 줄여 참여자의 흥미와 호기심을 증가시킨다.
② 다양한 치유농업 프로그램 운영이 가능하다.
③ 단일 동물만 활용하면 치유 효과가 높아진다.
④ 다른 대체요법과 함께 통합치유적 프로그램 운영이 가능하다.

해설: 단일 동물만 활용하면 활동이 단조로워지고 반복적이 되어 치유 효과가 낮아질 수 있다. 다양한 동물 종을 활용하면 참여자의 흥미와 호기심을 자극하고, 통합치유적 프로그램 운영이 가능하다.

문제 251. 곤충을 활용한 치유농업 프로그램을 계획할 때 가장 먼저 고려해야 할 사항으로 적절한 것은?

① 프로그램 명칭과 홍보 전략을 정한다.

② 프로그램의 목적에 맞는 곤충 종을 선정하고 활동 목표를 설정한다.

③ 대상자의 모든 정보를 수집한 후 즉시 프로그램을 시작한다.

④ 곤충의 성장을 기다리면서 프로그램 진행 여부를 결정한다.

☞●●●○

📖 해설: 프로그램 계획 시 가장 먼저 고려해야 할 사항은 프로그램 목적에 맞는 곤충 종을 선정하고, 대상자의 특성을 고려하여 실행 목표를 설정하는 것이다. 프로그램 명칭이나 홍보 전략은 추후 계획 단계에서 결정 가능하며, 대상자의 정보 수집 후 바로 시작하는 것은 충분한 준비를 거치지 않은 상태이므로 적절하지 않다.

문제 252. 다음 중 곤충 활용 치유농업 프로그램의 특성으로 틀린 것은?

① 곤충 돌보기는 양육 경험과 유사한 체험을 제공할 수 있다.

② 곤충의 비교적 짧은 생활사는 인간의 삶과 죽음에 대한 학습 기회를 제공한다.

③ 모든 대상자가 곤충 활동에 두려움 없이 참여할 수 있다.

④ 곤충에 대한 지식과 준비된 학습이 인지적 치유 효과를 높일 수 있다.

☞●●●○

📖 해설: 일부 대상자는 곤충에 대한 두려움이나 불안감을 느낄 수 있다. 이는 직접 경험뿐 아니라 대리학습이나 관찰학습을 통해서도 발생할 수 있으므로, 모든 대상자가 두려움 없이 참여할 수 있다는 주장은 틀렸다.

문제 253. 아동과 청소년을 대상으로 곤충 활용 치유농업 프로그램을 설계할 때 적절한 접근 방식은?

① 스트레스 해소를 위해 곤충 돌보기를 통한 정서적 안정 활동에 집중한다.

② 과거 곤충과 관련된 기억을 회상하고, 사회적 유대감을 강화한다.

③ 자연에 대한 호기심과 생태 감수성을 증진시키고, 학습과 놀이를 결합한다.

④ 다양한 예술적 활동과 명상 프로그램 중심으로 구성한다.

☞●●●○

📖 해설: 아동과 청소년 대상 프로그램은 자연 호기심과 생태 감수성을 높이는 활동을 중심으로, 학습과 놀이가 결합된 참여형 활동을 제공하는 것이 효과적이다. 성인과 노인 대상 접근 방식과는 차이가 있다.

문제 254. 복합 종 곤충을 활용한 치유농업 프로그램의 장점으로 올바른 것은?
① 운영자가 단일 곤충을 관리하는 것보다 관리가 쉽다.
② 대상자들이 곤충의 다양한 생태적 역할과 상호작용을 경험할 수 있다.
③ 프로그램의 안정성과 비용 효율성이 항상 단일 종보다 우수하다.
④ 대상자의 정서적 반응이 일정하게 유지된다.

🖿 해설: 복합 종을 활용하면 다양한 곤충의 생태적 역할과 상호작용을 경험할 수 있는 장점이 있다. 하지만 운영 관리는 복잡해지고, 비용과 정서적 반응이 다양하게 나타날 수 있으므로 ①, ③, ④번은 틀린 설명이다.

문제 255. 치유농업 프로그램의 회기별 구성에서 단기 프로그램(1~4회기)의 특징으로 적절하지 않은 것은?
① 대상자가 곤충에 대한 거부감 없이 쉽게 참여할 수 있다.
② 빠른 시일 내에 치유 효과를 확인할 수 있어 즉각적인 피드백이 가능하다.
③ 활동의 다양성과 깊이가 부족할 수 있어 심리적 치유 효과가 제한될 수 있다.
④ 다양한 곤충 종을 장기적으로 관찰하고, 심층적 학습을 제공할 수 있다.

🖿 해설: 단기 프로그램은 참여 기간이 짧기 때문에 다양한 곤충 종의 생태를 장기적으로 관찰하거나 심층적 학습을 제공하기에는 한계가 있다. ④번은 중장기 프로그램의 특징이다.

문제 256. 다음 중 우리나라 인구감소 지역에서 생활인구(Living population)의 정의로 틀린 것은 무엇인가?
① 주민등록법에 따라 주민으로 등록한 사람
② 통근, 통학, 관광, 휴양, 업무 등 목적으로 특정 지역을 방문하여 월 1회 이상 하루 3시간 이상 체류하는 사람
③ 특정 지역과 심리적·물질적 관계를 맺는 사람
④ 출입국관리법 또는 국내거소신고를 통해 등록한 외국인

🖿 해설: 생활인구는 주민, 체류자, 외국인을 포함하여 특정 지역에서 실제 생활을 영위하는 사람을 말한다. ③번은 관계인구의 정의에 해당하며, 생활인구와는 구분된다.

문제 257. 관계인구의 개념에 대한 설명으로 옳지 않은 것은?

① 정주인구와 관광객(교류인구)의 중간 형태로, 지역과 다양한 관계를 맺는 사람을 의미한다.

② 지역과의 관계 형성은 정기적 방문이나 활동을 통해 이루어진다.

③ 일회성 관광 인구도 관계인구에 포함된다.

④ 여백 있는 열린 공동체 참여, 자연환경, 편의시설, 커뮤니티 문화 등이 관계인구 형성에 중요하다.

☞●●●●○

📖 해설: 관계인구는 일회성 관광 인구(교류인구)를 포함하지 않으며, 지역과 지속적·정기적 관계를 맺는 사람을 의미한다. ①, ②, ④번은 관계인구 형성 조건 및 정의와 일치한다.

문제 258. 다음 중 치유농업과 농촌발전의 관계로 옳은 것은?

① 치유농업사는 농촌의 자원을 활용하여 관광 프로그램을 운영하지만, 농촌발전과는 관련이 없다.

② 치유농업을 통해 도시민이 방문하여 체험·휴양 서비스를 받으면 농촌에 새로운 활력과 소득원 창출에 기여한다.

③ 농촌관광 활성화와 치유농업은 별개의 정책으로 상호 연계성이 없다.

④ 치유농업은 단순히 농작물 재배에만 집중하며 관광적 요소는 포함하지 않는다.　　☞●○○○

📖 해설: 치유농업사는 농촌의 자원을 활용해 치유관광 프로그램을 기획·운영하며, 이는 농촌의 경제적·사회적 활력 증진 및 지속 가능한 발전에 기여한다. ①, ③, ④번은 사실과 다르다.

문제 259. 사전적 의미에서 "자원"이 지닌 두 가지 범주는 무엇인가?

① 물적 자원과 생태적 자원　　　　　② 인적 자원과 물적 자원

③ 경제적 자원과 사회적 자원　　　　④ 자연적 자원과 문화적 자원　　　☞●○○○

📖 해설: 사전적 의미에서 자원이란 인간의 생활과 경제 생산에 이용되는 물적 요소(광물, 산림, 수산물 등)와 인적 요소(노동력, 기술 등)를 포괄한다.

문제 260. 다음 중 「농업·농촌 및 식품산업 기본법」에서 제시한 농업·농촌의 공익적 기능에 해당하지 않는 것은?

① 식량의 안정적 공급　　　　　　　② 국토환경 및 자연경관의 보전

③ 농촌사회의 전통문화 보전　　　　④ 농업경영의 이윤 극대화

> 📖 해설: 공익적 기능은 국가와 사회 전체에 기여하는 기능으로, 식량 공급·환경 보전·수자원 함양·생태계 보전·문화 보전 등이 포함되지만, 개별 농가의 이윤 극대화는 공익적 기능이 아니다.

문제 261. 농업의 다원적 기능에 대한 국제 논의가 본격적으로 시작된 계기는 무엇인가?

① 1986년 우루과이 라운드에서 농산물 수입국이 제기한 비교역적 관심사항
② 1992년 리우 선언에서의 다원적 기능 개념 도입
③ 1998년 OECD 회의에서의 심도 있는 논의
④ 2003년 농촌진흥청의 종합연구계획 수립　　　　　　　　

> 📖 해설: 농업 다원적 기능 논의는 자유무역과 시장 개방이 이루어지던 1986년 우루과이 라운드에서 농산물 수입국이 '비교역적 관심사항'을 제기하면서 본격적으로 시작되었다. 이후 1992년 리우 선언, 1998년 OECD 회의로 이어졌다.

문제 262. 농촌진흥청(2024)에서 제시한 농촌다움 자원의 대분류에 해당하지 않는 것은?

① 자연적 자원　　　　　　② 문화적 자원
③ 사회적 자원　　　　　　④ 경제적 자원　　　　　　

> 📖 해설: 농촌다움 자원은 자연적·문화적·사회적 자원으로 대분류된다. 경제적 자원은 별도 분류가 아닌, 특산자원 등 사회적 자원 범주에 포함된다.

문제 263. 농촌 치유농업 프로그램을 개발하려는 팀이 마을 내 잠재 자원(작물, 시설, 인력 등)을 조사하려고 합니다. 팀장 A는 조사 시작 전 조사 목적을 명확히 설정하라고 지시했습니다. 그 이유로 가장 적절한 것은 무엇인가?

① 조사 결과를 주민에게 보고할 목적으로만 조사 방향을 정한다.
② 조사에 필요한 기자재와 장비를 준비하기 위해 목적을 설정한다.
③ 조사 과정에서 시간과 인력, 비용 등 자원의 낭비를 최소화하고, 조사 범위와 방법을 효율적으로 계획하기 위해 목적을 설정한다.
④ 조사 일정의 장·단기를 결정하기 위해 목적을 우선 설정한다.

📖 해설: 자원조사에서 목적을 명확히 설정하면 조사 범위, 방법, 우선순위를 효율적으로 계획할 수 있어 시간, 인력, 비용 등 자원의 낭비를 줄일 수 있다. ①~②, ④번은 조사 목적 설정의 부차적 기능일 수 있지만, 가장 핵심적인 이유는 효율적 자원 활용과 조사 품질 확보이다.

문제 264. 「농어촌정비법」 시행령 제2장 제3조에서 규정하는 자원조사 대상 항목에 해당하지 않는 것은?

① 농지 분포 상태와 이용
② 농어촌 관광·휴양자원
③ 농어촌 주택의 상태와 이용
④ 농업 관련 국제협력사업

📖 해설: 법령에서 규정한 11가지 조사 항목에는 국제협력사업은 포함되지 않는다. (농지, 관광·휴양자원, 주택 상태 등은 포함)

문제 265. 다음 중 조사 방법의 설명으로 옳은 것은 무엇인가?

① 문헌조사는 조사 대상지의 심층 정보를 얻기 위해 주민 면접으로 진행된다.
② 개인면접법은 주로 전문가, 행정 관계자, 지역 리더를 대상으로 1:1 조사한다.
③ 집단면접법은 익명성을 보장하기 위해 참여자의 발언을 기록하지 않는다.
④ 현장조사는 주로 전화·이메일 방식으로 수행된다.

📖 해설: 개인면접법은 대면·전화·이메일 방식으로 1:1로 진행하며, 전문가나 행정 관계자를 대상으로 한다. 문헌조사는 자료 기반, 집단면접법은 다양한 의견 수렴, 현장조사는 직접 방문 방식이다.

문제 266. 치유관광 프로그램 기획을 위해 자원 조사 일정을 계획할 때, 계절별 자원의 변화를 반영하기 위해 직접 체험 방식을 조사 방법으로 적용한다면 어떤 특징이 있는가?

① 단기간 내 조사 가능
② 장기간 조사가 필요
③ 조사원의 확보가 불필요
④ 문헌조사와 동일한 결과 획득

📖 해설: 계절별 변화에 따라 직접 체험하는 방식은 장기간의 조사가 필요하다. 단기간 조사를 원할 경우 주민 인터뷰, 문헌조사 등을 병행할 수 있다.

문제 267. 전북 지역의 A 치유농장은 고령자(65세 이상) 및 경도인지장애(MCI) 대상자를 중심으로 우수 치유농업시설 인증을 준비하며, 약 20㎡ 규모의 포장에서 식물자원 중심 치유 프로그램을 운영하려 한다. 참여자의 신체·인지적 특성, 관리 인력의 한계, 토양·기후 조건, 그리고 치유 목표(정서 안정·성취감·계절 인식)를 종합적으로 고려할 때, 가장 적절한 식물자원 구성 및 관리 전략의 조합은 무엇인가?

① 엽채류(상추·시금치) 위주의 단기 재배 + 사과·복숭아 혼식 + 청경재배 중심의 토양관리 + 화학농약을 활용한 병해충 예방 중심 관리

② 엽채류와 숙근초(상추·근대 + 구절초·에키네시아) 혼합 구성 + 소규모 구획 분할 재배 + 배수 개선을 위한 높은 두둑과 흑색 멀칭 + 관찰·제거 중심의 저관리 병해충 대응

③ 과채류(토마토·오이) 중심의 중·장기 재배 + 유인·적과 중심의 정밀 재배관리 + 비가림 시설 도입 + 착과 조절을 통한 성취감 강화 프로그램 운영

④ 화목류(벚나무·산딸나무) 및 관상수 중심 식재 + 초생재배 기반의 자연형 관리 + 장기 경관 유지 중심 운영 + 계절별 개화 관찰 위주의 치유활동 구성　　☞●●●●

해설: ① 대상자 특성 측면: 고령자 및 MCI 대상자는 짧은 재배주기, 반복적 성공 경험, 관리 부담 최소화가 핵심이다. 엽채류는 빠른 수확으로 성취감을 제공하고, 숙근초는 계절 인식과 정서적 안정에 기여한다.
② 재배·환경 관리 측면: 배수가 다소 불량한 사양토 조건에서는 높은 두둑 + 멀칭이 필수적이며, 소규모 구획 분할은 신체 부담을 줄이고 관리 난이도를 완화한다.
③ 병해충 관리 측면: 상시 전문 인력이 없는 조건에서는 화학농약 중심 관리보다 관찰·제거·예방 중심의 저관리 전략이 치유농업 취지와 부합한다.
④ 우수 치유농업시설 인증 관점: ②번은 대상자 안전성, 치유환경 조성, 지속가능한 운영, 실제 현장 적용성을 가장 균형 있게 충족하는 구성이다.

문제 268. 다음 중 퍼실리테이션(Facilitation) 기법에 대한 설명으로 옳지 않은 것은?

① 브레인스토밍(Brainstorming)은 참가자 간 자유로운 소통을 통해 아이디어를 확산하는 방법이다.

② 브레인라이팅(Brainwriting)은 언어적 소통 없이 개인의 생각을 글로 적어 아이디어 확산을 돕는다.

③ 도트보팅(Dot voting)은 퍼실리테이터가 직접 아이디어를 선택해 정리하는 과정이다.

④ 마인드맵핑(Mind mapping)은 확산·수렴된 아이디어를 시각화하여 정리하는 방법이다.

　　☞●●○○

해설: 도트보팅은 참가자들이 투표 형식으로 아이디어를 수렴하는 방식이며, 퍼실리테이터가 직접 선택하는 것이 아니다.

문제 269. 농촌의 공익적 기능과 치유농업 자원 활용의 연결로 적절하지 않은 것은?

① 전통문화 보전 → 공동체 활동 속 사회화 형성 → 교류치유형

② 경관·환경과 국토 보전 → 휴양 및 여가 제공 → 휴식치유형

③ 정서 함양 → 농작업과 체육활동 참여 → 운동치유형

④ 지역사회 유지 → 도시문제 완화와 농촌경제 순환 → 교류치유형

해설: 정서 함양은 도시민·학생들에게 자연과 농업정신을 통한 교육과 심리적 안정 제공과 관련이 있으며, 운동치유형은 신체 활동 중심 자원에서 비롯된다.

문제 270. 다음 중 치유관광 프로그램의 유형에 해당하지 않는 것은?

① 교류치유형　　　　　　② 운동치유형

③ 휴식치유형　　　　　　④ 생산치유형

해설: 치유관광 프로그램 유형은 교류치유형, 운동치유형, 휴식치유형으로 제시되어 있으며 '생산치유형'은 해당되지 않는다.

문제 271. 치유농업 자원 활용 시 대상자의 만족도 향상과 농가 소득 증대를 위해 가장 중요한 접근 방법은 무엇인가?

① 단일 자원만을 집중적으로 활용하여 전문성을 강화한다.

② 퍼실리테이터 없이 자유 토론만으로 아이디어를 정리한다.

③ 지역의 환경·문화 자원과 치유관광 유형 간 결합을 통해 상승효과를 추구한다.

④ 농촌의 전통문화 보전 기능보다 경관·환경 보전 기능만을 강조한다.

해설: 치유농업은 단일 자원 활용보다 환경·문화자원과 프로그램 유형 간의 결합을 통해 상승효과를 극대화할 때 대상자의 만족도와 농가 소득이 함께 증대될 수 있다.

문제 272. 고객 여정 단계 중 '치유마을·농장 만나기' 단계에서 고려해야 할 서비스 준비사항으로 가장 적절한 것은?

① 치유 프로그램 대상자의 반응을 관찰하고 즉각적으로 대응하는 것

② 방문자센터에 안내 자료를 비치하고 주차장, 진입로 등에 안내판을 설치하는 것

③ 프로그램 진행자가 설명 포인트를 가지고 치유적 접근으로 활동을 안내하는 것

④ 메일링 서비스와 홈페이지 소식 게시를 통해 방문객과의 관계를 지속하는 것

📖 해설: '치유마을·농장 만나기' 단계에서는 방문자가 처음 경험하는 공간이므로 안내판, 주차장, 방문자센터, 자료 비치 등 물리적·정보적 안내 체계가 중요하다.

문제 273. 다음 중 농촌 치유 프로그램 운영을 위한 사전 준비 사항에 해당하지 않는 것은?

① 대상자의 연령, 인원, 특이사항 파악
② 치유활동 장소 청소 및 준비물 세팅
③ 프로그램 진행 후 메일링 서비스 제공
④ 치유음식 재료 구입 및 손질

📖 해설: 메일링 서비스 제공은 일상 복귀 단계의 사후 관리에 해당하며, 사전 준비 사항은 아니다.

문제 274. 농촌 치유 프로그램 운영 시 안전·위생 관리에 대한 체크 사항으로 올바르지 않은 것은?

① 응급 연락체계 마련
② 산책길 및 맨발걷기길 사전 점검
③ 치유음식 체험 시 음악 활용
④ 비상약품 준비

📖 해설: 음악 활용은 서비스 운영 측면의 분위기 조성 요소이지 안전·위생 관리 항목이 아니다.

문제 275. 농촌 치유 프로그램 운영 시 유의사항에 대한 설명으로 가장 옳은 것은?

① 모든 활동에 반드시 참여하도록 하여 집중도와 몰입감을 높여야 한다.
② 일회용품 사용을 최소화하기 위해 텀블러 지참을 사전 안내할 수 있다.
③ 시간에 쫓기는 느낌을 주어 프로그램의 긴장감을 유지해야 한다.
④ 개인의 선호와 무관하게 동일한 활동에 참여하도록 운영해야 한다.

📖 해설: 프로그램 운영 시 환경 친화적 운영(일회용품 줄이기), 자율성 부여(선택형 활동), 여유 있는 일정 운영이 중요하다. 따라서 ②가 가장 적절하다.

문제 276. 치유 프로그램 진행자의 역할에 대한 설명으로 옳지 않은 것은?
① 세부 활동마다 의미와 내용을 설명한다.
② 대상자의 이동 동선을 안내한다.
③ 대상자의 반응을 관찰하고 대응한다.
④ 치유효과 측정 시 독립적이고 객관적인 태도를 유지하되, 프로그램과는 분리된 외부 전문가에게만 맡긴다.

해설: 치유효과 측정은 독립적 공간에서 이루어지되 프로그램 운영자의 역할에도 포함될 수 있으며, 반드시 외부 전문가에게만 맡기는 것은 아니다.

문제 277. 다음 중 사회서비스의 정의로 옳은 것은 무엇인가?
① 개인이 부담하여 이용하는 민간 서비스
② 특정 계층만을 위한 보건의료 서비스
③ 공공행정, 사회복지, 보건의료, 교육, 문화를 포괄하는 개념
④ 단순한 자원봉사 활동에 해당하는 비공식 지원

해설: 사회서비스는 국민의 복지 증진과 삶의 질 향상을 위한 것으로, 보건복지부(2024)에서는 공공행정, 사회복지, 보건의료, 교육, 문화 등을 포괄하는 개념으로 정의하였다.

문제 278. 청년 마음건강을 위한 농촌 치유 프로그램의 주요 목적과 가장 거리가 먼 것은?
① 청년의 스트레스 대처 능력 향상
② 청년의 심리적 건강성 증진
③ 건강한 사회구성원으로서의 역할 촉진
④ 농산물 판매 촉진 및 지역경제 활성화

해설: 프로그램의 목적은 심리적 건강성 증진, 스트레스 대처 능력 향상, 건강한 사회구성원으로 성장하도록 돕는 것이며, 농산물 판매 증진은 부차적 효과일 수 있으나 직접적인 목적은 아니다.

문제 279. B 치유농업시설은 경도 인지장애(MCI)를 가진 중·장년층을 대상으로 한 프로그램을 기획하고 있다. 운영자는 참여자의 감각 자극(시각·후각)과 계절 인식 능력 회복, 그리고 반복적 관리 활동을 통한 인지 자극을 주요 목표로 설정하였다. 시설 여건은 다음과 같다.
이러한 조건에서 가장 적절한 화훼자원 선택 및 활용 방향은 무엇인가?

> ① 실외 정원과 실내 공간을 병행 활용
> ② 비교적 장기간(수개월 이상) 반복 프로그램 운영
> ③ 수확 중심보다는 감상·관리·변화 관찰 중심 활동 선호

① 일년초 위주의 초화류만을 선택하여 매 회기마다 파종과 제거를 반복한다.
② 노지 숙근초를 활용하여 계절별 생육 변화를 관찰하고, 저온 노출 이후 개화 과정을 프로그램에 포함한다.
③ 춘식구근만을 선택하여 단일 계절에 집중적으로 개화 체험을 제공한다.
④ 가시가 있는 선인장과 다육식물을 중심으로 실내 프로그램을 구성한다.

☞●●●●

해설: 본 사례의 핵심은 인지 자극, 계절성 인식, 반복 관찰이다. 숙근초는 지상부는 고사하나 지하부가 살아남아 매년 생육을 반복하므로→ 시간의 흐름·계절 변화·기억 회상에 매우 적합하다. 특히 많은 숙근초는 저온(춘화 처리) 이후 꽃눈 분화가 일어나므로,→ 계절성과 생리적 변화를 설명·체험하기 좋다.
① 일년초는 변화는 빠르지만 반복성과 지속성이 부족하고, ③ 춘식구근은 계절 활용 폭이 제한되며, ④ 선인장은 치유농업 안전성과 감각 자극 측면에서 부적합하다. 따라서 ②번이 가장 타당하다.

문제 280. 청년 마음건강 프로그램의 회기별 운영 단계에서 도입 단계 활동으로 적절한 것은 무엇인가?
① 노르딕워킹 방법 익히기　　② 사전 건강 측정과 인사 나누기
③ 마을 크로케 게임하기　　④ 소감 나누기와 사후 건강 측정

☞●●●○

해설: 도입 단계에서는 사전 건강 측정, 인사 나누기, 활동 소개, 안전·위생교육 등을 실시하여 정서적 안정을 돕는다.

문제 281. 청년 마음건강 프로그램의 6회기 활동 중 자아존중감 향상과 심리적 안정을 가장 직접적으로 목표로 하는 활동은 무엇인가?

① 색채와 미술치유
② 황토 숲길 맨발걷기
③ 아로마테라피(향기 요법)
④ 도자기 공예

해설: 아로마테라피는 개인의 마음과 생각을 표현하고, 자신에게 맞는 향기를 찾음으로써 스트레스 완화, 심리적 안정, 자아존중감 향상에 기여한다.

문제 282. 한 치유농업 프로그램 운영팀에서 고객과 직접 대면하며 프로그램을 안내하는 직원 B는 매일 장시간 감정노동을 수행하고 있다. 최근 B는 업무 스트레스, 피로, 불안감을 호소하며, 일부 직원은 가벼운 근골격계 질환도 발생했다. 관리자는 이를 예방하기 위해 근로자 건강관리 전략을 수립하려고 한다. 다음 중 감정노동 근로자가 겪을 수 있는 주요 위험으로 가장 타당한 설명은 무엇인가?

① 감정노동으로 인해 신체적 질병만 발생하며, 정신 건강에는 영향이 없다.
② 정신적 문제는 발생할 수 있으나 산업재해와는 무관하다.
③ 업무 스트레스가 충분히 관리되지 않으면 정신적 문제, 신체적 질병뿐 아니라 산업재해까지 발생할 수 있다.
④ 감정노동은 단순히 업무 만족도와 관련될 뿐, 건강과 안전에는 큰 영향을 주지 않는다.

해설: 감정노동자의 스트레스는 정신적·신체적 문제뿐 아니라 산업재해로 이어질 수 있으며, 업무효율성과 직무만족도 저하, 이직률 증가를 초래한다.

문제 283. 치유농업 농장 F에서는 '농촌공감, 심신채움' 프로그램을 운영하며, 참여자의 심신 안정과 스트레스 해소를 목표로 다양한 활동을 제공한다. 프로그램 기획자는 참여자가 신체적 활동보다는 휴식과 마음챙김을 중심으로 경험할 수 있는 활동을 구분하고자 한다.
다음 중 휴식형 활동에 해당하지 않는 것은 무엇인가?

① 싱잉볼 명상 – 소리와 진동을 통한 심신 안정 활동
② 족욕 – 하체 혈액순환 촉진과 휴식 경험 제공
③ 별빛명상 – 자연 속에서 시각적 관찰과 마음챙김 유도
④ 노르딕워킹 – 상체와 하체를 동시에 사용하여 심폐 능력과 근력 강화 중심 활동

문제 284. 치유농업 농장 G에서는 '농촌자원을 활용한 마음채움(心)' 프로그램을 운영하며, 참여자의 심리적 안정, 정서 교류, 감각 자극을 목표로 티 블렌딩 체험을 진행하고 있다. 프로그램 기획자는 활동의 치유 효과를 분석하고, 프로그램 개선 방향을 결정하고자 한다.

다음 중 티 블렌딩 활동의 치유 효과로 부적절한 것은 무엇인가?

① 주의집중력 향상 – 허브 향과 블렌딩 과정에서 집중력 강화
② 정서적 교감 – 참여자 간 상호작용과 감정 공유 유도
③ 감각 자극 – 시각, 후각, 촉각 자극을 통한 감각 체험
④ 근력 향상 – 신체 근력 발달과 관련된 효과

문제 285. C 농촌 치유농장은 도시 거주 청년층(20~30대)을 대상으로 "주말 체류형 치유·체험 프로그램"을 운영하고자 한다. 운영자는 체험 다양성 확대와 2차 가공 활동 연계, 그리고 비교적 빠른 활용 가능성을 중시하고 있다. 농장의 조건은 다음과 같다. 아래 조건을 고려할 때 가장 적절한 과수 자원 선택과 그 이유로 옳은 것은?

> 가. 간이 비가림 시설 보유
> 나. 수확 체험뿐 아니라 가공(잼, 주스 등) 활동 병행
> 다. 장기 재배보다는 비교적 빠른 치유자원 활용 희망

① 사과나무를 식재하여 초생재배 위주로 관리하고 장기 수확 체험을 목표로 한다.
② 복숭아를 선택하여 과육 특성을 살린 즉시 소비 중심 프로그램을 구성한다.
③ 포도를 선택하여 부분 시설재배를 활용하고, 수확 및 가공 체험을 연계한다.
④ 블루베리를 노지에 직접 식재하여 토양 개량 없이 단기간 수확을 기대한다.

문제 286. 치유농업 농장 H에서는 '농촌공감, 심신채움' 프로그램을 운영하며, 참여자의 심리적 안정, 정서 회복, 자기 인식 향상을 목표로 활동을 진행하고 있다. 프로그램 종료 후, 연구자는 프로그램 효과를 평가하기 위해 측정 도구를 선정하려고 한다. 다음 중 효과 측정 도구에 포함되지 않는 항목은 무엇인가?

① 삶의 만족도 – 프로그램 참여 후 개인의 전반적 만족도 평가

② 자아존중감 – 자기 가치감과 긍정적 자기인식 평가

③ 신체 근력 향상 – 근력 발달 측정, 운동 중심 프로그램에서 주로 사용

④ 회복경험인식 – 심리적 회복과 자연 친화 경험 정도 평가

문제 287. 농촌 치유농업 전문기업 A는 최근 치유농업 프로그램과 시설을 정비하고, 우수 치유농업시설 인증을 신청하려고 한다. 시설 인증 유효기간을 고려하여 시설 운영 계획과 인증 갱신 일정을 수립하려고 한다. 다음 중 치유농업 연구개발 및 육성에 관한 법률(치유농업법) 제15조에 따른 우수 치유농업시설 인증 유효기간으로 가장 적절한 것은 무엇인가?

① 1년 – 단기 평가 중심

② 2년 – 중간 평가 중심

③ 3년 – 시설 운영 안정성과 프로그램 지속성을 고려한 표준 유효기간

④ 5년 – 장기 평가 중심

📖 해설: 치유농업 연구개발 및 육성에 관한 법률(약칭: 치유농업법)제15조 제3항에 따르면 우수 치유농업시설 인증의 유효기간은 3년으로 하며, 농림축산식품부령에 따라 갱신할 수 있다.

문제 288. 다음 중 우수 치유농업시설 인증 신청 제한 사유에 해당하지 않는 것은?
① 제16조에 따라 인증이 취소된 날부터 3년이 경과되지 아니한 자
② 제20조 제2항에 따라 과태료 처분을 받은 후 3년이 경과되지 아니한 자
③ 최근 3년간 인증 유효기간 갱신 신청을 하지 않은 자
④ 법 제15조 제2항에 따라 농림축산식품부령으로 정하는 신청 요건을 충족하지 못한 자

📖 해설: 인증 신청 제한 사유는 ① 인증 취소 후 3년 미경과, ② 과태료 처분 후 3년 미경과에 해당하며, 단순히 갱신 신청을 하지 않은 것은 제한 사유가 아니다.

문제 289. 우수 치유농업시설 인증을 받지 않고 인증 표시를 한 경우 과태료 부과 기준으로 올바른 것은?
① 1차 20만원, 2차 40만원, 3차 80만원
② 1차 30만원, 2차 60만원, 3차 100만원
③ 1차 50만원, 2차 100만원, 3차 150만원
④ 1차 100만원, 2차 200만원, 3차 300만원

📖 해설: 「치유농업법 시행령」 별표4에 따르면, 인증을 받지 않고 인증 표시를 한 경우 과태료는 1차 30만원, 2차 60만원, 3차 100만원이다.

문제 290. 「치유농업법 시행령」 제12조의2에 따르면 우수 치유농업시설 인증 기준에 대한 규제 재검토 주기는 언제인가?
① 매년 1회   ② 2년마다
③ 3년마다   ④ 5년마다

📖 해설: 시행령 제12조의2는 2024년 1월 1일을 기준으로 3년마다 우수 치유농업시설 인증 기준의 타당성을 검토하도록 규정하고 있다.

문제 291. 농촌 치유농업 전문시설 J는 최근 우수 치유농업시설 인증을 신청하였고, 심사위원단이 시설을 점검하고 있다. 심사 과정에서는 가/부 항목(필수 요건)과 점수 항목(평가 점수)이 모두 적용되며, 시설 운영팀은 심사 결과에 따라 인증 합격 여부와 개선 계획을 수립해야 한다. 다음 중 우수 치유농업시설 인증 심사 기준으로 옳은 설명은 무엇인가?

① 가/부 항목 5개 이상 적합하면 합격 처리된다.
② 점수 항목 총점 192점 중 50% 이상 획득하면 합격 처리된다.
③ 가/부 항목에서 1개라도 부적합이면 전체 인증이 불합격 처리된다.
④ 점수 항목 총점 192점 중 80% 이상 획득해야 합격 처리된다.

👉●●●●○

📖 해설: 가/부 항목은 13개 중 1개라도 부적합(부)이면 불합격 처리된다. 점수 항목은 총점 192점 중 60% 이상(115.2점 이상) 시 합격이다.

문제 292. 우수 치유농업시설의 실내·외 공간 확보 기준에 대한 설명으로 옳지 않은 것은?
① 실내공간은 1㎡당 0.1점을 부여하며, 최대 12점까지 인정된다.
② 실외공간은 18㎡당 1점을 부여하며, 최대 10점까지 인정된다.
③ 실내·실외 공간이 분리된 경우 반경 10km 이내여야 한다.
④ 대표 프로그램 제공 인원 1명당 3.3㎡의 전용면적이 확보되어야 한다.

👉●●○○

📖 해설: 실내·외 공간이 분리된 경우 반경 4km 이내여야 한다.

문제 293. 다음 중 치유농업시설 대표자 및 치유농업서비스 제공 인력 자격에 해당하지 않는 것은?
① 치유농업사
② 치유농업사 양성기관 교육 이수자
③ 치유농업 관련 대학(원) 11학점 이상 이수자
④ 농업기술센터의 일반 농업기술 교육 이수자

👉●●●●○

📖 해설: 대표자 및 제공 인력의 자격은 ① 치유농업사, ② 양성기관 교육 이수자, ③ 지방농촌진흥기관 운영자 교육 이수자, ④ 대학·대학원 관련 11학점 이상 이수자 중 하나여야 한다. 단순 농업기술 교육 이수자는 해당하지 않는다.

문제 294. 우수 치유농업시설 인증 운영 기준에 대한 설명으로 옳은 것은?

① 운영 규정에는 운영방침과 중장기 목표만 포함하면 된다.
② 치유농업서비스 참여자와의 계약서는 작성하지 않아도 무방하다.
③ 사고 발생에 따른 피해 보상을 위해 책임보험에 가입해야 한다.
④ 수입·지출 관리 기록은 3년 단위로 작성하면 된다.

> 📖 해설: 운영 기준에는 운영 규정 마련, 계약서 작성·보관, 수입·지출 기록 관리(1년 이내), 책임보험 가입, 만족도 조사, 홍보자료 보유 등이 포함되어야 한다.

문제 295. 우수 치유농업시설 인증에서 책임보험 관련 기준으로 옳은 것은?

① 배상책임보험에 가입하고, 총보상한도가 5천만 원 이상일 것
② 배상책임보험에 가입하고, 총보상한도가 1억 원 이상일 것
③ 배상책임보험 가입은 선택 사항이며, 화재보험은 필수이다
④ 화재보험만 가입해도 인증 심사에서 적합 판정을 받을 수 있다

> 📖 해설: 인증 기준에 따르면 배상책임보험에 가입하고 총보상한도가 1억 원 이상이어야 하며, 동시에 화재보험에도 가입해야 한다.

문제 296. 우수 치유농업시설 인증 기준에서 계약관리체계에 대한 설명으로 옳지 않은 것은?

① 치유농업서비스 참여자와 계약서를 작성해야 한다.
② 계약서에는 서비스 내용, 취소·환불 규정 등이 포함되어야 한다.
③ 계약서 관리 책임자를 지정하고 체계적으로 관리해야 한다.
④ 계약서는 구두 합의만으로도 적합 판정을 받을 수 있다.

> 📖 해설: 계약관리체계 항목에서는 서면 계약서 작성이 필수이며, 단순 구두 합의는 인정되지 않는다.

문제 297. 치유농업 프로그램 운영 및 평가 항목의 필수 조건으로 옳은 것은?

① 동일인이 5회기 이상 참여, 회기당 30분 이상 진행해야 한다.
② 동일인이 8회기 이상 참여, 회기당 60분 이상 진행해야 한다.
③ 동일인이 10회기 이상 참여, 회기당 45분 이상 진행해야 한다.
④ 동일인이 12회기 이상 참여, 회기당 90분 이상 진행해야 한다.

📖 해설: 대표 프로그램은 동일인 기준 8회기 이상, 회기당 60분 이상 운영되어야 하며, 서류 및 프로그램 시연 평가를 병행한다.

문제 298. 우수 치유농업시설 인증에서 가점 항목에 해당하지 않는 것은?

① 치유농업사 자격 취득
② 농촌융복합산업 인증 또는 농촌교육농장 품질인증
③ 사회복지기관과의 협력 실적
④ 일반 영농교육(작물재배 기술 교육) 이수　　　　

📖 해설: 가점은 치유농업사 자격, 치유농장·교육농장 운영 경험, 농촌융복합산업 인증, 농업인대학 활동·협력 실적 등에 해당한다. 단순한 영농기술 교육 이수는 가점 항목에 포함되지 않는다.

문제 299. 치유환경 조성에서 가장 기본적인 환경으로서, 대상자의 활동을 지원하고 편의성을 증진하는 핵심 요소는 무엇인가?

① 치유농업사의 전문성
② 시설의 물리적 환경과 프로그램 환경
③ 사회복지시설의 운영 규정
④ 농업적 생산성　　　　

📖 해설: 치유환경은 공간의 물리적 환경과 프로그램 환경이 적절히 조성·관리되어야 대상자의 활동을 지원하고 편의성을 높일 수 있다.

문제 300. 치유정원의 이용자 중 특히 어린이, 노약자, 장애인, 환자와 같은 취약계층을 고려하여 반드시 준수해야 하는 원칙은 무엇인가?

① 지속가능성 원칙　　　　② 유니버설디자인 원칙
③ 경제적 타당성 원칙　　　　④ 환경친화적 원칙　　　　

📖 해설: 유니버설디자인(Universal Design)은 나이, 능력, 선호와 관계없이 누구나 공평하게 사용할 수 있도록 하는 원칙으로, 취약계층을 위한 치유환경의 핵심이다.

문제 301. 다음 중 증거에 기반한 디자인(EBD, Evidence Based Design) 개념의 설명으로 옳은 것은?

① 디자이너의 직감과 영감에 의존하는 주관적 판단에 기반한다.
② 증거에 기반한 의학 개념에서 유래했으며, 연구와 근거를 바탕으로 디자인을 결정한다.
③ 농업생산성 증대를 위한 디자인을 강조한다.
④ 비용 절감을 위한 효율적 건축법만을 강조한다.

☞●●●●○

📖 해설: EBD는 의학에서 발전한 개념으로, 환경디자인에서도 연구 결과와 과학적 근거를
토대로 한 객관적 디자인 결정을 강조한다.

문제 302. 미국장애인법(ADA)에 대한 설명으로 옳지 않은 것은 무엇인가?

① 1990년에 제정되어 장애인의 사회활동 참여를 촉진하고 공공환경 이용을 용이하게 한다.
② 15인 이상 고용 기업은 장애인에게 작업환경·작업절차에 대한 적절한 편의를 제공할 의무가 있다.
③ 공공시설 및 건물은 장애인이 불편하지 않도록 경사로 등 편의시설 설치가 강제되지 않는다.
④ 미국 ADA는 주법보다 엄격한 연방법으로 모든 장애인에게 평등한 접근 기회를 보장한다.

☞●●●●○

📖 해설: ADA는 공공시설 및 건물에 대해 장애인을 위한 편의시설 설치를 의무화하고 있다.
따라서 "강제되지 않는다"는 설명은 옳지 않다.

문제 303. 일본 하트빌딩(Heart Building)법의 목적과 관련 없는 것은?

① 고령자와 신체장애인이 이용하기 편리한 건축물 건축을 촉진한다.
② 백화점, 호텔 등 불특정 다수가 이용하는 건축물에 배리어프리 디자인 적용을 의무화한다.
③ 건물 내부 편의시설 설치를 건물 소유주의 재량으로만 결정하도록 규정한다.
④ 법 개정으로 이용 원활화 기준과 지원 제도를 강화하였다.

☞●●○○

📖 해설: 하트빌딩법은 배리어프리 설계를 의무화하며, 편의시설 설치를 소유주 재량에 맡기지 않
는다. 따라서 ③이 정답이다.

문제 304. 일본의 배리어프리 신법(Barrier-Free新法)에 대한 설명으로 옳은 것은?

① 2005년 제정되어 2006년 시행되었으며, 하트빌딩법과 교통배리어프리법을 통합한 법이다.

② 공공건물이나 인증 시설에는 세제상 혜택과 용적률 제한을 적용하지 않는다.

③ 유니버설디자인 정책과 관련 없이 교통시설만을 대상으로 한다.

④ 인증 제도는 민간시설에는 적용되지 않으며, 공공시설만 해당된다.

해설: 배리어프리 신법은 하트빌딩법과 교통배리어프리법을 혼합하여 제정되었으며, 유니버설디자인 정책과 연계되어 공공·민간 모두에 인센티브를 제공한다. ②~④번은 사실과 다르다.

문제 305. 우리나라 「장애인·노인·임산부 등의 편의증진 보장에 관한 법률」(장애인등편의법)과 관련하여 옳지 않은 설명은 무엇인가?

① 1997년에 제정되어 사회적 취약계층의 시설 이용 편의를 보장한다.

② '장애물 없는 생활환경(Barrier-Free) 인증' 제도는 2008년부터 본격 시행되었다.

③ 2015년 개정 이후 공공건물 및 공중이용시설은 인증을 의무적으로 받도록 규정되었다.

④ 치유농업 시설은 사회적 취약계층을 대상으로 하지 않으므로 이 법을 준수할 필요가 없다.

해설: 치유농업의 대상에는 사회적 취약계층도 포함되므로, 장애인등편의법의 공간 범위와 시설 설치 규정을 준수해야 한다. 따라서 ④번은 옳지 않은 설명이다.

문제 306. 유니버설디자인(Universal Design)의 기본 개념에 대한 설명으로 옳지 않은 것은 무엇인가?

① 특정 취약계층을 위한 별도의 디자인이 아니라 모든 사람에게 평등한 사용을 보장하는 디자인이다.

② 모든 생산품과 건물, 외부 공간을 설계할 때 가능한 최대한 많은 사용자가 이용할 수 있도록 한다.

③ 유니버설디자인은 비용 절감과 효율성보다 특정 그룹의 차별화된 편의를 우선시하는 것이 핵심이다.

④ 환경과 인간 욕구, 미적 완벽함을 조화시키는 현명하고 경제적인 방법으로 발전해 왔다.

해설: 유니버설디자인은 특정 집단을 위한 '특별한' 디자인이 아니라 누구나 사용할 수 있도록 평등하게 설계하는 것이 핵심이다. ③번은 유니버설디자인의 본질과 반대되는 설명이다.

문제 307. 유니버설디자인 적용의 필요성과 관련하여 옳은 설명은 무엇인가?

① 현대사회에서는 신체적, 정신적 능력 변화가 거의 없으므로 일반 디자인으로 충분하다.

② 초고령화 사회에서는 모든 사람에게 편리하고 효율적인 디자인을 제공할 필요가 있다.

③ 치유정원은 일반 정원과 동일하게 미적 요소만 강조하면 된다.

④ 유니버설디자인은 사회적 취약계층을 제외한 사람들에게만 필요하다.

해설: 고령화와 신체적·정신적 능력 변화 가능성을 고려하여, 모든 사람에게 편리하고 효율적인 디자인이 필요하다. ①, ③, ④번은 사실과 다르다.

문제 308. 사용자 중심 디자인(User Centered Design)에 대한 설명으로 옳은 것은?

① 디자인 과정에서 사용자의 요구와 과업을 파악할 필요가 없다.

② 사용자의 적극적인 참여와 반복 설계를 통한 개선이 요구된다.

③ 다양한 직종 팀 구성은 디자인 과정에서 필수적이지 않다.

④ 사용성과 관련된 평가 및 피드백은 유니버설디자인과 무관하다.

해설: 사용자 중심 디자인은 대상 사용자의 요구를 파악하고, 적극적인 참여, 반복 설계, 다양한 직종 팀 구성 등을 통해 사용성을 향상시키는 방법론이다. ①, ③, ④번은 틀린 설명이다.

문제 309. 치유농업 시설 K에서는 새로운 프로그램을 설계하면서 유니버설디자인 달성도를 평가하기 위해 SPP(Space Performance Program) 체크리스트를 활용하고자 한다. 평가팀은 체크리스트를 통해 사용성과 안전성, 접근성 개선점을 분석하고, 시설 설계 개선 및 환류 시스템에 반영하려 한다. 다음 중 SPP 체크리스트에 대한 설명으로 옳지 않은 것은 무엇인가?

① 미국의 유니버설디자인 7원칙을 참고한 PPP 체크리스트를 개선하여 개발되었다.

② 평가 대상자의 사용성과 안전성을 중심으로 전문가 의견과 가중치를 반영하여 개발되었다.

③ 점수화가 불가능하므로 오직 정성적 의견만 작성하도록 되어 있다.

④ 평가 결과를 레이더차트로 나타내어 개선점 도출과 환류시스템에 활용할 수 있다.

해설: SPP 체크리스트는 정성적 의견뿐 아니라 정량적 점수화가 가능하여, 평가 결과를 수치로 분석하고 레이더차트 등 시각화 도구를 통해 개선점을 도출할 수 있다. ③번은 정성적 평가만 가능하다고 잘못 설명하고 있어 옳지 않은 문항이다. ①, ②, ④번은 SPP 체크리스트의 개발 배경과 활용 목적을 올바르게 설명하고 있다.

문제 310. 치유환경 성능 평가의 주요 영역 중 '자연과 인간의 상호작용'에 해당하지 않는 것은 무엇인가?

① 치유정원 내 자연의 향기, 소리, 느낌 등을 통해 대상자의 회복에 긍정적 영향을 준다.

② 자연과의 연결이 깊을수록 인간과 생물 모두에게 부여하는 가치가 증가한다.

③ 치유정원의 경제적·환경적 지속가능성을 평가하는 영역이다.

④ 주의 회복 이론(ART)과 보살핌의 환경(EOC) 이론이 관련되어 있다.　☞●●●○

> 📖 해설: 경제적·환경적 지속가능성은 '지속가능한 환경' 영역에 해당하며, 자연과 인간의 상호작용 영역과는 다른 평가 영역이다.

문제 311. 치유환경 평가에서 보편적 디자인 원칙에 대한 설명으로 옳은 것은?

① 특정 연령이나 능력에 따라 사용을 제한하는 디자인을 강조한다.

② 배리어프리 디자인을 포함하여 누구나 안전하고 편안하게 사용할 수 있도록 설계한다.

③ 유니버설디자인은 사회적 취약계층을 위한 법률 적용과 무관하다.

④ 치유정원에서는 적용할 필요가 없고, 오직 실내 시설에만 해당된다.　☞●●○○

> 📖 해설: 보편적 디자인 원칙은 배리어프리 디자인을 포함하며, 연령·능력·선호와 관계없이 모두가 안전하고 편안하게 정원을 이용할 수 있도록 설계하는 것을 의미한다.

문제 312. 고령 노인을 위한 치유환경 조성에서 햇빛의 효과로 옳은 것은?

① 햇빛은 근육량 감소를 예방하지만 수면 패턴에는 영향을 주지 않는다.

② 햇빛은 생물학적 리듬을 조절하여 수면유도제 사용을 감소시키는 효과가 있다.

③ 햇빛은 노인에게 스트레스와 불안 증가를 유발할 수 있다.

④ 햇빛은 인지기능에 영향을 미치지 않으며, 혈당 조절에도 도움을 주지 않는다.　☞●●○○

> 📖 해설: 고령 노인을 위한 치유환경에서 햇빛(자연광)은 신체적·정신적 건강에 매우 중요한 요소다. 특히 생물학적 리듬(서카디안 리듬) 조절에 핵심적인 역할을 한다.

문제 313. 노인 거주시설 L에서는 입주자들의 외부 활동과 여가 참여율을 높이기 위해 시설 환경을 점검하고 있다. 관리자는 Rodiek(2000) 연구를 참고하여, 거주자의 외부 활동에 방해가 되는 환경적 요소를 개선하고자 한다. 다음 중 노인 거주시설에서 외부 활동에 문제를 일으키지 않는 요소는 무엇인가?

① 열기 힘든 문 – 접근성과 출입 용이성 저하, 활동 제한
② 부적절한 좌석 – 휴식 및 참여 공간 부족, 외부 활동 저해
③ 태양광의 부족 – 빛과 햇빛 부족으로 활동 의욕 저하
④ 녹색의 화초 – 시각적 즐거움과 심리적 안정 제공, 활동 장려

☞ ●●○○○

> 📖 해설: 연구에서는 노인들이 외부 활동에서 문제로 느끼는 요소로 '열기 힘든 문', '부적절한 좌석', '태양광 부족', '흥미롭지 않은 풍경'을 제시하였다. 반면 '녹색의 화초'는 노인들이 좋아하는 요소에 속한다(Rodiek, 2002; 2005).

문제 314. 치매환자를 위한 치유정원에서 자연광 노출의 효과로 옳은 것은?

① 오전 자연광 노출은 불안 증세를 증가시킨다.
② 자연광 노출은 수면 패턴 개선과 불안 감소에 도움을 준다.
③ 자연광은 치매환자의 비타민D 생성과 호르몬 균형에 영향을 주지 않는다.
④ 자연광은 치매환자의 신체적 또는 정신적 건강에 부정적인 영향을 준다.

☞ ●●○○○

> 📖 해설: 치매환자가 오전 자연광에 일정 시간 노출될 경우 불안 증세가 감소하고 수면 패턴이 개선되며, 호르몬 균형과 비타민D 생성량에도 긍정적 영향을 준다(Lovell et al., 1995; Pollock & McMair, 2012).

문제 315. 치매환자용 치유정원의 시각적 접근 설계 원칙으로 옳지 않은 것은?

① 정원은 어느 위치에서나 전경을 볼 수 있도록 개방되어야 한다.
② 숨겨진 지역이나 시야를 가리는 구조물을 설치하여 탐색심을 자극한다.
③ 거주자가 건물 내에서 창문을 통해 정원을 볼 수 있게 계획해야 한다.
④ 정원을 바라보는 경험은 시간적·계절적 정보 제공 및 길 찾기에 도움을 준다.

☞ ●●○○○

> 📖 해설: 치매환자는 숨겨진 지역이나 시야를 가리는 구조물에서 불안감을 느끼므로, 정원은 개방적이고 실내로 돌아올 수 있는 시야가 확보되어야 편안함을 느낀다(Furness & Moriatry, 2006).

문제 316. 치매환자용 정원의 물리적 접근 설계에서 옳은 것은?
① 정원은 건물과 멀리 떨어진 곳에 위치하여 외부 접근성을 제한한다.
② 진입부에는 자동문 또는 쉽게 개폐 가능한 출입문을 설치한다.
③ 화장실 설치는 필요하지 않으며, 정원 체류 시간 연장과 무관하다.
④ 정원 진입부는 특별한 랜드마크 요소를 두지 않아야 한다.

해설: 치매환자를 위해 정원은 건물 근처에 위치하고, 출입문은 쉽게 개폐 가능해야 하며, 랜드마크적 요소 설치와 화장실 배치는 정원 접근과 체류를 독려한다(Zeisel, 2007).

문제 317. 치매환자를 위한 정원 식재 시 적절하지 않은 선택은?
① 독성 식물은 배제한다.
② 가시가 있는 장미류 식물도 배제한다.
③ 문화적 특성을 가진 식물자원을 활용해 회상치유 프로그램을 진행한다.
④ 알츠하이머 말기 환자를 위해 식물 독성과 안전 문제를 고려하지 않는다.

해설: 알츠하이머 말기 환자는 모든 것을 입으로 가져가려는 행동이 나타날 수 있으므로, 독성 및 가시 식물은 배제하고 안전한 식물 자원을 활용해야 한다.

문제 318. 치매환자를 위한 정원 동선 설계 원칙으로 가장 옳은 것은?
① 복잡한 미로형 동선은 탐색을 유도하므로 추천된다.
② 고리형, 8자형 등 단순 순환 동선으로 혼란을 최소화한다.
③ 동선 표면은 미끄러움이 있어야 운동 효과가 증가한다.
④ 발을 끌거나 조정 능력이 저하된 환자는 동선 설계와 상관없이 이동할 수 있다.

해설: 치매 및 알츠하이머 환자는 공간 기억 능력이 저하되므로, 단순한 순환형 동선과 랜드마크적 요소를 도입하면 길 찾기와 체류 시간이 증가하며 안전성을 높일 수 있다(2007, Zeisel; 2004, Bastone & Filho).

문제 319. 신체장애가 있는 성인을 위한 치유환경에서 햇빛 노출의 효과로 옳은 것은?

① 계절성 우울증 환자가 아침 햇빛에 노출되면 저녁 햇빛에 노출될 때보다 우울증 경감 효과가 적다.

② 햇빛은 우울증상 완화, 스트레스 경감, 운동 동기 부여 등 회복과 재활에 도움을 준다.

③ 햇빛은 신체장애 환자의 회복 과정과 관련이 없으며, 재활에는 실내 환경만 중요하다.

④ 자연광은 재활 효과보다 오히려 피로와 스트레스를 증가시킨다.

해설: 자연광과 햇빛은 우울증 증상 완화, 스트레스 감소, 동기 유발 등 재활과 치유환경에서 중요한 역할을 한다. 특히 계절성 우울증 환자는 아침 햇빛 노출이 저녁 노출보다 2배 효과적이다. (Lewy et al., 1998)

문제 320. 신체장애 성인을 위한 치유정원에서 동선 설계 원칙으로 옳지 않은 것은?

① 동선은 미끄럼 방지를 위한 적절한 마찰력과 견인력을 갖추어야 한다.

② 눈부심을 최소화하기 위해 반사광이 적은 포장재료를 사용한다.

③ 모든 동선에는 핸드레일을 설치하고, 계단에는 양쪽 모두 설치하여 선택권을 제공한다.

④ 복잡하고 미로형 동선을 조성하여 탐색과 운동을 유도한다.

해설: 신체장애 환자는 공간 혼란을 최소화하기 위해 단순하고 직관적인 순환형 또는 곡선형 동선이 바람직하다. 복잡한 미로형은 오히려 안전성과 이동 편의성을 해친다(Daniel & Wagenfield, 2015).

문제 321. 신체장애 성인을 위한 치유정원 좌석 설계에서 부적절한 선택은?

① 팔걸이가 있는 좌석은 앉았다 일어서기 편하게 설계한다.

② 아디론덱 의자나 낮은 평상형 좌석은 관절강직이나 근감소증 환자에게 적합하다.

③ 좌석 배치를 통해 휴식과 외부 활동을 독려한다.

④ 좌석은 충분한 그늘과 햇빛 선택지를 제공하여 사용자의 편의를 높인다.

해설: 아디론덱 의자와 낮은 평상형 좌석은 뒤로 젖혀진 자세에서 일어서기 어렵기 때문에 관절강직이나 근감소증이 있는 환자에게 부적합하다.

제 3 권

치유농업서비스의 기획과 경영

(객관식 330문제)

제 3 권

치유농업서비스의 기획과 경영

(전체 330문제)

👉난이도 : 쉬움 ●○○○, 보통 ●●○○, 어려움 ●●●○, 아주 어려움 ●●●●

문제 1. 다음 중 업무 측면의 경영관리의 특징으로 올바르게 설명한 것은 무엇인가?

① 조직의 목표 달성을 위해 인적·물적 자원을 효율적으로 조정하며, 계획, 통제, 조직 등 관리기능을 수행한다.

② 경영관리란 단순히 비용을 최소화하는 활동에 국한되며, 사회적 책임은 포함되지 않는다.

③ 경영전략은 주로 단기적 재무 목표 달성에만 초점을 맞추며 장기적 계획은 제외된다.

④ 업무 측면의 경영관리는 오직 기업의 생산활동과 마케팅활동만을 포함한다.　　👉●●○○

> 📖 해설: 업무 측면의 경영관리는 조직의 목적을 효율적으로 달성하기 위한 목표 지향적 가치와 모든 자원의 조정, 계획·조직·통제 등 관리 기능 수행을 포함한다. 단순 비용 관리나 특정 활동만을 의미하지 않으며, 사회적 기여와 경영 효율성 실현까지 포괄하는 개념이다.

문제 2. 경영관리에서 업무 측면이 강조하는 핵심 가치는 무엇인가?

① 목표 지향적 가치와 자원 조정, 관리 기능 수행

② 단기 재무 성과 극대화

③ 조직 구성원의 개인 목표 우선 달성

④ 시장 점유율 확대만을 위한 활동　　👉●○○○

> 📖 해설: 업무 측면의 경영관리는 조직의 목적 달성과 자원 활용의 효율성을 강조하며, 계획·조직·통제 등 관리 기능 수행을 통해 목표 지향적 가치를 실현한다.

문제 3. 다음 중 업무 측면의 경영관리와 관련된 설명으로 틀린 것은 무엇인가?

① 조직의 모든 활동 수행 시 자원을 조정하는 기능을 포함한다.

② 기업 또는 조직의 목표 달성을 위해 계획, 조직, 통제 등 관리 기능을 수행한다.

③ 업무 측면의 경영관리는 조직의 목표 달성보다 구성원의 개인 만족도를 최우선으로 한다.

④ 업무 측면의 경영관리는 목표 지향적 가치와 자원 조정의 가치를 내포한다. 　☞●●●○

> 📖 해설: 업무 측면의 경영관리는 조직 전체의 목표 달성을 중심으로 하며, 구성원의 개인 만족도만을 최우선으로 하는 것은 해당되지 않는다. 핵심은 자원의 효율적 조정과 관리 기능 수행을 통한 조직 목표 달성이다.

문제 4. 다음 중 경영관리의 과정 측면에 해당하지 않는 활동은 무엇인가?

① 조직의 목표를 설정하고 달성 방법을 결정하는 계획(Planning)

② 조직 구성원들의 역할을 설정하고 자원을 배분하는 조직(Organizing)

③ 직원의 개인 만족도와 복지 향상을 최우선으로 고려하는 지휘(Directing)

④ 업무가 계획대로 진행되는지 확인하고 필요시 수정하는 통제(Controlling) 　☞●●○○

> 📖 해설: 과정 측면의 경영관리는 조직 목표 달성을 중심으로 계획, 조직, 지휘, 조정, 통제 활동을 수행한다. 지휘(Directing)는 직원의 업무 수행을 유도하고 동기를 부여하는 활동을 의미하며, 개인 만족도만을 최우선으로 고려하는 것은 해당되지 않는다.

문제 5. 다음 사례를 바탕으로 볼 때, 관리 기능 중 조정(Coordination)의 본질을 가장 정확하게 설명한 것은 무엇인가?

> 한 조직에서 여러 부서가 동일한 목표를 향해 업무를 수행하고 있으나, 부서 간 일정 불일치와 자원 사용의 중복으로 인해 전체 성과가 저하되고 있다. 이에 관리자는 각 부서의 업무 흐름을 점검하고 상호 의존 관계를 조율하여 활동이 유기적으로 연결되도록 개입하였다.

① 조직 목표 달성을 위해 부서 간 활동, 자원, 일정의 상호 연계를 체계적으로 맞추어 전체 성과의 일관성을 확보하는 과정

② 조직이 추구해야 할 장기적 방향을 설정하고 이를 실행 전략으로 구체화하는 과정

③ 직무별 권한과 책임을 명확히 구분하고 인적·물적 자원을 공식적으로 배치하는 과정

④ 성과 기준에 따라 업무 결과를 비교·분석하고 편차 발생 시 시정 조치를 취하는 과정

📖 **해설:** 조정(Coordinating)은 조직 목표 달성을 위해 자원 배분과 활동이 계획대로 진행되도록 중복이나 부족을 조율하는 과정이다. 계획수립, 조직, 통제와는 구분되는 독립적인 기능이다.

문제 6. 경영관리의 순환적 과정에 대한 설명으로 옳은 것은?

① 계획 → 조직 → 지휘 → 조정 → 통제의 순환을 통해 조직 목표를 효과적으로 달성한다.
② 계획 단계에서는 단기적 업무만 결정하며, 전략적 목표 수립은 지휘 단계에서 수행한다.
③ 통제 단계는 계획 단계와 무관하며, 단순히 업무 성과를 기록하는 데에만 활용된다.
④ 지휘 단계에서는 조직의 자원 배분과 구조 설계를 최우선으로 결정한다.　☞●●●○

📖 **해설:** 경영관리의 과정 측면은 순환적이며, 계획 → 조직 → 지휘 → 조정 → 통제 단계가 반복되면서 목표 달성을 지원한다. 각 단계는 서로 연결되어 있으며 단순 기록이나 순서 변경이 아니라 전체 목표 달성을 위한 관리 기능을 수행한다.

문제 7. 다음 중 의사결정 측면의 경영관리에서 강조되는 특징으로 올바른 것은 무엇인가?

① 문제 인식에서 출발하며, 여러 대안 중 하나를 선택하는 의식적인 과정이다.
② 조직 구성원의 개인적 만족을 최우선으로 고려한다.
③ 의사결정 과정에서 발생하는 오류는 조직 목표에 영향을 미치지 않는다.
④ 사소한 문제보다 중요한 문제는 항상 자동적으로 우선 처리된다.　☞●●○○

📖 **해설:** 의사결정은 목표 달성을 위해 문제를 인식하고, 여러 대안 중 하나를 선택하는 과정이다. 개인의 인식 차이나 오류가 발생할 수 있으며, 사소한 문제에 지나치게 집중할 경우 중요한 문제를 간과할 수 있는 그레샴 법칙도 발생할 수 있다.

문제 8. 다음 중 의사결정의 유형과 해당 수준에서 주로 이루어지는 활동의 연결이 올바른 것은?

① 전략적 의사결정 – 최고경영층, 기업의 장기 목표 및 자원배분 관련
② 관리적 의사결정 – 일선경영층, 특정 업무의 효율적 수행 관련
③ 기능적 의사결정 – 최고경영층, 기업 전체 자원 전략 관련
④ 전략적 의사결정 – 중간경영층, 특정 업무의 효율적 수행 관련

문제 9. 그레샴 법칙과 관련하여 다음 설명 중 옳은 것은 무엇인가?

① 사소한 문제에 지나치게 집중하면 중요한 문제를 간과할 수 있다.
② 중요한 문제를 자동으로 우선 처리하기 때문에 조직 목표에 영향이 없다.
③ 그레샴 법칙은 조직의 재무 상태와는 무관하게 발생하지 않는다.
④ 의사결정의 질에는 영향을 미치지 않는다.

해설: 그레샴 법칙은 사소한 문제에 지나치게 신경 쓰는 바람에 중요한 문제를 소홀히 하게
되는 현상을 의미하며, 의사결정의 질과 조직 목표 달성에 직접적인 영향을 미칠 수 있다.

문제 10. 치유농장에서 경영관리가 특히 중요한 이유로 옳은 것은 무엇인가?

① 단순 농산물 재배를 넘어 고객의 심리적 안정과 신체적 건강을 증진시키는 서비스 제공이
필요하기 때문이다.
② 치유농장은 생산량 극대화만을 목표로 하므로, 고객 관리보다 수확 관리가 중요하다.
③ 소규모 치유농장은 대규모 운영 방식과 동일한 효율 중심 경영을 적용해야 한다.
④ 공공기관 치유농장은 수익성을 최우선으로 고려하여 서비스를 제공한다.

해설: 치유농장은 단순 생산이 아닌 건강과 심리적 치유를 제공하는 특성을 가지므로, 서비스
품질 유지, 고객 요구 충족, 지속 가능성 확보를 위해 경영관리가 필요하다. 생산량만 고려하거나,
운영 주체의 성격을 무시한 경영은 적절하지 않다.

문제 11. 다음 중 소규모 치유농장의 운영 전략으로 가장 적절한 것은 무엇인가?

① 가족 단위 또는 소수 고객 대상 맞춤형 서비스 제공
② 다수 고객 동시 이용을 고려한 효율적 인력 배치
③ 고수익 프리미엄 서비스 중심 경영
④ 대규모 자원 관리와 비용 절감 중심 운영

☞●○○○○

📖 해설: 소규모 치유농장은 고객과의 관계 형성에 중점을 두어 맞춤형 서비스 제공이 가능하며, 운영 효율성보다는 고객 경험 중심이 우선된다.

문제 12. 치유농업을 운영하는 주체가 민간기업일 경우, 경영관리에서 강조되는 요소는 무엇인가?

① 수익성 확보를 위한 마케팅 전략과 브랜드 관리
② 단순히 저렴한 서비스 제공
③ 소수 고객 대상 맞춤형 프로그램만 운영
④ 생산량 극대화에만 초점

☞●●○○

📖 해설: 민간기업이 운영하는 치유농장은 수익성 확보가 중요하므로, 차별화된 프리미엄 서비스 제공과 마케팅 전략, 브랜드 관리가 경영관리의 핵심 요소가 된다.

문제 13. 치유농장에서 경영관리를 수행할 때 필요한 접근 방식으로 가장 적절한 것은 무엇인가?

① 일반적인 경영관리 활동(업무·과정·의사결정 측면)을 전략적으로 적용하여 고객 만족과
지속 가능성 확보
② 단순 농업 생산 관리만을 강조하여 효율성 극대화
③ 소규모와 대규모 치유농장 모두 동일한 운영 방식 적용
④ 공공기관 치유농장은 민간기업과 동일한 수익성 중심 경영 적용

☞●●●○

📖 해설: 치유농장은 서비스 중심의 운영이 핵심이므로, 업무, 과정, 의사결정 측면의 경영관리 활동을 전략적으로 적용해 고객 만족과 농장의 지속 가능성을 확보하는 것이 중요하다.

문제 14. 경영성과의 의미로 옳은 것은 무엇인가?

① 특정 사업기간 동안 이루어진 경영 효과와 경영자의 실적을 포함하며, 기업 경쟁력 평가의
핵심 요소이다.
② 경영성과는 단순히 매출과 이익과 같은 재무적 요소만으로 평가된다.
③ 조직문화와 고객 만족도는 경영성과와 무관하다.
④ 경영성과는 오직 최고경영자의 개인적 성과만을 의미한다.

해설: 경영성과는 특정 기간 동안 기업이 달성한 경영 효과와 경영자의 실적을 포함하며, 재무적·비재무적 요소 모두를 통해 평가된다. 이는 기업 경쟁력의 핵심 척도로 작용한다.

문제 15. 목표관리(MBO)의 특징으로 올바른 것은 무엇인가?

① 조직과 직원이 모두 동의하는 목표를 명확히 설정하고 성과 향상을 달성하는 것을 목표로 한다.
② 평가 주기를 3개월 단위로 설정하여 자주 피드백을 받는 방식이다.
③ 목표 설정은 외부 요인에 의해 통제될 수 있는 내용으로만 구성한다.
④ 단순히 연간 계획 수립 후 1~2회 점검하는 것이 아니라 지속적인 개선이 필요 없다.

해설: MBO는 목표 설정과 자기 평가를 통해 개인과 조직의 효율성을 극대화하는 관리 기법으로, 조직과 구성원이 모두 합의한 목표를 기반으로 성과 향상을 추구한다. 평가 주기는 연간 단위가 일반적이며, 피드백과 개선도 강조된다.

문제 16. OKR(Objective & Key Results)의 특징으로 옳은 것은 무엇인가?

① 목표(Objective)와 핵심 결과(Key Result)를 통해 목표 달성 여부를 체계적으로 측정한다.
② 목표는 단순히 외부 요인에 의해 달성되는 성과로 작성된다.
③ 평가 주기는 연간 1~2회만 이루어지며, 피드백은 최소화된다.
④ 조직 내 구성원 간의 협업이나 목표 공유는 OKR과 관련이 없다.

해설: OKR은 조직과 개인의 목표를 명확히 정의하고, 핵심 결과(Key Result)를 통해 목표 달성 여부를 측정하는 체계적인 성과 관리 기법이다. 평가 주기는 약 3개월 단위로 자주 피드백이 이루어지고, 구성원 간 목표 공유와 협업을 촉진한다.

문제 17. **치유농장에서 OKR을 설정할 때 올바른 접근으로 가장 적절한 것은 무엇인가?**
① Objective는 조직이 도달하고자 하는 '목적지'를 의미하며, Key Result는 이를 평가할 수 있는 구체적 기준으로 작성한다.
② Objective는 단순한 숫자 목표로만 설정하고, Key Result는 외부 요인에 의존하도록 한다.
③ 평가 주기는 연간 1회만 진행하며, 구성원 간 공유는 생략한다.
④ OKR은 단순히 직원 개인 목표 관리에만 활용하고, 조직 전체 목표와 연계하지 않는다.

📖 해설: OKR에서 Objective는 조직이 이루고자 하는 목표(목적지)를 의미하고, Key Result는 목표 달성 여부를 측정할 수 있는 구체적 기준이다. 평가 주기는 3개월 단위로 자주 이루어지고, 조직과 개인이 함께 목표를 공유하며 성과를 조율한다.

문제 18. **핵심 성과 지표(KPI, Key Performance Indicator)의 특징으로 옳은 것은 무엇인가?**
① 조직의 목표 달성 여부를 정량적으로 측정하고, 목표 진행 상황을 추적하며 개선점을 찾는 데 활용된다.
② KPI는 단순히 질적 평가를 중심으로 조직 성과를 판단하는 도구이다.
③ KPI는 장기적인 성과만 측정하며 단기적 성과 측정에는 적합하지 않다.
④ KPI는 개인의 직무 만족도를 최우선으로 평가하는 지표이다.

📖 해설: KPI는 조직의 목표 달성 여부를 정량적 지표로 측정하며, 목표 진행 상황을 추적하고 개선점을 발견하는 데 활용된다. 단기 성과 측정에 특히 적합하며, 질적 평가보다는 수치 중심이다.

문제 19. **다음은 공공·전문 분야(치유농업, 교육, 조직관리 등)에서 목표를 설정할 때 사용되는 SMART 원칙을 실제 목표 문장에 적용한 사례들이다. 이 중 SMART 다섯 요소가 모두 충족된 목표로 가장 타당한 것은 무엇인가?**
① 여자의 만족도를 높이기 위해 가능한 한 다양한 프로그램을 지속적으로 운영한다.
② 치유농업 프로그램을 통해 참여자의 정서 안정에 긍정적인 영향을 준다.
③ 2026년 6월까지 경도 인지장애 어르신 20명을 대상으로 주 1회 치유농업 프로그램을 운영하여, 사전·사후 인지기능 검사 점수를 평균 10% 이상 향상시킨다.
④ 현장 상황에 맞추어 단계적으로 프로그램을 확대하고, 필요 시 목표를 조정한다.

문제 20. KPI와 관련하여 엔비디아 CEO 젠슨 황이 강조한 평가 개념인 EIOFS(초기 성공 지표)의 목적은 무엇인가?

① 눈앞의 단기 성과보다 다가올 미래 성공의 징조를 확인하는 데 집중하기 위해
② 단순히 과거 매출과 비용 데이터를 중심으로 평가하기 위해
③ 구성원의 직무 만족도만 측정하기 위해
④ KPI 대신 장기적 목표를 무시하고 단기적 지표만 활용하기 위해

문제 21. 로크의 목표설정이론에서 도전적이고 구체적인 목표가 구성원에게 미치는 영향으로 올바른 것은 무엇인가?

① 구성원의 주의를 목표에 집중시키고, 노력을 조절하며, 끈기를 증진시키는 내적 동기를 제공한다.
② 단순히 외부 요인에 따른 성과만 측정하게 된다.
③ 목표가 너무 도전적이면 항상 성과가 저하된다.
④ 목표 설정은 구성원의 동기와 무관하게 단순히 관리자가 지시하는 것만으로 충분하다.

문제 22. 현대 경영 활동에서 중요한 경영 자원 4가지로 옳은 것은 무엇인가?

① 사람, 자본, 정보, 전략
② 토지, 노동, 자본, 기계
③ 원자재, 기술, 정보, 자본
④ 사람, 토지, 생산설비, 기계

☞●●○○

📖 해설: 현대 경영 활동에서는 사람, 자본, 정보, 전략이라는 4가지 자원이 결합되어 조직 목표 달성을 가능하게 한다. 과거 산업사회에서는 토지, 노동, 자본이 주요 자원이었으나 현대에는 정보와 전략이 추가되었다.

문제 23. 다음은 조직 관리자가 서로 다른 집단을 대상으로 관리 방식을 설계한 사례이다. 각 사례에 적용된 인간관(人間觀)과 관리 전략의 연결로 가장 타당한 것은 무엇인가?

A. 단순 반복 업무가 많고, 구성원들이 외부 보상이 없으면 업무 회피 행동을 보이는 집단에 대해 관리자는 명확한 규칙, 감독, 보상·처벌 체계를 강화하였다.
B. 전문성이 요구되는 과업을 수행하는 집단에 대해 관리자는 자율적 의사결정 권한을 부여하고, 목표 달성에 대한 책임을 구성원에게 위임하였다.

① A는 X이론, B는 Y이론에 근거한 관리 방식이다.
② A는 Y이론, B는 X이론에 근거한 관리 방식이다.
③ A와 B 모두 X이론에 근거한 관리 방식이다.
④ A와 B 모두 Y이론에 근거한 관리 방식이다.

☞●●●○

📖 해설: 맥그리거의 X이론과 Y이론에서 X형 인간은 기본적으로 게으르고 통제가 필요한 유형이며, Y형 인간은 자율적이고 스스로 동기 부여가 가능하므로 목표 중심의 관리가 바람직하다.
따라서 A=X이론, B=Y이론으로 연결한 ①번이 가장 타당하다.

문제 24. 메이요(E. Mayo)가 주장한 조직 구성원의 동기부여 방법으로 옳은 것은 무엇인가?

① 심리적, 사회적 유인이 가장 효과적이며, 집단 내 인간관계가 구성원의 행동에 큰 영향을 미친다.
② 금전적 보상만으로 구성원의 동기 부여가 충분하다.
③ 구성원은 집단보다는 개인의 목표만 중시하므로 집단관계는 중요하지 않다.
④ 조직 내 인간관계는 경영 효율과 무관하다.

문제 25. 인간 관리 및 동기 이론에서 조직 관리에 대한 시사점으로 올바른 것은 무엇인가?

① 조직 구성원의 행동과 욕구를 이해함으로써 효과적인 관리 전략을 수립하고, 개인과 조직의 목표를 조화시킬 수 있다.

② 인간 행동은 조직 목표와 무관하므로 관리 전략 수립 시 고려하지 않아도 된다.

③ 모든 구성원은 동일한 방식으로 동기부여되므로 개별 차이를 무시해도 된다.

④ 경영자는 단순히 통제와 명령만으로 조직 효율을 높일 수 있다.

문제 26. 다음은 한 조직에서 이루어진 활동들이다. 이 중 경영과정(Management Process)의 본질을 가장 포괄적으로 설명한 것은 무엇인가?

① 조직의 목표를 설정한 뒤, 이를 달성하기 위해 인적·물적 자원을 계획·조직·지휘·조정·통제하는 연속적 과정이다.

② 조직의 장기 생존을 위해 최고경영자가 수행하는 전략 수립과 의사결정만을 의미한다.

③ 생산성과 효율성을 높이기 위한 재무·회계 중심의 관리 활동을 말한다.

④ 구성원이 부여된 업무를 규정과 절차에 따라 수행하는 일상적 실행 단계를 의미한다.

문제 27. 다음은 한 조직에서 이루어지는 활동들이다. 이 중 앙리 페이욜(H. Fayol)이 제시한 '경영 관리 직능(Management Functions)'의 범주에 해당하지 않는 활동은 무엇인가?
① 조직 목표 달성을 위해 중·장기 계획을 수립하고, 실행 일정과 절차를 체계화한다.
② 조직 내 역할과 책임을 명확히 하고, 인적·물적 자원을 배치한다.
③ 구성원의 활동을 지휘·조정하고, 목표 달성을 위해 통솔한다.
④ 생산 공정의 자동화 수준을 높이기 위해 최신 생산 기술을 도입·개선한다.

☞●●●●

☐ 해설: ①~③번은 모두 관리 활동(관리자의 기능)에 해당한다. 반면 ④번은 경영 관리 기능이 아니라 생산·기술 관리 영역으로, 관리의 수단 또는 대상이지 페이욜이 정의한 관리 직능 자체는 아니다.

문제 28. 무지의 빙산이론(Iceberg of Ignorance)에 대한 설명으로 옳은 것은 무엇인가?
① 일선 직원이 문제를 가장 많이 인식하고, 고위 경영진일수록 조직 문제 인식 비율이 낮다는 이론
② 최고 경영진이 모든 문제를 완벽하게 인식한다는 이론
③ 중간 관리자와 일선 직원이 문제를 거의 알지 못한다는 이론
④ 조직 내 문제 인식은 계층과 무관하게 항상 동일하다는 이론

☞●○○○○

☐ 해설: 무지의 빙산이론에 따르면, 일선 직원이 회사 문제의 100%를 알고 있으며, 관리자는 74%, 중간 관리자는 9%, 임원은 4%만 문제를 인식한다. 즉, 문제 인식은 계층이 높아질수록 감소한다.

문제 29. 경영과정이 조직에서 중요한 이유로 가장 적절한 것은 무엇인가?
① 조직이 목표를 효과적으로 달성하고 발생하는 문제를 해결하는 지원을 제공하기 때문
② 단순히 규칙과 절차를 문서화하는 과정이기 때문
③ 경영진만의 의사결정을 보장하기 때문
④ 직원들의 일상적 업무만 기록하기 때문

☞●●●○

☐ 해설: 경영과정은 조직이 목표를 효과적으로 달성하고, 경영 활동 중 발생하는 문제를 해결할 수 있도록 지원을 제공하므로 매우 중요하다. 단순 문서화나 최고경영진 전용 활동, 일상 업무 기록과는 차이가 있다.

문제 30. 다음은 한 조직이 품질 혁신을 추진하는 방식에 대한 설명이다. 이 중 TQM(Total Quality Management)의 핵심 철학과 가장 부합하는 설명은 무엇인가?

① 품질 문제는 생산 공정에서만 발생하므로, 현장 작업자의 검사와 통제 강화가 가장 중요하다.

② 전 구성원이 품질 개선에 참여하며, 고객 만족을 중심으로 지속적 개선과 장기적 경쟁우위를 추구한다.

③ 품질 관리는 불량률 감소를 위한 단기 성과 지표로 활용되며, 서비스 조직에는 제한적으로 적용된다.

④ 품질 활동은 경영 전략과 분리하여 운영 효율성 확보를 위한 기술적 관리 수단으로 활용한다.

👉●●●●

📖 해설: TQM은 전사적 품질경영으로, 모든 구성원이 참여하여 고객 만족과 조직의 장기적 성공을 추구하는 경영 방법이다. 단순히 생산 현장 담당자 중심이나 불량률 감소에만 국한되지 않는다. ②번은 TQM의 핵심 요소를 포괄적으로 반영한다.

문제 31. TQM과 전통적 품질관리(TQC)의 차이점으로 옳지 않은 것은 무엇인가?

① TQM은 기업 내 전 부문에서 적용되지만, 전통적 품질관리는 제조 부문 위주이다.

② 전통적 품질관리는 통제 위주이고, TQM은 경영 전략 차원에서 전사적 참여를 강조한다.

③ TQM은 고객 만족, 기술혁신, 불량 예방 등 총체적 생산성 향상을 목표로 한다.

④ 전통적 품질관리는 모든 조직 구성원이 참여하여 고객 만족을 극대화한다.

👉●○○○

📖 해설: 전통적 품질관리는 생산 현장 담당자 중심으로 통제 위주이며, 모든 구성원이 참여하거나 고객 만족을 총체적으로 추구하지 않는다.

문제 32. 투자수익률(ROI, Return On Investment)에 대한 설명으로 옳은 것은 무엇인가?

① 기업의 순이익을 투자액으로 나누어 경영성과를 측정하는 지표이다.

② 직원 만족도를 측정하는 정성적 지표이다.

③ 생산 현장의 품질 불량률을 줄이기 위한 관리 기법이다.

④ 고객 서비스 만족도를 평가하는 비재무적 성과 지표이다.

👉●●○○

📖 해설: ROI는 기업이 투자한 자본 대비 순이익을 나타내어 경영성과를 정량적으로 평가하는 지표로, 투자 효율성과 사업부 업적 평가에 활용된다.

문제 33. 다음은 한 제조 조직이 생산 시스템을 설계·운영하는 방식에 대한 설명이다. 이 중 토요타 생산시스템(TPS, Toyota Production System)의 핵심 원리를 가장 정확히 반영한 것은 무엇인가?

① 공정 중 이상이 발생하면 작업자가 즉시 생산을 정지시키고, 후속 공정은 필요한 만큼만 받아 처리함으로써 낭비와 정체를 최소화한다.
② 생산 효율 향상을 위해 생산 라인의 속도를 최대한 높이고, 불량은 사후 검사 단계에서 선별한다.
③ 품질 관리는 관리자와 검사 부서의 책임으로 한정하고, 현장 작업자는 지시된 작업만 수행한다.
④ 수요 변동에 대비하여 표준 제품을 미리 대량 생산해 충분한 재고를 확보한다.

☞●●●○

📖 해설: TPS는 생산 과정에서 이상 발생 시 즉시 중지하고, Just-in-time 원칙에 따라 필요한 것만 흐르게 하여 낭비를 최소화하고 품질과 효율을 높이는 생산 시스템이다. ①번은 TPS의 두 축을 모두 반영한다. TPS는 속도 극대화나 대량 생산이 아니라, 낭비 제거와 품질의 공정 내 확보를 통해 전체 흐름의 효율을 높이는 시스템이다.

문제 34. 다음은 한 조직이 향후 10년을 대비하여 의사결정을 내리는 과정에 대한 설명이다. 이 중 경영전략(Business Strategy)의 개념을 가장 정확하게 반영한 설명은 무엇인가?

① 조직 구성원의 사기 진작을 위해 단기적으로 예산을 조정하고 복지 항목을 확대하는 활동이다.
② 조직의 장기적 비전과 목표를 설정하고, 외부 환경과 내부 역량을 고려하여 경쟁 우위를 확보할 수 있도록 자원을 선택적으로 배분하는 의사결정 과정이다.
③ 특정 사업의 매출 증대를 위해 단기간 실행되는 전술적 마케팅 계획을 의미한다.
④ 외부 환경 변화의 불확실성을 피하기 위해 내부 자원만을 기준으로 운영 방침을 결정하는 것이다.

☞●●○○

📖 해설: 챈들러(A.D. Chandler)는 경영전략을 "기업의 기본적인 장기목표 및 목적을 결정하고, 이를 달성하는 데 필요한 활동 방향과 자원 배분"이라고 정의했다. 전략은 장기적이고 포괄적이어야 하며 단기적 수익 창출만을 목표로 하지 않는다. 경영전략은 단순한 계획이 아니라, 불확실한 환경 속에서 조직의 생존과 성장을 좌우하는 통합적 의사결정 체계이다. ②번은 경영전략의 핵심 요소를 모두 포함한다.

문제 35. 다음은 한 조직에서 이루어지는 의사결정과 계획 수립 수준에 대한 설명이다.
이 중 경영전략(Business Strategy)의 유형으로 분류하기 가장 부적절한 것은 무엇인가?

① 다각화·사업 포트폴리오 조정·자원 배분 등 기업 전체의 방향을 결정하는 전사전략
② 특정 사업 단위에서 경쟁 우위 확보 방식을 선택하는 사업전략
③ 인사·마케팅·재무 등 기능별로 상위 전략을 지원하기 위해 수립되는 기능전략
④ 단기간 성과 달성을 위해 현장 실행 중심으로 수립되는 운영·전술 수준의 계획

☞●●○○

　　📖 해설: 경영전략은 일반적으로 전사전략과 사업전략으로 구분되며, 기능별 전략이나 지역별 전략으로 세분화될 수 있다. 단기 운영전략은 전략 수준보다는 전술적 실행에 해당한다.

문제 36. 다음은 한 조직이 전략 수립을 통해 기대하는 효과들이다. 이 중 경영전략(Business Strategy)의 핵심 역할로 보기 가장 어려운 것은 무엇인가?

① 불확실한 환경 속에서 조직의 중·장기적 방향과 의사결정 기준을 제시한다.
② 제한된 자원을 우선순위에 따라 배분하여 조직 전체의 효율성을 제고한다.
③ 지속 가능한 경쟁우위를 확보할 수 있도록 차별화 또는 비용 우위의 기반을 마련한다.
④ 분기별 실적 개선을 위해 단기 수익을 최대화하는 실행 계획을 직접적으로 지시한다.

☞●●○○

　　📖 해설: 경영전략은 기업의 장기적인 목표 달성과 경쟁력 확보를 위해 수립되는 계획으로, 단기적인 수익 최대화는 전략의 핵심 역할에 포함되지 않는다.

문제 37. 경영성과 평가에서 효과성(Effectiveness)과 효율성(Efficiency)의 차이로 옳은 것은 무엇인가?

① 효과성은 자원의 활용도를 의미하며, 효율성은 목표 달성 여부를 의미한다.
② 효과성은 목표 달성 여부를 의미하며, 효율성은 자원의 활용도를 의미한다.
③ 둘 다 자원의 활용도만을 평가한다.
④ 둘 다 목표 달성 여부만을 평가한다.

☞●●○○

　　📖 해설: 효과성(Effectiveness): 조직이 목표를 얼마나 달성했는지 평가 → Do right things
효율성(Efficiency): 목표 달성을 위해 투입한 자원을 얼마나 효과적으로 사용했는지 평가 → Do things right

문제 38. 다음 중 기업 수준의 경영전략(Corporate-level Strategy)에 해당하지 않는 것은 무엇인가?
① 단일 사업 집중 전략　　　　② 수직계열화 전략
③ 글로벌화 전략　　　　　　　④ 기능별 운영 전략

☞●●○○

해설: 기업 수준의 전략은 기업 전체의 장기적 발전과 자원 배분에 초점을 맞춘 전략으로, 단일 사업 집중, 수직계열화, 다각화, 글로벌화 등이 포함된다. 기능별 운영 전략은 사업 수준이나 기능 수준 전략에 해당한다.

문제 39. 치유농장의 전방통합(Forward Integration) 사례로 가장 적절한 것은 무엇인가?
① 치유농장이 허브와 꽃 등 원재료를 직접 재배하는 경우
② 치유농장이 치유 프로그램을 직접 운영하고 제공하는 경우
③ 치유농장이 새로운 시장에 진출하여 프로그램을 판매하는 경우
④ 치유농장이 기존 산업과 관련 없는 신제품을 개발하는 경우

☞●●○○

해설: 전방통합은 제품이나 서비스를 고객에게 제공하는 가치사슬 단계를 직접 소유하고 통제하는 것을 의미한다. 치유농장이 프로그램 제공을 직접 수행하는 것이 전방통합 사례이다.

문제 40. 다음은 기업이 다각화 전략을 채택할 때 기대할 수 있는 효과들이다. 이 중 다각화 전략의 장점으로 보기 가장 어려운 것은 무엇인가?
① 서로 다른 사업 포트폴리오를 통해 특정 산업 의존도를 낮추고 위험을 분산한다.
② 기존 역량을 활용하거나 신시장에 진입함으로써 중·장기적 성장 기회를 확대한다.
③ 다양한 사업 운영으로 인해 관리 복잡성이 증가하고 자원이 분산되어 효율성이 저하될 수 있다.
④ 사업 범위 확대를 통해 규모의 경제 및 시장 영향력을 강화할 가능성이 있다.

☞●●●●

해설: 다각화 전략은 기존 사업과 관련 있는/없는 새로운 제품이나 시장으로 확장하여 사업 위험을 분산하고, 성장과 시장 지배력을 강화하는 전략이다. 자원의 비효율적 사용은 단점이지 장점이 아니다. ③번은 다각화의 장점이 아니라 단점·위험 요인에 해당한다. 다각화는 적절히 관리되지 않을 경우 자원의 비효율적 배분과 관리 복잡성 증가를 초래할 수 있다.

문제 41. 다음은 한 기업이 성장 전략을 검토하는 과정에서 제시된 선택지들이다. 이 중 집중적 성장 전략 중 '제품 개발(Product Development)'에 해당하는 사례로 가장 타당한 것은 무엇인가?

① 기존 음료 제품의 광고 빈도를 높이고 유통망을 확대하여 현재 시장 내 판매량을 증대한다.
② 기존 고객층을 대상으로 기존 기술을 활용한 기능 강화형 신제품을 출시하여 추가 매출을 창출한다.
③ 현재 주력 제품을 해외 신흥시장에 진출시켜 새로운 고객을 확보한다.
④ 신기술을 기반으로 완전히 새로운 제품을 개발하여 신규 시장에 동시에 진입한다.

해설: 제품 개발 전략은 기존 고객에게 새로운 제품이나 서비스를 제공하여 매출을 증대시키는 전략으로, 집중적 성장 전략의 한 유형이다. 따라서 기존 고객에게 새로운 제품을 제공하는 ②번이 제품 개발 전략에 정확히 해당한다.

문제 42. 다음은 기업이 여러 사업 단위를 포트폴리오 관점에서 평가한 결과이다. 이 중 BCG 매트릭스에서 '문제아(Problem Child, Question Mark)'로 분류되며, 전략적 선택(투자 또는 철수)이 가장 중요하게 요구되는 사업 단위는 어느 것인가?

① 성숙 시장에서 높은 시장점유율을 유지하며 안정적인 현금 흐름을 창출하고 있다.
② 성장 둔화 산업에서 낮은 시장점유율을 보이며 수익성이 지속적으로 악화되고 있다.
③ 빠르게 성장하는 시장에 속해 있으나, 경쟁이 치열해 아직 낮은 시장점유율을 보이고 있다.
④ 시장 성장성과 점유율 모두 낮아 유지 비용만 발생하고 있다.

해설: 문제아(Problem child)는 시장 성장률이 높으나 시장점유율이 낮은 사업을 의미하며, 기업은 이 사업에 많은 자금을 투자해야 시장 점유율을 높일 수 있다. ③번은 이러한 특성을 정확히 반영하며, 가장 전략적 판단이 요구되는 사업 단위이다.

문제 43. 다음은 한 기업이 경쟁 전략을 수립하는 과정에서 제시한 선택지들이다. 이 중 마이클 포터의 본원적 경쟁 전략 중 '차별적 집중화(Differentiation Focus)'에 가장 부합하는 사례는 무엇인가?

① 대중 소비재 시장 전체를 대상으로 표준화된 제품을 대량 생산하여 가격 경쟁력을 확보한다.
② 특정 고객 집단이나 틈새 시장을 대상으로 차별화된 기능·디자인·서비스를 제공하여 프리미엄 가치를 창출한다.
③ 광범위한 시장을 대상으로 브랜드 이미지 강화를 통해 차별화를 추구한다.
④ 전 산업 전반에서 생산 효율성을 극대화하여 원가 우위를 달성한다.

📖 해설: 차별적 집중화 전략은 특정 세분시장이나 틈새시장을 대상으로 고객 요구에 맞춘 독특한 제품·서비스를 제공하여 차별화된 가치를 전달하는 전략이다. ②번은 틈새 시장 + 차별적 가치 제공이라는 두 요소를 정확히 결합하고 있다.

문제 44. 치유농장에서 ESG(Environmental, Social, Governance) 경영 전략을 활용한 사례로 가장 적절하지 않은 것은 무엇인가?

① 농업 과정에서 발생하는 부산물을 퇴비화하여 자원 순환 촉진
② 지역사회 취약계층을 위한 맞춤형 농업 프로그램 제공
③ 모든 운영 과정에서 윤리적·공정한 방침 준수
④ 경쟁사보다 낮은 가격으로 제품을 판매하여 시장 점유율 확대

👉●●○○○

📖 해설: ESG 경영 전략은 환경 보호, 사회적 책임, 투명한 지배구조에 초점을 두며, 단순히 가격 경쟁을 통한 시장 점유율 확대는 ESG 활동과 관련이 없다.

문제 45. GE 매트릭스에서 기업이 시장매력도와 경쟁적 지위가 모두 높게 평가되는 사업단위에 대해 취할 전략으로 가장 적절한 것은 무엇인가?

① 성장과 투자 확대
② 자금 회수 후 철수
③ 최소 투자로 운영
④ 특정 고객군에만 집중

👉●●○○○

📖 해설: GE 매트릭스에서 시장 매력도와 경쟁적 지위가 높은 사업단위는 성장 잠재력이 높기 때문에 투자 확대를 통해 기업 성장을 추구하는 것이 전략적으로 적절하다.

문제 46. 네덜란드 다기능 농업(MFA)의 세 가지 전략 중 '확장(Broadening)' 전략의 핵심 특징은 무엇인가?

① 농업 생산 시스템에 새로운 활동을 통합하여 제품 가치를 높임
② 농식품 생산 이외의 활동을 개발하여 새로운 수입원을 창출
③ 농업 외부 활동을 농장에 통합해 자원 사용 방식을 변화
④ 기존 생산 활동의 효율성을 높이는 비용 절감 전략

문제 47. 다기능 농업(MFA)에서 '심화(Deepening)' 전략의 목적은 무엇인가?

① 농장 운영에 외부 활동을 통합하여 자원 활용 방식 변화
② 농업 생산 시스템에 새로운 활동을 결합하여 제품 혁신과 가치 향상
③ 농식품 생산 이외의 활동으로 추가 소득 창출
④ 지역 공동체와 협업하여 농업과 사회적 서비스를 연계

문제 48. 이탈리아 사회적 농업(Social Farming, Care Farming)의 주요 목적과 관련이 가장 먼 것은 무엇인가?

① 취약계층 대상 돌봄 및 치유 서비스 제공
② 지역 농촌 주민의 일자리와 소득 창출
③ 농업 생산량 극대화를 위한 첨단 기술 개발
④ 교육 및 고용 서비스 제공

문제 49. 아일랜드, 프랑스, 독일 등 유럽 국가에서 시행되는 사회적 농업 사례와 관련된 활동으로 올바른 것은 무엇인가?

① 노령층 대상 농업과 복지 서비스 연계
② 농업 생산 효율화와 자동화 시스템 개발
③ 국제 수출용 농식품 품질 향상
④ 농업 관련 세금 감면과 금융 지원

📖 해설: 유럽의 사회적 농업은 농업과 복지 서비스를 연계하여 돌봄, 재활, 교육 등 사회적 목적을 수행하는 활동을 포함하며, 농업 생산 효율화나 수출, 세제 혜택과는 직접 관련이 없다.

문제 50. 다음은 한 치유농업 조직이 서비스 사업기획을 추진하면서 설정한 접근 방식들이다. 이 중 치유농업서비스 사업기획의 핵심 목적을 가장 정확하게 설명한 것은 무엇인가?

① 치유농업 공간의 생산성을 극대화하여 농산물 수확량과 경제적 수익을 최우선으로 확보하는 것이다.

② 치유 대상자, 프로그램 내용, 운영 절차, 인력·시설·평가 체계를 유기적으로 연결하여 치유농업서비스가 지속 가능하게 제공되도록 체계화하는 것이다.

③ 기존 농업 기술을 다른 산업 분야로 이전하여 새로운 사업 모델을 창출하는 것이다.

④ 서비스 참여자의 건강 지표를 단순 측정·기록하여 통계 자료를 축적하는 것이다.

●●●●

📖 해설: 치유농업서비스 사업기획은 서비스 제공을 위한 활동을 체계적·구조적으로 구체화하여 효과적인 운영과 이용자 만족도를 높이는 것을 목표로 한다. 단순 생산이나 건강 측정만을 의미하지 않는다. ②번은 치유농업의 치유 기능·공공성·전문성을 사업 차원에서 실현하는 기획의 본질을 가장 포괄적으로 반영한다.

문제 51. 다음은 한 조직이 신규 사업을 준비하는 과정에서 수행하는 활동들이다. 이 중 사업기획(Business Planning)의 일반적 의미를 가장 정확하게 반영한 설명은 무엇인가?

① 사업 목적과 성과 목표를 명확히 설정하고, 이를 달성하기 위해 인적·물적 자원을 배분하며, 일정·위험·성과 관리까지 포함하는 종합적·전략적 접근이다.

② 연간 예산 편성과 집행 기준을 마련하여 재무 통제를 강화하는 절차이다.

③ 조직 내부의 인력 배치와 역할 조정에 한정된 관리 활동이다.

④ 법·제도적 규제 요건을 점검하고 준수 여부를 확인하는 행정 절차이다.

●●○○

📖 해설: 기획은 특정 목표 달성을 위해 과정을 미리 설계하고 자원을 배분하며 일정 관리 등을 포함하여 전략적으로 접근하는 것을 의미한다. ①번은 사업기획을 단순 문서 작성이나 예산 편성이 아닌 문제 해결 중심의 전략적 의사결정 과정으로 정확히 설명하고 있다.

문제 52. 다음은 치유농업서비스 사업기획 단계에서 고려할 수 있는 잠재적 참여 집단들이다. 이 중 치유농업서비스의 목적·기능·공공적 성격을 고려할 때, 주요 대상으로 보기 가장 어려운 집단은 무엇인가?

① 정신적·심리적 취약성을 지니고 있어 정서 안정, 사회적 회복, 기능 향상이 요구되는 대상
② 발달 단계 특성을 고려한 정서·사회성 증진이 필요한 어린이 및 청소년 집단
③ 농업 기술 고도화와 소득 극대화를 주목적으로 하는 고수익 상업 농업 전문인 집단
④ 지역 내 관계 회복과 공동체 활성화를 목표로 하는 지역사회 커뮤니티 구성원

☞●●●●

📖 해설: 치유농업서비스 사업기획의 대상은 치유와 복지가 필요한 이용자이며, 고수익 상업 농업 전문인은 직접적인 대상이 아니다. ③번은 경제적 성과와 생산성 향상이 주목적인 집단으로, 치유 농업서비스의 치유 중심 목적과 직접적 연관성이 낮다.

문제 53. 치유농업서비스 사업기획에서 가족 단위 이용자의 주요 목적은 무엇인가?
① 가족 구성원의 농업 기술 습득
② 가족 간의 유대감 강화와 관계 회복
③ 가족의 식량 자급률 향상
④ 가족 단위 건강검진

☞●●○○

📖 해설: 가족 단위 이용자의 치유농업서비스 목적은 가족 간 유대감을 강화하고 관계를 회복하는 데 중점을 둔다. 농업 기술 습득이나 건강검진은 핵심 목적이 아니다.

문제 54. 치유농업서비스 사업기획 설계에서 기획작업의 과정으로 올바르게 나열된 것은 무엇인가?
① 분석 → 발상 → 구상 → 실시
② 발상 → 분석 → 구상 → 실시
③ 구상 → 분석 → 발상 → 실시
④ 분석 → 구상 → 발상 → 실시

☞●●○○

📖 해설: 사업기획 설계는 분석 → 발상 → 구상 → 실시의 4단계를 거친다.

문제 55. 사업기획 발상의 단계에서 활용되는 기법으로 올바르지 않은 것은?

① 브레인스토밍
② 마인드맵
③ SWOT 분석
④ 스캠퍼(SCAMPER) 기법

해설: 발상의 단계에서는 새로운 아이디어를 창출하기 위한 창의적 기법이 사용된다. 브레인스토밍, 마인드맵, 스캠퍼 등이 포함되며, SWOT 분석은 환경 분석 단계에서 사용되므로 발상 단계의 기법은 아니다.

문제 56. 사업기획 구상 단계의 핵심 활동은 무엇인가?

① 아이디어 정리, 계획 수립, 기획서 작성
② 문제 발생 배경 분석 및 과제 추출
③ 다양한 아이디어를 자유롭게 생성
④ 기획안 실행과 예산 집행

해설: 구상 단계에서는 발상 단계에서 도출된 아이디어를 정리하고, 실행 계획을 수립하며 기획서를 작성한다.

문제 57. 사업기획서의 표현 방법으로 옳게 연결된 것은?

① 문장표현방법 – 통계와 데이터를 통해 주장을 객관화
② 논리표현방법 – 주장과 근거를 논리적으로 전개
③ 수치표현방법 – 사진과 일러스트로 시각적 전달
④ 이미지표현방법 – 문장으로 개념 설명

해설: ·문장표현방법: 글로 아이디어와 정보를 명확히 전달
· 논리표현방법: 주장과 근거를 논리적으로 전개
· 수치표현방법: 통계와 그래프 사용
· 이미지표현방법: 사진, 차트 등 시각적 요소 활용

문제 58. 치유농업서비스 사업에서 기획관리 설정 단계의 주요 구성 요소로 옳지 않은 것은 무엇인가?

① 목표 설정　　　　　　　　② 이해관계자 분석
③ 치유자원 분석　　　　　　④ 최종 성과 배분

☞●●○○

📖 해설: 기획관리 설정 단계에는 목표 설정, 상황 분석, 전략 개발, 이해관계자 분석, 치유자원 분석, 위험 분석, 성과지표 설정 등이 포함된다. 반면, 최종 성과 배분은 사업의 마무리 단계나 평가·환류 과정에서 다루어지는 요소이지, 초기 기획관리 단계의 구성 요소는 아니다.

문제 59. 다음은 치유농업서비스 사업기획 과정에서 설정된 목표 진술에 대한 설명이다. 이 중 SMART 원칙(Specific, Measurable, Achievable, Relevant, Time-bound)을 정확히 이해하고 이를 올바르게 적용한 설명으로 가장 타당한 것은 무엇인가?

① 치유 대상, 성과 지표, 달성 가능성, 사업 목적과의 연계성, 실행 기한을 명확히 제시하여 목표의 실행력과 평가 가능성을 동시에 확보하는 원칙이다.
② 목표를 단순화하고 관리 가능성 및 신뢰성을 강조하여 운영상의 편의성을 높이는 것을 핵심으로 한다.
③ 목표의 구체성과 관리 용이성에 초점을 두고, 시기 적절성 중심으로 유연하게 조정하는 것을 강조한다.
④ 목표를 단순하고 현실적으로 설정하되, 성과 측정보다는 시간 제약을 중심으로 관리하는 원칙이다.

☞●●●○

📖 해설: SMART 원칙은 사업 목표를 '실행 가능하고 평가 가능한 상태'로 만드는 기준이다. ①번은 이 다섯 요소를 치유농업서비스 사업기획 맥락에서 통합적으로 설명하고 있다.

문제 60. 다음은 치유농업서비스 사업기획 이후 실제 운영으로 전환되는 과정에 대한 설명이다. 이 중 수립된 실행 계획을 현장에 적용하고, 인력·시설·프로그램 운영이 본격적으로 시작되는 단계로 가장 타당한 것은 무엇인가?

① 사업 목표와 전략 방향을 설정하고 우선순위를 결정하는 단계
② 계획된 프로그램을 현장에 적용하여 서비스를 제공하고 운영을 개시하는 단계
③ 운영 결과를 지표에 따라 점검하고 효과성을 분석하는 단계
④ 평가 결과를 바탕으로 계획과 운영 방식을 수정·보완하는 단계

📖 해설: 치유농업서비스 기획관리 프로세스는 일반적으로 목표 설정 → 상황 분석 → 전략 개발 → 실행 → 모니터링 및 평가 → 조정 및 개선 → 환류 등의 단계로 진행된다.
②번은 계획 → 운영 전환의 핵심 단계로 치유농업서비스가 문서가 아닌 실제 서비스로 구현되는 시점을 정확히 설명한다.

문제 61. 치유농업서비스 기획관리 프로세스 7단계의 올바른 순서로 나열된 것은?

① 목표 설정 → 전략 개발 → 상황 분석 → 계획 수립 → 실행 → 모니터링 및 평가 → 조정 및 개선
② 목표 설정 → 상황 분석 → 전략 개발 → 계획 수립 → 실행 → 모니터링 및 평가 → 조정 및 개선
③ 상황 분석 → 목표 설정 → 전략 개발 → 계획 수립 → 실행 → 조정 및 개선 → 모니터링 및 평가
④ 목표 설정 → 상황 분석 → 계획 수립 → 전략 개발 → 실행 → 모니터링 및 평가 → 조정 및 개선

📖 해설: 치유농업서비스 기획관리 프로세스는 ① 목표 설정 → ② 상황 분석 → ③ 전략 개발 → ④ 계획 수립 → ⑤ 실행 → ⑥ 모니터링 및 평가 → ⑦ 조정 및 개선 순으로 진행된다.
이 순서를 통해 사업 목표가 명확히 설정되고, 상황 분석과 전략 개발을 거쳐 실행 가능성이 높아지며, 이후 평가와 개선 과정을 통해 지속적 발전이 가능해진다.

문제 62. 치유농업서비스 사업에서 기획관리 실행의 성공 요인으로 올바르게 연결된 것은 무엇인가?

① 명확한 목표 설정 → 효과적인 커뮤니케이션과 지속 개선 노력
② 자원 배분 → 문제 해결과 일정 관리와 무관
③ 리더십 → 성과 모니터링과 피드백 불필요
④ 팀워크 → 사업계획 수립과 직접적인 관련 없음

📖 해설: 기획관리 실행의 성공 요인에는 명확한 목표 설정, 구체적 상황 분석, 효과적인 커뮤니케이션, 적절한 자원 배분, 리더십과 지원, 문제 해결 능력, 팀워크와 협력, 지속적인 개선 노력이 포함된다. 따라서 목표 설정은 효과적인 커뮤니케이션, 지속적인 개선 노력과 긴밀히 연결되며, 이는 사업 운영의 성과를 높이는 핵심 요인이다.

문제 63. 기획관리 실행 방법 중 실행계획 수립 단계에서 가장 중요한 활동은 무엇인가?

① 각 작업의 목적, 범위, 필요 자원을 구체적으로 작성하고 우선순위 설정
② 이해관계자의 피드백 수집과 성과 보고
③ KPI 설정 및 성과 평가
④ 일정계획 수립과 자료 공유 환경 구축

해설: 실행계획 수립 단계에서는 세부적인 작업 목록 작성, 목적·범위·필요 자원의 구체화, 우선순위 설정이 핵심 활동이며, 일정 관리와 KPI 설정은 이후 단계에 해당한다.

문제 64. 치유농업서비스 사업에서 성과 모니터링과 관련된 내용으로 올바른 것은?

① KPI를 설정하여 목표 달성 여부를 측정하고 정기적으로 평가하며 필요 시 조정
② 실행계획 수립 시만 성과를 고려하고 이후에는 피드백 수집 불필요
③ 일정 관리와 자원 배분은 성과 모니터링과 직접 관련 없음
④ 커뮤니케이션 계획은 성과와 직접적인 연관이 없다

해설: 성과 모니터링은 KPI를 통해 목표 달성 여부를 평가하고, 필요 시 계획을 조정하는 과정이다. 정기적 평가와 피드백 수집은 필수적이다.

문제 65. 기획관리 실행 과정에서 문제 해결과 조정의 역할로 옳은 것은?

① 실행 과정 중 발생한 문제를 인식하고 해결 방안을 모색하며 계획을 조정
② 성과 보고와 인센티브 제공을 통해만 문제를 해결한다
③ KPI 설정과 일정 관리와는 관련이 없다
④ 자원 배분과 실행계획 수립 단계에서 문제 해결을 수행할 수 없다

해설: 문제 해결 및 조정은 실행 과정에서 발생하는 문제를 파악하고 해결 방안을 구성원과 함께 모색하며, 필요 시 실행계획을 조정하는 활동을 포함한다.

문제 66. 치유농업 서비스에서 조직 운영 전략을 수립할 때, 예방형 치유농업의 주요 목적은 무엇인가?

① 장애인, 중독자, 위기청소년 등의 직업재활을 돕는 것
② 우울감, 불안, 스트레스 등의 정신적 어려움을 가진 대상자의 심리적 회복 지원
③ 건강한 삶의 유지, 스트레스 해소, 정서적 안정 등을 통한 질환 예방
④ 반복적인 농작업 활동을 통해 성취감과 소속감 회복

☞●●○○○

해설: 예방형 치유농업은 정신·신체적 질환 발생을 사전에 예방하는 것을 목적으로 하며, 주요 대상은 유·아동, 청소년, 성인, 노인 등 건강한 사람을 포함한다.

문제 67. 치유농업 서비스에서 치료형 접근 전략과 가장 관련 깊은 활동은 무엇인가?

① 프로그램 참여자를 대상으로 사회 참여 능력과 직업재활 지원
② 전문 인력과 협업하여 정서 지원 중심의 프로그램 운영
③ 건강 유지와 스트레스 완화를 위한 일상적 활동 제공
④ 농작업 활동을 반복 수행하며 책임감과 성취감 부여

☞●●○○○

해설: 치료형 치유농업은 정신건강 회복과 심리적 상처 치유를 목표로 하며, 전문 인력과 협업하여 정서 지원 중심의 프로그램을 운영하는 것이 핵심 전략이다.

문제 68. 치유농업 서비스의 재활형 접근 전략에 대한 설명으로 옳은 것은?

① 유·아동과 청소년을 대상으로 스트레스 해소 프로그램 운영
② 정신적 어려움을 가진 성인에게 심리적 회복 지원
③ 반복적 농작업과 책임감 부여 활동을 통해 사회 참여 능력 회복
④ 질병 예방과 건강한 삶 유지에 초점을 맞춘 프로그램 제공

☞●●○○○

해설: 재활형 치유농업은 장애인, 중독자, 위기청소년, 실업자 등을 대상으로 사회 참여 능력 회복과 직업재활 지원을 목적으로 하며, 반복적이지만 의미 있는 농작업 활동과 책임감 부여 활동을 통해 성취감과 소속감을 회복하도록 구성한다.

문제 69. 치유농업 서비스의 조직 운영 전략에서 고려해야 할 요소로 적절하지 않은 것은?

① 서비스 목적유형(예방·치료·재활)에 따른 전략적 설계
② 대상자의 특성과 현장 자원의 적합성
③ 정책 방향 및 지역사회 지원 체계
④ 단순히 프로그램 나열만으로 운영 전략 수립

☞●●●○

📖 해설: 효율적인 치유농업 조직 운영은 단순한 프로그램 나열이 아니라, 서비스 목적유형과 대상자 특성, 현장 자원, 정책 방향 등을 종합적으로 고려한 전략적 설계가 필요하다.

문제 70. 치유농업 조직에서 계층형 조직의 주요 특징과 장점으로 옳은 것은?

① 권한이 분산되어 자율성과 창의성이 높다.
② 상하 수직 구조로 명확한 보고체계가 있으며 행정·통제 기능이 강하다.
③ 프로젝트 중심의 유연한 구조로 다양한 자원 활용이 가능하다.
④ 외부 조직과 연계하여 사회적 가치를 극대화할 수 있다.

☞●●○○

📖 해설: 계층형 조직은 상하 수직 구조와 명확한 보고 체계를 통해 책임 소재를 분명히 하고 행정·통제 기능이 강한 것이 특징이다. 다만 유연성과 창의성은 상대적으로 제한될 수 있다.

문제 71. 치유농업 조직에서 매트릭스형 조직의 단점으로 적절한 것은?

① 부서 간 소통 부족으로 통합 효과가 저하될 수 있다.
② 의사소통이 경직되어 창의적 접근이 제한될 수 있다.
③ 이중 보고 체계로 인한 갈등과 혼란 발생 가능성이 있다.
④ 명확한 권한 체계가 부족하여 책임 소재가 불분명해질 수 있다.

☞●●○○

📖 해설: 매트릭스형 조직은 기능 중심 부서와 프로젝트 팀이 동시에 존재하여 유연성과 자원 통합에는 유리하지만, 이중 보고 체계로 인해 갈등과 혼란이 발생할 수 있으므로 명확한 의사소통과 역할 정의가 필요하다.

문제 72. 치유농업 활동에서 수평형 조직이 적합한 이유로 올바른 것은?
① 권한이 상부에서 하부로 집중되어 의사결정이 엄격하게 이루어진다.
② 다양한 외부 기관과 네트워크를 구축하여 사회적 가치를 실현한다.
③ 권한이 분산되어 창의성과 자율성이 높으며 의사결정이 신속하다.
④ 전문 분야별 부서가 독립적으로 운영되어 집중적 업무 수행에 적합하다.

해설: 수평형 조직은 권한 분산과 계층 구조 최소화를 특징으로 하며, 창의성과 자율성이 강조되고 의사결정이 신속하게 이루어져 자연과 인간의 상호작용 중심의 치유농업 활동에 적합하다.

문제 73. 치유농업 조직에서 네트워크형 조직의 특징과 장점으로 올바른 것은?
① 내부 부서 간 전문성을 강화하고 독립적 업무 수행 가능
② 상하 구조로 명확한 보고 체계와 행정·통제 기능 강화
③ 다양한 조직 및 외부 자원과 연계하여 사회적 가치와 혁신 실현
④ 권한 분산과 계층 구조 최소화로 창의성과 자율성 강조

해설: 네트워크형 조직은 여러 기관과 조직 간의 협력 기반으로 운영되며, 외부 자원과의 연계를 통해 치유농업의 사회적 가치를 극대화할 수 있다. 다만 관리 체계가 복잡해질 수 있어 체계적인 조정과 관리가 필요하다.

문제 74. 치유농업 조직에서 구성원의 역할과 책임을 명확히 설정하는 주요 목적은 무엇인가?
① 조직 운영의 효율성, 문제 해결 신속성, 서비스 안정성 확보
② 외부 자원 활용보다 내부 구성원의 자율성 극대화
③ 프로그램 참여자의 개인적 목표 달성만 강조
④ 조직의 계층적 권한 구조 강화

해설: 역할과 책임의 명확화는 조직 운영의 효율성을 높이고, 문제 발생 시 신속하게 대응할 수 있도록 하며, 서비스의 안정성과 신뢰성을 확보하는 핵심 요소이다.

문제 75. 치유농업 조직에서 효율적인 업무 분담을 위해 필요한 요소로 옳은 것은?
① 내부 구성원과 외부 전문가 역할 구분 및 협업 절차 명확화
② 역할을 명확히 정의하지 않고 유연하게 업무를 진행
③ 단일 구성원에게 모든 업무를 집중시켜 책임 소재 통일
④ 외부 자원과 연계하지 않고 내부 자원만 활용

☞●●○○

📖 해설: 업무의 기능별 분담을 통해 중복을 줄이고 협업을 촉진하려면 내부 구성원과 외부 전문가의 역할을 사전에 구분하고, 협업 절차와 기준을 명확히 설정해야 한다.

문제 76. 치유농업 조직에서 정기적인 평가와 피드백이 중요한 이유는 무엇인가?
① 구성원 간 역할 혼선을 유발하기 위해
② 프로그램 만족도와 서비스 질 향상, 조직 역량 강화에 기여하기 위해
③ 역할과 책임을 단순히 문서로만 기록하기 위해
④ 외부 전문가의 참여를 최소화하기 위해

☞●●○○

📖 해설: 정기적인 평가와 피드백은 서비스 이용자의 만족도와 프로그램 효과를 높이고, 조직 역량을 강화하는 데 필수적이다. 내부 회의, 외부 자문, 만족도 조사 등을 통해 지속적인 개선을 유도할 수 있다.

문제 77. 치유농업 조직에서 책임 소재의 명확화를 위해 적절한 방법은 무엇인가?
① 외부 업무 위탁 시 계약서와 협약서를 활용하여 역할과 책임을 명시
② 역할과 책임을 구성원에게 자율적으로 맡기고 별도 기록하지 않음
③ 모든 업무를 상위 관리자에게만 보고하도록 강제
④ 정기 피드백 체계를 생략하여 신속한 대응만 강조

☞●●●○

📖 해설: 책임 소재를 명확히 하기 위해서는 외부 업무 위탁 시 계약서와 협약서를 통해 역할과 책임 항목을 사전에 조율하고 명시해야 하며, 상호 신뢰를 바탕으로 협력 관계를 유지하는 것이 중요하다.

문제 78. 치유농업 운영관리시스템에서 전략적 목표 설정의 역할로 옳은 것은?
① 조직의 방향성을 명확히 하여 구성원들이 협력 가능하도록 함
② 실행 과정의 모니터링을 생략하고 단순한 계획 수립에만 집중
③ 자원 배분보다 시설 관리에만 중점
④ 외부 평가 기준과 관계없이 독립적으로 목표 설정

해설: 전략적 목표 설정은 조직이 달성하고자 하는 구체적인 목표를 설정하여 방향성을 명확히 하고, 구성원들이 목표를 이해하고 협력할 수 있도록 하며, 치유농업 특성을 반영하는 데 중점을 둔다.

문제 79. 치유농업 운영관리시스템에서 진행 상황 모니터링의 핵심 기능은 무엇인가?
① 조직의 목표 달성 여부 확인과 변화하는 환경에 신속하게 대응
② 목표 달성 이후 평가 단계에서만 문제를 점검
③ 구성원 역할 분담을 단순 기록
④ 외부 인증제 준수 여부만 확인

해설: 진행 상황 모니터링은 운영 계획의 실행 상태를 지속적으로 확인하고, 필요시 즉각적인 조치를 취하여 조직의 목표 달성 여부를 점검하며, 자연재해나 계절 변화 등 치유농업 특유의 환경 변수를 고려해 대응 계획을 수립하는 단계이다.

문제 80. 치유농업 운영관리시스템에서 성과 평가 및 조정의 목적과 방법으로 옳은 것은?
① 정량적·정성적 평가를 통해 필요시 계획을 조정하고, 피드백 체계로 지속 가능한 성장 도모
② 단순히 실행 과정 점검만 하고 계획 수정은 생략
③ 자원 배분에만 집중하고 대상자 만족도는 고려하지 않음
④ 전략적 목표 설정 단계와 동일한 내용을 반복 수행

해설: 성과 평가 및 조정 단계에서는 운영 계획의 성과를 정량적·정성적으로 평가하고, 필요시 계획을 수정하며, 정기적인 피드백 체계를 통해 서비스 품질을 지속적으로 관리하고 조직의 지속 가능한 성장을 도모한다.

문제 81. 치유농업 조직에서 성과평가시스템의 핵심 목적은 무엇인가?
① 조직의 성과를 체계적으로 평가하고 개선 방안을 도출하여 지속적 발전과 구성원 동기부여 강화
② 단순히 경제적 성과만을 측정하여 보상 기준으로 활용
③ 프로그램 실행 계획만 기록하고 평가를 생략
④ 외부 전문가 평가에만 의존하여 내부 피드백은 최소화

해설: 성과평가시스템은 조직의 성과를 체계적으로 평가하고 개선 방안을 도출하여 지속적인 발전을 도모하고 구성원들의 동기부여를 강화하는 것이 핵심 목적이다. 치유농업에서는 경제적 성과뿐 아니라 사회적 가치와 환경적 지속가능성까지 고려하는 다차원적 평가가 중요하다.

문제 82. 치유농업 성과평가시스템에서 객관적 평가 기준 제공의 의미로 옳은 것은?
① 구성원들이 목표와 기대치를 명확히 인식하도록 하여 동기부여를 강화
② 평가 기준을 내부에서만 설정하고 외부 만족도는 고려하지 않음
③ 평가 기준 없이 구성원의 자율적 판단에 맡김
④ 평가 결과를 바로 보상에 연결하지 않고 기록만 함

해설: 객관적 평가 기준 제공은 명확한 평가 기준을 설정하여 구성원들이 목표와 기대치를 명확히 인식하게 하고, 이를 통해 동기부여를 강화하는 데 중요한 역할을 한다.

문제 83. 치유농업 성과평가시스템에서 피드백과 개선의 핵심 기능은 무엇인가?
① 평가 결과를 기반으로 구성원에게 피드백을 제공하고 개선 방안을 도출하여 프로그램 품질 향상
② 평가 결과를 단순 기록하여 내부 회계에만 활용
③ 외부 평가자에게만 보고하고 내부 구성원에게 공유하지 않음
④ 성과 기반 보상과 별개로 평가를 수행하여 동기부여에 활용하지 않음

해설: 피드백과 개선 단계에서는 평가 결과를 기반으로 구성원에게 피드백을 제공하고 개선 방안을 도출하여 구성원의 역량을 발전시키고, 치유농업 프로그램의 품질을 높이는 데 기여한다.

문제 84. 치유농업 조직에서 성과 기반 보상의 효과로 가장 적절한 것은?

① 구성원 동기부여 강화와 조직 성과 극대화, 개인 기여도 인정 및 발전 기회 제공
② 단순 금전적 보상만을 제공하여 단기적 성과에 초점
③ 평가 결과와 무관하게 동일한 보상을 지급
④ 외부 자문을 통한 평가만 보상 기준으로 활용

☞●●●●○

📖 해설: 성과 기반 보상은 평가 결과에 따라 공정하고 투명하게 보상을 제공함으로써 구성원의 동기부여를 강화하고 조직의 성과를 극대화하며, 구성원이 자신의 기여도를 인정받고 발전할 수 있는 기회를 제공하는 전략적 요소이다.

문제 85. 치유농업 조직에서 교육과 훈련이 중요한 이유로 옳은 것은?

① 구성원의 역량을 체계적으로 개발하고 최신 기술과 지식을 습득하도록 하여 조직 성공에 기여
② 단기적 성과만을 중시하고 장기적 성장 계획은 생략
③ 구성원의 자율적 학습에만 의존하고 조직 차원의 지원은 최소화
④ 외부 전문가 참여를 배제하고 내부 인력만 활용

☞●●○○○

📖 해설: 교육과 훈련은 구성원의 역량을 체계적으로 개발하고 최신 기술과 지식을 습득할 기회를 제공하며, 조직의 성공과 치유농업 프로그램의 전문성 강화에 기여한다.

문제 86. 치유농업 조직에서 경력 개발이 중요한 이유는 무엇인가?

① 구성원에게 성장 기회를 제공하여 조직에 대한 애착과 충성심을 강화하고 장기적 경쟁력 확보
② 단기적 보상만 제공하고 경력 계획은 생략
③ 구성원의 전문성 향상과 무관하게 역할만 반복 수행
④ 외부 자문 평가를 통해 경력 개발을 제한

☞●●○○○

📖 해설: 경력 개발은 구성원이 분야별 전문가로 성장할 수 있는 기회를 제공하고, 조직에 대한 충성심을 강화하며 장기적으로 조직의 경쟁력을 높이는 핵심 요소이다.

문제 87. 치유농업 조직에서 인재 확보와 유지를 위해 필요한 요소로 적절한 것은?

① 경쟁력 있는 보상 체계와 개인 경력 발전 지원으로 우수 인재가 장기적으로 기여할 수 있는 환경 조성
② 단기 계약만으로 인재를 활용하고 성장 기회 제공 생략
③ 구성원의 전문성 개발과 무관하게 배치
④ 평가와 피드백 없이 인재를 일률적으로 관리

해설: 인재 확보와 유지는 조직 성과 향상과 지속 가능한 발전에 핵심적이며, 경쟁력 있는 보상과 경력 개발 기회를 제공하여 우수 인재가 장기적으로 조직에 남아 기여하도록 지원하는 것이 중요하다.

문제 88. 치유농업 조직에서 인적 자원의 최적 배치와 조직 문화 형성의 목적으로 가장 적절한 것은?

① 구성원의 역량과 적성에 맞게 배치하고, 상호 존중과 신뢰 기반의 협력적 조직 문화를 조성하여 프로그램 효과성과 조직 성과 극대화
② 단순히 업무만 분배하고 조직 문화는 외부 규정에 의존
③ 배치와 문화 개선은 장기 목표로 미루고 단기 운영만 중점
④ 구성원의 자율적 판단에만 맡기고 조직 차원의 체계적 관리 생략

해설: 인적 자원의 최적 배치는 구성원의 강점을 발휘할 수 있는 환경을 제공하고, 조직 문화 형성은 상호 존중과 신뢰 기반의 협력적 분위기를 조성하여 프로그램의 효과성과 조직 전반의 성과를 극대화한다.

문제 89. 치유농업 서비스에서 상황적 리더십의 특징으로 옳은 것은?

① 다양한 상황에 맞추어 리더십 스타일을 유연하게 조정하며, 프로그램 특성과 대상자의 요구에 대응
② 강력한 개인적 매력으로 구성원의 몰입을 유도
③ 구성원들의 성장과 복지를 우선하여 섬김 중심으로 운영
④ 명확한 목표와 보상 체계를 통해 성과를 관리

해설: 상황적 리더십은 치유농업 조직의 다양한 상황에 맞추어 리더십 스타일을 유연하게 적용하고, 대상자나 팀 상황에 따라 지시·지원 방식을 조정하여 효과적인 결과를 도출하는 접근 방식이다.

문제 90. 치유농업 조직에서 변혁적 리더십의 역할로 적절한 것은?
① 구성원들에게 비전과 동기를 제공하여 자발적으로 목표 달성을 유도하고 조직 혁신 촉진
② 목표 달성 시 명확한 보상을 제공하며 성과 중심의 문화 조성
③ 구성원의 복지와 성장을 우선하여 팀워크와 협력 강화
④ 다양한 상황에 따라 리더십 방식을 유연하게 조정

해설: 변혁적 리더십은 조직 내에서 비전과 영감을 제공하여 구성원이 자발적으로 목표를 달성하도록 동기를 부여하며, 조직 혁신과 프로그램 개선 시 팀 참여를 촉진하는 데 중요한 역할을 한다.

문제 91. 치유농업 조직에서 서번트 리더십이 적합한 이유는 무엇인가?
① 구성원 성장과 복지를 우선시하며 협력적 분위기 조성, 팀워크 강화
② 명확한 목표와 보상을 통해 성과를 관리
③ 리더의 비전과 개인적 매력으로 구성원 몰입 유도
④ 다양한 상황에 따라 리더십 스타일을 조정

해설: 서번트 리더십은 구성원의 개인적·직업적 성장을 지원하고 팀워크와 협력을 촉진하는 섬김 중심의 리더십으로, 치유농업 조직에서 구성원의 신뢰와 만족도를 높이는 데 적합하다.

문제 92. 치유농업 조직에서 거래적 리더십과 카리스마적 리더십의 공통 역할로 가장 적절한 것은?
① 구성원의 목표 달성과 팀 몰입을 촉진하여 조직 성과 향상
② 단순한 규정 준수만 강조하여 조직 안정성 확보
③ 외부 평가와 무관하게 리더의 권위만 강조
④ 구성원 개별 성장과 복지보다는 팀 업무 분배만 관리

해설: 거래적 리더십은 목표와 보상 체계를 명확히 하여 성과를 관리하고 책임감을 부여하며, 카리스마적 리더십은 리더의 개인적 영향력으로 구성원 몰입을 유도한다. 두 스타일 모두 구성원의 목표 달성과 팀 몰입을 촉진하여 조직 성과 향상에 기여한다.

문제 93. 치유농업 조직에서 팀워크 향상을 위한 전략으로 가장 적절한 것은?
① 구성원 간 신뢰와 협력을 증진하는 팀 빌딩 활동과 공동 프로젝트 수행
② 개인 목표 중심으로 업무만 배정하고 협력은 최소화
③ 외부 전문가에게만 의존하여 팀워크 형성
④ 평가와 보상 체계만 강화하고 상호 지원 체계는 배제

📖 해설: 팀 빌딩 활동과 공동 프로젝트 수행은 구성원 간 신뢰와 이해를 증진시키고 협력 문화를 조성하며, 조직의 결속력과 성과 향상에 기여한다.

문제 94. 치유농업 조직에서 효과적인 의사소통의 중요성으로 옳은 것은?

① 오해를 줄이고 문제 해결을 신속하게 하며 조직 효율성을 향상
② 의사소통을 최소화하여 개인 업무 집중을 유도
③ 상급자의 일방적 지시에만 의존
④ 외부 평가 기준만 중시하고 내부 의사소통은 생략 　　　

📖 해설: 개방적이고 투명한 의사소통은 구성원들의 협력을 강화하고 조직의 목표 이해도를 높이며, 문제 해결과 효율적인 업무 수행에 필수적이다.

문제 95. 치유농업 조직에서 공동 목표 설정이 팀워크에 기여하는 방식으로 적절한 것은?

① 구성원들이 목표를 명확히 이해하고 협력하여 달성하도록 돕고, 조직 전체 방향성을 통합
② 개인별 목표만 강조하고 팀 목표는 무시
③ 목표 설정 없이 임의적 업무 수행
④ 상호 지원 체계 없이 개인 업무에만 집중 　　　

📖 해설: 공동 목표 설정은 팀원들이 목표를 명확히 이해하고 협력하여 달성하도록 유도하며, 개인 목표와 조직 목표를 조화시켜 시너지 효과를 창출한다.

문제 96. 치유농업 조직에서 상호 지원 시스템과 역할 명확화의 공통 효과로 가장 적절한 것은?

① 팀 구성원 간 협력과 결속력을 강화하고 조직 목표 달성에 기여
② 개인별 경쟁을 촉진하여 업무 집중을 제한
③ 상급자의 지시만 강조하고 팀원의 참여는 배제
④ 외부 전문가 중심으로 업무 수행하며 내부 협력은 최소화 　　　

📖 해설: 상호 지원 시스템은 팀원들이 서로를 돕고 강점을 활용하도록 하며, 역할과 책임 명확화는 혼란과 충돌을 예방하여 팀워크와 조직 성과를 극대화한다.

문제 97. 국내 치유농업 사례에서 맞춤형 서비스 제공의 핵심 목적은 무엇인가?
① 대상자의 요구와 특성에 맞춘 활동 설계를 통해 만족도와 재방문율을 높이고, 장기적 관계를 구축
② 모든 대상자에게 동일한 프로그램을 일괄 제공하여 운영 효율성 극대화
③ 외부 전문가에게만 프로그램 설계를 맡기고 내부 구성원은 관여하지 않음
④ 시설 인증 기준만 준수하고 자율적 운영은 최소화

👉●●○○

📖 해설: 맞춤형 서비스 제공은 대상자의 심리·신체 상태와 요구를 고려해 적합한 활동을 설계하고, 정기적 피드백을 통해 서비스를 개선하며 장기적 관계를 형성하는 것이 핵심이다.

문제 98. 국내 치유농업 사례에서 지역사회와의 협력이 중요한 이유는?
① 지역 농업인과 협력하여 지속 가능한 농업과 치유 프로그램을 결합하고 지역 경제와 공동체를 활성화
② 프로그램 운영을 외부 기관에 전적으로 위탁하기 위함
③ 치유농업 대상자의 개별 만족도만을 목표로 삼기 위함
④ 자원 운영 비용 절감과는 관련이 없음

👉●●○○

📖 해설: 지역사회 협력은 지역 농업인과의 연계로 경제적·사회적 가치를 창출하며, 지역 공동체 참여를 유도하고 상호 이익을 도모하여 치유농업의 지속 가능성을 높이는 전략이다.

문제 99. 치유농업 프로그램에서 다양한 치유활동 통합이 조직과 대상자에게 주는 효과는?
① 활동 간 시너지를 창출하여 치유 효과를 극대화하고, 대상자의 흥미와 참여를 지속적으로 유지
② 단일 활동만 반복하여 전문성을 강조
③ 외부 평가 기준만 충족시키고 대상자 경험은 고려하지 않음
④ 활동 통합은 프로그램 경쟁력과 무관

👉●●○○

📖 해설: 다양한 치유활동을 통합하면 각 활동 간 시너지를 만들어 대상자의 요구를 폭넓게 충족시키며, 참여 흥미를 유지하고 프로그램 경쟁력을 높여 지속 가능한 치유농업 모델 구축에 기여한다.

문제 100. 치유농업 조직에서 효율적인 자원 운영의 중요성으로 적절한 것은?

① 운영 비용 절감, 장기적 안정성 확보, 친환경 자원 활용과 지속 가능한 농업 실천을 통한 경제적·환경적 가치 창출
② 자원을 무분별하게 사용하여 단기적 성과만 강조
③ 자원 활용은 외부 기관에만 의존하고 내부 관리는 최소화
④ 프로그램의 안정성과 서비스 품질에는 영향이 없음

☞●●●●○

📖 해설: 효율적 자원 운영은 프로그램의 안정성과 지속 가능성을 확보하고, 친환경적·지속 가능한 농업 방식을 통해 경제적 이익과 환경보호를 동시에 실현하며 조직의 사회적 책임을 강화하는 핵심 전략이다.

문제 101. 국내 치유농업 활성화에서 정부의 지원이 중요한 이유는 무엇인가?

① 재정적·정책적 지원을 통해 프로그램의 안정적 운영과 점진적 확장을 가능하게 하고, 더 많은 지역사회가 혜택을 누리도록 함
② 모든 치유농업 프로그램을 민간 기업에 위탁하기 위함
③ 정부 지원은 단순 홍보 목적에만 국한됨
④ 국제 사례와의 비교 연구만 강조

☞●●○○○

📖 해설: 정부의 재정적·정책적 지원은 치유농업 프로그램의 기획부터 실행, 운영 전반에 실질적 도움을 제공하며, 안정적 운영과 확산을 촉진하는 핵심 역할을 한다.

문제 102. 지방자치단체가 치유농업 발전을 위해 수행하는 주요 역할로 옳은 것은?

① 지역 특성을 반영한 치유농업 모델 개발, 시설 구축, 프로그램 개발비 지원, 전문 인력 양성
② 모든 치유농업 프로그램을 중앙 정부에 일괄 위탁
③ 지역 주민 참여를 최소화하고 전문 인력만 활용
④ 프로그램 평가 기준만 제시하고 실행에는 관여하지 않음

☞●●○○○

📖 해설: 지방자치단체는 지역 특성에 맞춘 치유농업 모델 개발과 지원을 통해 지역 주민 참여를 촉진하고, 지역 경제 활성화와 프로그램의 지속 가능성을 높이는 역할을 수행한다.

문제 103. 공공기관의 치유농업 지원 확대가 갖는 의미로 가장 적절한 것은?

① 치유농업의 다양한 측면을 지원하며 공공기관 간 협력을 통해 통합적 발전과 사회적 문제 해결에 기여

② 프로그램 운영을 전적으로 민간에 위탁

③ 국제 협력과 무관하게 국내 사례만 참고

④ 재정 지원만 제공하고 프로그램 관리에는 참여하지 않음

해설: 공공기관의 지원 확대는 치유농업의 통합적 발전을 촉진하며, 다양한 사회적 문제 해결에도 도움을 준다. 협력을 통해 보다 효과적인 프로그램 운영과 지속 가능한 발전을 가능하게 한다.

문제 104. 국제 협력 및 교류가 국내 치유농업 발전에 기여하는 방식으로 적절한 것은?

① 해외 치유농업 성공 사례 도입, 최신 기술과 혁신적 접근 적용, 글로벌 경쟁력 강화

② 국내 프로그램만 단독 개발하고 국제 동향은 무시

③ 외국 사례는 단순 참고용으로만 활용, 실제 적용은 하지 않음

④ 국제 협력은 주로 학술 행사 참여에 국한

해설: 국제 협력과 교류는 해외 사례와 최신 기술, 혁신적 접근법을 국내에 적용할 기회를 제공하여 치유농업의 질적 향상과 글로벌 경쟁력 강화를 촉진한다.

문제 105. 다음은 네덜란드의 대표적 케어 팜(Care Farm) 사례인 '드 호허 본(De Hoge Born)'의 운영 방식에 대한 설명이다. 이 중 해당 치유농업 모델의 핵심 철학과 운영 목적을 가장 정확히 반영한 것은 무엇인가?

① 정신 질환자·노인·장애인 등 사회적 취약 집단이 농업 활동에 참여함으로써, 사회적 관계 형성과 자아존중감 회복을 동시에 도모하는 통합적 치유 모델이다.

② 농업 경관을 활용하여 일반 방문객에게 체험 중심의 농촌 관광 서비스를 제공하는 모델이다.

③ 농작물의 생산성과 판매 수익을 극대화하는 것을 주목적으로 한 상업 농업 운영 모델이다.

④ 학령기 청소년을 대상으로 한 농업 진로 체험과 교육 프로그램에만 초점을 둔 모델이다.

해설: 드 호허 본(De Hoge Born)은 네덜란드 케어 팜 모델 중에서도 치유농업의 사회적·심리적 치유 기능을 강조한 대표 사례이다. 따라서 ①번은 이 모델의 치유 철학·대상·운영 목적을 가장 종합적으로 설명한다.

문제 106. 다음은 독일의 대표적 소셜 팜(Social Farm) 사례인 '호프굿 오버펠트(Hofgut Oberfeld)'의 운영 특성에 대한 설명이다. 이 중 해당 소셜 팜이 추구하는 핵심 목적과 가장 부합하는 것은 무엇인가?

① 정신적 어려움을 겪는 참여자들이 농업 활동과 직업 훈련 과정에 참여함으로써, 심리적 회복과 함께 사회·노동시장으로의 재통합을 단계적으로 달성하도록 지원하는 모델이다.
② 농업 종사자를 대상으로 최신 재배 기술과 생산성 향상을 위한 전문 교육만을 제공하는 농업 기술 훈련 시설이다.
③ 지역의 자연환경을 활용하여 관광객을 유치하고 체험 수익을 창출하는 자연 관광 중심 농장이다.
④ 고부가가치 농산물의 브랜드화와 해외 수출 확대를 최우선 목표로 하는 상업 농업 기업이다.

📖 해설: '호프굿 오버펠트'는 정신 건강 회복과 사회적 취약 계층의 자립을 지원하기 위해 농업 활동과 직업 훈련을 결합하여 지속 가능한 발전 모델을 구현한다. 특히 이 모델은 단순한 심리 치유를 넘어 직업 훈련, 사회적 역할 회복, 노동시장 재진입 가능성 확보 까지를 포함하는 사회 재통합 지향형 치유농업이라는 점에서 ①번이 가장 정확하다

문제 107. 다음은 스웨덴 '알나프 재활 정원(Alnarp Rehabilitation Garden)'의 치유농업 프로그램 운영 철학에 대한 설명이다. 이 중 해당 모델의 치유 접근 방식과 가장 부합하는 것은 무엇인가?

① 스트레스 관련 질환을 겪는 대상자가 자연적 환경 속에서의 산책, 정원 활동, 감각 자극 및 명상적 경험에 참여함으로써, 심리적 안정과 회복을 점진적으로 도모하도록 설계된 환경 중심 치유 모델이다.
② 농업 생산성 향상을 목표로 하여 참여자가 작물 재배와 수확 전 과정을 수행하도록 구성된 노동 중심 프로그램이다.
③ 지역 경제 활성화를 위해 관광 프로그램과 체험형 농업 활동을 결합한 상업적 운영 모델이다.
④ 취약계층을 대상으로 농업 기술 습득과 직업 적응 능력 향상만을 목적으로 한 직업 재활 중심 프로그램이다.

📖 해설: 알나프 레허빌리테이션 가든은 자연 환경 속 활동을 통해 스트레스 완화와 정신적 안정 제공에 중점을 두며, 다양한 연령층과 배경의 대상자가 참여할 수 있도록 프로그램을 설계했다. 따라서 자연 산책, 정원 가꾸기, 명상적 체험을 통해 자율성 회복, 심리적 안전감 형성, 점진적 회복 리듬 구축을 추구하는 ①번이 가장 적절하다.

문제 108. 다음은 이탈리아 아그리투리스모(Agri-turismo) 유형 중 '테누타 디 스파노키아(Tenuta di Spannocchia)'의 치유농업 운영 방식에 대한 설명이다. 이 중 해당 모델의 핵심 특징을 가장 정확하게 반영한 것은 무엇인가?

① 농업 생산 활동을 기반으로 숙박·체험·문화 프로그램을 연계하여, 참여자가 농촌 일상 속 신체 활동과 자연환경에서의 심리적 휴식을 동시에 경험하도록 하며, 지역 공동체와 경제 활성화에도 기여하는 통합형 치유 모델이다.

② 전문 의료진 주도의 임상 치료 프로그램만을 제공하여 농업 활동은 보조적 수단으로 활용되는 의료 중심 모델이다.

③ 단일 작물의 대량 생산과 판매 효율을 극대화하는 것을 주된 목표로 하는 상업 농업 모델이다.

④ 대학 및 연구기관 중심의 농업 실험과 학술 연구를 핵심으로 운영되는 연구 특화형 모델이다.

☞●●●○

해설: 테누타 디 스파노키아는 농업과 관광을 결합하여 방문객들이 직접 활동에 참여하고 건강한 식생활과 정신적 휴식을 경험하도록 하며, 지역 경제 활성화에도 긍정적인 영향을 미친다. 따라서 이러한 복합·통합형 구조를 가장 정확히 설명한 ①번이 정답이다.

문제 109. 다음은 미국의 도시형 커뮤니티 팜 사례인 '더 배터리 어반 팜(The Battery Urban Farm)'의 운영 배경과 기능에 대한 설명이다. 이 중 해당 모델의 핵심 목적과 가장 부합하는 설명은 무엇인가?

① 고밀도 도시 환경 속에서 주민이 직접 참여하는 커뮤니티 가드닝과 교육·치유 활동을 통해 사회적 연결성을 회복하고, 자연과의 접촉을 매개로 정서적 안정과 공동체 역량을 강화하는 도시형 치유농업 모델이다.

② 프리미엄 농산물의 안정적 생산과 외부 시장 유통을 최우선 목표로 하여, 도시 농업을 수익 중심 산업으로 전환하는 전략적 사업 모델이다.

③ 도시 관광 활성화를 위해 단기 체험 위주의 농업 프로그램을 운영하며, 치유적 기능은 부차적으로 기대되는 부가 효과이다.

④ 정신건강 전문가를 대상으로 한 전문 교육과 자격 양성에 집중하며, 일반 시민의 참여는 제한적으로 이루어지는 전문 인력 양성 모델이다.

☞●●○○

해설: '더 배터리 어반 팜'은 도시 내 빈 공간을 활용하여 주민들이 함께 참여할 수 있는 프로그램을 제공하고, 심리적 안정과 사회적 상호작용을 촉진하는 것을 핵심 목표로 한다. 이는 농업 생산성이나 관광 수익보다 도시 환경에서 부족한 자연 접촉 기회를 제공하고, 주민 간 사회적 유대(social bonding)를 강화하는 데 중점을 둔 사회·치유 통합형 도시 농업 모델이다. 따라서 ①번이 가장 정확하다.

문제 110. 다음은 캐나다의 온실 기반 치유농업 프로젝트인 '그린하우스 프로젝트 – 그린 침니즈(Green Chimneys)'의 운영 특성과 목적에 대한 설명이다. 이 중 해당 모델의 핵심 특징을 가장 정확하게 반영한 것은 무엇인가?

① 계절적 제약이 큰 기후 환경에서도 온실이라는 보호된 농업 공간을 활용하여 연중 지속 가능한 치유 활동을 제공하고, 특히 노인을 중심으로 한 참여자의 신체 활동 촉진과 사회적 고립 완화를 동시에 달성하는 돌봄·치유 통합형 농업 모델이다.
② 취약 청소년을 대상으로 한 단기 직업 기술 훈련에만 초점을 맞추어, 치유적 기능은 부차적으로 기대되는 직업 교육 중심 모델이다.
③ 농업 생산 경험 자체를 목적으로 하여, 정서적·사회적 치유 효과는 프로그램 설계에서 고려하지 않는 체험형 농업 모델이다.
④ 지역 방문객 유치를 통한 관광 수익 창출을 최우선으로 하는 도시형 농촌관광 모델이다.

👉●●○○

> 📖 해설: '그린 침니즈'는 온실을 활용해 연중 치유농업 활동을 제공하며, 노인들의 신체적 활동을 촉진하고 사회적 고립을 완화하며 정신적 안정을 제공하는 데 초점을 맞춘 프로그램이다. 이는 단순 체험이나 관광이 아닌 돌봄(care)-치유(healing)-농업(agriculture)이 결합된 구조라는 점에서 특징적이다. 따라서 ①번이 가장 타당하다.

문제 111. 다음은 멕시코의 치유농업 사례인 '라 에스페란자 농장 – 엘 파호날(El Pajonal)'의 운영 철학과 프로그램 구성에 대한 설명이다. 이 중 해당 모델의 주요 대상과 활동을 가장 정확하게 반영한 것은 무엇인가?

① 약물 중독에서 회복 중인 개인을 주요 대상으로 하여, 유기농 재배 활동과 동물 돌봄·관리 경험을 통해 책임감과 자기 효능감을 회복하고, 신체·정신 건강의 전인적 회복을 도모하는 재활·치유 통합형 농업 모델이다.
② 일반 관광객의 체험 만족도를 높이기 위해 단기 농업 체험과 지역 문화 관람을 중심으로 운영되는 관광형 농장 모델이다.
③ 도시 청소년을 대상으로 한 직업 탐색 및 기술 습득 위주의 교육 프로그램으로, 치유적 개입은 부수적으로 이루어지는 교육 중심 모델이다.
④ 농업 생산량 확대를 목표로 하여, 단순 작물 수확과 반복 노동만을 제공하는 생산 중심 농업 모델이다.

👉●●○○

> 📖 해설: '엘 파호날'은 약물 중독 회복 중인 개인을 대상으로 유기농 농업과 동물자원을 활용한 치유 프로그램을 제공하여 대상자의 신체적, 정신적 건강을 증진하고 사회 복귀를 지원한다. 이 모델의 핵심은 노동 그 자체가 아닌 의미 있는 역할 수행, 공동체 속에서의 정체성 재형성, 신체·정신·사회적 회복의 전인적 접근이다. 따라서 이러한 요소를 모두 반영한 ①번이 가장 적절하다.

문제 112. 다음은 북미 지역(미국·캐나다·멕시코)의 대표적 치유농업 사례(예: The Battery Urban Farm, Green Chimneys, El Pajonal)의 운영 특성을 요약한 것이다. 이들 사례에 공통적으로 나타나는 핵심 특징으로 가장 타당한 것은 무엇인가?

① 지역 주민·이용자·전문 인력 간의 협력적 참여 구조를 기반으로 농업 활동을 매개로 한 정서적 안정, 사회적 관계 회복, 공동체 형성을 동시에 추구하는 사회통합형 치유농업 모델이다.
② 농업 생산성과 수익성 극대화를 최우선 목표로 하여, 치유적 기능은 부차적으로 기대되는 산업 중심 모델이다.
③ 첨단 농업 기술 연구와 실험을 중심으로 운영되며, 일반 시민의 참여는 제한되는 연구 특화 모델이다.
④ 해외 관광객 유치를 주요 목적으로 하여 단기 체험과 소비 중심으로 운영되는 관광 지향형 모델이다.

☞ ●●●○

📖 해설: 미국, 캐나다, 멕시코 사례 모두 지역 사회 참여와 협력을 중심으로 운영되며, 주민과 대상자들의 정신적 안정과 공동체 형성을 증진하는 것을 공통 목표로 한다. 이는 치유농업을 단순한 농업 생산이나 체험이 아니라, 사회적 돌봄과 회복의 공공적 장치로 인식하는 북미적 접근을 반영한다. 따라서 이러한 공통점을 가장 정확히 포괄한 ①번이 정답이다.

문제 113. 치유농업 사례에서 도출된 '대상자 맞춤형 접근'의 주요 목적은 무엇인가?
① 대상자의 다양한 요구와 특성에 맞춘 프로그램 제공으로 만족도와 장기 참여 유도
② 단순히 농업 생산량 증대를 목표로 함
③ 지역 농업인과의 협력만 강조
④ 정부 정책 준수 여부 확인

☞ ●●○○

📖 해설: 대상자 맞춤형 접근은 개별 대상자의 요구와 특성을 반영하여 프로그램을 설계하고 제공함으로써 만족도를 극대화하고 장기 참여를 유도하는 것이 핵심이다.

문제 114. '지역사회 협력의 강화'가 치유농업에서 중요한 이유는 무엇인가? ① 안정적인 자원 공급과 지역 경제 활성화를 지원하며 프로그램 정착에 기여
② 대상자 개별 만족도와는 무관함
③ 농업 기술 개발만 중점
④ 프로그램의 장기 평가를 대신함

☞ ●●○○

📖 해설: 지역사회 협력은 농업인, 단체, 기관과 긴밀히 협력하여 자원을 확보하고, 지역 주민 참여를 유도하며, 치유농업 프로그램이 지역사회에 자연스럽게 정착하도록 지원하는 핵심 요소다.

문제 115. '다양한 치유 활동의 통합' 전략의 효과로 올바른 것은?

① 식물자원, 동물자원, 농촌환경·문화자원 등을 조화롭게 결합하여 대상자의 몰입도와 치유 효과 증대
② 특정 활동만 반복하도록 하여 효율성 감소
③ 참여자 수를 줄이는 전략
④ 단순한 농업 체험 중심 운영

📖 해설: 통합적 접근은 다양한 치유 활동을 유기적으로 결합하여 대상자의 개별 요구를 충족시키고, 프로그램 간 시너지를 창출해 몰입도와 치유 효과를 극대화하는 전략이다.

문제 116. 치유농업의 '지속적인 평가와 혁신'의 중요성으로 적절한 것은?

① 정기적 평가와 피드백을 통해 프로그램 품질 유지, 변화 대응 및 경쟁력 확보
② 농업 생산량 증가만 목표로 함
③ 단순히 정부 정책 보고용으로 평가 진행
④ 혁신보다는 기존 방식 유지에 초점

📖 해설: 지속적인 평가와 혁신은 치유농업 프로그램의 품질을 유지하고, 변화하는 환경과 고객 요구에 대응하며, 개선을 통한 경쟁력 확보와 장기적 발전을 가능하게 하는 핵심 성공 요소다.

문제 117. 치유농업에서 디지털 기술 도입의 주요 목적은 무엇인가?

① 스마트팜 기술과 모니터링 시스템을 통해 대상자 맞춤형 피드백 제공 및 운영 효율성 향상
② 단순히 농작물 생산량만 증대
③ 정부 보조금 신청에 활용
④ 전통 농업 체험만 강조

📖 해설: 디지털 기술 도입은 작물 상태와 대상자 활동을 실시간 모니터링하고, 개별 대상자에 맞춘 피드백을 제공함으로써 운영 효율성을 높이고 비용을 절감하는 데 목적이 있다.

문제 118. 사회적 기업 모델을 치유농업에 적용할 때 기대되는 효과는 무엇인가?

① 경제적 가치와 사회적 가치를 동시에 창출하고, 취약 계층에게 재활·일자리 기회 제공
② 단순한 농업 생산성 향상만 목표
③ 프로그램 참여자 수를 제한
④ 해외 사례 모니터링 전용

해설: 사회적 기업 모델은 경제적 이익과 사회적 가치를 동시에 추구하며, 취약 계층에게 치유 및 재활 기회를 제공하고 지역사회 공동 이익을 창출하는 데 중점을 둔다.

문제 119. 향후 치유농업 발전 방향에서 '포괄적 치유 서비스 개발'의 핵심 특징은?

① 신체·인지·심리·사회적 건강을 통합적으로 증진하는 다양한 프로그램 제공
② 단일 농업 활동만 반복
③ 정부 보조금 지원을 위한 최소 활동 운영
④ 참여자 선택권을 제한

해설: 포괄적 치유 서비스는 농업 자원뿐 아니라 예술 활동, 요가 등 비농업 기반 활동까지 포함해 참가자에게 다각적·통합적 치유 경험을 제공함으로써 치유 효과를 극대화하는 전략이다.

문제 120. 환경 친화적 운영 모델 구축의 치유농업적 의미로 옳은 것은?

① 재생 가능한 자원, 친환경 농업 방식 도입으로 지속 가능성과 사회적 책임 실현
② 단순히 작물 수확량 증대
③ 정부 규제 준수 목적만
④ 프로그램 평가를 대신하는 활동

해설: 환경 친화적 운영 모델은 태양광, 물 절약 기술, 유기농법 등 지속 가능한 방식 도입을 통해 환경 영향을 최소화하고 경제적 효율성을 높이며, 치유농업이 사회적 책임을 다하는 미래 지향적 사업으로 발전하는 것을 의미한다.

문제 121. 다문화 및 소외 계층 포용 프로그램 개발의 핵심 목적은 무엇인가?
① 다양한 문화적 배경과 사회적 계층을 포함해 사회 통합과 접근성 증진
② 특정 계층만 우선 참여
③ 프로그램 운영 비용 절감
④ 농업 생산 중심 운영

☞ ●●○○○

📖 해설: 포용적 프로그램은 다문화 가정, 장애인, 소외 계층 등을 위해 맞춤형 활동과 접근성을 제공함으로써 사회 통합과 참여 확대를 촉진하는 전략이다.

문제 122. 치유농업 프로그램과 사회복지서비스 연계의 주요 목적은 무엇인가?
① 대상자에게 종합적 지원을 제공하여 치유 효과를 극대화
② 단순히 농업 생산성만 향상
③ 프로그램 참여자 수 제한
④ 정부 예산 사용 증대

☞ ●●●●○

📖 해설: 치유농업과 사회복지서비스의 연계는 대상자의 심리적·신체적·사회적 요구를 종합적으로 충족시켜 치유 효과를 높이고 삶의 질을 향상시키는 데 목적이 있다.

문제 123. 사회적 통합과 재활 측면에서 치유농업이 제공하는 효과로 옳은 것은?
① 사회적 약자, 노인, 장애인이 참여하여 사회적 상호작용을 회복하고 자존감을 높임
② 단순히 농업 기술 교육만 제공
③ 프로그램 참여자들에게 금전적 보상을 제공
④ 대상자 개인 활동만 강조

☞ ●●○○○

📖 해설: 치유농업은 사회적 약자와 취약계층에게 사회적 참여 기회를 제공하고, 다양한 활동을 통해 사회적 관계 회복과 자존감 향상을 지원하여 재활에 기여한다.

문제 124. 정신 건강 지원 측면에서 치유농업 프로그램의 특징은 무엇인가?
① 식물자원과 동물자원 프로그램을 통해 스트레스 완화, 우울증 및 불안 감소
② 단순히 건강 검진만 시행
③ 외부 기관 연계 없이 개인 활동만 수행
④ 농작물 수확량 증대에 집중

해설: 정신 건강 지원을 위해 치유농업은 식물과 동물을 활용한 다양한 활동을 제공하며, 지역 정신건강센터와 연계해 맞춤형 프로그램과 주간 치유 센터를 운영하여 정서적 안정을 제공한다.

문제 125. 치유농업에서 자립 지원을 위해 제공되는 활동으로 적절한 것은?
① 농업 기술 교육과 직업 훈련을 통한 경제적 독립 역량 강화
② 단순한 취미 활동만 제공
③ 대상자에게 현금 지원만 시행
④ 사회적 지지망 제공을 배제

해설: 치유농업은 대상자가 사회에서 독립적으로 생활할 수 있도록 농업 기술 교육과 직업 훈련을 제공하고, 실습 기회를 통해 자립을 촉진한다.

문제 126. 사회적 지지 시스템 구축의 의미로 가장 적절한 설명은 무엇인가?
① 치유농업과 사회복지 서비스 연계를 통해 대상자에게 정서적·물질적 지원 제공 및 지속적 참여 유도
② 단순히 프로그램 참여 기록 관리
③ 지역 농산물 생산량 증가 목적
④ 정부 지원금 심사 기준 마련

해설: 사회적 지지 시스템은 대상자가 어려움을 겪을 때 필요한 지원을 받을 수 있도록 하고, 지속적인 프로그램 참여를 유도하며 생활 안정성을 높이는 데 중요한 역할을 한다.

문제 127. 치유농업 프로그램이 지역사회 통합에 기여하는 방식으로 적절한 것은?

① 지역 주민과 기관·기업과 협력하여 자원을 연계하고 지역 경제 및 관광 활성화에 기여
② 대상자를 프로그램에서 격리
③ 외부 방문자 참여를 제한
④ 농업 활동만 집중 운영

📖 해설: 치유농업은 지역사회와 협력하여 프로그램을 운영하며, 참가자와 방문자의 참여를 통해 지역 상권과 관광 자원을 활성화하고, 지역 공동체의 일원으로 자리잡도록 지원한다.

문제 128. 치유농업이 교육 프로그램과 연계될 때의 주요 효과로 올바른 것은?

① 학생들에게 환경 교육과 정서적 지원을 제공
② 단순히 농산물 생산량만 증가
③ 학생 참여를 제한
④ 교육과 관련 없는 활동만 제공

📖 해설: 학교와 협력하여 치유농업 활동에 참여하도록 함으로써 학생들은 자연 이해와 정서적 안정, 지속 가능한 농업 실천의 중요성을 배우게 된다.

문제 129. 치유농업과 의료서비스 연계의 의미로 가장 적절한 설명은?

① 환자의 정서적 안정과 재활 동기를 높이기 위해 병원과 협력
② 단순히 농업 체험만 제공
③ 의료기관에서 농업 수익 관리
④ 환자 활동을 제한하여 안전 확보

📖 해설: 재활 병원과 연계하여 치유 정원 등 자연 기반 환경에서 활동함으로써 환자들은 심리적 안정을 느끼고 일상 복귀에 긍정적인 자극을 받는다.

문제 130. 통합적 치료 접근에서 치유농업 프로그램이 지원하는 건강 영역은 무엇인가?

① 신체적, 정신적, 사회적 건강을 포괄적으로 지원
② 신체적 건강만 강화
③ 정신 건강만 집중
④ 사회적 교류만 촉진

📖 해설: 통합적 치료 접근은 대상자가 신체 재활과 정서적 안정, 사회적 지지를 동시에 받을 수 있도록 프로그램을 설계하여 치유 효과를 극대화한다.

문제 131. 치유농업과 교육·의료 서비스 연계를 통해 기대할 수 없는 효과는?

① 대상자의 다양한 요구 충족　　　② 치유농업의 사회적 가치 증대
③ 단순한 농산물 수확량 향상　　　④ 포괄적 건강 지원　　👆●●●●○

📖 해설: 교육 및 의료서비스 연계는 대상자의 신체·정신·사회적 건강과 사회적 가치 향상에 초점을 맞추며, 단순한 농산물 생산 증대는 주된 목적이 아니다.

문제 132. 치유농업에서 지역사회 네트워크 구축의 주요 목적은 무엇인가?

① 프로그램 운영에 필요한 자원과 지원 확보 및 지역사회 참여 유도
② 단순히 농산물 생산량 증가
③ 민간 기업과의 기술적 지원 배제
④ 해외 사례 도입 제한　　👆●●○○

📖 해설: 지역 주민, 자원봉사자, 지역 기업 등과 협력하여 필요한 자원을 확보하고 참여를 유도함으로써 프로그램의 사회적 가치와 지속 가능성을 높이는 것이 핵심 목적이다.

문제 133. 정부와 민간 기업 간의 파트너십을 치유농업 프로그램에 적용했을 때 기대할 수 있는 효과는?

① 안정적인 운영과 확장, 최신 농업 기술 도입
② 자원봉사자 참여 감소
③ 지역사회 의견 무시
④ 프로그램 평가 및 개선 불가능　　👆●●○○

📖 해설: 정부의 재정·정책 지원과 민간 기업의 기술·후원을 결합함으로써 안정적 운영, 인프라 구축, 최신 기술 도입 등이 가능하다.

문제 134. 자원봉사자 네트워크의 구축이 치유농업 프로그램에 중요한 이유로 가장 적절한 것은?

① 대상자에게 정서적 지지 제공 및 프로그램 효과 증대

② 프로그램 비용 증가

③ 해외 사례와의 협력 제한

④ 농업 기술 교육 배제

☞●●○○○

📖 해설: 자원봉사자들은 프로그램 운영 지원과 대상자 정서적 지원을 통해 효과를 높이며, 학생 자원봉사자 참여로 운영 비용 절감과 사회적 가치 증대도 가능하다.

문제 135. 커뮤니티 참여 활성화를 위한 전략으로 가장 적절하지 않은 것은?

① 지역 주민 의견을 반영하여 프로그램 운영

② 지역 축제와 연계한 참여 유도

③ 프로그램을 외부 전문가만 독점적으로 운영

④ 지역 주민 자발적 참여를 장려하는 다양한 프로그램 개발

☞●●●○

📖 해설: 커뮤니티 참여 활성화는 지역 주민의 자발적 참여와 의견 반영이 핵심이며, 전문가만 독점 운영하는 방식은 참여와 유대감 형성을 저해하므로 적절하지 않다.

문제 136. 치유농업 서비스의 내부 품질관리 체계에서 가장 중요한 목적은 무엇인가?

① 프로그램을 안정적이고 효과적으로 운영하며 일관성과 전문성을 확보

② 단순히 농산물 생산량을 극대화

③ 외부 인증만 획득하면 내부 관리는 불필요

④ 대상자 참여를 제한하여 서비스 표준화

☞●●○○

📖 해설: 내부 품질관리 체계는 프로그램의 안정적 운영과 서비스 일관성 확보를 위해 필요하며, 외부 인증과 별개로 시설 자율성과 실효성을 높이는 핵심 전략이다.

문제 137. 내부 품질관리 체계에서 대상자 피드백을 수집하는 주된 목적은 무엇인가?
① 서비스의 강점과 약점을 파악하고 개선 방안을 마련하여 만족도 향상
② 대상자 요구를 무시하고 프로그램 단순화
③ 피드백 수집을 통해 프로그램 시간 단축
④ 외부 평가 기준만 충족시키기

☞●●○○○

📖 해설: 대상자 피드백은 서비스 강점·약점 분석과 개선 방안 마련에 활용되어, 프로그램 품질 향상과 대상자 만족도를 높이는 데 핵심적이다.

문제 138. 서비스 표준화의 주요 효과로 가장 적절한 것은?
① 다양한 지점에서 동일한 품질의 서비스 제공 가능
② 치유 효과 감소
③ 직원 교육 및 트레이닝 필요성 제거
④ 대상자 참여 제한

☞●●●○○

📖 해설: 표준화된 절차와 프로세스를 도입하면 여러 지점에서 동일한 품질을 제공할 수 있으며, 서비스 효율성과 신뢰성을 높이고 글로벌 경쟁력 확보에도 도움을 준다.

문제 139. 지속적인 서비스 개선을 위해 내부 품질관리 체계에서 수행해야 할 활동으로 적절하지 않은 것은?
① 정기적 품질 점검과 피드백 반영
② 직원 교육 및 최신 치유 기술 도입
③ 프로그램 운영 문제 해결
④ 외부 인증 획득 이후 개선 활동 중단

☞●●●●○

📖 해설: 내부 품질관리 체계에서는 외부 인증 여부와 관계없이 지속적인 점검, 피드백 반영, 직원 교육 등을 통해 프로그램 개선과 치유 효과 극대화를 지속해야 한다.

문제 140. 치유농업 프로그램에서 자원의 효율적 사용이 중요한 이유는 무엇인가?
① 운영 비용 절감과 서비스 효율성 향상을 위해
② 모든 자원을 동일하게 사용하기 위해
③ 대상자의 참여를 제한하기 위해
④ 외부 기관 인증만 획득하기 위해

해설: 인적·물적·재정적 자원을 효율적으로 활용하면 운영 비용을 절감하고 프로그램의 효율성을 높일 수 있으며, 스마트 농업 기술과 재생 가능 자원 활용을 통해 치유 효과를 극대화할 수 있다.

문제 141. 재생 가능 자원의 활용 목적으로 가장 적절한 것은?
① 환경적 지속 가능성 확보와 운영 비용 절감
② 단순히 농업 생산량 증가
③ 대상자 참여 제한
④ 프로그램 설계 단순화

해설: 태양광 에너지 등 친환경 자원을 도입하면 환경 보호와 비용 절감을 동시에 실현할 수 있으며, 치유농업의 장기적인 안정성과 지속 가능성을 높이는 데 기여한다.

문제 142. 치유농업에서 지역 사회와의 협력을 통해 창출할 수 있는 사회적 가치는 무엇인가?
① 지역 경제 활성화 및 고용 창출
② 프로그램 운영 단순화
③ 자원 사용 제한
④ 외부 평가 기준 충족

해설: 지역 농산물을 활용하고 지역 주민 고용을 창출함으로써 치유농업은 사회적 책임을 다하고 지역 사회와 강력한 유대감을 형성할 수 있다.

문제 143. 자원 관리 시스템 구축의 주요 목적으로 가장 적절하지 않은 것은?
① 자원의 사용, 재활용, 보존 등을 일관되게 관리
② 자원 낭비 최소화 및 운영 지속 가능성 확보
③ 환경보호 교육 및 인식 제고
④ 대상자의 참여를 제한

📖 해설: 자원 관리 시스템은 자원의 효율적 사용과 재활용, 보존을 일관되게 관리하고 낭비를 최소화하며 운영 지속 가능성을 높이는 것이 목적이며, 대상자 참여 제한과는 관련이 없다.

문제 144. 장기 목표 설정의 주된 목적은 무엇인가?

① 조직 구성원들이 공통된 목표를 이해하고 협력할 수 있도록 함
② 단기적인 수익만 극대화하기 위해
③ 외부 기관의 인증 획득을 위해
④ 자원 사용을 제한하기 위해　　　　　　●●●●○

📖 해설: 장기 목표는 조직의 비전과 미션을 구체화하며, 구성원들이 공통된 목표를 이해하고 협력할 수 있게 하여 치유농업의 지속 가능한 발전을 촉진한다.

문제 145. 장기 계획에서 성과 모니터링과 조정이 중요한 이유는 무엇인가?

① 변화하는 환경에 신속하게 대응하고 목표 달성 가능성을 극대화하기 위해
② 프로그램을 단순히 반복하기 위해
③ 자원 낭비를 방지하지 않기 위해
④ 외부 평가를 회피하기 위해　　　　　　●●○○

📖 해설: 정기적인 성과 모니터링과 전략 조정을 통해 변화하는 환경에 대응하며 장기 목표 달성 가능성을 높일 수 있다. 피드백 시스템을 통해 전략적 방향을 수정하는 것이 핵심이다.

문제 146. 치유농업 장기 계획에서 위험 관리의 핵심 목적은 무엇인가?

① 예상치 못한 문제를 예방하고 서비스의 신뢰성을 높이기 위해
② 단순히 비용을 절감하기 위해
③ 대상자의 참여를 제한하기 위해
④ 프로그램 운영 시간을 단축하기 위해　　　　　　●●●●○

📖 해설: 위험 관리는 잠재적 위험을 사전에 식별하고 관리하여 서비스의 안정성과 지속 가능성을 확보하며, 예상치 못한 문제를 예방하고 신뢰성을 높이는 데 중요한 역할을 한다.

문제 147. 혁신과 변화 관리가 장기 계획에서 중요한 이유로 가장 적절한 것은?

① 새로운 아이디어와 기술 도입으로 서비스 질을 향상시키고 조직의 경쟁력을 유지하기 위해

② 자원 사용을 제한하고 비용을 절감하기 위해

③ 대상자의 참여를 최소화하기 위해

④ 단순히 외부 평가 기준을 충족하기 위해

📖 해설: 지속적인 혁신과 변화 관리로 새로운 아이디어와 기술을 도입하고 서비스의 질을 향상시킴으로써 치유농업 조직의 경쟁력을 유지하며 변화에 유연하게 대응할 수 있다.

문제 148. 마케팅 5.0 시대에서 치유농업이 제공할 수 있는 핵심 가치는 무엇인가?

① 기술과 데이터를 활용하여 고객 맞춤형 경험 제공과 사회적 가치 창출

② 단순히 농산물 판매를 극대화

③ 전통적인 농업 방식만 유지

④ 비용 절감에만 집중

📖 해설: 마케팅 5.0 시대는 AI, IoT, AR/VR 등의 기술과 데이터를 활용해 고객의 개별적 요구에 맞춘 맞춤형 경험을 제공하고, 사회적 가치까지 창출하는 것을 목표로 한다.

문제 149. 마케팅 5.0의 원칙을 치유농업에 적용할 때, 데이터 기반 의사결정의 주요 목적은 무엇인가?

① 고객 수요를 정확히 예측하고 효과적인 마케팅 전략 수립

② 단순히 고객 정보를 수집만 하기 위해

③ 마케팅 예산을 줄이기 위해

④ 오프라인 판매 채널을 없애기 위해

📖 해설: 고객 데이터를 분석하여 계절별 수요, 건강 트렌드, 체험 프로그램 선호 등을 예측하고, 이를 기반으로 맞춤형 마케팅 전략을 수립함으로써 효과적 운영이 가능하다.

문제 150. 치유농업에서 AI, 빅데이터, IoT 등의 기술을 활용한 마케팅 전술로 적절하지 않은 것은?
① 고객 건강 상태와 선호도에 맞춘 맞춤형 농업 서비스 제공
② 고객 체험을 가상으로 제공하는 AR/VR 활용
③ 고객 참여를 자동화하고 맞춤형 상품 추천
④ 단순히 전통적 판매 광고를 반복적으로 송출

해설: 마케팅 5.0은 단순 반복 광고가 아니라 기술과 데이터를 활용해 고객 맞춤형 체험과 서비스를 제공하는 것이 핵심 전략이다.

문제 151. 옴니채널 마케팅 전략의 목적은 무엇인가?
① 고객이 온라인과 오프라인에서 끊김 없는 치유농업 경험을 얻고 서비스 접근성을 높이도록 함
② 단순히 오프라인 체험만 제공
③ 기술을 사용하지 않고 홍보 비용 절감
④ 특정 세대만 대상으로 마케팅

해설: 옴니채널 전략은 온라인과 오프라인을 연계해 고객이 언제 어디서든 치유농업 서비스를 쉽게 접하고 예약·구매할 수 있도록 지원하는 것을 목표로 한다.

문제 152. 치유농업에서 시장 발굴의 주요 목적은 무엇인가?
① 치유의 가치를 극대화하면서 농업의 지속 가능성을 유지할 잠재적 시장 탐색
② 단순히 농산물 판매량 증대
③ 기존 농업 기술만 유지
④ 비용 절감을 최우선으로 함

해설: 치유농업 시장 발굴은 고객의 건강과 웰빙을 중심으로 새로운 가치를 제공하며, 농업의 지속 가능성을 확보할 수 있는 잠재적 시장을 탐색하는 과정이다.

문제 153. 마케팅 계획 수립 과정에서 "세분화된 목표 설정"의 핵심 의미는 무엇인가?
① 고객군별 요구와 특성을 반영하여 구체적인 목표를 설정
② 모든 고객에게 동일한 서비스 제공
③ 오직 판매 수익 증대에 초점
④ 경쟁사와 유사한 서비스 모방

📖 해설: 치유농업은 고령층, MZ세대 등 다양한 고객군이 있으며, 각 군별 요구가 다르므로 고객 특성에 맞춘 세분화된 목표를 설정해야 한다.

문제 154. 치유농업에서 새로운 가치 창출을 위해 활용 가능한 전략으로 적절하지 않은 것은?

① 고객 중심의 가치 창출   ② 기술 융합을 통한 맞춤형 체험 제공
③ 사회적 가치와 환경적 책임 강조   ④ 단순히 기존 농산물 생산량만 늘리기

📖 해설: 치유농업의 성공은 단순 생산량 증대가 아니라 고객 경험, 기술 융합, 사회적·환경적 가치 창출에 달려 있으며, 기존 농업 생산만 강조하는 전략은 적합하지 않다.

문제 155. 치유농업에서 기술 융합을 통해 얻을 수 있는 주요 효과는 무엇인가?

① 고객의 건강 상태와 선호에 맞춘 맞춤형 치유 프로그램 제공
② 단순한 전통 농업 방식 유지
③ 고객 참여를 줄이는 비용 절감
④ 시장 조사 생략

📖 해설: 스마트팜, VR 등 현대 기술을 접목하면 개별 고객의 건강 데이터를 기반으로 맞춤형 치유 프로그램을 제공하거나, 가상 체험을 통해 치유 경험을 강화할 수 있다.

문제 156. PEST 분석에서 치유농업과 관련된 정치적(Political) 요인의 예시는 무엇인가?

① 정부의 농업 지원 정책   ② 스마트 농업 기술 활용
③ 소비자의 스트레스 해소 요구 증가   ④ 웰빙 시장 성장세

📖 해설: PEST 분석의 정치적 요인은 정부 정책, 규제 등 외부 정치적 환경을 의미하며, 치유농업에서는 정부의 농업 지원 정책이 해당된다.

문제 157. 3C 분석에서 경쟁사(Competitor) 분석의 목적은 무엇인가?
① 기존 경쟁자의 강점과 약점을 파악하여 차별화 전략을 수립
② 고객의 건강 상태 분석
③ 내부 인력의 역량 평가
④ 기술적 인프라 구축

🖰 해설: 3C 분석에서 경쟁사 분석은 경쟁자의 강점과 약점을 파악하여 자사 서비스와 차별화할 전략을 마련하는 데 사용된다.

문제 158. 치유농업의 콘셉트 개발 단계에서 중요한 요소로 가장 적절한 것은?
① 시장 요구와 트렌드를 반영한 차별화된 프로그램
② 단순한 농산물 생산량 증대
③ 내부 운영 비용 절감
④ 기존 경쟁사의 모방

🖰 해설: 콘셉트 개발은 단순 체험을 넘어 차별화된 서비스와 프로그램을 기획하는 단계이며, 시장 요구와 트렌드를 반영해야 성공적인 프로그램 설계가 가능하다.

문제 159. 치유농업의 수요 조사 단계에서 수행하는 활동으로 적절하지 않은 것은?
① 설문조사, 인터뷰, 포커스 그룹을 통한 소비자 기대 파악
② 서비스 가격, 제공 방식, 대상 고객층 결정
③ 개발된 콘셉트의 시장 수요 확인
④ 내부 농장 생산량 증대 계획 수립

🖰 해설: 수요 조사는 시장에서 콘셉트의 필요성과 고객 반응을 평가하고, 서비스의 가격, 제공 방식, 대상 고객층을 결정하는 과정이며, 단순 생산량 계획 수립은 포함되지 않는다.

문제 160. 치유농업 시장 발굴 전략에서 '차별화된 서비스 제공'의 핵심 의미로 적절한 것은?
① 고객이 직접 농업에 참여하며 치유 경험을 제공하는 체험형 프로그램 운영
② 단순히 농산물을 대량 생산하여 판매하는 것
③ 내부 비용 절감과 운영 효율성 중심의 관리
④ 경쟁사 모방을 통한 프로그램 개발

문제 161. 시장 발굴 전략에서 브랜드 이미지 구축이 중요한 이유로 가장 적절한 것은?

① 자연 친화적이고 건강한 이미지를 강조하여 지속 가능성과 웰빙 메시지를 전달
② 단순히 농장의 위치와 규모를 알리는 것
③ 내부 직원의 교육 수준 향상
④ 농업 기술 도입 속도 향상

문제 162. 치유농업 시장 발굴 과정에서 '방해 요인 극복'에 포함되지 않는 것은?

① 자본 및 인프라 부족 문제 해결
② 소비자 인식 부족 문제 극복
③ 내부 운영 시스템 최적화
④ 단순 농산물 생산량 증대

문제 163. 치유농업의 시스템 경쟁력 강화를 위해 포함되는 활동으로 옳지 않은 것은?

① 내부 운영 시스템 최적화
② 최신 기술 도입(스마트팜, AR/VR 등)
③ 지속적인 학습과 혁신
④ 고객 요구와 상관없는 기존 경쟁사 모방

문제 164. 치유농업 시장 환경 분석에서 경제적 환경이 중요한 이유로 가장 적절한 것은?
① 불황기에는 소비자들이 고가 건강관리 프로그램 대신 저렴한 대안을 찾기 때문이다.
② 사회적 흐름을 이해하고 고객 체험을 설계하기 위해서이다.
③ 디지털 기술을 활용한 온라인 예약 시스템과 맞춤형 서비스 제공 때문이다.
④ 내부 인력과 시설 자원의 효율적 활용을 위해서이다.

해설: 경제적 환경 분석은 소비자의 구매력과 가격 민감도를 이해하여 적절한 가격 전략과 서비스 구성을 결정하는 데 핵심적이다.

문제 165. 치유농업의 사회적 환경 변화가 마케팅 전략에 중요한 이유는 무엇인가?
① 웰빙, 건강, 정신적 치유에 대한 사회적 인식 증가로 서비스 수요가 확대되기 때문이다.
② 농장 규모와 자연경관 등 물적 자원을 관리할 수 있기 때문이다.
③ 프로그램 확장이나 시설 보수에 필요한 자금을 확보하기 위해서이다.
④ 온라인 예약 시스템과 가상 체험 프로그램을 도입하기 위해서이다.

해설: 사회적 변화는 고객의 관심과 행동에 직접적인 영향을 미치며, 웰빙·치유에 대한 관심 증가가 시장 확대의 기회로 작용한다.

문제 166. 치유농업 역량 분석에서 '인적 자원'이 중요한 이유로 적절하지 않은 것은?
① 고객과의 상호작용과 서비스 제공 전문성을 확보하기 위해
② 심리적 안정과 치유 관련 전문 지식을 가진 인력이 필요하기 때문
③ 농장의 자연경관과 청정도 관리에 직접적인 영향을 주기 때문
④ 고객 응대 능력과 경험이 기업 성패에 큰 영향을 미치기 때문

해설: 인적 자원은 고객과의 상호작용과 전문성 확보가 핵심이며, 자연경관과 청정도는 '물적 자원' 분석에 포함된다.

문제 167. 치유농업 역량 분석에서 재정적 자원의 역할로 가장 적절한 것은?
① 프로그램 확장, 시설 보수, 마케팅 투자 등 운영 자금을 효과적으로 관리하는 것
② 온라인 예약 시스템을 구축하고 고객 데이터를 분석하는 것
③ 고객과의 상호작용과 심리적 안정 제공
④ 농장 내 자연경관과 시설 유지관리

☞●●●○

📖 해설: 재정적 자원은 초기 자본과 운영 자금, 투자 등을 관리하고 효율적으로 배분하여 장기적인 성장과 프로그램 확장을 지원하는 역할을 한다.

문제 168. 치유농업에서 정치적 요인을 분석할 때 가장 중요한 고려 사항으로 적절하지 않은 것은?
① 정부의 농업 및 복지 지원 정책　　② 환경 보호 규제 및 토지 사용 제한
③ 국제 농업 기술 교류 및 무역 협정　　④ 소비자의 건강 관심도와 웰빙 트렌드　☞●●○○

📖 해설: 소비자의 건강 관심도와 웰빙 트렌드는 정치적 요인이 아니라 사회적 요인에 해당한다. 정치적 요인은 정부 정책, 법규, 외교 등과 관련된다.

문제 169. 치유농업에서 경제적 요인을 분석할 때 고려해야 할 요소가 아닌 것은?
① 소비자의 가처분 소득 수준　　② 경기 침체 및 회복에 따른 수요 변화
③ 건강과 웰빙에 대한 사회적 트렌드　　④ 프로그램 가격과 경쟁력 결정　☞●●○○

📖 해설: 사회적 트렌드는 경제적 요인이 아닌 사회적 요인에 속하며, 경제적 요인은 소비자 구매력, 경기 상황, 물가, 고용률 등을 분석한다.

문제 170. 사회적 요인 분석에서 치유농업의 기회로 가장 적절한 것은?
① 정부 보조금 및 농업 지원 프로그램　　② 인구 고령화와 건강 증진 수요 증가
③ IoT, AI 기반 스마트 농업 기술 도입　　④ 환율 변동과 경기 침체 대응　☞●●●○

📖 해설: 사회적 요인은 인구 구조, 가치관, 문화 트렌드 등으로 구성되며, 인구 고령화는 치유농업의 프로그램 수요 확대 기회로 작용한다.

문제 171. 기술적 요인 분석과 관련된 전략으로 가장 적절한 것은?

① 정부의 환경 보호 정책 준수
② 스마트 농업 기술을 활용한 맞춤형 체험 제공
③ 소비자의 건강 관심도 조사 및 마케팅 계획 수립
④ 인구 고령화에 따른 프로그램 기획 

> 해설: 기술적 요인은 신기술의 발전과 적용 가능성을 평가하는 것으로, 스마트 농업 기술, 디지털 마케팅, 웨어러블 디바이스 활용 등이 포함된다.

문제 172. 치유농업 서비스는 이용 구조상 서비스를 실제로 경험하는 '사용 고객(User)'과 비용을 지불하거나 도입을 결정하는 '구매 고객(Buyer)'이 분리되는 경우가 많다. 이러한 특성을 고려할 때, 두 고객 집단을 구분하여 분석해야 하는 주된 이유로 가장 부적절한 것은 무엇인가?

① 사용 고객은 치유농업 프로그램의 직접적인 수혜자로서 경험 만족도와 치료·회복 효과가 핵심 평가 요소인 반면, 구매 고객은 비용 대비 효과, 공공성, 정책 부합성 등을 중심으로 의사결정을 수행하기 때문이다.
② 사용 고객과 구매 고객은 기대 가치, 정보 요구, 의사결정 기준이 상이하므로, 서비스 설계와 커뮤니케이션 전략 또한 이원화되어야 한다.
③ 구매 고객이 투입한 재정·행정·조직적 자원이 사용 고객의 심리·사회적 변화로 어떻게 전환되는지를 분석함으로써, 사업 성과를 근거 중심으로 설명하고 홍보할 수 있다.
④ 사용 고객과 구매 고객은 서비스에 대해 동일한 요구와 만족 구조를 가지므로, 별도의 구분 없이 단일 고객으로 간주해도 서비스 기획과 운영에 문제가 없다.

> 해설: 사용 고객과 구매 고객은 요구와 기대가 서로 다르므로 구분하여 전략을 수립해야 한다. 동일하다는 가정은 잘못된 접근이다. 따라서 두 집단은 요구, 기대 가치,만족 기준이 본질적으로 다르며, 이를 구분하지 않으면 서비스 미스매치·성과 설명 실패로 이어질 수 있다. ④번은 이러한 구조적 특성을 부정하므로 가장 부적절한 선택지이다.

문제 173. 사용 고객(User) 분석 시 치유농업 프로그램 기획에 중요한 고려 요소가 아닌 것은?

① 프로그램을 통해 얻는 신체적·정신적 회복 기대
② 프로그램 참여 동기와 관심
③ 만족도와 효과에 따른 재방문 및 추천 가능성
④ 정부의 농업 보조금과 정책 지원

문제 174. 구매 고객(Buyer) 분석 시 치유농업 프로그램의 구매 결정에 가장 큰 영향을 미치는 요소는?

① 프로그램 참여자의 신체적·정신적 회복 경험
② 구매 고객의 투자 대비 효과, 예산, 사회적·경제적 가치 인식
③ 프로그램 장소의 자연경관과 청정도
④ 참여 고객의 연령과 성별

문제 175. 치유농업에서 사용자와 구매 고객을 모두 만족시키기 위한 전략으로 가장 적절한 것은?

① 사용 고객에게 맞춤형 경험 제공, 구매 고객에게 프로그램 효과와 가치 전달
② 사용 고객의 요구만 반영하고, 구매 고객에게는 정보 제공 생략
③ 구매 고객의 요구만 반영하고, 사용 고객의 만족도는 중요하지 않음
④ 사용 고객과 구매 고객의 요구를 동일하게 간주하고 일괄 전략 적용

문제 176. 치유농업 기업 분석(Company Analysis)에서 핵심 역량(Core Competency)에 포함되는 요소로 적절하지 않은 것은?

① 특화된 치유농업 프로그램 콘텐츠
② 농장 설비와 운영 인력의 전문성
③ 고객의 건강 상태 및 참여 동기
④ 브랜드 가치와 미션·비전

해설: 고객의 건강 상태와 참여 동기는 고객(Customer) 분석의 요소이다. 핵심 역량은 기업이 보유한 내부 자원과 경쟁우위를 결정하는 능력에 해당한다.

문제 177. 기업 또는 서비스의 브랜드 가치(Brand Value)는 단순한 인지도나 시장 점유율을 넘어, 고객이 해당 브랜드에 대해 형성하는 정서적 의미와 신뢰, 상징성을 포함하는 무형 자산이다. 이러한 관점에서 볼 때, 브랜드 가치를 평가할 때 가장 핵심적으로 고려해야 할 요소는 무엇인가?

① 경쟁 기업의 가격 정책과 마케팅 활동을 분석하여 상대적 시장 대응력을 파악하는 것이다.
② 고객과 브랜드 간에 형성된 정서적 유대, 신뢰 수준, 일관된 브랜드 메시지가 고객의 인식과 행동에 미치는 영향이다.
③ 동일 산업 내 간접 경쟁자의 존재와 그 영향력을 구조적으로 분석하는 것이다.
④ 서비스 이용자의 개인적 참여 동기와 활동 참여 빈도를 개별적으로 측정하는 것이다.

해설: 브랜드 가치는 기업의 미션·비전과 연관되며, 고객과의 정서적 연결 및 브랜드 메시지 강화가 핵심 평가 요소이다. 따라서 브랜드 가치를 평가할 때 핵심은 고객과 브랜드 간의 정서적 연결, 일관되고 신뢰 가능한 브랜드 메시지, 그로 인해 형성되는 차별적 이미지이다. 이를 가장 정확히 반영한 선택지가 ②번이다.

문제 178. 치유농업 경쟁자 분석 시 간접 경쟁자(Indirect Competitor)의 예로 가장 적절한 것은?
① 동일한 치유농업 프로그램을 제공하는 다른 농장
② 요가 스튜디오, 스파, 건강 리조트 등 대체 힐링 산업
③ 프로그램 참여자의 심리적 만족도
④ 기업 내부 직원의 전문성

해설: 간접 경쟁자는 동일 산업은 아니지만 소비자의 시간과 비용을 대체할 수 있는 서비스 또는 산업을 의미한다. 요가, 스파, 건강 리조트 등이 여기에 해당한다.

문제 179. 3C 분석을 기반으로 치유농업 기업이 전략을 수립할 때 가장 중요한 접근 방식은?
① 고객의 요구를 충족시키면서 경쟁자의 약점을 활용하고, 기업의 핵심 역량을 극대화
② 경쟁자의 모든 전략을 그대로 모방하여 시장 점유율 확보
③ 사용 고객의 참여만 고려하고, 구매 고객과 경쟁자는 무시
④ 브랜드 가치보다 가격 경쟁력에만 집중

☞●●●●○

📖 해설: 3C 분석의 핵심은 Customer, Company, Competitor 세 요소를 통합적으로 고려하여 전략을 수립하는 것이다. 경쟁자의 약점을 활용하고 기업의 강점을 극대화하며 고객 니즈를 충족시키는 접근이 필요하다.

문제 180. STP 전략에서 시장 세분화(Segmentation) 기준으로 적절하지 않은 것은?
① 고객의 나이, 성별, 소득 수준 등 인구통계적 정보
② 고객의 가치관, 라이프스타일, 심리적 요구
③ 경쟁사의 가격 정책과 마케팅 전략
④ 고객의 이용 빈도, 소비 패턴, 제품 지식

☞●●○○

📖 해설: 경쟁사의 가격 정책과 마케팅 전략은 경쟁자 분석 요소에 해당하며, 시장 세분화 기준에는 포함되지 않는다.

문제 181. 타깃 시장(Targeting) 선정 시 평가해야 할 요소로 올바른 것은?
① 고객의 성격과 감정적 요구
② 세분화된 시장의 규모, 성장 가능성, 경쟁 상황, 자사의 역량
③ 브랜드 메시지와 감성적 접근
④ 고객 참여 동기와 만족도

☞●●○○

📖 해설: 타깃 시장 선정은 세분화된 시장 중에서 자원 효율성과 수익성을 고려하여 집중할 시장을 결정하는 과정으로, 시장 규모, 성장 가능성, 경쟁 상황, 자사의 역량을 평가해야 한다.

문제 182. 치유농업에서 포지셔닝(Positioning) 전략의 핵심으로 가장 적절한 것은?

① 고객에게 차별화된 경험과 가치를 제공하여 경쟁사 대비 우위를 확보
② 시장 세분화 기준을 나이, 성별로만 단순화
③ 타깃 고객을 모두 대상으로 마케팅 활동 집중
④ 경쟁사의 내부 인력 구성과 재무 상태 분석 

📖 해설: 포지셔닝은 타깃 고객의 마음속에서 자사의 제품·서비스가 차별화된 가치를 가지도록 하는 전략이다. 치유농업에서는 자연 속 휴식과 회복 경험 제공, 감성적 접근, 경험 중심 포지셔닝이 핵심이다.

문제 183. 치유농업 STP 전략에서 행동적 세분화(Behavioral Segmentation)의 활용 예로 적절한 것은?

① 고객의 나이와 소득 수준에 따른 프로그램 설계
② 정기 방문 고객과 일회성 체험 고객에게 각각 맞춤형 프로그램 제공
③ 경쟁자의 가격 정책 분석
④ 브랜드 메시지와 감성적 마케팅 전략 설계 

📖 해설: 행동적 세분화는 소비자의 이용 패턴, 제품 사용 빈도, 지식 수준 등을 기준으로 시장을 나누는 방법이다. 치유농업에서는 정기 방문 고객과 신규 고객에게 각각 맞춤형 프로그램을 제공하는 것이 행동적 세분화의 대표적 활용 사례이다.

문제 184. 치유농업의 제품(Product) 전략에서 핵심적인 요소로 가장 적절한 것은?

① 단순히 농산물만 제공하는 것
② 고객에게 체험과 심리적·신체적 치유 경험을 제공하는 프로그램
③ 경쟁사의 가격 정책을 모방하는 것
④ 프로그램 예약 시스템의 효율성

📖 해설: 치유농업의 제품 전략은 단순한 농산물 제공을 넘어 고객이 체험할 수 있는 프로그램, 심리적·신체적 치유 경험을 제공하는 것이 핵심이다.

문제 185. 치유농업에서 가격(Price) 전략의 핵심 특징으로 가장 적절한 것은?
① 모든 고객에게 동일한 저가 정책 적용
② 고객의 심리적 혜택과 경험 가치를 반영하여 프리미엄 가격 설정
③ 경쟁사의 유통 채널을 모방하는 것
④ 온라인 예약 시스템을 통해 할인 제공

📖 해설: 치유농업의 가격 전략은 고객이 체험하는 심리적·정서적 가치와 경험을 반영하여 가격을 책정하는 것이 중요하며, 프리미엄 가격과 다양한 가격대 전략을 활용할 수 있다.

문제 186. 치유농업에서 유통(Place) 전략으로 적절하지 않은 것은?
① 고객이 직접 농장을 방문할 수 있는 오프라인 체험장 운영
② 온라인 예약 시스템을 통한 편리한 접근 제공
③ 주변 지역과 연계한 관광 패키지 및 체험 프로그램 개발
④ 단순히 SNS 광고만으로 고객에게 프로그램 제공

📖 해설: 유통 전략은 고객이 실제로 치유농업 프로그램을 체험하고 참여할 수 있는 접근 경로를 마련하는 것이 핵심이다. SNS 광고만으로는 유통 전략의 핵심 요소를 충족할 수 없다.

문제 187. 치유농업 홍보(Promotion) 전략에서 효과적인 방법으로 올바른 것은?
① 스토리텔링을 통해 고객 경험과 감성적 가치를 전달
② 단순히 가격 인하와 할인 쿠폰 제공
③ 경쟁사의 프로그램을 그대로 홍보
④ 농산물만 강조하는 광고

📖 해설: 치유농업 홍보 전략은 감성적 가치와 치유 경험을 고객에게 전달하는 것이 핵심이다. 스토리텔링, 퍼스널 브랜딩, 고객 참여와 피드백 활용이 효과적이다.

문제 188. 신상품 개발 과정에서 우선적으로 고려해야 할 사항은 무엇인가?
① 시장 조사와 트렌드 분석을 통한 고객 요구 파악   ② 경쟁사의 가격 정책 모방
③ 기존 프로그램만 유지하며 변화를 최소화   ④ 오프라인 체험장만 확대

📖 해설: 신상품 개발은 고객의 요구와 시장 트렌드를 분석하여 차별화된 프로그램 콘셉트를 도출하는 과정이 필수적이다. 시제품 테스트와 피드백 반영으로 완성도를 높인다.

문제 189. 디지털 전환 시대의 치유농업에서 고객 맞춤형 프로그램 개발의 핵심 요소로 가장 적절한 것은?

① 고객의 행동과 건강 데이터를 수집·분석하여 개인 맞춤형 프로그램 제공
② 단순히 농장 체험 프로그램만 제공
③ 경쟁사의 프로그램 가격 모방
④ 오프라인 체험장 방문만 강조

📖 해설: 디지털 기술을 활용하여 고객 데이터를 분석하고, 신체적·정신적 상태에 맞는 맞춤형 치유 프로그램을 제공하는 것이 핵심 경쟁력이다.

문제 190. 치유농업에서 비대면 서비스 확대가 중요한 이유로 가장 적절한 것은?

① 고객이 직접 농장을 방문하지 않고도 체험 기회를 제공할 수 있기 때문
② 모든 고객에게 동일한 프로그램을 제공하기 위해
③ 경쟁사의 가격을 모방하기 위해
④ 농산물 판매를 극대화하기 위해

📖 해설: 비대면 서비스는 코로나19 이후 수요가 증가했으며, VR·AR 및 온라인 플랫폼을 활용해 고객이 원격으로도 치유 경험을 할 수 있도록 하는 것이 중요하다.

문제 191. 치유농업에서 디지털 전환 기술(AI, IoT 등)의 역할로 가장 적절하지 않은 것은?

① 농장 환경을 자동으로 모니터링하고 최적의 수확 시점 예측
② 고객 데이터를 분석하여 맞춤형 프로그램 제공
③ 오프라인 이벤트만 진행하는 전통적 체험 강화
④ IoT 센서를 통해 실시간 데이터 수집 및 운영 효율성 향상

📖 해설: 디지털 전환 기술은 농장 운영 및 고객 서비스의 효율성 향상, 맞춤형 프로그램 제공에 활용된다. 단순 오프라인 체험 강화는 디지털 기술 활용과 관련이 없다.

문제 192. 디지털 전환 시대 치유농업의 신시장 발굴 전략 중 구독 서비스 모델의 장점으로 올바른 것은?

① 고객과 지속적 관계를 유지하고 언제든지 접근 가능한 프로그램 제공
② 모든 프로그램을 무료로 제공하여 고객 유인
③ 경쟁사 모방 전략으로 단기 수익 극대화
④ 단순히 오프라인 체험장만 운영

☞●●●○

📖 해설: 구독 서비스는 디지털 플랫폼을 통해 고객과 지속적 관계를 유지하고, 정기적·맞춤형 프로그램을 제공함으로써 장기적 고객 충성도를 높이는 전략이다.

문제 193. 치유농업에서 국제 시장 진출이 가능해진 이유로 가장 적절한 것은?

① 디지털화된 콘텐츠와 서비스를 통해 국경을 넘어 글로벌 시장 접근 가능
② 경쟁사의 가격을 그대로 적용 가능
③ 단순 농작물 수출만으로 글로벌 시장 확보
④ 오프라인 체험장만 확장하면 가능

☞●●●○

📖 해설: 디지털 전환을 통해 치유농업 프로그램과 콘텐츠를 온라인으로 제공하면 해외 고객도 접근 가능하며, 글로벌 시장 개척이 가능하다.

문제 194. 마케팅 목표를 설정할 때 정량적 목표에 해당하는 것은 무엇인가?

① 고객 만족도 향상
② 브랜드 이미지 제고
③ 프로그램 참여 고객 수 매달 10% 증가
④ 치유농업의 사회적 가치 확산

☞●○○○

📖 해설: 정량적 목표는 수치로 표현되고 측정 가능한 목표를 의미한다. 고객 참여율 증가, 매출 증가율, 방문객 수 등은 정량적 목표에 해당한다. 반면 만족도나 이미지 제고는 정성적 목표이다.

문제 195. 치유농업 마케팅 목표를 SMART 원칙에 따라 설정할 때 올바른 설명이 아닌 것은?

① Specific: 구체적으로 목표를 설정한다.
② Measurable: 측정 가능한 지표로 평가할 수 있어야 한다.
③ Attainable: 비현실적인 도전적 목표를 우선시해야 한다.
④ Time-bound: 기한을 설정하여 기간 내 달성을 유도한다.

> 📖 해설: SMART 원칙의 A(Attainable)는 달성 가능성을 뜻한다. 즉, 목표는 도전적일 수 있지만 반드시 현실적으로 달성 가능한 범위여야 한다.

문제 196. 다음 중 정량적 마케팅 목표 설정 과정에서 올바른 순서를 고른 것은?

① SMART 목표 설정 → 시장 분석 → 성과 평가 및 조정
② 성과 평가 및 조정 → SMART 목표 설정 → 시장 분석
③ 시장 분석 → SMART 목표 설정 → 성과 평가 및 조정
④ 시장 분석 → 성과 평가 및 조정 → SMART 목표 설정

> 📖 해설: 정량적 목표는 먼저 시장을 분석하고, 이를 기반으로 SMART 원칙에 따라 구체적인 목표를 설정한다. 이후 실행 후 성과를 평가하고 필요 시 조정하는 단계가 뒤따른다.

문제 197. 치유농업 마케팅에서 '1년 내 매출 20% 증가'라는 목표를 세운 경우, SMART 원칙에서 해당 목표가 충족하는 항목을 모두 고른 것은?

① Specific, Measurable, Time-bound
② Measurable, Achievable, Relevant
③ Specific, Relevant, Attainable
④ Specific, Measurable, Achievable, Time-bound

> 📖 해설: '1년 내 매출 20% 증가'는 구체적(S), 수치로 측정 가능(M), 시장 분석을 통해 달성 가능(A), 기한 설정이 되어 있음(T)에 해당한다. 또한 기업의 장기 전략과 일치할 경우 Relevant(R)까지 충족할 수 있다.

문제 198. 기업 또는 공공서비스 사업기획 과정에서 설정하는 목표는 측정 방식에 따라 정성적 목표(Qualitative Goals)와 정량적 목표(Quantitative Goals)로 구분된다. 다음 중 정성적 목표의 개념과 성격에 비추어 볼 때 가장 부적절한 것은 무엇인가?

① 서비스 이용 과정에서 고객이 인식하는 만족 수준을 개선하고 긍정적 경험을 확대하는 것
② 조직 또는 서비스가 시장과 사회에서 인지되는 브랜드 이미지를 강화하는 것
③ 전년 대비 매출액을 20% 이상 증가시키는 구체적이고 수치화된 성과를 달성하는 것
④ 고객과 조직 간의 신뢰 관계를 장기적으로 강화하고 관계의 질을 향상시키는 것

> 해설: 정성적 목표는 수치로 직접 측정하기 어려운 목표로, 고객 경험·만족도·브랜드 가치 등이 해당한다. 매출액 20% 증가는 정량적 목표이다. ③번의 "매출액 20% 증가"는 구체적인 수치가 제시된 전형적인 정량적 목표이므로 정성적 목표에 해당하지 않아 정답이다.

문제 199. 다음 중 치유농업에서 정성적 목표를 설정하는 과정에 해당하지 않는 것은?
① 브랜드 분석
② 고객 피드백 반영
③ 재무제표 분석을 통한 손익계산
④ 평가 기준 설정

> 해설: 정성적 목표 설정 과정은 브랜드 분석, 고객 피드백 반영, 평가 기준 설정이 핵심이다. 손익계산은 정량적 목표 수립에 해당한다.

문제 200. 치유농업 프로그램을 운영하는 회사 "A가 고객 설문조사를 통해 심리적 안정감이 강점임을 파악하고, 이를 마케팅 메시지에 반영"한 것은 정성적 목표 설정 과정 중 어느 단계에 해당하는가?
① 브랜드 분석　　　　　　　② 고객 피드백 반영
③ 평가 기준 설정　　　　　　④ 정량적 목표 수립

> 해설: 브랜드 분석 단계에서는 브랜드의 강점과 약점을 파악하여 개선 방향을 설정한다. 고객 피드백 반영과 유사해 보이지만, 사례 속 핵심은 브랜드의 강점을 분석하고 메시지 전략에 반영한 것이다.

문제 201. 정성적 목표 달성을 평가하기 위한 기준으로 가장 적절한 것은 무엇인가?
① 재무제표 상 매출액 증가율　　　　② 고객 후기, 설문조사, 인터뷰 결과
③ 생산량 증대율　　　　　　　　　④ 순이익률

> 해설: 정성적 목표는 수치화하기 어려우므로 고객 후기, 피드백, 브랜드 언급 횟수, 설문조사 등을 통해 평가한다. 매출이나 생산량 증대는 정량적 목표에 해당한다.

문제 202. 치유농업 비즈니스의 목표 달성을 위해 실행 전략을 수립할 때 가장 핵심적인 요소는 무엇인가?

① 예산 확보와 외부 투자자 설득
② 고객 세분화 및 타기팅 전략
③ 경쟁사 분석과 차별화 전략
④ 법적 규제 및 인허가 절차

☞ ●○○○○

📖 해설: 실행 전략은 목표 달성을 위한 구체적 방법을 포함하며, 특히 고객의 다양한 니즈에 맞춘 세분화와 타기팅 전략이 핵심이다.

문제 203. 다음 중 MZ세대를 타깃으로 한 치유농업 프로그램의 마케팅 채널 선택으로 가장 적절한 것은?

① 신문 광고와 라디오 방송
② 팸플릿 배포와 지역 축제 홍보
③ 인스타그램과 유튜브 활용
④ 오프라인 세미나와 설명회 개최

☞ ●●○○○

📖 해설: 디지털 전환 시대의 젊은 층 공략에는 SNS 채널(인스타그램, 유튜브)이 효과적이다.

문제 204. 다음 사례 중 콘텐츠 마케팅 전략의 효과를 가장 잘 설명한 것은?

① 온라인 광고 최적화를 통해 적은 예산으로도 신규 고객을 유치했다.
② 고객 후기 콘텐츠를 블로그와 유튜브에 게시해 잠재 고객의 신뢰를 얻었다.
③ 직장인과 중장년층을 각각 세분 시장으로 나누어 맞춤형 프로그램을 기획했다.
④ SNS 캠페인을 통해 단기간에 브랜드 인지도를 확산시켰다.

☞ ●●○○○

📖 해설: 콘텐츠 마케팅은 후기, 체험담, 영상 등을 활용해 신뢰를 쌓고 브랜드 가치를 알리는 데 중점을 둔다.

문제 205. 치유농업 회사 B가 제한된 예산 속에서도 목표를 달성할 수 있었던 핵심 요인은 무엇인가?

① 오프라인 전시회 참가를 통해 고객층을 확대했다.
② 정부 지원금 확보를 통해 마케팅 예산을 보강했다.
③ 고객 참여율이 높은 콘텐츠 제작에 집중하고 광고 비용을 최적화했다.
④ 경쟁사와의 협업을 통해 공동 마케팅 전략을 추진했다.

문제 206. 치유농업 서비스나 공공·민간 사업에서 KPI(Key Performance Indicator, 핵심 성과 지표)는 목표–전략–실행–평가를 연결하는 성과관리의 핵심 도구로 활용된다. 다음 중 KPI의 본래 역할과 기능을 가장 정확하게 설명한 것은 무엇인가?

① 치유농업 관련 법·제도·행정 규제 준수 여부를 관리하기 위한 법적 통제 지표이다.

② 참여자의 심리 상태나 정서 변화를 설명하기 위한 이론적·질적 분석 도구이다.

③ 설정된 목표와 실행 전략이 실제 운영 과정에서 얼마나 효과적으로 작동했는지를 측정하고, 성과 달성 수준을 객관적으로 평가하기 위한 지표이다.

④ 예산 집행 내역과 비용 절감 여부만을 확인하는 회계·재무 관리 수단이다.

문제 207. 치유농업 회사 C는 서비스 확장 단계에서 운영 성과를 정기적으로 점검하고 마케팅 전략의 효과를 검증하기 위해 KPI[핵심 성과 지표]를 설정하였다. 다음 중 회사 C가 설정한 KPI의 성격과 목적에 가장 부합하는 지표 조합은 무엇인가?

① 서비스 품질 저하 여부를 확인하기 위한 고객 불만 발생 건수와 내부 비용 효율성 관점의 인건비 절감액

② 서비스 인지도 확산과 실제 이용 전환 가능성을 동시에 파악할 수 있는 월간 신규 고객 수와 웹사이트 방문자 수

③ 경쟁 전략 수립을 위해 경쟁사 대비 시장 점유율 변화와 광고 집행 비용을 비교·분석하는 지표

④ 내부 운영 규모를 파악하기 위한 프로그램 운영 횟수와 참여 강사 수

문제 208. 치유농업 서비스와 같은 복합 프로그램 사업에서는 활동 단계, 인력 투입, 자원 활용이 시간 흐름에 따라 유기적으로 연결된다. 이러한 맥락에서 일정 계획(Schedule Planning)을 수립하는 주된 목적으로 가장 타당한 것은 무엇인가?

① 프로그램의 철학과 정체성을 외부에 각인시켜 브랜드 이미지를 강화하는 데 있다.
② 각 세부 활동의 시작·종료 시점과 상호 의존 관계를 명확히 하여 진행 상황을 체계적으로 통제하고, 한정된 시간 내에 목표 성과를 달성하도록 관리하는 데 있다.
③ 종사자의 복지 수준을 향상시키고 조직 내부의 의사소통 문화를 개선하는 데 있다.
④ 치유농업 관련 법·제도 변화에 대응하여 규정 준수 여부를 관리하는 데 있다.

☞●●○○

> 📖 해설: 일정 계획은 시간 내 목표 달성을 위한 체계적 관리 도구로, 단계별 활동을 구체적으로 정리하고 실행 과정을 점검하는 역할을 한다.

문제 209. 치유농업 회사 ④번은 6개월 이내 신규 고객 수 20% 증가라는 목표를 달성하기 위해 사전 기획–실행–평가의 흐름에 따라 단계별 일정계획을 수립하였다. 이 중 목표 달성을 위한 실행 단계가 본격화되는 중간 시점(약 3~4개월 차)에 수행되었을 가능성이 가장 높은 활동은 무엇인가?

① 잠재 고객 특성을 분석하고 우선 공략 대상을 확정하는 고객 세분화 및 타기팅
② 설정한 KPI를 기준으로 전체 성과를 종합 점검하고 목표 달성 여부를 판단하는 최종 성과 평가
③ 기획된 전략을 실제 시장에 적용하기 위해 홍보 메시지를 구체화하고 마케팅 콘텐츠를 제작·배포하는 실행 활동
④ 프로그램 종료 이후 고객 경험을 확인하기 위한 신규 고객 만족도 조사

☞●●●●

> 📖 해설: 6개월 일정 계획을 단계별로 구조화하면 다음과 같다.
> · 초기(1~2개월): 분석·기획 단계→ 고객 세분화, 목표 설정, 전략 수립
> · 중간(3~4개월): 실행 단계→ 마케팅·홍보 콘텐츠 제작 및 배포, 실제 고객 유입 활동
> · 후기(5~6개월): 평가·환류 단계→ 성과 평가, 만족도 조사, 개선 방향 도출

문제 210. 미국공인회계사회(AICPA, 1941)는 회계를 "거래를 화폐 단위로 기록·분류·요약·해석하는 기술(art)"로 정의하였다. 이 정의에 근거할 때, 다음 중 AICPA의 회계 기능 개념을 가장 정확히 반영한 설명은 무엇인가?

① 다양한 이해관계자의 의사결정을 지원하기 위해 경제적 정보를 식별·측정·전달하는 일련의 정보 처리 과정

② 발생한 거래를 공통된 화폐 단위로 체계화하여 기록하고, 이를 분류·요약·해석함으로써 재무적 의미를 도출하는 기술적 활동

③ 기업의 재무 상태를 명확히 구분하기 위해 자산·부채·자본을 분류하고 재무제표 작성 기준을 확립하는 규범 체계

④ 회계 정보의 신뢰성을 확보하기 위해 법률에 근거한 공시와 절차를 이행하는 제도적 장치

☞●●●●

📖 해설: AICPA(1941)는 회계를 재무적 거래를 화폐 단위로 기록, 분류, 요약, 해석하는 기술로 정의했다. ②번은 위 요소를 모두 반영하여 회계를 거래 중심·기술 중심의 기능적 개념으로 정확히 설명하고 있다.

문제 211. 다음 중 재무제표의 기본 요소에 해당하지 않는 것은 무엇인가?
① 자산　　　　　　② 부채
③ 자본　　　　　　④ 현금흐름

☞●●○○

📖 해설: 재무제표의 기본 요소는 자산, 부채, 자본, 수익, 비용이다. 현금흐름은 재무제표 항목 중 현금흐름표의 보고 대상이지 기본 요소는 아니다.

문제 212. 재무상태표에서 자산의 유동/비유동 분류 기준으로 가장 적절한 것은?
① 보고기간 후 6개월 이내 실현 여부
② 보고기간 후 12개월 이내 실현 여부
③ 기업의 결산일 전후 3개월 이내 실현 여부
④ 회계연도 내 판매 여부

☞●●○○

📖 해설: 자산은 일반적으로 보고기간 후 12개월 이내에 실현되면 유동자산, 그 외는 비유동자산으로 분류한다.

문제 213. 다음 중 생물자산의 구분과 재무상태표 표시에 대한 설명으로 옳은 것은?

① 젖소, 산란용 닭, 포도나무는 소비용 생물자산으로 분류된다.

② 소비용 생물자산이 성장 중이면 '성숙-생물자산'으로 분류한다.

③ 생산용 생물자산이 원래 목적에 사용 가능한 상태라면 '성숙-생물자산'으로 분류한다.

④ 소비용 생물자산은 반드시 비유동자산으로만 분류된다.

해설: 생산용 생물자산(젖소, 포도나무 등)은 원래 목적에 사용할 수 있게 되면 성숙-생물자산으로 분류한다. 반면, 소비용 생물자산(육우, 돼지 등)은 재고자산 또는 생장물로 분류한다.

문제 214. 재무상태표의 자본 항목을 올바르게 구분한 것은?

① 자본금, 자본잉여금, 자본조정, 이익잉여금

② 자산금, 부채금, 자본잉여금, 배당금

③ 자본금, 매출이익, 비용조정, 미실현손익

④ 유동자산, 비유동자산, 유동부채, 비유동부채

해설: 재무상태표의 자본은 자본금, 자본잉여금, 자본조정, 이익잉여금으로 구분하여 표시한다.

문제 215. 손익계산서의 가장 중요한 기능을 올바르게 설명한 것은 무엇인가?

① 특정 시점의 자산·부채·자본 현황을 보여준다.

② 한 회계기간 동안의 수익과 비용을 표시하여 재무 성과를 보여준다.

③ 기업의 소유주 지분 변동 내역을 보여준다.

④ 현금 유입과 유출을 구분하여 재무 현황을 보여준다.

해설: 손익계산서는 수익과 비용을 대응시켜 당기 순이익(손실)을 산출하는 보고서로, 기업의 재무 성과와 미래 수익 창출 능력 예측에 활용된다.

문제 216. 손익계산서의 구분 항목으로 옳은 것은?

① 매출액, 매출원가, 판매비와 관리비, 영업외수익·비용

② 자산, 부채, 자본

③ 현금유입, 현금유출

④ 자본금, 자본잉여금, 이익잉여금

📖 해설: 손익계산서는 수익(매출액, 영업외수익)과 비용(매출원가, 판매비와 관리비, 영업외 비용)으로 구분하여 표시한다.

문제 217. 다음 중 손익계산서에 표시되는 항목의 연결이 올바른 것은?

① 매출총이익 → 판매비와관리비 → 영업이익 → 영업외손익 → 법인세비용차감전순손익
② 자산총액 → 부채총액 → 자본총액 → 당기순이익
③ 매출액 → 매출총이익 → 자산총액 → 당기순손익
④ 현금유입액 → 현금유출액 → 기말현금잔액　　　　　☞●●○○

📖 해설: 손익계산서는 매출총이익 → 영업이익 → 영업외손익 → 법인세비용차감전순손익 → 당기순이익의 흐름으로 구성된다.

문제 218. 자본변동표의 목적을 가장 잘 설명한 것은 무엇인가?

① 기업의 현금흐름을 보여준다.
② 기업의 일정 시점의 재무 상태를 보여준다.
③ 한 회계기간 동안 자본금·자본잉여금·자본조정·이익잉여금 등의 변동 내역을 보여준다.
④ 기업의 생산비용과 판매비용을 구분하여 보여준다.　　　　　☞●●●○

📖 해설: 자본변동표는 기초 잔액 – 변동 사항 – 기말 잔액을 통해 자본의 변동 내역을 일목요연하게 나타내는 보고서이다.

문제 219. 자본변동표에 기재되는 항목으로 가장 적절한 것은 무엇인가?

① 매출액, 매출원가, 영업이익
② 연차배당, 중간배당, 유상증자, 당기순이익
③ 현금유입액, 현금유출액, 기말현금잔액
④ 자산총액, 부채총액, 자본총액　　　　　☞●●○○

📖 해설: 자본변동표에는 연차배당, 중간배당, 당기순이익, 유상증자(감자), 자기주식 취득, 해외사업환산손익 등 자본 변동을 일으키는 항목들이 포함된다.

문제 220. 생산용 생물자산에 해당하는 것은 어느 것인가?

① 도축을 목적으로 키우는 한우
② 과실 수확을 목적으로 심은 사과나무
③ 판매를 목적으로 재배하는 묘목
④ 수확 후 저장된 옥수수

해설: 생산용 생물자산은 생산물을 반복적으로 생산하는 자산으로, 사과나무와 같은 과수는 과실을 수확하기 위해 존재하므로 생산용 생물자산이다. 한우(비육), 묘목(판매), 저장 옥수수는 소비용 생물자산이다.

문제 221. 소비용 생물자산 중 '생장물'로 분류되는 것은?

① 벌목된 나무
② 우유를 생산하는 젖소
③ 포도나무에서 수확 전의 포도
④ 도축된 돼지고기

해설: 생장물은 재배 또는 성장 중인 상태의 자산이다. 수확 전 포도는 생장물에 해당한다. 벌목된 나무, 도축된 돼지고기는 '수확물(생산물)'이고, 젖소는 생산용 생물자산이다.

문제 222. 다음 중 미성숙-생물자산에서 성숙-생물자산으로 대체하는 올바른 분개는 무엇인가?

① (차) 성숙-생물자산 / (대) 미성숙-생물자산
② (차) 미성숙-생물자산 / (대) 성숙-생물자산
③ (차) 성숙-생물자산 / (대) 수확물
④ (차) 생산물 / (대) 성숙-생물자산

해설: 미성숙 상태에서 정상적인 생산 활동이 가능해지면, (차) 성숙-생물자산 / (대) 미성숙-생물자산 으로 대체한다.

문제 223. 한우 사육 농가에서 송아지에게 백신(현금 100)을 투입하고, 연말 결산 시 송아지를 생장물로 인식할 때의 분개로 알맞은 것은?

① (차) 진료약품비 100/ (대) 현금 100 → (차) 생장물(송아지) 100/ (대) 진료약품비 100
② (차) 현금 100/ (대) 진료약품비 100 → (차) 생산물(송아지) 100/ (대) 생장물(송아지) 100
③ (차) 생장물(송아지) 100/ (대) 현금 100 → (차) 생산물(송아지) 100/ (대) 생장물(송아지) 100
④ (차) 진료약품비 100/ (대) 생장물(송아지) 100 → (차) 생산물(송아지) 100/ (대) 현금 100

📖 해설: 첫 단계에서 비용으로 처리한 뒤, 결산 시 그 비용을 생장물로 대체한다.
따라서 진료약품비 → 생장물로 전환되는 과정이 맞다.

문제 224. 회계순환과정(Accounting cycle process)에 대한 설명으로 옳은 것은?

① 거래의 식별 → 전기 → 결산정리분개 → 분개 → 재무제표 작성
② 거래의 식별 → 분개 → 전기(총계정원장) → 결산 → 재무제표 작성
③ 거래의 식별 → 결산 → 분개 → 전기 → 재무제표 작성
④ 거래의 식별 → 재무제표 작성 → 분개 → 전기 → 결산

📖 해설: 회계순환과정은 거래 식별 → 분개 → 전기(총계정원장) → 결산(시산표, 정산표 작성 등) → 재무제표 작성 순으로 이루어진다.

문제 225. 다음 중 차변 요소에 해당하지 않는 것은 무엇인가?

① 자산의 증가　　　② 비용의 발생
③ 자본의 증가　　　④ 부채의 감소

📖 해설: 차변 요소는 자산의 증가, 부채의 감소, 자본의 감소, 비용의 발생이고, 자본의 증가는 대변요소이다.

문제 226. 행복농장이 묘종 ₩50,000과 비료 ₩100,000을 외상으로 구입했을 때의 올바른 분개는?

① (차) 자산(현금) 150,000 / (대) 부채(외상매입금) 150,000
② (차) 비용(종묘비) 50,000, 비용(비료비) 100,000 / (대) 부채(외상매입금) 150,000
③ (차) 자산(비료) 100,000 / (대) 자산(현금) 100,000
④ (차) 비용(종묘비) 50,000 / (대) 자산(현금) 50,000

📖 해설: 외상 구입이므로 현금 감소가 아니라 부채 증가로 처리해야 하며, 구입 목적이 곧 비용 발생이므로 종묘비와 비료비를 비용으로 처리한다.

문제 227. 고창 복분자 농장이 복분자를 200,000원에 판매하고 대금을 외상으로 한 경우의 거래 요소 결합은 무엇인가?

① 자산의 증가 – 부채의 증가　　　② 자산의 증가 – 수익의 발생
③ 비용의 발생 – 자산의 감소　　　④ 자본의 감소 – 부채의 증가

> 📖 해설: 외상 매출은 외상매출금(자산)의 증가와 복분자 매출(수익)의 발생으로 결합된다.

문제 228. 복식부기의 기본 원리인 거래의 이중성에 대한 설명으로 옳은 것은?

① 거래는 자산 항목에만 영향을 미치며 차변 기록만 존재한다.
② 거래가 발생하면 반드시 차변 또는 대변 한쪽에만 기록된다.
③ 거래는 원인과 결과라는 두 가지 속성을 가지며, 차변과 대변에 동시에 같은 금액이 기록된다.
④ 거래가 많아지면 차변과 대변의 합계가 일치하지 않을 수 있다.

> 📖 해설: 거래의 이중성이란 모든 거래가 원인과 결과의 양면성을 가지고 있으며, 복식부기에서는 이를 차변과 대변에 같은 금액으로 기록한다.

문제 229. 다음은 개인 농업경영체가 수행한 거래에 대한 설명이다. 이 거래를 발생주의 회계 기준에 따라 올바르게 분개한 것은 무엇인가?

> 한 농업경영체는 재배한 고구마를 ₩200,000에 판매하였으며, 거래 시점에는 현금을 수취하지 않고 외상 조건으로 판매하였다. 해당 거래는 정상적인 영업활동에서 발생하였다.

① (차) 현금 200,000　　　(대) 농산물매출 200,000
② (차) 외상매출금 200,000　　(대) 농산물매출 200,000
③ (차) 농산물매출 200,000　　(대) 외상매출금 200,000
④ (차) 매출채권 200,000　　(대) 현금 200,000

> 📖 해설: 외상판매의 경우, 현금 대신 외상매출금(자산)이 증가하고, 동시에 농산물매출(수익)이 발생한다.

문제 230. 다음은 회계 순환 과정 중 전기(posting), 총계정원장, 그리고 대차평균의 원리에 대한 설명이다. 이 중 복식부기의 논리를 가장 정확하게 반영한 설명은 무엇인가?

① 총계정원장은 분개 내용을 계정별로 집계한 장부이며, 모든 계정은 자산 → 자본 → 부채 → 수익 → 비용 순으로 배열된다.

② 총계정원장은 분개장의 거래를 계정별로 전기하여 요약한 장부로, 복식부기에 따라 일정 시점에서 차변 합계와 대변 합계가 항상 일치한다.

③ 대차평균의 원리는 일부 거래가 누락되더라도 차변과 대변의 금액이 같으면 재무제표 작성에 문제가 없음을 의미한다.

④ 전기란 거래 발생 시 이를 최초로 분개장에 기록하는 절차를 말한다.

👉●●○○

📖 해설: 총계정원장은 분개장의 내용을 계정별로 모아 정리하는 장부이며, 계정과목 배열 순서는 자산 → 부채 → 자본 → 비용 → 수익 이다. 대차평균의 원리에 따라 차변합계 = 대변합계가 항상 성립한다.

문제 231. 시산표(Trial Balance)에 대한 설명으로 옳지 않은 것은?
① 시산표는 총계정원장에 기록된 계정들을 집약하여 작성한다.
② 시산표를 통해 차변합계와 대변합계가 일치하는지 확인할 수 있다.
③ 시산표에서 차변합계와 대변합계가 일치하면 회계기록에 오류가 전혀 없음을 의미한다.
④ 시산표는 합계잔액시산표 형식으로 작성될 수 있다.

👉●●○○

📖 해설: 차변합계와 대변합계가 일치한다고 해서 오류가 없는 것은 아니다. 금액이 같은 잘못된 계정 기입(예: 차변·대변 계정 잘못 선택)은 발견되지 않을 수 있다.

문제 232. 다음 중 시산표에서 손익계산서와 재무상태표로 옮길 때 올바르게 연결된 것은 어느 것인가?
① 수익과 비용 → 재무상태표, 자산·부채·자본 → 손익계산서
② 수익과 비용 → 손익계산서, 자산·부채·자본 → 재무상태표
③ 자산·부채·자본 → 손익계산서, 수익과 비용 → 합계잔액시산표
④ 모든 계정 → 손익계산서에 일괄 반영

👉●●○○

📖 해설: 시산표에서 수익·비용은 손익계산서, 자산·부채·자본은 재무상태표에 기재한다.

문제 233. 선운산농장은 2026년 결산을 앞두고 다음과 같은 사항을 확인하였다. 이 경우, 2026년 결산 정리 후 계상할 대손상각비(Bad Debt Expense)의 금액으로 가장 적절한 것은 무엇인가?

> · 외상매출금 잔액: ₩200,000
> · 회계정책상, 외상매출금에 대해 연결 예상 대손률 5%를 적용하여 대손충당금을 설정한다.

① 5,000원　　　　　　② 10,000원
③ 15,000원　　　　　　④ 20,000원　　　　　　

📖 해설: 외상매출금 잔액 200,000원의 5%를 대손상각비로 설정 → 200,000 × 0.05 = 10,000원.

문제 234. 선운산농장은 2026년 결산을 준비하며 다음과 같은 정보와 결산 조정을 확인하였다. 아래 자료를 바탕으로 2026년 손익계산서상 당기순이익(순이익)은 얼마인가?

> · 매출액: 1,500,000원
> · 매출원가: 600,000원
> · 판매비와 관리비: 100,000원
> · 대손상각비: 10,000원 (외상매출금에 대한 충당금 설정)
> · 영업외수익: 50,000원
> · 영업외비용: 15,000원

① 695,000원　　　　　　② 845,000원
③ 897,000원　　　　　　④ 1,742,000원　　　　　　

📖 해설: 총수익 1,742,000원 − 총비용(887,000 + 10,000) = 845,000원이 당기순이익이다.

문제 235. 선운산농장은 2025년 결산 후 다음과 같은 재무정보를 갖고 있다. 아래 정보를 반영한 2026년 12월 31일 재무상태표상의 자본금 금액으로 가장 적절한 것은 무엇인가?

> · 2025년 12월 31일 자본금: 6,500,000원
> · 2025년 당기순이익: 845,000원
> · 2026년 사업연도 중 배당금 지급: 512,000원
> · 2026년 추가 자본금 증자: 0원

① 5,985,000원   ② 6,680,000원

③ 6,830,000원   ④ 7,800,000원   ☞●●●●

📖 해설: 기초자본금 5,985,000원 + 당기순이익 845,000원 = 6,830,000원.
(7,800,000원은 총자산, 6,680,000원은 결산 전 계산액)

문제 236. 다음 중 농업경영체에서 총원가에 포함되지 않는 것은 무엇인가?

① 생산원가(농산물 생산에 직접 투입된 비용)
② 판매비(판매 활동에 소요된 비용)
③ 일반관리비(경영관리 활동에 소요된 비용)
④ 세금 환급금   ☞●●○○

📖 해설: 총원가는 생산원가 + 판매비 + 일반관리비로 구성된다. 세금 환급금은 비용이 아니라 회계상 수익 또는 기타자산으로 처리된다.

문제 237. 농업경영체 원가요소 중 재료비에 대한 설명으로 옳지 않은 것은?

① 농산물 생산 과정에 투입되는 비료, 사료 등의 비용이다.
② 원가계산 기간 말에는 미성숙 생물자산(생장물) 계정으로 대체 정리한다.
③ 생산 활동에 직접 종사하는 인건비를 재료비에 포함한다.
④ 제조원가명세서에서 가공재료 과목과 대체 처리된다.   ☞●●●○

📖 해설: 생산 활동 인건비는 노무비로 분류되며, 재료비에는 포함되지 않는다.

문제 238. 농업경영체에서 생장물 → 당기생산물생산원가 → 농업생산물 계정 → 매출원가 → 손익계정으로 이어지는 흐름에서, 생장물 계정에 먼저 대체되는 원가요소가 아닌 것은?

① 재료비   ② 노무비

③ 제조경비   ④ 판매관리비   ☞●●●●

📖 해설: 생장물 계정에는 재료비, 노무비, 제조경비가 먼저 대체되며, 판매관리비는 매출원가 산정 과정에서 포함되지 않고 손익계산서 상 별도 비용으로 처리된다.

문제 239. 다음 중 농업경영체에서 당기 재료사용액(재료비) 계산식으로 올바른 것은?
① 당기재료매입액 - 기말재료재고액
② 기초재료재고액 + 당기재료매입액 - 기말재료재고액
③ 기초재료재고액 - 당기재료매입액 + 기말재료재고액
④ 당기재료매입액 + 기말재료재고액

해설: 당기 재료사용액 = 기초재료재고액 + 당기매입액 - 기말재료재고액이며, 이는 실제 소비된 재료비를 산정하기 위한 표준 계산식이다.

문제 240. 농업경영체 결산 시 생산원가명세서의 역할로 옳은 것은?
① 농산물 생산원가를 산정하여 매출원가 계산에 활용한다.
② 재무상태표에 자산, 부채를 기록하는 데 활용한다.
③ 현금흐름표 작성 시 현금의 수입과 지출을 집계한다.
④ 법인세 신고를 위한 세무조정 자료로만 사용한다.

해설: 생산원가명세서는 당기 발생 원가를 집계하여 매출원가를 계산하는 손익계산서의 부속 명세서 역할을 한다. 재무상태표, 현금흐름표, 세무조정 자료와 직접적 관련은 없다.

문제 241. 생산원가명세서에서 재료비를 산정할 때 올바른 계산식은?
① 기초재료재고액 + 당기재료구입액 - 기말재료재고액
② 당기재료구입액 - 기말재료재고액
③ 기초재료재고액 - 기말재료재고액 + 당기총생산원가
④ 당기총생산원가 - 기초재료재고액

해설: 재료비 = 기초재료재고액 + 당기 재료구입액 - 기말재료재고액이며, 실제 사용된 재료비를 산정할 때 표준적인 계산식이다.

문제 242. 다음 중 농업경영체의 노무비에 포함되지 않는 항목은 무엇인가?
① 직원에게 지급하는 급여 및 상여　　② 일용직 근로자에게 지급하는 일딩(집급)
③ 경영주에 대한 현금 외 노임　　④ 퇴직급여

문제 243. 당기생산물의 생산원가 계산과 관련하여 올바른 설명은?

① 당기총생산원가에서 기초생장물재고액을 차감하고 기말생장물재고액을 더한다.
② 당기총생산원가에 기초생산물재고액을 더하고 기말생장물재고액을 차감한다.
③ 당기총생산원가에서 기초생산물재고액과 기말생산물재고액를 모두 더한다.
④ 당기총생산원가에서 기말생산물재고액만 차감한다.

문제 244. 농업경영체 관련 세무실무에서 부과세 종류와 올바른 조합은?

① 소득세, 법인세, 재산세, 부가가치세
② 소득세, 증권거래세, 재산세, 법인세
③ 종합소득세, 지방소득세, 주세, 교육세
④ 법인세, 취득세, 농업소득세, 증권거래세

문제 245. 농업경영체 개인사업자의 소득세 과세 방식 중, 소득 종류를 합산하여 과세하는 방식은?

① 종합과세　　　　　② 분류과세
③ 분리과세　　　　　④ 특별과세

문제 246. 다음은 농업소득 과세와 관련된 설명이다. 농업소득의 비과세 기준, 과세 기준, 규모 기준 등을 정확히 이해한 후, 옳지 않은 설명을 고르시오.

① 곡물, 쌀, 보리 등 주요 식량작물 재배업은 원칙적으로 일정 기준까지 비과세 대상이다.

② 채소, 화훼, 시설작물 등은 연간 소득이나 재배 규모가 일정 기준을 초과하면 과세 대상이 된다.

③ 축산업은 사육두수 및 소득 규모에 따라 비과세 한도가 달라진다.

④ 모든 농업소득은 규모와 관계없이 무조건 과세되며, 비과세 요건은 적용되지 않는다.

📖 해설: 농업소득 중 곡물·식량 재배는 원칙적으로 비과세이며, 일정 규모 미만 농가는 비과세, 초과 시 과세된다. 축산업도 사육두수 기준으로 비과세 규모가 적용된다. 따라서 "모든 규모에서 무조건 과세"는 틀리다.

문제 247. 치유농장을 운영하는 A사는 외부 전문 강사에게 강의료 500,000원을 지급하려 한다. 소득세 원천징수율 20%, 지방소득세율은 소득세의 10%로 적용한다고 가정한다.

위 강의료 지급 시 원천징수 세액(소득세 + 지방소득세 합계)은 얼마인가?

① 40,000원

② 44,000원

③ 50,000원

④ 60,000원

📖 해설: 필요경비 공제 후 과세 대상액: $500,000 \times (1-0.6) = 200,000$원,
원천징수 세액: $200,000 \times 20\% = 40,000$원, 지방세 10% 포함: $40,000 \times 1.1 = 44,000$원

문제 248. 치유농장을 운영하는 개인 농장의 2026년 과세표준이 ₩400,000,000일 경우, 아래 조건을 적용하여 해당 개인의 소득세(국세 + 지방소득세 포함)를 계산하시오. 다음 중 가장 정확한 소득세 총액(국세 + 지방소득세)은?

① 12,000 만원   ② 13,406 만원
③ 14,000 만원   ④ 15,000 만원

📖 해설: 4억원 과세표준 적용: 세율 40%, 누진공제 2,594 만원,
계산: (4억 × 40%) - 2,594만 원 = 13,406 만원

문제 249. 부가가치세에 대한 설명으로 옳지 않은 것은 무엇인가?

① 부가가치세는 재화나 용역이 생산·유통되는 모든 단계에서 창출한 부가가치를 과세대상으로 한다.

② 농업경영체가 공급하는 가공되지 않은 농산물은 대부분 면세 대상이다.

③ 부가가치세는 사업자가 최종 소비자의 부담 없이 납부하는 직접세이다.

④ 부가가치세는 사업자가 소비자로부터 세액을 징수하여 납부하는 간접세이다.

📖 해설: 부가가치세는 간접세로서 실제 세금 부담은 최종 소비자가 지며, 사업자는 이를 대신 징수하여 납부하는 역할만 수행한다. 따라서 '직접세'라고 한 ③번이 옳지 않다.

문제 250. 다음 중 농업경영체 사업자의 유형과 특징이 올바르게 연결된 것은?

① 면세사업자 – 연간 공급가액이 10,400만 원 이상이면 반드시 일반과세 적용

② 간이과세사업자 – 국민 기초생활 필수재 공급으로 면세 적용

③ 영세율과세사업자 – 수출 재화 등을 공급하며 매입세액 환급 가능

④ 일반과세사업자 – 모든 농업재화에 대해 과세 및 매입세액 환급 불가

📖 해설: 영세율 과세사업자는 수출 재화 등 특정 거래를 대상으로 하며, 매입세액을 사후 환급받아 완전 면세 효과를 갖는다. 간이과세와 면세사업자는 적용 대상과 특징이 다르다.

문제 251. 농업경영체가 면세로 공급할 수 있는 재화에 해당하지 않는 것은?

① 가공되지 않은 채소 및 과일

② 국내 생산된 축산물(식용)

③ 단순히 운반 편의를 위해 포장된 원생산물

④ 포장된 김치, 단무지, 젓갈류(최종소비자 판매용)

📖 해설: 포장된 김치, 단무지, 젓갈류 등은 최종 소비자에게 포장의 상태로 공급되는 경우 과세 대상이다. 나머지는 미가공식료품 등 면세 대상이다.

문제 252. 다음 중 농업경영체 관련 영세율과 면세 제도의 차이점으로 옳은 것은?

① 면세 제도는 전 단계의 부가가치 전체를 면제하며, 매입세액도 전액 환급된다.

② 영세율 제도는 최종 소비자에게 부과되는 세금만 면제되며, 매입세액 환급이 불가하다.

③ 영세율 제도는 매출세액은 없으나, 매입세액은 환급 가능하므로 실질적으로 완전 면세 효과가 있다.

④ 면세 제도와 영세율 제도 모두 매입세액 전액 환급이 가능하다.

📖 해설: 영세율 제도는 매출세액이 없지만 매입세액은 환급되어 최종 소비자에게 세금 부담이 전가되지 않으므로 완전 면세 효과가 있다. 반면 면세 제도는 매입세액 환급이 불가하여 부분 면세 효과만 발생한다.

문제 253. 농업소득 중 작물재배업의 비과세 원칙으로 옳은 것은?

① 연간 수입금액과 관계없이 모든 작물재배업은 과세된다.
② 곡물 및 식량작물 재배업은 10억 원 초과분만 과세된다.
③ 채소, 화훼, 과실 재배업은 연간 수입금액 10억 원 초과분만 과세된다.
④ 작물재배업은 원칙적으로 과세되며, 비과세는 예외적으로 적용된다.　　☞●●○○

📖 해설: 작물재배업은 직접 거래 시 비과세가 원칙이며, 곡물 등 식량작물은 예외로 하여 10억 원 초과분만 과세한다.

문제 254. 축산업 관련 소득세 비과세 기준으로 옳은 것은?

① 사육두수에 관계없이 모든 축산소득은 과세된다.
② 사육두수 기준으로 일정 규모 이하일 경우 비과세가 적용된다.
③ 소득금액 3,000만 원 초과분은 비과세로 처리된다.
④ 사육규모와 상관없이 농가부업소득은 과세된다.　　☞●●○○

📖 해설: 축산업은 가축 종류별 사육규모를 기준으로 비과세 범위를 설정하며, 비과세 규모를 초과해도 소득금액 3,000만 원까지 농가부업소득으로 추가 공제가 가능하다.

문제 255. 다음 중 농지임대소득과 농가부업소득 비과세 설명으로 맞지 않은 것은 것은?

① 논밭 임대소득은 비과세된다.
② 축산업 부업 소득은 비과세된다.
③ 민박·특산물 제조 등 부업 소득도 비과세된다.
④ 모든 농업 관련 부업소득은 연간 금액과 관계없이 무조건 과세된다.　　☞●●○○

📖 해설: 농가부업소득은 일정 조건에 따라 비과세가 적용되므로 ④번이 옳지 않은 설명이다.

문제 256. 다음 중 부가가치세 면세 적용 대상이 아닌 것은?

① 가공되지 않은 식료품
② 국민 생활 필수 농수산물
③ 가공식품 제조업
④ 1차 가공을 거친 식료품

해설: 가공식품 제조는 과세대상이므로 면세 대상이 아니며, ①, ②, ④번은 면세 대상이다.

문제 257. 농업용 기자재에 대한 영세율 적용 대상이 아닌 것은?

① 비료, 농약, 사료
② 농업용 트랙터, 동력경운기
③ 육추기, 양계용 케이지, 자동급수기
④ 소비자에게 직접 판매되는 가공식료품

해설: 영세율 적용은 농축산업용 기자재에 한정되며, 가공식료품은 면세 대상이다.

문제 258. 농산물을 원재료로 제조가공할 경우, 면세농산물 가격에 포함된 매입세액을 공제하는 비율은 일반적으로 얼마인가?

① 2/102
② 6/106
③ 8/108
④ 1/100

해설: 일반적인 의제매입세액 공제율은 2/102이며, 음식점업의 경우 법인사업자 6/106, 개인사업자 8/108이다.

문제 259. 다음 중 자경농민의 농지 양도소득세 면제 요건으로 옳지 않은 것은?

① 농지 소재 지역에 거주할 것
② 8년 이상 농업에 종사할 것
③ 양도일까지 농지를 50%만 직접 경작해도 인정된다.
④ 자기노동력으로 8년 이상 직접 경작했음을 증명할 것

해설: 양도소득세 면제를 받기 위해서는 농작업의 절반 이상이 아닌, 2분의 1 이상을 직접 경작해야 한다.

문제 260. 자경농민이 농업용으로 토지 또는 시설을 취득할 경우 취득세 감면율로 올바른 것은?

① 25% ② 50%
③ 75% ④ 100%

해설: 자경농민은 농지 또는 시설을 농업용으로 취득할 경우 취득세 50%를 감면받는다. 다만, 초기 농업회사법인은 75%까지 가능하다.

문제 261. 가업상속공제의 적용 요건으로 올바른 것은?

① 피상속인이 5년 이상 영위한 사업
② 상속인이 상속개시일 2년 전부터 직접 가업에 종사할 것
③ 가업 상속 재산은 최대 100억원 한도
④ 상속인은 16세 이상이어야 한다.

해설: 가업상속공제는 피상속인이 10년 이상 영위한 사업, 상속인이 18세 이상이며 상속개시일 2년 전부터 직접 가업에 종사한 경우 적용된다.

문제 262. 영농상속공제를 받기 위해 상속인이 충족해야 하는 조건으로 옳지 않은 것은?

① 18세 이상이어야 한다.
② 농지 소재지에서 2년 이상 거주하며 직접 영농에 종사해야 한다.
③ 상속받은 농작업의 절반 이상을 자기 노동력으로 수행할 필요 없다.
④ 농지 소재지 및 상속인의 거주지는 연접 시·군·구 또는 30km 이내여야 한다.

해설: 영농상속공제 적용을 위해 상속인은 농작업의 절반 이상을 자기 노동력으로 수행해야 한다.

문제 263. 자경농민이 영농자녀에게 농지를 증여할 때 감면 요건이 아닌 것은?

① 증여자는 농지 소재지에 3년 이상 계속 영농에 종사
② 수증자는 만 18세 이상이어야 한다.
③ 수증자는 증여세 신고 기한까지 농지에 거주하며 직접 영농
④ 증여 농지에 대해 10년간 합산하여 증여세 감면

해설: 증여세 감면 한도는 5년간 합산 1억 원으로, 10년이 아니다.

문제 264. 영세율과 면세의 차이로 옳지 않은 것은?
① 영세율은 전 단계 부가가치세 전액 환급, 면세는 부분 면세
② 면세는 최종소비자가 세금을 부담, 영세율은 환급으로 부담 없음
③ 영세율은 과세사업자만 적용, 면세는 사업자 의무 없음
④ 면세는 과세표준에 포함되어 매출세액이 발생하지 않는다. ☞●●●○

해설: 면세는 과세표준에 포함되지 않으며, 매출세액도 발생하지 않는다.

문제 265. 치유농장주 또는 관리자가 갖추어야 하는 공통역량에 해당하지 않는 것은 무엇인가?
① 공동체 역할 – 팀과 함께 일하며 긴장 상태를 관리하는 능력
② 기업가 정신 – 자금 확보, 의사결정, 네트워킹, 홍보 능력
③ 자아 성찰 – 스스로 성장과 자신의 한계를 점검하고 이해하는 능력
④ 전문 농업 기술 – 특정 작물의 품종개발과 고급 농업 기술 습득 ☞●●○○

해설: 치유농장 관리자의 공통역량은 공동체 역할, 기업가 정신, 자아 성찰로 정의된다. 전문 농업 기술은 도움이 될 수 있으나, 공통역량으로 명시된 사항은 아니다.

문제 266. 치유농장 운영 시 기업가 정신이 중요한 이유로 가장 적절한 것은 무엇인가?
① 농장의 일일 작업 관리를 효과적으로 수행하기 위해
② 장애인 대상자와 심리적 교감을 위해
③ 의사결정, 자금 확보, 행정 모니터링, 네트워킹, 홍보 등을 위해
④ 팀 내 공동체성을 유지하고 갈등을 조정하기 위해 ☞●●○○

해설: 기업가 정신은 단순한 농작업 관리가 아니라 농장을 설립·운영하며 시장 진출, 자금 조달, 홍보 및 파트너십 관리 등 사업적 역량과 관련된다.

문제 267. 치유농장주가 자아 성찰 역량을 발휘해야 하는 가장 핵심적인 이유는 무엇인가?
① 장애인을 이해하고 그들의 발달 배경과 요구를 적절히 반영하기 위해
② 농작물 생산성과 품질을 향상시키기 위해
③ 치유농장 직원의 업무 효율성을 높이기 위해
④ 지역 사회와의 네트워킹을 강화하기 위해

📖 해설: 자아 성찰은 치유농장주가 자신을 이해하고 성장하며, 대상자의 특성과 발달 배경을 이해하여 적절히 지원하기 위한 역량이다. 농작물 생산이나 직원 효율과 직접 관련된 역량은 아니다.

문제 268. 치유농장에서 공동체 역할이 중요한 이유로 올바른 설명은 무엇인가?

① 농장의 모든 업무를 혼자 수행할 수 있기 때문에
② 장애인 대상자와 팀원들이 함께 일하며 상호 협력을 촉진하기 때문에
③ 기업가적 판단과 홍보 활동을 독립적으로 수행하기 위해
④ 농업 기술 습득과 작물 생산을 극대화하기 위해　　👉●●○○

📖 해설: 공동체 역할은 치유농장에서 대상자와 직원, 팀원들이 함께 일하며 긴장 상태를 관리하고 상호 협력을 촉진하는 능력으로, 핵심적인 공통역량에 해당한다.

문제 269. 작업관리자가 갖추어야 하는 핵심 역량으로 가장 적절하지 않은 것은 무엇인가?

① 진실성 – 말한 것을 실행하고 대상자에게 신뢰감을 주는 능력
② 유연함 – 다양한 작업과 상황에 맞추어 대체 가능하고 적응할 수 있는 능력
③ 작업활동 구성 – 활동을 체계화하고 대상자의 역량에 맞는 작업 배치 능력
④ 그룹 상담 – 개인의 심리적 문제를 해결하기 위한 전문 상담 능력　　👉●●○○

📖 해설: 그룹 상담은 별도의 그룹 상담사 역할에서 요구되는 역량이며, 작업관리자의 핵심 역량은 진실성, 유연함, 작업활동 구성과 관련된다.

문제 270. 치유농업운영자의 역할 중 프로그래머(진행자 포함)의 핵심 업무로 가장 적절한 것은 무엇인가?

① 치유농업 환경과 경관 조성 및 시설 관리
② 치유 프로그램 대상자 진단 및 특성별 프로그램 편성, 진행
③ 치유농업 사업 홍보 및 마케팅 활동
④ 치유 프로그램 서비스의 질 관리 및 모니터링　　👉●●○○

📖 해설: 프로그래머는 치유 대상자의 특성을 파악하고, 치유농업 프로그램을 편성 및 계획하며, 실제 프로그램을 진행하고 교육/서비스를 제공하는 역할을 담당한다.

문제 271. 치유농업운영자 역할 중 환경조성 관리자에게 요구되는 역량으로 옳은 것은 무엇인가?
① 치유농업 사업 홍보 및 관계자 협업 능력
② 치유농업 환경과 경관 및 시설 관리, 치유 가능 자원 파악, 농업·농촌 사회 이해
③ 대상자 치유활동 배정 및 관리
④ 치유 프로그램 평가 및 보고서 작성

☞●●○○

📖 해설: 환경조성 관리자는 치유농업 환경, 경관, 시설을 조성하고 관리하며, 고객 특성에 맞는 치유 자원을 파악하고 농업과 농촌 사회에 대한 이해 능력을 갖추어야 한다.

문제 272. 치유농업운영자의 역할 중 서비스공급자에게 요구되는 역량으로 가장 적절한 것은 무엇인가?
① 치유 프로그램 고객 모집, 관리 및 모니터링
② 치유농업 사업의 재정, 비용 판단 및 사업계획 수립
③ 치유농업 수용자 안전과 보호 대비, 협력자원 발굴, 사회적 교류 행사 기획
④ 치유 프로그램 효과 검증 및 보고서 작성

☞●●●○

📖 해설: 서비스공급자는 치유농업 참여자의 안전과 보호를 대비하고, 사업 협력 자원을 발굴하며, 사회적 교류 행사 기획과 운영까지 담당하는 역할이다.

문제 273. 치유농업운영자가 사례관리(모니터링)자로서 수행하는 역할은 무엇인가?
① 치유농업 프로그램 서비스의 질 관리와 모니터링
② 대상자 특성별 프로그램 편성과 진행
③ 농업 환경 조성 및 시설 관리
④ 치유농업 사업 홍보와 마케팅 수행

☞●●●○

📖 해설: 사례관리자는 치유 프로그램의 서비스 질을 관리하고, 대상자 활동 및 프로그램 진행 상황을 모니터링하여 지속적 개선을 돕는 역할을 수행한다.

문제 274. 치유농업사가 취약계층(노인·장애인·정신적 어려움이 있는 참여자)을 대상으로 프로그램을 운영할 때 요구되는 윤리의식에 대한 설명으로 가장 타당한 것은 무엇인가?

① 치유농업사의 윤리는 개인의 선의와 신념에 따라 자율적으로 적용하면 되며, 프로그램 참여자의 사회적 관계나 환경은 고려 대상이 아니다.
② 치유농업사의 윤리는 참여자의 존엄성과 안전을 전제로 하여, 상호작용 과정에서 발생하는 관계·환경·권력 차이를 인식하고 사회적 책임을 동반한 가치 판단과 행동을 요구한다.
③ 치유농업사의 윤리는 재배기술, 프로그램 운영 능력 등 전문기술의 숙련도만으로 충분히 확보될 수 있다.
④ 치유농업사의 윤리는 법과 동일한 개념이므로, 관련 법규를 위반하지 않는 한 별도의 윤리적 판단은 필요하지 않다.

☞●●●●

📖해설: 윤리는 인간이 사회적 관계 속에서 지켜야 할 가치규범으로, 타인에게 영향을 주고 사회적 맥락에서 의미 있는 행동을 지향한다. ②번은 윤리를 생활규범 + 사회적 맥락 + 가치 지향적 행동으로 이해하면서, 이를 치유농업사의 전문윤리로 정확히 확장한 선택지다.
①, ③번은 윤리를 개인 신념이나 기술로 축소하고, ④번은 윤리를 법과 동일시하여 치유농업의 관계윤리·돌봄윤리를 간과한다.

문제 275. 치유농업사 윤리의식과 윤리강령의 관계에 대한 설명으로 가장 적절한 것은 무엇인가?

① 윤리강령은 단순히 개인의 생각과 내면적 태도로만 존재하며 행동과는 무관하다.
② 윤리강령은 내면에 잠재된 윤리의식을 행동으로 표출하도록 형식화한 지침서 역할을 한다.
③ 윤리의식과 윤리강령은 서로 상관이 없으며 별개로 관리된다.
④ 윤리강령은 법적 의무에 의해만 준수되어야 하며 내면적 의식은 중요하지 않다.

☞●●●○

📖해설: 윤리의식은 개인 내면의 사고와 태도를 지칭하며, 윤리강령은 이를 행동으로 구현하도록 형식화한 사회적 지침서이다.

문제 276. 치유농업사에게 윤리강령이 필요한 이유로 가장 적절한 것은 무엇인가?

① 전문가 자신의 가치관과 대상자의 가치관 차이를 체계적으로 확인하고, 윤리적 갈등에 대비하기 위해
② 단순히 법적 제재를 피하기 위해서
③ 농작업 기술과 생산성을 높이기 위해서
④ 프로그램 참여자의 신체적 건강만을 관리하기 위해서

📖 해설: 윤리강령은 전문가가 자신의 가치관과 대상자, 조직, 사회적 가치 간 차이를 이해하고, 윤리적 갈등 상황에 대처하며, 전문적 판단과 행동을 체계적으로 수행하도록 돕는다.

문제 277. 다음 중 치유농업사 윤리강령과 유사분야 전문직 윤리강령의 공통 핵심 가치가 아닌 것은 무엇인가?

① 존중과 사랑
② 신뢰와 책임감
③ 단순한 기술 숙련도와 농작업 효율
④ 전문성, 공정성, 협력과 의사소통　　

📖 해설: 윤리강령은 존중, 사랑, 신뢰, 책임감, 전문성, 공정성, 협력 등 사회적·전문적 가치와 행동 지침을 포함하며, 단순 기술 숙련도나 농작업 효율은 윤리강령의 핵심 가치에 포함되지 않는다.

문제 278. 치유농업사의 주요 역할 중 올바르게 연결된 것은 무엇인가?

① 프로그램 기획 및 운영 – 대상자 상태와 관계없이 동일한 활동을 반복 실행
② 대상자 관리 및 지원 – 대상자의 신체적·정신적 상태를 고려하여 맞춤형 지원 제공
③ 교육 및 훈련 – 치유농업 프로그램만 진행하고 관련 분야 인력 교육은 불필요
④ 지역사회 활성화 기여 – 농촌 주민과의 교류는 배제하고 농업 생산에만 집중

📖 해설: 치유농업사는 대상자의 신체적·정신적 상태에 맞추어 개별적 활동과 정서적 지지를 제공하며, 프로그램 참여로 얻는 혜택을 극대화하도록 지원해야 한다.

문제 279. 치유농업사가 지켜야 할 의무와 올바른 연결은 무엇인가?

① 전문성 유지 – 자격 갱신이나 교육 이수는 선택 사항이다.
② 대상자 안전과 복지 보장 – 응급 상황 대비 및 위험 요소 최소화 포함
③ 환경 보호와 지속 가능성 고려 – 농업 활동에서 환경 영향은 무시 가능
④ 윤리적 책임 – 대상자 권리 존중은 선택 사항이며 의무가 아니다.　　

📖 해설: 치유농업사는 대상자의 안전과 복지를 최우선으로 고려하고, 응급 상황에 대비한 계획과 위험요소 최소화를 수행해야 한다.

문제 280. 치유농업사의 직무 능력 영역에 포함되지 않는 것은 무엇인가?

① 치유농업 프로그램 운영
② 치유농업 대상자 상담·배치·촉진 활동
③ 농업 생산량 극대화와 품질 향상
④ 치유농업 종사 인력 역량 강화

☞●●●●○

해설: 치유농업사의 직무는 프로그램 운영, 자원 관리, 환경 관리, 대상자 지원, 상담·배치·촉진, 평가·분석·보고, 사례 관리, 서비스 공급 지원, 종사 인력 역량 강화 등이며, 단순 농업 생산량 극대화는 포함되지 않는다.

문제 281. 치유농업 프로그램 운영 영역에서 치유농업사가 수행해야 하는 직무로 적절한 것은 무엇인가?

① 대상자 특성 분석과 활동 수준 설정
② 단순 농작물 수확과 판매
③ 프로그램 관련 교육 이외의 연구 참여 배제
④ 농촌 지역 활성화에 대한 계획 수립 제외

☞●●○○

해설: 치유농업 프로그램 운영 영역에서는 대상자 특성 분석, 세부 계획 수립, 활동 수준 설정, 실행, 상황 변화 대응 및 조정, 프로그램 개선 등 다양한 직무 수행이 요구된다.

문제 282. 치유농업 종사자의 역량 평가에서 중점적으로 점검해야 하는 사항으로 올바른 것은 무엇인가?

① 대상자의 신체적·정신적 상태를 무시하고 프로그램을 일률적으로 진행하는 능력
② 치유 목적과 자원에 대한 이해, 대상자 특성 이해, 치유적 개입 능력, 자기 관리 능력, 프로그램 목표 달성 정도
③ 프로그램 종료 후 별도의 평가나 피드백 없이 활동만 완료하는 능력
④ 치유농업 시설 내 농작물 생산량 극대화 능력

☞●●○○

해설: 치유농업 종사자는 대상자의 특성에 맞는 치유적 개입 능력과 프로그램 목표 달성 정도 등을 중점적으로 평가하며, 전문성과 프로그램 효과성을 동시에 제고해야 한다.

문제 283. 치유농업 종사자의 평가 진단을 위해 활용되는 방법으로 적절하지 않은 것은 무엇인가?

① 프로그램 전후 대상자와의 심층 인터뷰
② 평가표·진단지를 활용한 체계적 피드백
③ 외부 평가 기관 위탁을 통한 공정한 평가
④ 대상자의 활동 후 평가 없이 종사자의 직관적 판단만 활용

📖 해설: 체계적인 역량 평가는 객관적 근거가 필요하며, 단순한 직관적 판단만으로는 평가가
불충분하다.

문제 284. 치유농업에서 정신심리 질환을 가진 대상자에게 적합한 활동으로 올바른 것은 무엇인가?

① 젖산과 활성산소 배출을 위한 근력 운동
② 교감 및 부교감 균형을 촉진하는 몰입, 호흡, 오감 체험
③ 체질별 음식과 힐링푸드를 활용한 요리 프로그램
④ 산책과 컬러푸드 체험

📖 해설: 정신심리 질환(감정노동, 트라우마 등)을 가진 대상자는 교감·부교감 균형을 회복하도록
몰입, 호흡, 오감, 피로 이완 활동이 효과적이다. 근골격계나 대사 면역계 질환과 관련된 활동은
적합하지 않다.

문제 285. 대사·면역계 질환을 가진 대상자에게 치유농업 프로그램을 설계할 때 적합하지 않은 활동은?

① 초기 혈압과 당뇨 조절을 위한 액티비티와 힐링푸드
② 면역계 자극을 위한 컬러푸드 체험
③ 과도한 근력 운동과 피로 회복 없는 반복 활동
④ 규칙적인 호흡과 림프순환 자극 활동

📖 해설: 대사·면역계 질환자는 면역계 자극과 생활습관 개선 중심의 활동이 필요하며, 과도한 근
력 운동과 피로 회복 없는 활동은 적절하지 않다.

문제 286. 근골격계 질환을 가진 대상자에게 적합한 치유농업 활동으로 올바른 것은 무엇인가?
① 감정노동자의 심리 회복을 위한 몰입 활동
② 호흡, 젖산·활성산소 디톡싱, 근자극, 피로 이완 활동
③ 체질별 요리와 면역계 자극 활동
④ 산책과 오감 체험을 통한 교감·부교감 균형

해설: 근골격계 질환자(작업질환자, 만성피로자 등)는 근육과 관절 회복, 젖산·활성산소 제거, 근자극 및 피로 이완 활동이 필요하며, 정신심리나 대사 면역계 중심의 활동과는 차이가 있다.

문제 287. 치유농업 전문 인력이 정기교육을 통해 강화해야 하는 역량으로 올바른 것은 무엇인가?
① 치유농업 시설 내 농작물 수확량 극대화
② 자원의 이해, 자원 발굴, 자원과 프로그램 연계, 시설 및 자원 관리, 대상자 분석, 프로그램 적용, 종사자 컨디션 관리
③ 종사자의 개인적 취향에 따라 프로그램 설계
④ 외부 기관과 무관하게 프로그램을 반복적으로 수행

해설: 치유농업 전문 인력은 자원의 이해와 발굴, 프로그램 연계, 시설 관리, 대상자 분석, 프로그램 적용, 자기 컨디션 관리 등 체계적 역량을 정기교육을 통해 지속적으로 강화해야 한다.

문제 288. 치유농업경영자인 A씨는 발달장애 성인을 대상으로 한 계절형 원예치유 프로그램을 운영하고 있다. A씨는 과거 5년간의 운영 데이터를 바탕으로 우천 시 프로그램 취소 확률, 참여자 결원 발생률, 재료 손실률 등을 수치로 예측하여 예산과 운영계획을 수립하였다. 반면, 최근 도입을 검토 중인 신규 치유농업 서비스 모델은 관련 통계나 선행 사례가 거의 없어, 참여자의 반응과 수익 구조를 사전에 수치화하기 어렵다. 이 사례를 Knight(1921)의 위험(Risk)과 불확실성(Uncertainty) 구분에 따라 가장 타당하게 해석한 것은 무엇인가?

① 신규 치유농업 서비스 모델은 과거 경험이 없으므로 위험에 해당하며, 기존 프로그램은 불확실성에 해당한다.
② 과거 운영 데이터를 활용한 우천·결원 예측은 불확실성에 해당하고, 신규 서비스 모델은 위험에 해당한다.
③ 과거 데이터를 통해 발생 확률을 수치화할 수 있는 운영 변수는 위험에 해당하며, 확률 산정이 불가능한 신규 서비스 모델은 불확실성에 해당한다.
④ 치유농업은 인간·자연 요소가 결합된 활동이므로 모든 경영 상황은 불확실성으로 분류된다.

문제 289. 치유농업 경영자가 위험 프리미엄을 지불하는 이유로 옳은 것은?

① 경영자가 위험을 제거하거나 관리하기 위해 일정 금액을 지불할 수 있는 최대 의사금액이다.
② 경영자가 위험을 선호하기 때문에 발생하는 추가 수익금이다.
③ 경영자가 불확실성을 무시하고 투자 수익을 극대화하기 위해 지불하는 금액이다.
④ 경영자가 생산량을 의도적으로 감소시키는 행위의 대가이다.

📖 해설: 위험 프리미엄(Risk premium)은 경영자가 직면한 위험을 제거하거나 관리하기 위해 기꺼이 지불할 수 있는 금액으로, 예를 들어 농작물 재해보험 가입 시 지불하는 보험료가 위험 프리미엄에 해당한다.

문제 290. 치유농업경영자 B씨는 노인 대상 치유농업 프로그램을 운영하면서, 기상 악화로 인한 프로그램 취소, 참여자 사고, 농작물 훼손 등으로 발생할 수 있는 재정적 손실 위험을 인식하고 있다. 이에 따라 B씨는 해당 위험을 이전하기 위해 기상·배상책임·시설 손해 보험 가입을 검토 중이다. B씨가 보험료 수준을 판단할 때, 위험관리 상품의 수요자 관점에서의 위험 프리미엄(Risk Premium)을 가장 정확히 설명한 것은 무엇인가?

① 위험이 존재하는 상태에서 동일한 기대수익을 얻기 위해 요구하는 최소 보상 금액이다.
② 불확실한 손실 위험을 제거하기 위해 경영자가 기꺼이 지불할 수 있는 최대 금액이다.
③ 확실한 수익을 얻기 위해 기대수익을 초과하여 보장받는 추가 수익 금액이다.
④ 보험 가입을 통해 경영자가 실제로 얻게 되는 평균적인 재무적 이익이다.

📖 해설: 수요자 관점에서 위험 프리미엄은 위험을 제거하기 위해 지불할 최대 의사금액이다. 공급자는 반대로 위험을 부담하는 대가로 최소 금액을 요구한다. ① 공급자(위험 보유자) 관점에 가까운 설명 ③ 확실성 등가 개념 혼동 ④ 기대수익 ≠ 위험 프리미엄, 따라서 ②번이 치유농업경영자의 실제 의사결정 맥락에서 가장 타당하다.

문제 291. 치유농업 경영자가 위험 관리 수단이 없을 때 보이는 소극적 대응(Timid behavior)의 예로 옳은 것은?

① 대상자의 치유 프로그램 참여를 확대한다.
② 생산을 감소시켜 가격 위험을 회피한다.
③ 새로운 위험관리 상품을 도입한다.
④ 위험 프리미엄을 지급하고 보험에 가입한다.

☞●●○○

> 📖 해설: 경영위험에 대한 적절한 관리 수단이 없을 경우, 농업경영자는 생산을 줄이는 소극적 대응을 한다. 이는 사회 전체적으로 자원의 비효율적 사용과 후생 감소를 초래할 수 있다.

문제 292. 치유농업경영자 C씨는 발달장애인과 노인을 대상으로 한 치유농업 프로그램을 운영하며, 농작물 생산, 체험 프로그램, 교육·컨설팅, 공공 위탁 사업 등 다양한 수익원을 결합한 경영 구조를 구축하고 있다. C씨는 위험 분산을 위해 프로그램 유형과 대상자군을 다변화하는 전략을 검토하고 있다.

이 사례를 체계적 위험(Systematic risk)과 비체계적 위험(Non-systematic risk) 개념에 근거하여 가장 타당하게 해석한 것은 무엇인가?

① 특정 치유농업 프로그램에서 발생한 지도자 역량 부족이나 운영 실패는 거시경제 요인에 의해 발생하므로 체계적 위험에 해당한다.
② 기후 변화, 농업 정책 변화, 경기 침체로 인한 예산 축소 위험은 개별 농장의 노력으로 분산 가능하므로 비체계적 위험에 해당한다.
③ 특정 작물 실패, 개별 프로그램의 참여자 감소와 같은 위험은 포트폴리오 구성(사업 다각화)을 통해 감소시킬 수 있는 비체계적 위험에 해당한다.
④ 모든 치유농업 관련 위험은 자연·사회적 요인이 결합되어 있으므로 체계적 위험과 비체계적 위험의 구분은 의미가 없다.

☞●●●●

> 📖 해설: 비체계적 위험은 특정 경영체에 국한되므로 포트폴리오 구성을 통해 분산·감소시킬 수 있다. 반면 체계적 위험은 전체 산업이나 시장에 영향을 미치므로 분산으로 제거할 수 없다. 작물 실패, 프로그램별 참여율 변동 → 비체계적 위험, 프로그램·대상자·수익원 다각화 → 비체계적 위험 감소 전략, 따라서 ③번만이 체계적·비체계적 위험을 치유농업경영자의 실제 경영 전략과 정확히 연결한다.

문제 293. 치유농업 경영자가 직면하는 가격위험에 대한 설명으로 옳은 것은?
① 농산물 생산량 감소로 인한 위험이다.
② 농업 관련 정부 정책의 변화로 인한 위험이다.
③ 생산 요소 가격 급등, 농산물 판매가격 급락 등이 가격위험에 해당한다.
④ 농업경영자의 건강 문제로 인한 위험이다.　●●●●○

> 📖 해설: 가격위험은 농산물 판매가격이 기대 가격에 미치지 못하거나, 투입 요소(연료, 사료, 인건비 등) 가격 급등으로 발생하는 위험을 의미한다.

문제 294. 치유농업 경영자의 신용위험(Credit risk)에 해당하지 않는 사례는?
① 농산물 거래 시 판매 대금 미정산 또는 지연 발생
② 농업경영자의 신용도 하락으로 자금 조달 능력 저하
③ 농업 관련 정부 정책의 개편으로 수익 감소
④ 농업경영자의 경영 악화로 재정적 위험 발생　●●●●○

> 📖 해설: 신용위험은 재정적·거래적 위험으로, 정부 정책 변화는 제도위험에 해당한다.

문제 295. 치유농업경영자 D씨는 치매 노인과 발달장애인을 대상으로 한 치유농업 프로그램을 운영하고 있으며, 상근 치유지도사, 외국인 계절근로자, 지역 자원봉사자와 협력하여 프로그램을 수행하고 있다. 최근 인력 구성의 변화와 지역사회 관계 문제로 인해 프로그램 운영의 안정성이 영향을 받고 있다. 다음 중 위 사례에서 나타난 인적위험(Human risk)에 해당하는 것으로 가장 타당한 것은 무엇인가?
① 이상기후로 인한 농작물 생육 불량과 프로그램 일정 차질
② 농산물 가격 하락으로 인한 치유농업 운영 수익 감소
③ 외국인 근로자 의사소통 문제, 치유농업지도사의 소진(burnout), 귀농·귀촌인과 지역 주민 간 갈등
④ 치유농업 관련 법·제도 개편으로 인한 사업 구조 변경
　●●●●

> 📖 해설: 인적위험은 농업경영자와 인적 자원 변화로 발생하는 위험으로, 건강 문제, 가족 변화, 노동력 문제, 세대 갈등 등이 포함된다. ① 자연재해 → 자연적 위험 ② 가격 변동 → 시장 위험 ④ 제도·법 개편 → 정책·제도 위험 ③ 인력 구성, 관계 갈등, 심리적 요인 → 인적위험, 따라서 ③번이 치유농업경영자의 실제 운영 리스크를 가장 정확히 반영한다.

문제 296. 평균절대편차(MAD, Mean Absolute Deviation)의 특징으로 옳은 것은?

① 오차에 제곱을 취하여 계산하므로 극단값의 영향이 크다.

② 상향 변동성과 하향 변동성을 모두 위험으로 간주한다.

③ 표본과 모집단의 차이를 고려하지 않고 항상 n으로 나눈다.

④ 목표치를 초과하는 이익 가능성만을 위험으로 간주한다.

> 해설: MA④번은 개별 관측값과 평균값의 절댓값 차이를 평균하여 계산하며, 상향 변동성과 하향 변동성을 모두 위험으로 간주한다.

문제 297. 분산과 표준편차에 대한 설명으로 옳지 않은 것은?

① 분산은 오차의 제곱을 평균하여 계산하며, 상향과 하향 변동성을 모두 고려한다.

② 표준편차는 분산의 제곱근으로 계산되며 단위가 원래 데이터와 같다.

③ 표본 분산과 모집단 분산 계산 시 자유도(n-1) 고려 여부가 차이를 만든다.

④ 준분산은 평균보다 큰 값의 변동성만 위험으로 간주한다.

> 해설: 준분산은 목표치(T)보다 미달하는 손실 가능성만을 위험으로 간주하며, 목표를 초과하는 값은 위험에서 제외한다.

문제 298. 준분산(Partial Variance, Semi-variance)의 특징으로 옳은 것은?

① 상향 변동성과 하향 변동성을 모두 위험으로 계산한다.

② 목표치를 초과하는 결과는 위험에서 제외하고, 목표치 미달 시 오차 제곱으로 계산한다.

③ 표준편차를 평균으로 나누어 계산한다.

④ 단위가 다른 변수 간 비교가 가능하다.

> 해설: 준분산은 목표치(T)를 기준으로 목표치보다 낮은 값만 위험으로 간주하고, 목표치를 초과하는 결과는 위험에서 제외한다.

문제 299. 변이계수(Coefficient of Variation, CV)의 특징으로 옳은 것은?

① 목표치를 기준으로 손실만을 측정하는 지표이다.

② 표준편차를 평균으로 나누어 계산하며, 단위가 다른 변수 간 비교가 가능하다.

③ 오차의 절댓값을 평균하여 계산한다.

④ 상향 변동성과 하향 변동성을 모두 제외하고 계산한다.

📖 해설: 변이계수는 표준편차를 평균으로 나눈 값으로, 단위가 다른 변수 간 위험 비교가 가능하며, 값이 클수록 위험이 큰 것으로 해석된다.

문제 300. 치유농장의 가격위험 관리방안으로 옳지 않은 것은?

① 생산의 다각화를 통해 가격이 음(-) 상관관계를 가진 품목 포트폴리오로 위험을 줄일 수 있다.
② 분산 판매는 저장이나 출하 시점을 조정하여 연중 가격 변동에 따른 위험을 관리하는 방법이다.
③ 선물 및 옵션거래는 한국의 모든 농산물 가격위험 관리에 널리 활용되고 있다.
④ 계약생산은 장기 공급계약을 통해 안정적 판로 확보와 가격위험 감소가 가능하다.

📖 해설: 한국에서는 상장된 농산물 상품이 없어 선물 및 옵션거래를 활용한 가격위험 관리는 현실적으로 거의 불가능하다.

문제 301. 치유농장 E는 원예치유 프로그램 운영과 함께, 프로그램에 활용되는 농산물을 직접 재배·판매하고 있다. 이 농장은 기상 변화로 인한 수확량 감소뿐 아니라, 체험객 감소 및 시장 가격 변동으로 인한 연간 농업수입 변동성을 주요 경영위험으로 인식하고 있다. 이에 따라 E농장은 정부 정책보험 중 하나인 농업수입보장보험 가입을 검토하고 있다.

다음 중 위 사례에서 농업수입보장보험의 특징을 가장 정확하게 설명한 것은 무엇인가?

① 기상재해나 가격 변동으로 인해 발생하는 수확량 감소와 가격 하락이 결합된 수입 감소 손실을 보장한다.
② 치유농업은 복합 서비스 산업이므로, 농업수입보장보험은 별도의 조건 없이 모든 치유농장에서 확대 적용이 가능하다.
③ 보험에 가입하면 작목 구성, 판매 시기, 체험 연계 전략 등은 경영 성과에 영향을 미치지 않는다.
④ 농업수입보장보험은 선물거래나 옵션 거래와 결합되어야만 실질적인 보상 효과가 발생한다.

📖 해설: 농업수입보장보험은 가격 하락 또는 수확량 감소 등으로 발생한 보험 대상 품목의 수입 하락 손실을 보상하며, 정부 개입에 따른 왜곡이 없는 장점이 있다. ② 보험은 작목·지역·요건에 따라 제한적으로 운영됨. ③ 보험 가입 여부와 무관하게 경영 전략은 여전히 중요. ④ 파생상품과 연계 의무는 없음. 따라서 ①번이 치유농장의 실제 위험 구조를 가장 정확히 반영한다.

문제 302. 치유농장의 재정적 신용위험 관리방안으로 옳지 않은 것은?

① 현금 등 유동자산을 충분히 보유하여 단기채무 상환이나 긴급 재무적 필요에 대비한다.

② 자금 융자 시 가능한 고정 이자율로 융자하여 이자율 상승 위험을 줄인다.

③ 신용 확보를 위해 농협 등 금융기관과 거래하지 않고, 정부 자금을 무조건 의존한다.

④ 정책자금 지원사업을 통해 긴급한 자금 확보가 가능하다.

☞●●○○

> 📖 해설: 재정적 신용위험 관리를 위해서는 금융기관과 거래하여 신용을 확보하는 것이 중요하며, 정부 자금은 필요시 보조 수단으로 활용된다. 금융기관 거래를 배제하는 것은 바람직하지 않다.

문제 303. 치유농장 F는 지방자치단체 위탁 치유농업 프로그램, 학교·복지기관 대상 체험 계약, 그리고 농산물 납품을 병행하는 복합 경영체이다. 최근 일부 민간 기관과의 거래에서 계약 파기, 대금 미정산, 지급 지연 사례가 발생하면서 치유농장의 현금흐름 안정성이 위협받고 있다.
다음 중 위 사례에서 계약 파기 및 미정산에 따른 신용위험을 관리하기 위한 방안으로 가장 적절한 것은 무엇인가?

① 민간 기관·위탁사업 거래 시 선금 또는 분할 정산을 원칙으로 하고, 불가피할 경우 계약서 작성 및 거래 상대방의 재무 상태·지급 이력 등을 사전에 검토한다.

② 신뢰 형성을 위해 계약서 없이 구두 합의로 프로그램을 우선 진행한다.

③ 공공성과 사회적 목적을 고려하여 거래 상대방의 신용 수준과 무관하게 출하·서비스를 제공한다.

④ 공영도매시장이나 단체를 통한 거래는 가격 위험만 관리되므로 신용위험 관리는 불필요하다.

☞●●●●

> 📖 해설: 계약 파기 및 미정산 신용위험 관리를 위해서는 현금거래가 가장 안전하며, 현금거래가 어렵다면 거래 상대방의 신용을 충분히 파악하고 서면 계약을 체결해야 한다. ① 선금·분할 지급 + 신용 평가 + 계약서 → 신용위험 관리의 핵심 수단, ②·③ 신용위험을 오히려 증폭, ④ 공영도매시장·단체 거래도 정산 지연·미지급 위험 존재, 따라서 ①번이 치유농장의 경영 안정성을 고려한 가장 합리적인 대응이다.

문제 304. 치유농장 G는 치유농업 프로그램 운영과 함께 농산물 직거래, 공공 위탁사업, 지역 연계 사업을 병행하고 있다. 최근 농산물 가격 변동성 확대, 치유농업 관련 법·제도 개편 논의, 공공사업 평가 기준 강화 등으로 인해 치유농장의 중·장기 경영 환경에 대한 불확실성이 증가하고 있다. 이러한 상황에서 시장위험(Market risk)과 제도위험(Institutional risk)을 관리하기 위한 치유농장의 대응으로 가장 타당한 것은 무엇인가?

① 농산물 수급·가격 동향, 치유농업 정책·법령 변화, 공공사업 평가 기준 등을 지속적으로 모니터링하고, 이를 바탕으로 프로그램 구성과 경영 전략을 유연하게 조정한다.
② 단기 수익성 확보를 위해 시장·제도 변화 분석은 생략하고 기존 운영 방식을 유지한다.
③ 농업관측정보와 정책 정보는 생산자 개인의 판단과 무관하므로 위험 관리와 직접적인 관련이 없다.
④ 위험 관리는 외부 요인에 의해 결정되므로 내부 통제나 의사결정 체계 정비는 필요하지 않다.

👉●●●●

📖 해설: 시장위험이나 제도위험은 사전적으로 대응이 어려우므로, 관련 정보를 지속적으로 수집하고 모니터링하여 대응 방안을 마련해야 한다. 따라서 ①번이 치유농장의 지속가능성을 고려한 가장 합리적인 위험 관리 방안이다.

문제 305. 치유농장 인적위험 관리를 위한 내부통제 요소와 관련된 설명으로 옳은 것은?

① 통제환경에는 윤리강령과 내부회계관리규정이 포함된다.
② 위험평가는 무작위 결정으로 수행한다.
③ 통제 활동은 외부 감사만으로 충분하다.
④ 모니터링은 정보 수집과 관계가 없으며 별도로 수행된다.

👉●●●○

📖 해설: 인적위험 관리를 위한 내부통제는 통제환경, 위험평가, 통제 활동, 정보·의사소통, 모니터링 등 5개 요소로 구성되며, 통제환경에는 윤리강령과 내부회계관리규정 등이 포함된다.

문제 306. 치유농장 H는 농산물 판매, 치유농업 프로그램 운영, 공공 위탁사업을 병행하는 복합 경영체이다. 최근 농산물 가격 변동성 확대, 치유농업 관련 법·제도 개정 가능성, 공공사업 평가 기준 변화 등으로 인해 치유농장의 수익 구조와 사업 지속성에 영향을 미칠 수 있는 위험 요인이 증가하고 있다.

이러한 환경에서 치유농장이 시장위험(Market risk)과 제도위험(Institutional risk)에 대응하기 위한 방법으로 가장 타당한 것은 무엇인가?

① 위험은 예측이 불가능하므로 사전 대응은 불필요하며, 문제가 발생한 이후에만 조치한다.
② 농업관측정보, 가격 동향, 정책·법령 개정 사항 등을 지속적으로 모니터링·수집하고, 이를 경영 의사결정과 프로그램 설계에 반영한다.
③ 내부통제는 회계·재무 관리에 한정되므로 시장·제도 위험 대응과는 무관하다.
④ 시장 및 제도 위험은 외부 요인이므로 개별 치유농장이 관리할 수 없으며, 농가 단독 대응이 원칙이다.

문제 307. 치유농장 H는 치유농업 프로그램의 일환으로 농산물 가공 체험(잼·차·건조 농산물 등)을 운영하고 있으며, 고령자·장애인 등 안전 취약계층이 가공 공정 일부에 참여하고 있다. 해당 가공시설은 HACCP 인증을 획득하였으나, 최근 작업자 미끄러짐 사고와 근골격계 부담 문제가 제기되었다. 이 사례를 바탕으로 볼 때, HACCP 인증이 작업자 안전보건 관리에 한계가 있는 이유로 가장 타당한 것은 무엇인가?

① HACCP은 위해요소 분석과 중요관리점 설정을 통해 식품 안전 확보를 목적으로 하며, 작업자 안전·산업재해 예방은 직접적인 관리 범위에 포함되지 않는다.
② HACCP은 가공 공정의 위생 규정을 배제하고 있어 작업자 안전 관리가 불가능하다.
③ HACCP 인증은 작업자 안전보건 관련 법적 책임을 자동으로 면제한다.
④ HACCP 인증을 받은 가공시설에서는 작업자 사고 발생 가능성이 원천적으로 차단된다.

문제 308. 치유농장 J는 지역 주민과 취약계층을 대상으로 농산물 가공 체험 프로그램(세척·절단·포장 공정)을 운영하고 있다. 최근 가공 작업 중 미끄러짐 사고와 절단 사고가 연속적으로 발생하였으며, 조사 결과 작업 동선이 복잡하고, 안전표지가 불충분하며, 표준작업절차(SOP)가 명확하지 않은 것으로 확인되었다. 이 사례를 바탕으로 볼 때, 치유농장 가공사업장에서 안전사고가 발생한 주요 원인으로 가장 타당한 것은 무엇인가?

① 사고는 작업자의 부주의나 개인적 과실에 의해서만 발생하므로 시스템 요인은 고려할 필요가 없다.
② 작업 동선 설계 미흡, 안전표지 부족, 표준작업절차 부재 등 여러 관리상의 오류가 중첩되어 발생한 시스템적 문제이다.
③ HACCP 인증을 획득한 가공시설에서는 안전사고 발생 가능성이 구조적으로 차단된다.
④ 체험형 작업은 근로시간이 짧아 산업재해 발생 위험이 본질적으로 낮다.

해설: 안전사고는 작업자의 실수뿐 아니라 장비, 설비, 안전표지 등 시스템상의 결함이 중첩되어 발생하는 경우가 많다. ① 개인 책임론 → 현대 안전관리와 배치, ③ HACCP은 식품 안전 제도이지 산업안전 보증 아님, ④ 짧은 작업 시간 ≠ 낮은 사고 위험. 따라서 ②번이 치유농장 가공 환경의 실제 사고 메커니즘을 가장 정확히 설명한다.

문제 309. 치유농장 K는 농산물 가공 체험프로그램을 운영하면서, 고령자·장애인 등 안전 취약 계층이 참여하는 작업 환경에 적합한 가공사업장 안전보건관리시스템을 구축하려 하고 있다. 이에 따라 시설 설계 단계부터 운영·비상 대응까지를 포함한 종합적인 안전관리 체계를 검토 중이다. 다음 중 위 사례에서 농산물 가공사업장의 안전보건관리시스템 구축 요소에 해당하지 않는 것은 무엇인가?

① 작업 동선과 설비 배치를 고려한 안전 중심의 디자인(설계)
② 물리적·인적·환경적 위험요인을 사전에 파악하고 저감 조치를 시행하는 활동
③ 사고 발생 시 신속한 대응을 위한 응급구조 및 비상 대응 체계 구축
④ 가공 효율 향상과 수익 증대를 위한 농산물 생산량 극대화 전략

해설: 안전보건관리시스템은 설계, 위험 저감, 알림 및 경고, 정비 보수, 훈련, 인간 요인, 응급 구조 등으로 구성되며, 생산량 극대화는 안전관리 요소가 아니다. ①~③: 모두 사고 예방·대응과 직접 연관, ④: 경영 성과 요소로서 안전관리시스템의 구성 요소는 아님. 따라서 ④번이 치유농장 안전보건관리시스템의 범위를 벗어난 항목이다.

문제 310. 치유농장 L는 농산물 가공 체험 프로그램을 운영하며, 고령자·장애인·일반 체험객이 함께 참여하는 혼합 작업 환경을 관리하고 있다. 농장은 작업 특성에 따라 보호장갑, 귀마개, 방진 마스크 등 개인보호구(PPE) 착용 기준을 마련하려 한다. 다음 중 위와 같은 치유농장 가공사업장에서 개인보호구 착용이 필요한 상황으로 보기 어려운 것은 무엇인가?

① 고온의 배관·열처리 설비를 취급하여 화상 위험이 존재하는 작업
② 소음·분진이 발생하는 분쇄·건조 공정 등 작업자 노출 위험이 있는 경우
③ 반복적인 포장·선별 작업으로 인해 근골격계 부담이 발생하여 보호장비가 보조적으로 필요한 상황
④ 전산 입력, 문서 정리 등 위험 요인이 없는 단순 사무·서류 작업

📖 해설: 개인보호구는 외부 유해 요인(고온, 고압, 분진, 소음 등) 노출을 막기 위해 착용하며, 단순 서류 작업에는 필요하지 않다. ①·② 명확한 물리적 위험 존재, ③ 작업환경 개선이 우선이지만, 보호구가 보조적 역할 가능, ④ 위험 요인이 없어 PPE 필요성 낮음. 따라서 ④번이 치유농장 가공 환경에서 개인보호구 적용 대상이 아닌 상황이다.

문제 311.

치유농장 M은 농산물 가공 체험과 치유 프로그램을 동시에 운영하고 있으며, 고령자·장애인·어린이 등 안전 취약계층이 작업 공간을 함께 이용하고 있다. 이에 따라 농장은 작업장 내 안전표지 설치 기준을 재정비하려 한다. 다음 중 위와 같은 치유농장 작업장에서 안전표지 설치 시 고려사항으로 옳지 않은 것은 무엇인가?

① 고령자와 인지 기능이 저하된 참여자도 쉽게 인식할 수 있도록 명확한 색상 대비를 적용한다.

② 언어 이해가 어려운 참여자를 고려하여 기호와 그림 등 상징적 표현을 적극 활용한다.

③ 습기·열·충격 등 작업 환경을 고려하여 견고하게 설치하고 쉽게 식별되도록 배치한다.

④ 작업 동선의 효율성과 미관을 이유로 안전표지 설치를 생략하거나 최소화한다.　　👉●●●●

📖 해설: 안전표지는 작업자의 판단 실수를 예방하기 위해 설치하며, 작업 효율만을 이유로 생략하면 사고 위험이 증가한다. ①~③: 모두 안전표지 설치의 핵심 원칙, ④: 효율·미관은 고려 요소일 수 있으나 안전보다 우선될 수 없음. 따라서 ④번이 치유농장 안전관리 원칙에 반하는 선택지이다.

문제 312.

치유농장 N은 농산물 가공 체험(절단·혼합·포장 공정)을 운영하고 있으며, 고령자·장애인·일반 체험객이 함께 작업 공간을 이용한다. 농장은 예상치 못한 위험 상황 발생 시 즉각 설비를 정지시키기 위해 비상정지장치(Emergency Stop) 설치 기준을 마련하고 있다. 다음 중 위와 같은 치유농장 가공사업장에서 비상정지장치 설치 원칙으로 가장 적절한 것은 무엇인가?

① 일반 작동 스위치와 혼동되지 않도록 하기 위해 다른 제어 스위치와 동일한 위치·형태로 설치한다.

② 비상 상황에서도 누구나 즉시 인지하고 조작할 수 있도록 빨간색 등 명확히 구분되는 색상과 형태를 사용한다.

③ 오작동을 방지하기 위해 비상 상황에서도 사용을 최소화하도록 제한한다.

④ 장비 오작동을 방지하기 위해 작업자가 쉽게 접근할 수 없는 위치에 설치한다.　　👉●●●●

📖 해설: 비상정지장치는 빨간색 등 차별화된 색상과 독립적인 구조로 설치하여 사용자가 쉽게 접근할 수 있어야 한다. ① 혼합 설치 → 오히려 혼동 유발, ③ 비상정지는 언제든 사용 가능해야 함, ④ 접근성 저하는 안전 원칙 위배. 따라서 ②번이 치유농장 가공·체험 환경에 가장 적합한 비상정지장치 설치 원칙이다.

문제 313. 치유농장 O는 가공 체험과 원예치유 프로그램을 운영하며, 고령자·장애인·아동 등 응급
상황에 취약한 참여자가 다수 포함되어 있다. 이에 따라 치유농장은 현장 지도자와 작업자에게 표준
응급처치 대응 원칙을 교육하고 있다. 다음 중 위와 같은 치유농장 현장에서 적용되는 응급처치의 3
단계 원칙에 해당하지 않는 것은 무엇인가?

① 멈춤(Stop): 사고 발생 시 즉시 작업을 중단하고 현장 안전을 확보한다.
② 생각(Think): 부상자의 상태와 주변 위험 요소를 신속히 파악한다.
③ 행동(Action): 필요한 응급처치를 시행하고 구조 요청 등 후속 조치를 취한다.
④ 회피(Escape): 사고 현장에서 즉시 이탈하여 추가 조치를 중단한다.   ☞●●●○

📖 해설: 응급처치 3단계는 Stop → Think → Action이며, 단순 회피는 포함되지 않는다.

문제 314. 체험농장에서 말벌이나 참진드기 등 곤충에 의한 사고를 예방하기 위한 방법으로 적
절하지 않은 것은?

① 농장 주변 벌집 제거   ② 대상자에게 곤충의 습성과 주의사항 교육
③ 개인보호구 착용 의무화   ④ 농장 주변 정리 없이 체험 진행   ☞●●○○

📖 해설: 곤충 유래 안전사고를 예방하기 위해 농장 주변 정리 및 벌집 제거, 교육 등 사전 조치가
필요하며, 정리 없이 체험하면 사고 위험이 높아진다.

문제 315. 농촌 체험농장에서 인수공통감염병 예방과 관련된 법적 근거로 올바른 것은?

①「농산물품질관리법」   ②「감염병의 예방 및 관리에 관한 법률」 제49조
③「산업안전보건법」   ④「식품위생법」   ☞●●●○

📖 해설: 인수공통감염병 예방 및 관리 조치는「감염병의 예방 및 관리에 관한 법률」제49조에 규
정되어 있으며, 치유농장 운영 시 반드시 숙지해야 한다.

문제 316. 체험농장에서 발생 가능한 식물 유래 안전사고와 올바른 예방 방법은?

① 가시 찔림, 피부질환 → 주변 정리 및 제초, 대상자 교육
② 화상 → 고온 물 사용 제한   ③ 베임 → 칼 사용 금지
④ 낙상 → 안전모 착용

📖 해설: 식물에 의한 사고는 가시 찔림, 긁힘, 피부질환 등이 있으며, 농장 주변 정리와 제초, 대상자 교육을 통해 예방할 수 있다.

문제 317. 농촌 체험농장의 시설 및 농업환경 안전사고로 발생 가능한 것은?

① 골절, 전도, 베임, 충돌　　　　　② 독성 곤충에 의한 알레르기
③ 중량물 취급으로 인한 요통　　　　④ 열풍기 사용에 의한 화상

📖 해설: 체험용 시설은 계단, 경사로, 농수로, 바닥 장애물 등으로 인해 낙상, 전도, 베임, 충돌, 골절 등의 안전사고가 발생할 수 있다.

문제 318. 농촌 체험 시 온열 질환을 예방하기 위한 방법으로 옳지 않은 것은?

① 활동 장소의 온열 지수 확인
② 작업 및 휴식 시간 비율 조정
③ WBGT 지수 기준 준수
④ 장시간 지속 활동 후 휴식 없이 진행

📖 해설: 온열 질환 예방을 위해서는 활동 시간과 휴식 시간을 조정하고 WBGT 지수를 준수해야 하며, 장시간 휴식 없이 활동하면 위험하다.

문제 319. 치유농장 P는 농촌 체류형 치유프로그램의 효과를 높이기 위해 농장 인근 주택을 활용한 숙박 연계 운영을 검토하고 있다. 운영자는 「농어촌정비법」에 따른 농어촌민박사업으로 등록할 경우, 치유 프로그램 참여자에게 숙박과 간단한 조식을 제공할 수 있는지 판단해야 한다.

다음 중 치유농장과 연계하여 운영 가능한 농어촌민박사업의 정의로 가장 올바른 것은 무엇인가?

① 농촌 지역 주민이 거주하는 주택을 활용하여 농촌 체험·치유 활동 참여자를 대상으로 숙박과 조식 등을 제공함으로써 농촌 소득 증대를 목적으로 하는 사업
② 치유농장 방문객에게 숙박 없이 식사만을 전문적으로 제공하는 외식업 형태의 사업
③ 도시 호텔 수준의 객실·부대시설을 갖추고 동일한 시설 기준을 적용받는 숙박업
④ 농어촌민박과 무관하게 숙박 제공 없이 치유·농업 체험만을 제공하는 사업

문제 320. 치유농업 프로그램을 운영하는 A농장은 정서 회복을 위한 1박 2일 체류형 치유 프로그램을 기획하고 있으며, 참여자의 안전과 합법적 운영을 위해 농어촌민박 등록을 검토 중이다. A농장은 일반 농가주택을 활용하고, 주택 내부 일부를 명상·상담·소그룹 치유활동 공간으로 병행 사용하고 있다. 해당 주택은 문화재로 지정되어 있지 않다.

이와 같은 조건에서, 치유농장 숙박형 프로그램 운영과 관련한 농어촌민박 주택의 연면적 기준에 대한 설명으로 가장 타당한 것은 무엇인가?

① 치유농업은 공익적 목적이므로 주택 연면적 기준은 적용되지 않는다.

② 주택 연면적이 230㎡ 미만이어야 하며, 치유활동 공간으로 일부 전용하더라도 동일 기준이 적용된다.

③ 치유 프로그램 공간을 포함할 경우, 연면적 300㎡ 이상이어야 민박 등록이 가능하다.

④ 주택 연면적 제한은 없으나, 치유농업 인증을 받으면 대체할 수 있다.

문제 321. 치유농업 프로그램을 운영하는 B농장은 고령자·정신적 회복이 필요한 참여자를 대상으로 하는 1박 2일 숙박형 치유 프로그램을 운영 중이다. 숙소는 농어촌민박으로 등록된 주택이며, 겨울철 난방기 사용이 잦고, 주방·보일러실·난로 주변 등 화기 취급 빈도가 높은 구조를 가지고 있다. 해당 치유농장은 참여자의 인지 반응 저하 가능성과 야간 사고 위험을 고려하여 사전 예방 중심의 안전관리 체계를 구축하려 한다.

이와 같은 조건에서, 난방기 설치 장소 및 화기취급처에 반드시 설치해야 할 안전장치 구성으로 가장 타당한 것은 무엇인가?

① 고령 참여자의 사고 특성을 고려하여 일산화탄소 경보기, 가스누설경보기, 소화기, 자동확산 소화기를 모두 설치한다.
② 치유 프로그램은 소규모이므로 소화기만 설치해도 충분하다.
③ 단독경보형 감지기만 설치하면 화재·가스 사고 예방이 가능하다.
④ 치유농업은 체험 중심이므로 안전장치 설치는 권장사항일 뿐 의무는 아니다.

👉●●●●

> 📖 해설: 난방기와 화기취급처에는 일산화탄소 경보기, 가스누설경보기(가스보일러 사용 시), 소화기 및 자동확산소화기를 설치해야 안전사고를 예방할 수 있다. 따라서 단일 장치가 아니라, 감지(일산화탄소·가스) + 초기 진압(소화기·자동확산소화기)의 다층 안전체계가 요구된다. 선택지 ①번은 법적 기준 충족 + 치유농업 대상자 특성까지 반영한 유일한 선택지다.

문제 322. 치유농업 프로그램을 운영하는 C농장은 심리 회복·정서 안정 프로그램을 위해 1박 2일 숙박형 치유 프로그램을 운영하고 있으며, 농어촌민박으로 등록된 주택의 연면적은 $180m^2$이다. 해당 숙소에는 고령자 및 인지 기능 저하 가능성이 있는 참여자가 포함되어 있어, 야간 화재 발생 시 신속한 피난 유도와 시각·청각적 인지 보조가 중요한 안전 관리 요소로 검토되고 있다.
이와 같은 조건에서, 연면적 $150m^2$를 초과하는 농어촌민박의 소방시설 설치 기준에 대한 설명으로 적절하지 않은 것은 무엇인가?

① 야간 시야 확보와 피난 동선 인지를 위해 피난구유도등을 설치해야 한다.
② 정전 상황에서도 최소 조도를 확보하기 위해 휴대용 비상조명등을 비치해야 한다.
③ 연면적과 무관하게 $150m^2$ 이하 민박과 동일하게 유도표지만 설치하면 충분하다.
④ 화재 발생을 조기에 인지할 수 있도록 단독경보형 감지기를 설치해야 한다.

👉●●●○

> 📖 해설: 연면적이 $150m^2$를 초과하면 피난구유도등을 설치해야 하며, 단순 유도표지만 설치하는 것은 기준에 맞지 않는다.

문제 323. 치유농업 프로그램을 운영하는 D농장은 우울·불안 완화, 고령자 정서 회복을 목적으로 하는 숙박형 치유 프로그램을 운영하며, 농어촌민박으로 등록된 숙소를 치유 활동 공간과 병행 사용하고 있다. 해당 숙소에는 면역력이 저하된 참여자, 장시간 실내 체류자, 정서적 안정이 중요한 대상자가 포함되어 있어, 감염 예방과 쾌적한 환경 유지가 치유 효과의 핵심 요소로 고려되고 있다.
이와 같은 조건에서, 농어촌민박 숙박위생 관리 기준에 대한 설명으로 가장 옳은 것은 무엇인가?

① 객실 및 공용시설은 수시로 청소하고, 최소 월 1회 이상 전체 소독을 실시하여 위생 수준을 유지한다.

② 치유 목적 숙박은 단기 체류이므로 침구류와 수건은 매회 세탁하지 않아도 된다.

③ 환기 시설은 선택적으로 설치해도 위생 관리에는 큰 영향을 미치지 않는다.

④ 객실 청소는 이용자가 요청할 경우에만 수행해도 기준을 충족한다.

🖙●●●●

📖 해설: 객실·접객시설·복도 등 모든 시설은 수시 청소하고, 매월 1회 이상 전체 소독해야 한다. 침구류·수건도 숙박자마다 세탁해야 한다. 치유농장은 면역 취약자, 장시간 체류, 심리적 안정이 중요한 대상을 포함하므로, 위생 관리는 단순 시설 관리가 아닌 치료 환경의 일부로 간주된다. 침구류·수건은 이용자 교체 시 반드시 세탁해야 하며, 환기는 감염 예방과 정서 안정 모두에 중요한 요소다. 선택지 ①만이 법적 기준 + 치유농업 특수성을 동시에 충족한다.

문제 324. 농어촌민박의 주방 및 식품위생 관리 기준으로 적절한 것은?

① 개인위생 준수, 도구는 세척·살균, 부패 쉬운 식품 냉동·냉장 보관

② 개인위생 무시, 도마·칼은 공유, 부패 식품 상온 보관

③ 주방 환기 필요 없음

④ 조리 도구 소독은 주 1회만 수행

🖙●●●○

📖 해설: 조리 시 개인위생을 준수하고, 사용한 도구는 세척·살균해야 하며, 냉동·냉장시설로 부패 쉬운 식품을 관리해야 한다.

문제 325. 농어촌민박의 소방안전 관리 기준으로 올바른 것은?

① 소화기, 피난유도등, 단독경보형 감지기, 일산화탄소 경보기 등 정상 작동 유지

② 소화기 위치는 숨겨두기

③ 경보기는 건전지 교환 불필요

④ 비상조명등은 선택 설치

🖙●●○○

📖 해설: 소화기, 피난유도등, 단독경보형 감지기, 일산화탄소 경보기 등은 정상 작동 상태를 유지하고, 위치를 쉽게 확인할 수 있도록 해야 한다.

문제 326. 화기 취급처 안전관리에서 주의할 사항으로 옳지 않은 것은?

① 환기 잘 되도록 하고 가연성 물질 제거　② 난방시설 정기 점검 및 유지관리
③ 객실마다 소화기 설치 의무 없음　　　④ 정상 작동 확인 및 유지

📖 해설: 화기 취급처 안전관리에서는 난방시설과 화기 취급처에 대한 안전장치 설치 및 유지관리가 필수이며, 객실마다 소화기 또는 경보설비 설치 여부를 법적 기준에 따라 확인해야 한다.

문제 327. 조리 종사자의 건강검진 및 조리 참여 제한 기준으로 옳은 것은?

① 매년 1회 건강검진 실시, 제1군 감염병 환자 조리 참여 금지
② 건강검진은 5년에 1회, 감염병 보균자 참여 가능
③ 피부병 환자라도 조리 참여 가능
④ 조리자의 건강 상태는 중요하지 않음

📖 해설: 조리 종사자는 매년 건강검진을 받아야 하고, 제1군 감염병, 결핵, 화농성 피부질환 등 환자는 조리에 참여할 수 없다.

문제 328. 조리 작업자가 손을 씻어야 하는 상황으로 올바르지 않은 것은?

① 생선·날고기 취급 후
② 화장실 사용 후
③ 조리 시작 전
④ 장신구를 만지거나 화장 후 반드시 손을 씻지 않아도 됨

📖 해설: 조리 작업자는 장신구를 만지거나 화장 후에도 반드시 손을 씻어야 하며, 위생관리 책임자에게 보고해야 하는 상황도 있다.

문제 329. 조리 작업 시 복장 관리와 관련하여 적절한 것은?

① 앞치마, 고무장갑, 토시 등은 용도별로 구분해 사용
② 머리와 모자는 상관없음
③ 장신구와 화장 관리 불필요
④ 조리용 고무장갑은 표면 소독하지 않아도 됨

문제 330. 겨울철 개인위생 관리와 관련하여 옳은 것은?

① 노로바이러스 진단 및 유행 시 건강진단 권고
② 조리자와 가족 중 감염병 환자가 있어도 출입 제한 필요 없음
③ 겨울철에는 특별한 위생 관리 필요 없음
④ 발병 후 1일만 지나면 조리 참여 가능

치유농업서비스의 운영 및 관리

(객관식 266문제)

제 4 권

치유농업서비스의 운영 및 관리

(전체 266문제)

👉 난이도: 쉬움 ●○○○, 보통 ●●○○, 어려움 ●●●○, 아주 어려움 ●●●●

문제 1. 치유농업 프로그램명을 작성할 때 가장 적절한 기준은 무엇인가?
① 프로그램에서 수행할 구체적 활동을 모두 나열하는 것
② 프로그램의 핵심 목적과 치유적 의미를 한마디로 표현하는 것
③ 대상자의 나이와 직업군만 반영하는 것
④ 정부 지침에 따라 반드시 '농업 치유 프로그램'으로 시작하는 것　　👉●●○○

> 📖 해설: 프로그램명은 수행 활동을 나열하기보다 프로그램의 핵심 목적과 치유적 의미를 창
> 의적으로 한마디로 표현하여 대상자의 관심을 끄는 것이 중요하다.

**문제 2. 치유농업 프로그램 대상자 설정에서 예방형 대상과 특수목적형 대상의 차이에 대한
설명으로 옳은 것은?**
① 예방형 대상은 질병이나 장애가 있는 집단이며, 특수목적형 대상은 생애주기에 따른 일반인이다.
② 예방형 대상은 특정 직업군이나 생애주기별 일반인을 포함하고, 특수목적형 대상은 질병, 장
애, 취약계층을 포함한다.
③ 예방형 대상은 프로그램 참여자의 선호도를 고려하지 않아도 된다.
④ 특수목적형 대상은 반드시 연령 제한이 있어야 한다.　　👉●●●○

> 📖 해설: 예방형 대상은 생애주기별 일반인 또는 직업군을 포함하며, 특수목적형 대상은 질
> 병, 장애, 취약계층 등 특정 요구를 가진 집단을 의미한다.

문제 3. 치유농업 프로그램 목적을 설정할 때 고려해야 하는 요소로 가장 적절한 것은?

① 대상자의 주 문제와 원인을 해결하고 신체, 인지, 심리·정서, 사회적 효과를 설정하는 것

② 프로그램 장소와 회기 수만 정하면 충분하다

③ 참여자의 성별과 출신 지역만 반영하는 것

④ 프로그램 평가 방법을 설정하지 않아도 된다

해설: 프로그램 목적은 대상자의 주 문제 및 원인을 해결하는 방향으로 구체적으로 설정하며, 신체적, 인지적, 심리·정서적, 사회적 치유 효과를 고려해야 한다.

문제 4. 치유적 개입(Intervention) 방법을 선정할 때 가장 중요한 사항은 무엇인가?

① 개입 방법의 이론적 배경과 프로그램 적용 내용을 정리하고 관련 학술자료를 참고하는 것

② 개입 방법은 모두 동일한 농업 활동으로 설정하는 것

③ 참여자의 신체 능력만 기준으로 개입 방법을 정하는 것

④ 회기별 시간을 최소화하는 것

해설: 치유적 개입 방법을 선정할 때는 목적에 부합하는 개입 방법을 정하고, 이론적 근거와 프로그램 적용 내용을 명확히 기록하며 관련 학술자료를 참고해야 한다.

문제 5. 치유농업 프로그램 회기·인원·장소 계획에 대한 설명으로 옳은 것은?

① 연속형 프로그램은 최소 8회 이상으로 구성하고, 회기당 시간을 60분 이상으로 계획할 수 있다.

② 단회기 프로그램은 반드시 하루 8시간 이상이어야 한다.

③ 장소는 실내만 고려하면 충분하다.

④ 회기별 인원은 프로그램 효과 평가 후에만 결정할 수 있다.

해설: 우수 치유농업시설 인증 기준에 따라 연속형 프로그램은 최소 8회 이상으로 구성하며, 회기당 시간은 대상자의 주의집중 시간과 신체 부담을 고려해 60분 이상으로 계획할 수 있다. 장소는 실내·외 모두 고려해야 한다.

문제 6. 치유농업 프로그램 평가 방법에 대한 설명 중 틀린 것은?
① 프로그램 효과 평가는 사전·중간·사후 평가 시기를 설정해야 한다.
② 평가 도구에는 척도지, 신체적 측정 도구 등을 사용할 수 있다.
③ 회기별 운영 과정 평가는 필요 없으며 프로그램 종료 후 만족도 조사만 실시하면 된다.
④ 평가 결과는 다음 회기 계획에 반영될 수 있어야 한다.

📖 해설: 회기별 운영 과정 평가도 필수적이며, 프로그램 종료 후 만족도 조사와 함께 평가 결과를 다음 회기 계획에 반영해야 한다.

문제 7. 치유농업 프로그램 대상자 분석 시 가장 적절한 방법은 무엇인가?
① 대상자의 신체적, 인지적, 정서적 특성을 고려하지 않고 연령만 기준으로 선정한다.
② 사전 설문지, 인터뷰, 문헌 고찰 등을 통해 일반적 특성과 요구를 분석한다.
③ 프로그램 참여자의 선호도는 프로그램 종료 후에 조사한다.
④ 분석은 프로그램 목적과 무관하게 진행한다.

📖 해설: 대상자 분석은 프로그램 목적을 설정하기 위해 필수적이며, 사전 설문지, 인터뷰, 문헌 고찰 등을 통해 일반적 특성과 요구를 분석하여 시사점을 도출해야 한다.

문제 8. 치유농업 자원의 선정과 분석에서 중요한 고려 사항으로 옳은 것은?
① 자원의 치유 목적 달성 여부와 활용 시 프로그램 효과에 미치는 영향을 분석한다.
② 자원은 모두 동일하게 프로그램에 적용하며 개별 특성은 고려하지 않는다.
③ 자원의 종류보다 장소 면적만 중요하다.
④ 자원의 활용 시기는 대상자의 연령과 상관없이 무조건 동일하게 적용한다.

📖 해설: 프로그램에 활용할 농업·농촌 자원을 선정할 때는 자원이 치유 목적 달성에 미치는 영향과, 자원을 활용한 활동이 치유 효과에 미치는 영향, 적용 시기를 분석하여야 한다.

문제 9. 치유적 개입을 프로그램에 적용할 때 올바른 접근 방법은 무엇인가?

① 전체 계획서에서 간략하게 작성한 개입 내용을 참고문헌 기반으로 구체화하고 활동과 연결한다.

② 치유적 개입은 모든 대상자에게 동일한 활동을 반복하도록 한다.

③ 개입 방법은 대상자의 요구와 무관하게 선정한다.

④ 이론적 배경 없이 직관적으로 프로그램을 구성한다.

📖 해설: 치유적 개입은 전체 계획서에서 간략히 작성한 내용을 기반으로, 관련 학술자료를 참고하여 세부 적용 요소와 활동을 구체적으로 계획해야 한다.

문제 10. 치유농업 프로그램 장소를 계획할 때 고려해야 할 사항으로 옳은 것은?

① 장소 면적, 수용 인원, 안전성, 체험 모듈 등을 구체적으로 분석한다.

② 장소는 프로그램 참여자가 많을수록 임의로 정한다.

③ 실내 교육장만 고려하면 충분하다.

④ 장소 분석은 프로그램 종료 후에 수행한다.

📖 해설: 프로그램 수행 장소는 면적, 수용 가능 인원, 안전성, 체험 모듈 등 실제 활동과 치유적 개입을 고려하여 구체적으로 분석해야 한다.

문제 11. 치유농업전문가 팀 역량 분석의 목적은 무엇인가?

① 진행자의 전문성을 파악하고, 팀 전체 인원의 역할과 역량을 이해하기 위해서이다.

② 자격증과 학력만으로 팀의 전문성을 평가한다.

③ 진행자의 경력은 중요하지 않으며 교육 이수만 확인하면 된다.

④ 팀 역량 분석은 프로그램 효과와 관계가 없다.

📖 해설: 치유농업전문가의 역량은 자격증, 학력, 경력뿐만 아니라 프로그램 진행에서의 역할 수행 능력 등을 종합적으로 파악하여 프로그램 운영에 적합한 팀 구성과 전문성을 확인하는 것이다.

문제 12. 회기별 프로그램 구성 계획에서 가장 중요한 요소는 무엇인가?

① 각 회기별 활동 목표 1~3개를 설정하고, 활용 자원과 치유적 개입 요소를 포함한다.

② 활동 목표는 프로그램 종료 후 평가만 고려하여 설정한다.

③ 치유적 개입 요소는 전체 계획서에만 작성하고 회기별에는 기록하지 않는다.

④ 자원과 활동은 회기별 목표와 무관하게 임의로 배정한다.

해설: 프로그램 구성 계획에서는 전체 목적에 부합하도록 회기별 단위 활동 목표를 구체적으로 설정하고, 활용할 치유농업 자원과 치유적 개입의 세부 요소를 포함하여 전체 프로그램의 흐름을 한눈에 알 수 있도록 계획해야 한다.

문제 13. 단위 활동 계획서에서 목적과 목표 설정의 올바른 방식은 무엇인가?

① 프로그램 전체 목적은 단위 활동마다 반복 적용하고, 각 활동에서 달성할 수 있는 1~3가지 목표를 구체적으로 설정한다.

② 단위 활동별 목표는 매 회기마다 임의로 새로 작성한다.

③ 목적은 단위 활동마다 달라야 하며 프로그램 전체 목적은 고려하지 않는다.

④ 목표는 추상적이고 일반적인 문구로만 설정해도 충분하다.

해설: 프로그램 전체 목적은 모든 단위 활동에 반복 적용하며, 단위 활동별 목표는 구체적으로 1~3가지 설정하여 해당 회기에서 달성 가능한 성과를 명확히 계획해야 한다.

문제 14. 단위 활동에서 활용할 자원과 준비물을 계획할 때 적절한 설명은 무엇인가?

① 회기별 활용 자원은 중복될 수 있으며, 다양한 식물·동물 자원을 융합하여 활용할 수 있다.

② 준비물은 개인만 사용하는 물품만 고려하면 된다.

③ 치유농업 자원 외에는 고려할 필요가 없다.

④ 회기별 자원과 준비물은 프로그램 종료 후 정리하면 충분하다.

해설: 단위 활동 계획서에는 회기별 활용 자원이 중복될 수 있고, 식물·동물 등 다양한 치유농업 자원을 융합하여 활용하며, 부자재와 농작업 도구 등도 포함하여 준비해야 한다.

문제 15. 단위 활동의 세부 활동 내용을 작성할 때 가장 중요한 요소는 무엇인가?

① 프로그램 순서를 도입, 전개, 정리로 나누고, 각 단계의 소요 시간과 활동 내용을 구체적으로 작성하며 치유적 개입을 포함한다.

② 도입과 정리는 생략하고 전개만 작성해도 충분하다.

③ 세부 활동 내용에는 치유적 개입 요소를 포함하지 않아도 된다.

④ 세부 활동 내용은 단순히 활동 순서만 나열하면 된다.

👉●●●○

📖 해설: 단위 활동의 세부 활동 내용은 도입, 전개, 정리 순서를 명확히 나누고, 소요 시간을 계획하며, 각 활동에서 목적과 목표 달성을 위한 구체적 활동 내용을 작성하고 치유적 개입 요소를 포함해야 한다.

문제 16. 단위 활동 계획서에서 시나리오 작성의 핵심 목적은 무엇인가?

① 치유농업 전문가의 발언과 활동 진행 방법을 구체적으로 작성하여 실제 프로그램 수행을 안내한다.

② 시나리오는 프로그램 종료 후 평가 자료로만 활용한다.

③ 시나리오는 단순한 활동 순서만 기록하면 충분하다.

④ 시나리오는 대상자가 직접 작성하도록 한다.

👉●●○○

📖 해설: 시나리오는 단위 활동 내용과 치유적 개입을 실제로 어떻게 적용하고 진행할지를 치유농업 전문가의 발언과 함께 구체적으로 작성하여, 프로그램 수행 시 참고할 수 있도록 해야 한다.

문제 17. 치유농업 프로그램을 운영하는 J치유농장은 정서 회복을 목적으로 한 총 8회기 치유 프로그램을 기획·운영하고 있다. 프로그램 참여자는 고령자와 정서적 취약군이 혼합되어 있으며, 회기별로 활동 강도·치유 목표·안전 관리 요소가 점진적으로 변화하도록 설계되어 있다. 해당 농장은 참여자 상태 변화에 따른 회기별 목표 관리, 활동 위험도 차이에 따른 안전 관리 기록, 사후 효과 평가 및 행정 점검 대응을 위해 프로그램 문서화 수준을 강화하려 한다. 이와 같은 조건에서, 8회기 치유 프로그램 운영 시 단위 활동 계획서 구성 방식으로 가장 타당한 것은 무엇인가?

① 각 회기의 목표·활동 내용·위험요인·평가 방법이 상이하므로, 8회기 각각에 대해 별도의 단위 활동 계획서를 작성한다.

② 첫 회기 계획서만 작성한 뒤, 이후 회기는 동일한 내용으로 운영한다.

③ 회기 수가 많을 경우 단위 활동 계획서는 생략해도 프로그램 운영에는 문제가 없다.

④ 단위 활동 계획서는 프로그램 종료 후 결과 정리용으로 작성해도 무방하다.

📖 해설: 단위 활동 계획서는 프로그램 회기 수만큼 작성해야 하며, 각 회기의 활동, 치유적 개입, 활용 자원, 세부 활동 내용 등이 구체적으로 계획되어야 한다.

문제 18. 단위 활동 계획서에서 활동명을 작성할 때의 올바른 설명으로 가장 적절한 것은?

① 단위 활동명은 반드시 농업활동명과 동일하게 작성해야 한다.
② 단위 활동명은 활동의 내용과 관련 없이 추상적 제목이어야 한다.
③ 단위 활동명은 활동을 명확히 드러내되, 대상자의 호기심을 유발할 수 있도록 작성할 수 있다.
④ 단위 활동명은 프로그램 목적과 동일하게 작성하여야 한다. ☞●●○○

📖 해설: 단위 활동명은 농업활동과 동일하게 작성할 수도 있으나, 핵심은 활동 내용을 명확히 나타내면서 대상자의 호기심을 유발할 수 있도록 작성하는 것이다. 추상적이면서도 흥미를 유발할 수 있는 제목은 동기 유발 측면에서 효과적이다.

문제 19. 단위 활동 계획서 작성 시 회기별 프로그램 목표 설정에 대한 올바른 설명은?

① 프로그램 전체 목적과 상관없이 개별 회기 목표를 자유롭게 설정할 수 있다.
② 단위 활동 목표는 프로그램 전체 목적과 부합하며, 회기별 1~3가지 정도 구체적으로 설정해야 한다.
③ 단위 활동 목표는 단 한 가지로만 설정해야 한다.
④ 목표 설정은 단위 활동 계획서에서 생략 가능하며, 실행 시 현장에서 결정할 수 있다. ☞●●○○

📖 해설: 단위 활동 목표는 프로그램 전체 목적에 부합해야 하며, 각 회기에서 달성할 수 있는 1~3가지 목표를 구체적으로 설정해야 한다. 이는 프로그램의 일관성과 효과성을 확보하기 위함이다.

문제 20. 단위 활동 계획서에서 세부 활동 내용과 치유적 개입 시나리오를 작성할 때 고려해야 하는 사항으로 가장 적절한 것은?

① 도입, 전개, 정리 순서를 나누어 작성하며, 도입과 정리는 단위 활동 시간의 10~20% 정도로 계획한다.
② 전개 단계는 생략 가능하며, 도입과 정리만 작성하면 충분하다.
③ 치유적 개입 시나리오는 활동 내용과 무관하게 작성하여도 된다.
④ 세부 활동 내용은 회기별 목표와 관계없이 일반적인 농업활동만 기술하면 된다.

📖 해설: 단위 활동 계획서는 도입, 전개, 정리 순서로 작성해야 하며, 도입과 정리는 전체 단위 활동 시간의 10~20% 정도를 차지하도록 계획한다. 세부 활동 내용에는 목표 달성을 위한 구체적인 활동과 치유적 개입이 포함되어야 한다.

문제 21. 단위 활동 계획서에서 활용 치유농업자원과 준비물 작성 시 올바른 설명은?

① 치유농업 자원과 준비물은 회기별 중복 사용 여부와 상관없이 모두 작성해야 한다.
② 준비물은 개인용만 작성하고 팀 준비물은 작성하지 않아도 된다.
③ 활용 자원은 치유적 개입과 관련 없는 일반 농업자원은 작성하지 않아도 된다.
④ 치유농업자원은 단위 활동 계획서 작성 시 생략 가능하며, 실행 시 현장에서 확인하면 된다.

📖 해설: 회기별로 활용하는 모든 치유농업자원과 준비물을 계획서에 작성해야 한다. 회기 간 자원의 중복 사용 여부와 관계없이, 모든 필요한 자원을 포함하여 프로그램 준비 시 혼동이 없도록 해야 한다.

문제 22. 다음은 치유농업 기반 직무체험 프로그램인 「스마트한 농부 되기」의 대상자 설정에 대한 설명이다. 치유농업 프로그램의 대상자 분류 원칙과 프로그램 목적을 고려할 때, 가장 타당한 것은 무엇인가?

① 해당 프로그램은 일반 농업 체험을 통한 건강 증진을 목표로 하므로, 예방형 대상자를 중심으로 구성된다.
② 신체적 장애를 가진 청소년을 주요 대상으로 하며, 기능 회복과 직무 적응을 목적으로 한 특수목적형 치유농업 프로그램에 해당한다.
③ 성인과 노인을 대상으로 하여 농업 기술 습득을 통한 소득 창출만을 목적으로 하는 산업형 프로그램이다.
④ 치유농업은 자연환경의 효과가 동일하게 작용하므로, 대상자의 연령·장애 유형·기능 수준에 따른 분석은 필요하지 않다.

📖 해설: 대상자는 신체적 장애가 있는 청소년으로 특수목적형 프로그램 대상에 속하며, 맞춤형 프로그램 설계를 위해 대상자 분석이 필요하다. ① 예방형 대상자는 질병·장애 이전의 건강 증진이 목적이므로, 직무체험 중심 프로그램과는 성격이 다름, ③ 치유농업은 소득 창출만을 목적으로 하지 않으며, 직업재활이라 하더라도 정서·사회적 기능 회복이 핵심 요소, ④ 치유농업은 대상자 분석(연령, 장애 유형, 기능 수준)이 핵심 원칙이므로 명백히 부적절하다.

문제 23. 치유농업 프로그램을 설계하기 위해 대상자의 치유 요구와 특성을 분석하고자 한다. 다음 중 치유농업의 다학제적 특성과 맞춤형 프로그램 설계 원칙을 가장 충실히 반영한 방법 조합은 무엇인가?

① 현장 관찰을 통해 대상자의 활동 반응을 파악하면 충분하므로, 기존 연구나 문헌 고찰은 생략해도 된다.
② 설문지와 심층 인터뷰를 통해 대상자의 신체·정서·사회적 요구를 파악하고, 관련 문헌 고찰을 통해 근거 기반 설계를 수행한다.
③ 농업·치유 분야 전문가의 경험과 판단만으로 대상자 분석을 대체할 수 있다.
④ 대상자의 신체 기능 수준만을 분석하고, 정서적 요구나 직업재활 가능성에 대한 평가는 제외한다.

> 📖 해설: 치유농업 프로그램은 대상자의 특성과 요구를 체계적으로 분석해야 하며, 설문지·인터뷰·문헌 고찰을 활용한다.

문제 24. 다음은 치유농업 프로그램에서 활용되는 농업 자원과 활동 구성에 대한 설명이다. 치유농업의 목표 설정과 자원 활용 원칙을 종합적으로 고려할 때, 가장 타당한 것은 무엇인가?

① 일반적인 농작업 수행 자체에 의미를 두며, 참여자의 신체 기능 향상이나 직업재활과의 연계는 프로그램 목표에서 제외한다.
② 스마트팜 기반 엽채류 재배 활동을 활용하여 반복적·단계적 작업 수행을 가능하게 하고, 이를 통해 신체 기능 증진과 직업재활 역량 강화를 동시에 도모한다.
③ 치유농업 프로그램은 동물 매개 활동이 중심이므로, 식물 자원은 보조적으로도 활용하지 않는다.
④ 프로그램은 단기 체험 위주로 구성되어 회기 수가 제한되며, 치유 효과에 대한 체계적인 평가 설계는 필요하지 않다.

> 📖 해설: 스마트팜을 활용한 엽채류 재배를 통해 신체적 운동 능력 향상과 직업재활을 목표로 하는 맞춤형 프로그램이다.

문제 25. 치유농업 프로그램 운영자가 대상자의 심리·정서적 효과를 검증하기 위해 사전·사후 평가를 실시하려 한다. 가장 타당한 평가지표-평가도구-분석방법의 조합은?

① 만족도 설문 – 자유응답 – 빈도분석
② 자아존중감 – 표준화 척도 – 사전·사후 평균 비교
③ 참여 횟수 – 출석부 – 서술적 해석
④ 소감문 – 관찰 기록 – 상관분석

문제 26. 치유농업사가 식물자원을 활용할 때 가장 먼저 고려해야 하는 요소는?

① 식물의 색상과 향기만 고려한다.
② 대상자의 치유 목적에 맞는 식물자원 선택과 단계별 활동 분석을 먼저 수행한다.
③ 모든 식물은 동일하게 적용 가능하므로 선택 기준은 필요 없다.
④ 식물 자원의 가격과 판매 가능성만 고려한다.

문제 27. 치유농업 기반 직무체험 프로그램인 「스마트한 농부 되기」에서 신체적 운동 능력 향상을 핵심 목표로 설정하였다. 다음 중 치유농업 활동의 신체적 요구도, 반복성, 기능적 움직임을 종합적으로 고려할 때 가장 적절한 활동은 무엇인가?

① 장미 전정과 리본 묶기 활동으로, 주로 소근육 조절과 미세 작업 능력 향상에 초점을 둔다.
② 스마트팜 환경에서 엽채류를 재배·관리·수확하는 활동으로, 상·하지 협응, 체간 안정성, 반복적 신체 움직임을 통해 운동 능력 향상을 도모한다.
③ 작물 생육 과정을 관찰하고 설명을 듣는 수업 중심 활동으로, 인지적 이해 증진을 주된 목표로 한다.
④ 작업일지 작성과 기록 관리 활동으로, 신체 활동보다는 사무·인지 기능 향상에 중점을 둔다.

문제 28. 치유농업 프로그램 설계 시 프로그램 목적과 단위 활동 목표의 관계로 옳은 것은?

① 프로그램 목적과 단위 활동 목표는 별개로 설정한다.
② 단위 활동 목표는 프로그램 전체 목적에 부합하도록 1~3가지로 구체적으로 설정한다.

③ 단위 활동 목표는 대상자의 흥미만 고려하면 된다.
④ 목표 설정은 필요 없으며 활동 내용만으로 충분하다.

문제 29. 치유농업사의 전문성 확보를 위해 필요한 운영 프로세스 요소가 아닌 것은?

① 대상자의 요구 분석 반영
② 치유목적 달성을 위한 자원과 기술 활용 계획
③ 계획 없는 자유 활동 중심의 프로그램 구성
④ 치유농업 활동을 단계별로 분석하여 적용

문제 30. 치유농업 기반 직무체험 프로그램 「스마트한 농부 되기」는 단순한 농업 활동을 넘어, 신체·정서·사회적 기능 회복을 목표로 한다. 다음 중 본 프로그램의 치유적 개입 이론 근거로 가장 적절한 예시는 무엇인가?

① 농업 활동에서의 생물학적 자극(식물·환경·신체 활동)이 심리·사회적 반응과 상호작용하여 치유 효과를 유발한다는 Relf(1992)의 생물학적–심리학적 통합 이론
② 식물 재배 활동은 개입 설계와 관계없이 자동적으로 치유 효과를 발생시킨다는 경험적 가정
③ 신체 활동과 직업재활 간의 상호 연관성은 고려하지 않고, 활동 자체의 흥미성만을 중시하는 접근
④ 선행 연구나 이론 검토 없이 현장 편의에 따라 프로그램을 구성하는 방식

문제 31. 치유농업 프로그램 구성 시 회기별 활동 계획에 포함되어야 하는 요소로 옳은 것은?

① 도입, 전개, 정리 단계의 세부 활동 내용과 소요 시간
② 활동 제목만 작성하면 충분하다
③ 평가 방법은 프로그램 종료 후 한 번만 계획하면 된다
④ 치유농업 자원 활용은 회기별로 구체적으로 계획하지 않아도 된다

📖 해설: 단위 활동 계획서는 도입, 전개, 정리 단계별 소요 시간과 세부 활동 내용, 치유적 개입 시나리오를 포함하여 회기별 계획을 구체적으로 작성해야 한다.

문제 32. 노인 대상 치유농업 프로그램에서 우울 감소 효과를 검증하고자 한다. 표본 수가 적고 정규성 가정을 충족하지 못할 경우 가장 적절한 분석 방법은?

① t-test
② ANOVA
③ 윌콕슨 부호순위검증
④ 회귀분석

📖 해설: 교재의 실제 사례에서도 노인 대상 프로그램 효과 분석 시 비모수 검증(윌콕슨 부호순위검증)이 활용된다.

문제 33. 치유농업 프로그램 평가에서 질적 평가자료에 해당하지 않는 것은?

① 활동 소감문
② 참여 관찰 기록
③ 인터뷰 전사본
④ 리커트 척도 점수

📖 해설: 리커트 척도는 수치화된 양적 평가자료에 해당한다.

문제 34. 치유농업 프로그램(예: 「스마트한 농부 되기」)의 대상자 요구 분석 및 사전·사후 평가를 위해 설문지를 구성하고자 한다. 다음 중 치유농업 대상자의 참여 지속성, 응답 신뢰도, 심리적 부담 완화를 종합적으로 고려할 때 가장 적절한 문항 배열 원칙은 무엇인가?

① 대상자의 특성을 빠르게 파악하기 위해 신체 기능 제한, 장애 정도 등 민감한 질문을 설문 초반에 배치한다.
② 프로그램에 대한 자유로운 의견 수집을 위해 개방형 질문을 모두 설문 앞부분에 집중 배치한다.
③ 응답자의 긴장을 완화하고 참여 동기를 높이기 위해 간단하고 이해하기 쉬우며 흥미를 유발하는 질문을 먼저 배치한다.

④ 인구통계학적 질문은 응답 거부를 방지하기 위해 반드시 설문의 마지막에만 배치해야 한다.

☞●●●●

📖 해설: 응답자의 거부감을 줄이기 위해 간단하고 부담 없는 질문을 초반에 배치해야 한다.

문제 35. 치유농업 프로그램에서 대상자 만족도 평가 결과의 올바른 활용 방식은?

① 결과와 무관하게 기존 프로그램 유지　　② 홍보 자료로만 활용
③ 프로그램 개선 및 반영 내용 도출　　④ 외부 공개를 위해 삭제

☞●●●○

📖 해설: 만족도 평가는 프로그램 환류(feedback)를 위한 핵심 자료이다

문제 36. 치유농업 프로그램에서 '치유 의도의 개입 및 일관성' 평가 항목이 낮게 나타났다. 이에 대한 가장 적절한 개선 전략은?

① 회기 수를 단축한다
② 활동 난이도를 낮춘다
③ 각 회기별 치유 목적과 활동의 연결성을 명확히 재설계한다
④ 만족도 설문 문항 수를 줄인다

☞●●●○

📖 해설: 치유 의도는 프로그램 전반에 일관되게 반영되어야 하며, 회기별 활동과 목적 간 연결성이 핵심 평가 요소이다.

문제 37. 치유농업 프로그램(예: 「스마트한 농부 되기」)의 질 관리와 효과성을 확보하기 위해서는 운영인력에 대한 체계적인 평가가 필요하다. 다음 중 치유농업 프로그램 운영인력의 역량 평가 항목으로 적절하지 않은 것은 무엇인가?

① 대상자의 연령, 장애 유형, 기능 수준 등 대상자 특성에 대한 이해 정도
② 치유 목표에 부합하도록 농업 자원과 활동을 안내하고 조정하는 자원 지시 및 기술 능력
③ 프로그램 외부 인지도를 높이기 위한 홍보 전략 수립 및 홍보 효과
④ 대상자와의 신뢰 형성, 의사소통, 정서적 지지를 포함한 상호 교류 능력

☞●●●●

📖 해설: 홍보 효과는 운영인력 평가가 아니라 프로그램 운영 및 확산 영역에 해당한다.

문제 38. 치유농업 프로그램에서 행렬형 질문을 사용할 때 나타날 수 있는 한계로 가장 적절한 것은?
① 응답 시간이 길어짐　　　　　② 질문 간 응답 일관성 저하
③ 기계적·동일 응답 경향　　　　④ 질적 자료 수집 불가　　　　☞●●●○

> 📖 해설: 행렬형 질문은 응답 편의성은 높지만 무성의한 반복 응답 위험이 있다.

문제 39. 치유농업 프로그램(예: 「스마트한 농부 되기」)의 효과를 평가할 때, 참여자의 변화 경험과 의미 형성을 심층적으로 이해하기 위해 질적 평가 방법을 활용하고자 한다. 다음 중 치유농업 프로그램 평가에 적용되는 질적 평가의 철학적 입장으로 가장 타당한 것은 무엇인가?

① 관찰자 간 오차를 최소화하기 위해 객관적 사실만을 독립적으로 측정하는 것을 중시한다.
② 프로그램 효과는 통계적 유의성 검증을 통해서만 타당하게 판단할 수 있다.
③ 참여자가 농업 활동 과정에서 경험하는 의미 해석, 주관적 인식, 맥락적 경험 이해를 중시한다.
④ 평가 결과의 신뢰성을 확보하기 위해 대규모 표본 확보를 필수 조건으로 한다.

☞●●●○

> 📖 해설: 질적 평가는 대상자가 부여하는 의미와 경험의 맥락을 중시한다.

문제 40. 치유농업 프로그램 결과보고서 작성 시 가장 부적절한 내용은?
① 연구 배경과 목적 제시　　　　② 프로그램 과정의 상세 기술
③ 평가자의 개인적 소감 중심 서술　④ 한계점 및 개선 방향 제시　　☞●●●○

> 📖 해설: 결과보고서는 객관성과 중립성을 유지해야 하며, 개인적 소감 중심 서술은 부적절하다.

문제 41. 치유농업 프로그램(예: 「스마트한 농부 되기」)의 효과를 검증하기 위해 실험군과 대조군을 설정한 사전·사후 평가 설계를 적용하고자 한다. 이때 프로그램 실시 이전에 두 집단의 동질성(homogeneity)을 먼저 검증하는 주된 이유로 가장 타당한 것은 무엇인가?

① 연구의 효율성을 높이기 위해 표본 수를 인위적으로 축소하기 위함이다.
② 프로그램 개입의 효과가 크게 나타나도록 결과를 의도적으로 과장하기 위함이다.
③ 사후에 관찰되는 변화 차이가 대상자의 초기 특성 차이가 아니라 치유농업 개입에 의해 발생했음을 확인하기 위함이다.
④ 양적 분석의 한계를 보완하기 위해 질적 평가를 대체하려는 목적이다.

> 📖 해설: 동질성 검증은 개입 효과의 인과성 확보를 위한 필수 절차이다. ① 동질성 검증은 표본 수 축소와 무관 ② 연구 윤리에 위배되는 설명 ④ 질적 평가는 보완 수단이지 대체 수단이 아님.

문제 42. 치유 목적이 '사회적 영역 강화'일 때 가장 적절한 활동 평가지표는?

① 혈압 변화
② 집단 내 상호작용 빈도
③ 식물 생육 속도
④ 출석률

> 📖 해설: 사회적 영역은 교류, 상호작용, 관계 형성 지표로 평가한다.

문제 43. 치유농업 프로그램(예: 「스마트한 농부 되기」)의 효과를 체계적으로 검증하기 위해 자료를 수집하고자 한다. 다음 중 치유농업 프로그램 평가에서 자료수집의 신뢰도를 가장 효과적으로 확보할 수 있는 방안은 무엇인가?

① 평가자의 주관적 판단을 일관되게 유지하기 위해 단일 평가자만을 활용한다.
② 외부 요인의 영향을 줄이기 위해 사전·사후 평가 시점을 무작위로 변경한다.
③ 서로 다른 평가 도구를 사용하고, 사전·사후 등 복수 시점에서 반복 측정하여 결과의 일관성과 안정성을 검증한다.
④ 평가자의 판단에 영향을 줄 수 있으므로 평가 기준은 공개하지 않는다.

> 📖 해설: ③번은 동일 개념을 복수 도구로 측정하여 결과의 일관성을 확보하고, 복수 시점(사전·사후·추적 평가)을 통해 측정의 안정성을 검증하는 치유농업 프로그램 평가에서 가장 표준적인 신뢰도 확보 전략을 반영한다. ① 단일 평가자는 평가자 편향 위험 증가, ② 평가 시점 무작위화는 신뢰도보다 측정 오류 가능성을 높일 수 있음, ④ 기준 비공개는 객관성·윤리성 모두 저해 등이다.

문제 44. 치유농업 프로그램에서 대상자(Client) 용어 대신 참여자(Participant)를 사용하는 이유로 가장 적절한 것은?

① 법적 효력 강화를 위해
② 비용 절감을 위해
③ 주체성과 능동성 강조를 위해
④ 연구 편의를 위해

문제 45. 치유농업 프로그램 홍보 계획에 대한 설명으로 옳은 것은?

① 평가 이후에는 불필요하다
② 프로그램 일반화를 위한 필수 요소이다
③ 대상자 분석과 무관하다
④ 운영 평가에 포함되지 않는다

문제 46. 치유농업 활동 기록지 분석 시 가장 중점적으로 해석해야 할 요소는?

① 문장의 길이
② 맞춤법 정확성
③ 인식 변화와 정서적 표현
④ 기록 빈도

문제 47. 다음 중 치유농업 프로그램 모니터링의 올바른 개념은?

① 종료 후 1회 실시
② 홍보 효과 측정
③ 목적과 연계된 지속적 점검
④ 만족도 조사 대체

문제 48. 치유농업 프로그램에서 자원 융복합 활용의 주된 장점은?

① 운영 비용 절감
② 평가 문항 단순화
③ 치유 효과의 다차원적 확장
④ 회기 수 감소

문제 49. 치유농업 프로그램(예: 「스마트한 농부 되기」)의 효과를 평가하기 위해 참여자의 경험 변화, 의미 인식, 정서적 반응을 심층적으로 탐색하고자 심층면접(In-depth interview)을 활용하였다. 다음 중 치유농업 프로그램 평가에서 심층면접의 특징으로 옳지 않은 것은 무엇인가?

① 면접 과정에서 응답자의 반응과 흐름에 따라 질문의 순서와 표현을 유연하게 조정할 수 있다.

② 참여자가 농업 활동을 통해 경험한 신체·정서·사회적 변화를 심층적으로 탐색하는 데 적합하다.

③ 평가의 객관성을 높이기 위해 모든 응답자에게 동일한 질문을 동일한 순서로 제시해야 한다.

④ 표준화된 설문으로는 파악하기 어려운 맥락적 경험을 수집함으로써 질적 타당도가 높은 자료를 확보할 수 있다.

☞●●●●

해설: 동일 질문·순서 제시는 구조화 면접의 특징이다. ③번은 동일 질문·동일 순서는 구조화 면접 또는 설문조사의 특징이며, 심층면접은 반구조화 또는 비구조화 방식으로, 응답자의 경험과 의미를 깊이 이해하기 위해 질문 흐름을 유연하게 조정하는 것이 핵심이다. 따라서 심층면접의 특징으로는 옳지 않다.

문제 50. 치유농업 프로그램 평가에서 사진 자료 활용 시 가장 적절한 접근은?

① 홍보용으로만 사용 ② 활동 증빙으로만 보관

③ 목표 달성 여부 중심 해석 ④ 분석 대상에서 제외 ☞●●●○

해설: 사진은 변화와 효과를 해석하는 질적 자료로 활용해야 한다.

문제 51. 다음은 치유농업 프로그램의 치유 목적 수준에 대한 설명이다. 치유 목적이 '예방'에 해당하는 치유농업 프로그램의 특징으로 가장 타당한 것은 무엇인가?

① 신체·정신적 증상이 이미 뚜렷하게 악화된 이후 개입하여 회복을 목표로 한다.

② 질병 진단을 전제로 한 전문 치료 개입을 중심으로 프로그램을 설계한다.

③ 생활습관 개선과 스트레스 완화, 건강한 활동 참여를 통해 위험 요인을 감소시키고 현재의 건강 상태를 유지·증진하는 데 초점을 둔다.

④ 기능 저하가 발생한 재활 대상자만을 선별하여 참여하도록 제한한다.

☞●●●○

해설: 예방형 프로그램은 문제 발생 이전의 건강 유지·증진에 초점을 둔다. ①·②번은 치료 목적 프로그램의 특징, ④번은 재활 목적 프로그램의 대상자 설정이다.

문제 52. 치유농업 프로그램 운영 평가에서 '활동의 난이도'를 평가하는 이유는?
① 운영 시간 산정　　　　　　　② 대상자 적합성 확인
③ 홍보 전략 수립　　　　　　　④ 평가 도구 선택

📖 해설: 난이도는 대상자의 신체·인지 수준 적합성 판단 기준이다.

문제 53. 치유농업 프로그램의 효과를 검증하기 위해 사전·사후 설문 점수, 기능 평가 수치 등 양적 평가 자료를 활용하고자 한다. 다음 중 치유농업 프로그램 평가에서 양적 자료가 갖는 장점으로 가장 타당한 것은 무엇인가?
① 참여자의 개별 경험과 의미를 자유롭게 해석할 수 있는 유연성이 높다.
② 참여 과정에서 나타나는 변화에 대한 풍부한 서사와 맥락을 제공한다.
③ 수치화된 결과를 통해 집단 간·시점 간 변화를 객관적으로 비교·분석할 수 있다.
④ 표본 수가 적을수록 자료의 신뢰성과 타당성이 높아진다.

📖 해설: 양적 자료는 수치화된 객관적 비교가 강점이다. ①, ②번은 질적 평가 자료의 장점
④번 양적 평가는 일반적으로 충분한 표본 확보가 중요함.

문제 54. 치유농업 프로그램 효과 평가 결과에서 "우울 점수가 평균 50점 → 30점, p=.001"의 해석으로 옳은 것은?
① 우연에 의한 변화　　　　　　② 통계적으로 유의미한 감소
③ 질적 효과만 존재　　　　　　④ 표본 오류 가능성만 큼

📖 해설: p=.001은 매우 높은 통계적 유의성을 의미한다.

문제 55. 치유농업 프로그램을 기획·운영·평가·환류의 전 과정 관점에서 체계적으로 관리하고자 한다. 다음 중 치유농업 프로그램의 효과성과 지속 가능성을 확보하기 위해 가장 핵심적으로 요구되는 운영 원칙은 무엇인가?

① 운영자의 개인적 경험과 직관을 중심으로 프로그램을 유연하게 조정하는 것이다.
② 단기간에 가시적인 성과를 도출하는 것을 최우선 목표로 설정하는 것이다.
③ 프로그램의 목적-세부 목표-성과 지표-평가 방법이 서로 논리적으로 일치하도록 설계·운영하는 것이다.
④ 프로그램 외부 인지도를 높이기 위해 홍보 효과 극대화를 운영의 핵심으로 삼는 것이다.

　해설: ③번은 치유농업 프로그램 전 과정에서 요구되는 논리적 일관성(logic model), 근거 기반 운영(evidence-based practice), 지속적 개선을 위한 환류(feedback loop)를 모두 포괄하는 핵심 원칙이다. ① 경험은 중요하지만 체계적 설계를 대체할 수 없음. ② 단기 성과 중심 접근은 치유 효과의 지속성·신뢰성 저해. ④ 홍보는 운영 성과이지 치유 프로그램의 본질적 원칙은 아님.

문제 56. 치유농업 프로그램을 운영할 때 치유농업사 주 진행자는 프로그램의 질과 안전성을 책임지는 핵심 인력이다. 다음 중 치유농업사 주 진행자의 주요 역할로 보기 어려운 것은 무엇인가?
① 치유 목표와 대상자 특성을 반영한 프로그램 기획·개발
② 운영 과정에서 나타난 참여자의 반응을 분석하여 활동 평가 및 개선 사항 도출
③ 참여자의 심리·정서적 문제에 대한 개별 치료 상담 및 의료적 처치 수행
④ 치유농업 활동이 계획대로 이루어지도록 현장 실행을 총괄·지원

　해설: 주 진행자는 기획·개발, 실행, 평가를 담당하며, 의료적 상담이나 처치는 담당하지 않는다.

문제 57. 치유적 개입 중 '통찰과 자기수용, 목적과 관계의 인식'에 해당하는 활동은?
① 씨앗 파종과 모종 심기에서 자신의 삶과 비교하며 의미 찾기
② 허브 향주머니 만들기　　　　③ 텃밭 돌보기
④ 꽃케이크 제작

　해설: 파종 및 모종 심기는 자기 삶과 활동 연결, 의미 부여, 자기수용을 촉진하므로 해당 개입에 속한다.

문제 58. 치유농업 프로그램의 효과를 검증하기 위해 프로그램 사전·사후 평가 설계를 적용하고자 한다. 다음 중 치유농업 프로그램의 치유 효과를 평가하기 위한 사전·사후 측정 지표로 사용하기에 가장 적절하지 않은 것은 무엇인가?

① 참여자의 심리 증상 변화를 파악하기 위한 간이정신진단검사(SCL-90-R)
② 주관적 스트레스 인식 수준의 변화를 측정하는 지각된 스트레스 척도(PSS)
③ 자율신경계 반응 변화를 객관적으로 확인하기 위한 심박변이도(HRV)
④ 작물 생육 환경 관리를 목적으로 한 토양 영양 상태 분석

👉●●●○

📖 해설: 효과 평가는 우울, 스트레스, 심리적 변화를 중심으로 이루어지며, 토양 분석은 평가 대상이 아니다.

문제 59. 다음은 정서적 불안과 스트레스 수준이 높은 성인을 대상으로 한 치유농업 프로그램의 일부이다. 프로그램 담당자는 화훼류와 허브류를 주요 활동 자원으로 활용하고자 한다. 이때 화훼류와 허브류의 활용 목적에 대한 설명으로 가장 타당한 것은 무엇인가?

① 후각·시각 등 감각 자극을 매개로 정서 안정과 심리적 회복을 유도한다.
② 단기간 고부가가치 작물 생산을 통해 참여자의 경제적 자립을 지원한다.
③ 토양의 물리·화학적 특성을 분석하여 작물 생육 데이터를 축적한다.
④ 재배 면적 조정을 통해 프로그램 운영 효율성과 생산성을 극대화한다.

👉●●○○

📖 해설: 화훼류와 허브류는 시각·후각 등 감각 자극을 제공하고 심리적 안정과 긍정적 감정 표현을 돕는다.

문제 60. 프로그램 전반의 회기별 치유적 개입에서 공통적으로 포함되는 요소가 아닌 것은?
① 지지전략　　　　　　　　② 행동 및 인지 전략
③ 통찰과 자기수용　　　　　④ 경제적 수익 분석

👉●●●○

📖 해설: 모든 회기에서 심리적 지원, 행동·인지 전략, 통찰·자기수용이 공통적으로 적용되며, 경제적 수익은 포함되지 않는다.

문제 61. 치유농업 프로그램 기획 단계에서 대상자 요구 분석이 부실할 경우 가장 먼저 나타날 가능성이 높은 문제는?

① 예산 초과　　　　　　　　　　② 운영인력 과다 배치
③ 치유 목적과 활동 간 불일치　　④ 홍보 효과 감소

해설: 요구 분석이 부실하면 치유 목적 설정 자체가 왜곡되어 활동과 목적 간 정합성이 무너진다.

문제 62. 다음 중 치유 목적 영역과 평가지표의 연결이 가장 적절한 것은?

① 인지적 영역 – 혈압 변화　　　　② 신체적 영역 – 집단 대화 빈도
③ 심리·정서 영역 – 우울 척도 점수　④ 사회적 영역 – 토양 수분량

해설: 심리·정서 영역은 우울, 스트레스, 자아존중감 등 표준화 심리지표로 평가한다.

문제 63. 치유농업 프로그램에서 사전검사(pilot test)의 주된 목적은?

① 표본 수 확대　　　　　　　　② 문항 오류 및 이해도 점검
③ 통계적 유의성 확보　　　　　④ 평가자 훈련 대체

해설: 사전검사는 설문 문항의 오류·중복·이해도 문제를 수정하기 위한 절차이다.

문제 64. 다음은 치유농업 프로그램의 효과를 객관적으로 비교·분석하기 위해 사전·사후 평가를 실시하려는 상황이다. 여러 회기, 다양한 대상자에게 동일한 기준으로 정서 변화와 참여 반응을 수집하고자 할 때, 구조화 면접(structured interview)의 특징으로 가장 타당한 것은 무엇인가?

① 참여자의 정서 상태에 따라 질문 내용과 순서를 자유롭게 변경할 수 있다.
② 질문의 내용·표현·순서를 표준화하여 평가 결과의 비교 가능성과 신뢰도를 높인다.
③ 참여자의 개인적 경험과 의미를 깊이 탐색하는 데 가장 적합한 방법이다.
④ 면접 결과는 질적 자료로만 활용되며 양적 분석에는 부적절하다.

해설: 구조화 면접은 동일 질문·동일 순서로 신뢰도를 확보하는 데 목적이 있다. ①·③번은 비구조화/반구조화 면접의 특징에 해당하며, ④번은 구조화 면접이 양적 분석(점수화·통계 처리)에도 활용될 수 있다는 점에서 부적절하다. 즉, 이 문항은 단순 면접 유형 암기가 아니라, "치유농업에서 왜 구조화 면접을 쓰는가?"를 이해했는지를 평가한다.

문제 65. 치유농업 프로그램 운영 평가에서 '소재 적합도'가 낮게 평가되었다. 가장 타당한 해석은?

① 대상자 수가 많았다
② 치유 목적과 자원 특성이 부합하지 않았다
③ 운영 인력이 부족했다
④ 평가 도구가 부적절했다

해설: 소재 적합도는 치유 목적-대상자 특성-자원 특성의 부합 여부를 의미한다.

문제 66. 치유농업 프로그램에서 관찰 평가를 활용할 때 가장 주의해야 할 사항은?

① 기록 분량　　　　　② 관찰자의 주관적 편향
③ 참여자 수　　　　　④ 관찰 장소

해설: 관찰 평가는 평가자 편향(Bias) 통제가 핵심이다.

문제 67. 치유농장에서 농장동물을 활용할 때 적합한 동물 선택 기준으로 옳지 않은 것은?

① 성격이 온순하고 공격성이 없어야 한다.
② 동물이 90분 이상 지속적으로 활동할 수 있어야 한다.
③ 안전사고를 예방할 수 있는 환경을 갖춰야 한다.
④ 정기적인 건강관리와 수의학적 관리가 필요하다.

해설: 농장동물과의 교감 시간은 보통 10분 이상을 넘지 않도록 제한하며, 모든 동물이 90분 동안 지속적으로 활동하기 어렵다. 나머지 기준(온순, 안전, 건강관리)은 반드시 고려해야 한다.

문제 68. 다음은 정신적 스트레스 완화를 목적으로 한 치유농업 프로그램을 운영한 후, 참여자의 면담 기록과 활동 소감을 분석하여 치유 경험의 의미를 도출하려는 상황이다. 이와 같은 질적 자료 분석 과정에 대한 설명으로 옳지 않은 것은 무엇인가?

① 참여자의 진술 중 치유 경험과 관련된 핵심 의미 단위를 선별한다.
② 유사한 의미 단위를 묶어 범주화하고 주요 주제를 도출한다.
③ 자료 간 차이를 수치화하여 통계적 유의성을 검정한다.
④ 참여자의 진술을 개인적·사회적 맥락 속에서 해석한다.

☞●●●●

> 📖 해설: 통계적 유의성 검정은 양적 자료 분석에 해당한다. ①·②·④번은 모두 의미 단위 도출, 범주화·주제화, 맥락적 해석 등 질적 분석의 핵심 절차에 해당한다. 반면 ③의 통계적 유의성 검정은 수치화된 자료를 대상으로 하는 양적 분석 절차로, 질적 연구의 본질적 과정에 포함되지 않는다.

문제 69. 다음은 정서적 위축과 대인관계 불안을 보이는 참여자를 대상으로 한 치유농업 프로그램의 한 장면이다. 프로그램에는 가축(염소, 토끼 등)과의 돌봄·접촉 활동이 포함되어 있다.
이러한 동물과의 상호작용이 심리·정서적 안정에 기여하는 이유로 가장 타당한 것은 무엇인가?

① 신체 접촉과 온기, 촉각 자극을 통해 안정감과 정서적 이완 반응을 유도하기 때문이다.
② 동물이 참여자에게 문제 해결 전략과 인지 기술을 직접 학습시키기 때문이다.
③ 동물 관리 활동이 농업 생산성을 높여 성취감을 제공하기 때문이다.
④ 사료 제공 과정을 통해 경제적 효율성과 경영 능력을 습득하게 하기 때문이다.

☞●●●○

> 📖 해설: 농장동물과의 접촉과 교감은 감각적 자극, 감정 표현, 정서적 안전 공간 제공을 통해 심리·정서적 안정과 우울 감소에 기여한다. 생산량 증가나 경제적 활동은 주요 목적이 아니다.

문제 70. 중년 여성 대상 치유농업 프로그램에서 사회적 지지 이론에 근거한 치유적 개입의 목적은 무엇인가?

① 동물과의 신체적 접촉을 통해 근육과 관절의 기능을 향상시킨다.
② 스트레스 상황에서 부정적인 영향을 완화하고 정서적 안정감을 제공한다.
③ 대상자가 농업 활동을 통해 직접 생산물을 얻도록 하여 성취감을 강화한다.
④ 동물의 출산 과정을 관찰하며 생명의 신비로움을 학습한다.

📖 해설: 사회적 지지 이론(Cobb, 1976)은 스트레스 상황에서 사회적 지지(정서적 지지, 공감적 이해 등)가 부정적 영향을 완화하여 심리적 안정감을 제공하는 역할을 강조한다. 치유농업에서는 인간-동물 유대가 사회적 지지로 작용하여 스트레스와 우울 감소에 기여한다.

문제 71. 치유농업 프로그램에서 회기별 운영 평가를 실시하는 가장 큰 이유는?

① 최종 보고서 분량 확보　　② 즉각적인 개선과 조정 가능
③ 홍보 자료 확보　　④ 평가 비용 절감　　☞ ●●●○○

📖 해설: 회기별 평가는 과정 중심 환류(feedback)를 가능하게 한다.

문제 72. 치유 목적이 '인지 기능 유지'인 노인 대상 프로그램에서 가장 부적절한 핵심 활동은?

① 식물 분류 및 이름 기억　　② 재배 과정 순서 설명
③ 단순 반복 노동만 수행　　④ 활동 후 회상 대화　　☞ ●●○○

📖 해설: 인지 목적에는 사고·기억·판단을 요구하는 활동이 필요하다.

문제 73. 치유농업 프로그램에서 홍보 계획이 운영 평가에 포함되는 이유로 가장 적절한 것은?

① 예산 집행 증빙을 위해　　② 프로그램 지속성과 확산을 위해
③ 참여자 통제를 위해　　④ 평가 도구를 대체하기 위해　　☞ ●●●○○

📖 해설: 홍보는 프로그램의 일반화·지속 가능성과 직결된다.

문제 74. 다음 중 치유농업 자원 융복합 설계 원칙으로 옳지 않은 것은?

① 단일 자원만 집중 활용　　② 치유 목적 중심 자원 선택
③ 대상자 특성 고려　　④ 감각 자극의 다양성 확보　　☞ ●●●○○

📖 해설: 융복합의 핵심은 다자원 통합 활용이다.

문제 75. 치유농업 프로그램 평가에서 '시간 사용' 항목을 평가하는 주된 이유는?

① 예산 산출 　　　　　　　　　② 활동 몰입도 및 피로도 확인
③ 홍보 일정 조정 　　　　　　　④ 평가자 업무 분담

　　☐ 해설: 시간 사용 평가는 몰입·과부하·적정성 판단 지표이다.

문제 76. 다음은 아동을 대상으로 동물매개 활동을 중심으로 구성된 치유농업 프로그램 「안녕, 동물 친구들!」의 운영 목표를 검토하는 상황이다. 이 프로그램의 주요 치유 목적에 대한 설명으로 적절하지 않은 것은 무엇인가?

① 동물 돌봄 경험을 통해 아동의 생명 존중 인식과 책임감을 증진한다.
② 또래 및 지도자와의 공동 활동을 통해 사회적 상호작용과 사회성을 향상한다.
③ 반복적 동물 관리 활동을 통해 아동의 대인관계 기술 저하를 의도적으로 촉진한다.
④ 반려동물과의 교감을 통해 정서적 안정과 긍정적 감정 경험을 제공한다.

　　☐ 해설: '안녕, 동물 친구들!' 프로그램의 목적은 아동의 생명 존중 인식과 사회성 향상, 대인 관계 기술 개선 등 긍정적 발달을 촉진하는 것이다. ③번은 정반대의 내용으로, 프로그램 목 적과 일치하지 않는다.

문제 77. 다음은 아동 대상 동물매개 치유농업 프로그램 「안녕, 동물 친구들!」을 운영하기 위해 프로그램 담당자가 반려동물 선정 기준을 검토하는 상황이다. 치유 효과와 안전성을 동시에 확보 하기 위한 반려동물의 조건으로 가장 타당한 것은 무엇인가?

① 사람에 대한 공격성이 없고, 최소 1세 이상으로 기본적인 복종 훈련과 사회화가 이루어진 개체
② 활동성이 높고 자극에 민감한 6개월 미만의 어린 개체
③ 치유 목적의 상호작용이므로 별도의 훈련이나 위생·건강 관리가 필요하지 않은 개체
④ 안전사고 예방을 위해 참여 아동과 항상 2미터 이상의 거리를 유지해야 하는 개체

　　☐ 해설: 프로그램에 참여하는 반려동물은 최소 1세 이상으로 공격성이 없어야 하며, 기초적 인 복종이 가능해야 한다. 또한 수의학적 관리와 훈련이 필요하다. ②, ③, ④번은 프로그램 운영 지침과 맞지 않는다.

문제 78. 치유적 개입 이론과 프로그램 활동의 연결이 옳게 짝지어진 것은?
① 애착이론 – 반려동물과 교감을 통해 공감 능력과 정서적 민감성 발달
② 상호작용 이론 – 동물 출생 과정을 관찰하며 생명 존중 인식 강화
③ 사회성 향상 – 청진기를 사용하여 반려동물 심장소리를 듣는 활동
④ 생명 존중 인식 – 반려동물과 산책하며 명상하는 활동　　●●●○

　해설: 애착이론은 인간과 반려동물 간의 교감으로 아동의 공감 능력과 정서적 민감성 발달에 기여한다. 상호작용 이론은 또래와의 사회적 상호작용과 반려동물과의 상호작용 경험을 포함하며, 생명 존중 활동과 직접 연결되지는 않는다.
사회성 향상은 또래와의 상호작용 및 협력 능력 향상과 관련된다.
생명 존중 인식은 주로 동물을 돌보며 책임감과 소중함을 배우는 활동과 관련된다.

문제 79. 치유농업 프로그램 결과보고서에서 재현 가능성을 높이기 위한 핵심 요소는?
① 운영자의 철학 서술　　　　② 프로그램 과정의 구체적 기술
③ 참여자 소감 중심 구성　　　④ 홍보 사진 다수 첨부　　●●●○

　해설: 재현 가능성은 계획–실행–평가 과정의 구체성에서 확보된다.

문제 80. 다음은 정신적 스트레스 완화와 사회성 향상을 목표로 한 치유농업 프로그램의 효과를 평가하려는 상황이다. 사전·사후 설문과 행동 점수 등 양적 자료를 수집한 후 평가계획을 검토하고자 한다. 이때 양적 자료 평가의 한계로 가장 타당한 것은 무엇인가?
① 측정 항목과 도구가 표준화되어 있음에도 불구하고 객관성이 낮다.
② 설문 점수나 행동 점수만으로는 참여자의 개인적 경험, 정서적 변화, 맥락적 의미를 깊이 해석하기 어렵다.
③ 동일한 평가 도구를 사용하면 집단 간 비교가 불가능하다.
④ 표본 수가 많아야만 분석할 수 있는 자료라는 점이 제한점이다.　　●●●○

　해설: 양적 자료는 수치는 명확하지만 맥락 설명이 부족할 수 있다. ①번은 양적 자료의 객관성이 일반적으로 높은 점과 배치되므로 부적절 ③번은 표준화 도구를 사용하면 집단 간 비교 가능 ④번은 통계적 신뢰도를 위해 표본 수가 많으면 좋지만, 한계점으로 보기엔 부적절.
따라서 이 문항은 단순 통계 지식이 아니라, 치유농업 평가에서 양적 자료와 질적 자료의 역할과 한계를 구분할 수 있는지를 평가한다.

문제 81. 치유농업 프로그램에서 대상자 간 교류 유도가 중요한 이유는?

① 운영 시간 단축
② 사회적 치유 효과 증진
③ 평가 문항 축소
④ 운영 인력 감소

해설: 사회적 교류는 사회적 영역 치유 효과의 핵심 기제이다.

문제 82. 치유농업 프로그램에서 치유 목적이 명확하나 효과가 낮게 나타난 경우, 가장 우선적으로 점검해야 할 요소는?

① 홍보 방법
② 자원-활동-목적 간 정합성
③ 예산 규모
④ 참여자 수

해설: 효과 저하는 대개 목적-활동-자원 불일치에서 발생한다.

문제 83. 정서적 위축과 사회적 고립이 나타나는 참여자를 대상으로 한 치유농업 프로그램 운영 상황이다. 다음 중 프로그램 목표 달성을 위해 비대상자와의 교류를 적극적으로 유도하는 것이 필요한 상황으로 가장 적절한 것은 무엇인가?

① 참여자의 개인적 정서 회복과 신체 건강 증진을 목표로 한 1:1 개인 치유 중심 프로그램
② 또래 및 지역 주민과의 협동 활동을 통해 사회적 기술과 상호작용 능력 회복을 목표로 한 프로그램
③ 농장 체험, 계절 이벤트 중심의 단기 체험형 프로그램
④ 실내에서 집중적인 작업 수행과 관찰 활동을 중심으로 한 집중형 프로그램

해설: 사회성 회복 목적일 경우 외부와의 상호작용이 중요하다. ①·③·④번은 개인 회복, 단기 체험, 집중 작업 중심으로, 비대상자와의 교류가 필수적이지 않으며 목적과 상충할 수 있다. ②번은 사회성 회복 목적을 가진 프로그램으로, 참여자-참여자, 참여자-지역 주민 간 상호작용이 목표 달성의 핵심 전략이다. 이 문항은 단순 교류 필요성 확인이 아니라, 프로그램 목적과 활동 설계의 적합성을 이해했는지를 평가한다.

문제 84. 다음은 치유농업 프로그램 「마음을 치유하는 왕귀뚜라미」의 운영 계획 일부이다. 이 프로그램은 귀뚜라미 관찰·돌봄 활동을 중심으로 하며, 정서 안정과 회상적 기억 자극을 주요 목표로 한다. 이 프로그램의 주요 대상자로 가장 적절한 집단은 무엇인가?

① 신체적·정서적 변화와 회상적 기억 회복이 필요한 만 65세 이상 노인
② 사회적 문제와 정서적 위기 대응이 필요한 청소년 및 위기청소년
③ 신체적 활동 제한과 재활 목표를 가진 신체적 장애 성인
④ 감각 자극과 초기 사회성 발달이 필요한 영유아

☞●●○○

📖 해설: 본 프로그램은 만 65세 이상 노인을 대상으로, 왕귀뚜라미를 기르고 돌보는 활동을 통해 우울감 감소, 불면 개선, 심리적 안정감을 제공하는 데 초점을 맞추고 있다.

문제 85. 치유농업 프로그램 「마음을 치유하는 왕귀뚜라미」는 노인을 대상으로 귀뚜라미 관찰과 돌봄 활동을 중심으로 운영된다. 다음 중 이 프로그램의 주된 치유 목적 영역에 해당하지 않는 것은 무엇인가?

① 귀뚜라미와의 교감을 통해 정서 안정, 불안 완화 등 심리·정서적 영역 회복
② 관찰과 기록 활동을 통해 참여자 간 상호작용과 협동을 증진하는 사회적 영역
③ 왕귀뚜라미 돌보기 활동을 통해 근력 향상, 지구력 증진 등 신체적 영역
④ 귀뚜라미 행동 관찰과 사육 기록 작성으로 기억력, 주의력 등 인지적 영역 활성화

☞●●○○

📖 해설: 프로그램은 심리·정서적 안정, 사회적 상호작용 촉진, 인지기능 향상 등을 주요 목표로 한다. 신체적 영역은 주된 치유 목적이 아니므로 정답에서 제외된다.

문제 86. 치유농업 프로그램 「마음을 치유하는 왕귀뚜라미」는 노년층을 대상으로 설계되었으며, 귀뚜라미 관찰과 돌봄 활동을 통해 정서 회복과 회상 경험을 제공하는 것을 주요 목표로 한다. 다음 중 이 프로그램의 초기 개발 목적과 관련 없는 것은 무엇인가?

① 노년층 참여자가 왕귀뚜라미를 돌보며 옛 추억을 회상하도록 지원한다.
② 참여자가 왕귀뚜라미와의 상호작용을 통해 마음의 안정과 정서적 치유를 경험하도록 한다.
③ 프로그램 운영자가 왕귀뚜라미의 번식률을 향상시키는 것을 주된 목표로 삼는다.
④ 참여자가 일상생활 공간에서 쉽게 접근 가능한 활동을 경험할 수 있도록 설계한다.

☞●●●●

📖 해설: 프로그램 초기 목적은 노년층의 심리적 안정, 과거 기억 회상, 집이나 시설 등 일상 공간에서 접근 가능한 체험 제공이었다. 왕귀뚜라미의 번식률 향상은 치유 목적과 관련이 없다.

문제 87. 왕귀뚜라미 치유 효과를 과학적으로 검증한 연구 결과로 옳은 것은?
① 65세 이상 노인을 대상으로 기르기 활동이 우울감 완화, 정신적 삶의 질 향상, 인지기능 개선 효과를 보였다
② 왕귀뚜라미 기르기 활동이 청소년의 학습 집중력 향상에 도움을 주었다
③ 왕귀뚜라미 울음소리가 신체 근력 향상에 기여하였다
④ 왕귀뚜라미 활동을 통해 시각적 예술 능력이 향상되었다

☞ ●●●●○

📖 해설: Ko et al.(2016) 연구에서 65세 이상 노인을 대상으로 한 왕귀뚜라미 기르기 활동이 우울감 감소, 정신적 삶의 질 향상, 인지기능 개선에 효과적임을 입증했다. 나머지 보기들은 과학적 근거가 없는 내용이다.

문제 88. 왕귀뚜라미 프로그램에서 대상자의 우울감과 불면 개선을 위해 강조되는 활동 요소는?
① 왕귀뚜라미 돌보기 및 성장 관찰　　② 곤충의 비행 기술 훈련
③ 왕귀뚜라미 색각 분석　　　　　　　④ 고령층의 근력 운동

☞ ●●●○○

📖 해설: 프로그램은 왕귀뚜라미를 직접 돌보고 성장 과정을 관찰하며 청각 자극과 애착 경험을 통해 우울감 완화와 심리적 안정감을 제공한다. ②~④번은 치유 목적과 관련 없다.

문제 89. 치유농업 프로그램 「호랑나비와 함께 날자」는 자연 관찰과 곤충 돌봄 활동을 중심으로 운영된다. 이 프로그램의 주요 대상자로 가장 적절한 집단은 무엇인가?
① 곤충 관찰과 돌봄 활동을 통해 자연 탐구 능력과 정서적 친밀감을 경험할 수 있는 초등학생 3학년
② 대학 교과 과정이나 진로 탐색 프로그램 참여를 중심으로 한 고등학생
③ 직장 내 스트레스 관리와 성인 정서 회복을 목표로 한 성인
④ 회상 경험과 정서 안정이 필요한 노인

☞ ●●●○○

📖 해설: 본 프로그램은 초등학교 3학년 아동을 대상으로, 호랑나비 애벌레와 먹이를 키우고 돌보는 활동을 통해 스트레스 완화, 친구관계 개선, 긍정적 정서 경험을 제공하는 데 초점을 맞추고 있다.

문제 90. 치유농업 프로그램 「호랑나비와 함께 날자」에서 초등학생 참여자를 대상으로 후각 자극을 활용한 활동을 설계하고 있다. 이 활동의 주된 치유 목적으로 가장 적절한 것은 무엇인가?

① 다양한 꽃과 허브의 향기를 경험하며 장기 기억과 정서적 회상 능력을 촉진한다.

② 곤충과의 활동을 통해 참여자의 체력과 운동 능력을 향상한다.

③ 호랑나비 비행 활동을 통해 곤충의 비행 능력을 개발한다.

④ 향기 체험을 통해 학업 성취도 및 시험 점수 향상을 목적으로 한다.

> 해설: 호랑나비는 냄새뿔과 먹이식물의 향을 이용하여 후각 자극 활동을 구성할 수 있으며, 이를 통해 치유 효과를 장기 기억화 시키는 것이 목적이다.

문제 91. 치유농업 프로그램 「누에와 함께하는 하루」는 참여자가 누에를 관찰하고, 사육하며, 고치를 통한 체험 활동을 수행하는 프로그램이다. 다음 중 이 프로그램의 주된 치유 목적 영역에 포함되지 않는 것은 무엇인가?

① 누에 사육과 관찰 활동을 통해 기억력, 주의력 등 인지적 영역을 활성화한다.

② 누에 돌봄과 상호작용을 통해 불안 완화, 정서 안정 등 심리·정서적 영역 회복을 지원한다.

③ 참여자 간 협동과 상호작용 활동을 통해 사회적 영역 능력을 향상한다.

④ 누에 사육 활동을 통해 근력, 지구력 등 체력 향상 영역을 주요 목표로 한다.

> 해설: '누에와 함께 놀자' 프로그램은 감각 자극, 회상 치유, 문제 해결 능력 향상, 사회성 증진을 목표로 하며, 체력 향상은 주요 목적 영역에 포함되지 않는다.

문제 92. 치유농업 프로그램 「누에와 함께하는 하루」는 아동과 노년층 참여자를 대상으로 누에 관찰·사육·체험 활동을 포함한다. 다음 중 각 연령대별 기대되는 주요 치유 효과로 가장 타당한 조합은 무엇인가?

① 아동: 누에 돌봄과 상호작용을 통해 정서 안정, 스트레스 감소, 삶의 만족도 증가
　노년층: 관찰과 사육 활동을 통해 인지 기능 향상, 혈압 안정화 등 신체·정신적 건강 유지

② 아동: 체력 향상, 근력 강화 / 노년층: 학업 성취도 향상

③ 아동: 곤충 비행 능력 향상 / 노년층: 운동 기능 회복

④ 아동: 색채 감각 향상 / 노년층: 근육량 증가

> 해설: Kim et al.(2022)의 곤충 치유프로그램 효과 분석 연구 결과, 누에 체험 아동은 스트레스가 감소하고 삶의 만족도가 증가했으며, 노년층은 혈압 안정화, 불안감 감소, 인지기능 향상이 확인되었다. 나머지 보기들은 프로그램의 치유 목적과 관련이 없다.

문제 93. 치유농업 프로그램 「호랑나비와 함께 날자」와 「누에와 함께하는 하루」는 각각 초등학생과 노년층을 대상으로 감각·정서·인지 중심 활동을 운영한다. 다음 중 두 프로그램 모두에서 공통적으로 적용될 수 있는 운영 평가 방법으로 가장 적절한 것은 무엇인가?

① 회기별 운영 평가: 각 회기 활동의 참여도, 안전성, 진행 적합성 등을 확인하여 차기 회기 개선에 반영
② 홍보 계획 수립: 프로그램 참여자 모집과 지역 홍보 전략을 평가
③ 근력 측정: 참여자의 근력 및 체력 변화를 측정
④ 시각 예술 능력 평가: 회기 활동 후 그림·조형 능력 평가

　　📖 해설: 두 프로그램 모두 회기별 운영 평가와 만족도 조사를 실시하여 프로그램 진행 과정을 점검하고, 참여자의 반응과 효과를 분석한다. 홍보 계획, 근력 측정, 시각 예술 능력 평가는 운영 평가 항목에 포함되지 않는다.

문제 94. 치유농업 프로그램 「누에와 함께하는 하루」는 아동과 노년층 참여자를 대상으로 누에 관찰, 사육, 고치 체험 활동을 제공한다. 다음 중 아동과 노년층에게 제공되는 주된 치유적 효과에 해당하지 않는 것은 무엇인가?

① 누에 돌봄과 관찰을 통해 감각 자극과 회상 치유를 제공
② 사육 과정에서 참여자가 문제 해결 능력과 계획 능력을 향상
③ 누에 활동을 활용한 창의적 표현을 통해 사고 유창성 향상
④ 누에 돌봄 활동을 통해 근력과 체력 향상

　　📖 해설: 누에 프로그램은 감각 자극, 회상 치유, 돌보기 활동, 사고유창성 향상, 사회성 증진 등을 목표로 하며, 체력 향상은 주된 치유 효과가 아니다.

문제 95. 치유농업 프로그램 「누에와 함께하는 하루」에서 아동과 노년층 참여자를 대상으로 회기별 활동이 진행된다. 다음 중 주의회복(Attention Restoration) 효과를 가장 잘 유도하는 활동은 무엇인가?

① 누에 집 만들기, 뽕잎 따러 가기 등 자연 속 관찰과 조용한 돌봄 활동
② 누에 이름 짓기, 프로타주 활동 등 창의적 표현 중심 활동
③ 고치 실 감기, 감사 편지 쓰기 등 과제 중심 활동
④ 누에와 누에고치를 활용한 창의적 작품 만들기 등 예술 표현 활동

문제 96. 치유농업 프로그램 「누에와 함께하는 하루」에서 아동 참여자는 누에에게 이름을 지어주고, 누에와 관련한 이행시를 작성하는 활동을 수행한다.

이 활동의 주된 치유 목적으로 가장 적절한 것은 무엇인가?

① 누에와 상호작용하며 친구나 가족과의 사회적 상호작용을 증진
② 누에 관찰과 이행시 작성 과정에서 인지 학습과 세밀한 관찰력을 향상
③ 누에에게 이름을 부여하고 글을 쓰는 과정을 통해 정서적 유대감과 책임감을 형성
④ 활동 과정에서 반복적 손동작으로 신체 근력 강화

문제 97. 치유농업 프로그램 「누에와 함께하는 하루」에서 아동과 노년층 참여자는 누에 관찰과 고치 체험 활동 후, 누에 이미지를 활용한 프로타주 활동을 수행한다.

다음 중 프로타주 활동을 통해 주로 자극되는 감각의 조합으로 가장 적절한 것은 무엇인가?

① 시각, 촉각, 후각: 누에와 고치의 모양과 질감을 관찰하고, 향기와 함께 체험
② 청각, 촉각, 미각: 소리 듣기, 촉각, 맛 체험
③ 시각, 청각, 미각: 그림 관찰, 소리 체험, 맛 체험
④ 후각, 청각, 신체 근력: 향기 체험, 소리 체험, 근력 활동

문제 98. 치유농업 프로그램 「누에와 함께하는 하루」에서 회기 3단위 활동: 「이제부터 넌 내 친구야」는 아동과 노년층 참여자가 누에를 관찰하고 이름을 지어주며 돌보는 활동으로 구성된다.

다음 중 이 활동의 핵심 치유적 개입 요소에 포함되지 않는 것은 무엇인가?

① 관찰학습: 누에의 행동과 생태를 관찰하며 학습과 몰입 경험 제공
② 감각자극: 촉각, 시각, 후각 등 다양한 감각 경험 제공
③ 주의회복: 자연 환경과 반복적 돌봄 활동을 통해 정신적 피로 회복
④ 근력 강화: 활동 수행을 통한 근력 향상　　　　　　　　　　　☞●●●○

해설: 회기 3에서는 누에의 관찰, 이름 짓기, 프로타주 활동, 뽕잎 차 시음 등을 통해 관찰학습, 감각자극, 주의회복을 유도한다. 근력 강화는 해당 회기 활동의 치유적 개입에 포함되지 않는다.

문제 99. 치유농업 프로그램 「농촌환경·문화자원을 활용한 치유농업」은 농촌의 자연환경과 전통 문화 요소를 활용하여 참여자의 심리·정서 회복과 사회적 기능 향상을 목표로 설계되었다. 다음 중 이 프로그램의 주요 목적에 해당하지 않는 것은 무엇인가?
① 스트레스 고위험군의 심리·정서적 안정 유도: 농촌 환경과 체험 활동을 통한 정서적 안정
② 사회성 및 자아정체성 유지 도모: 공동체 활동과 문화 체험을 통해 사회적 기능 유지
③ 농촌 지역 주민의 농업 생산 참여 증진: 지역 자원 활용과 공동체 참여 확대
④ 신체적 근력 향상 및 체력 강화: 운동 강도 중심 활동으로 체력 증진　　　☞●●●○

해설: 이 프로그램은 스트레스 관리, 심리·정서적 안정, 사회성 향상 등 정신적·사회적 치유에 초점이 있으며, 주요 목표는 신체 근력 강화가 아니다.

문제 100. 치유농업 프로그램 「농촌환경·문화자원을 활용한 치유농업」에서는 참여자가 자연과 전통 농촌 자원을 체험하며 심리적 피로를 회복하도록 설계된 활동이 포함된다. 다음 중 '주의회복이론(Attention Restoration Theory)'을 적용한 활동의 핵심 원리로 가장 적절한 것은 무엇인가?
① 다른 사람의 행동을 관찰함으로써 학습과 몰입을 유도한다.
② 자연 환경과 문화 체험을 통해 벗어남, 넓이감, 매혹감을 경험함으로써 정신적 피로를 해소한다.
③ 신체감각을 통한 외부 환경과의 접촉으로 사회적 상호작용과 사회성을 향상시킨다.
④ 농업작업 수행 과정에서 문제 해결 능력과 계획 능력을 증진한다.　　　☞●●●○

해설: 주의회복이론은 자연환경에서 벗어나 넓이감, 매혹감, 적합성을 느낄 때 심리적 피로 해소와 주의 집중 회복을 유도하는 이론으로, 본 프로그램에서 산림·농촌환경을 활용하는 근거가 된다.

문제 101. 농촌환경·문화자원을 활용한 치유농업 프로그램에서 직장인을 대상으로 산촌을 방문하여 산나물 채취, 버섯재배사 작업 등의 활동을 진행하는 이유로 가장 적절한 것은?

① 대상자 간 친목 도모와 문화교류 강화
② 스트레스로 인해 저하된 신체능력 유지 및 회복
③ 농촌 지역 경제 활성화 및 특산물 생산 촉진
④ 농촌문화에 대한 학습 및 역사 이해 증진

☞●●●○

해설: 프로그램 참여자는 주로 스트레스가 높은 직장인으로, 산나물 채취와 간단한 농작업을 통해 스트레스로 약화될 수 있는 신체능력을 유지하고 회복하는 데 목적이 있다.

문제 102. 농촌환경·문화자원을 활용한 치유농업 프로그램에서 활용되는 농촌환경·문화자원으로 옳은 조합은?

① 식물, 동물, 농촌환경·문화
② 식물, 농촌환경·문화
③ 농촌환경·문화, 동물
④ 식물, 동물

☞●●○○

해설: 프로그램에서는 산림자원, 경관자원, 생태자원, 농업문화자원 등의 농촌환경·문화와 식물 자원을 활용하며, 동물 자원은 포함되지 않는다.

문제 103. 치유농업 프로그램에서 스트레스 발생 원인을 파악하고 참여자가 원인에서 멀어지도록 유도하는 주된 방법은 무엇인가?

① 설문조사와 생리검사 진행
② 인터뷰 및 대상자 간 상호작용 조절
③ 회기별 농작업 수행
④ 프로그램 종료 후 만족도 조사

☞●●○○

해설: 참여자의 스트레스 발생 원인을 파악하기 위해 인터뷰를 활용하며, 프로그램 중 부정적 인식 확산을 방지하고 원인에서 멀어지도록 참여자 간 상호작용을 신중히 조절한다.

문제 104. 치유농업 프로그램 「숲에서 나와 숲을 보자」는 참여자가 숲 속 활동과 산림 자원 활용 체험을 통해 심리적 안정을 얻도록 설계되었다.

다음 중 '긍정 정서' 치유적 개입의 주요 목적으로 가장 적절한 것은 무엇인가?

① 부정적 정서를 완화하고 미래를 낙관적으로 바라보도록 도움

② 신체적 근력과 대근육 협응 능력을 향상

③ 농촌 주민과의 상호작용을 통해 사회성을 향상

④ 산림자원을 활용한 작품 제작 능력 향상

☞●●●○

📖 해설: 긍정 정서는 대상자가 부정적 정서를 완화하고 미래를 낙관적으로 바라보도록 돕는 치유적 개입으로, 스트레스 고위험군의 심리적 안정 도모에 핵심적인 역할을 한다.

문제 105. 치유농업 프로그램 「숲에서 나와 숲을 보자」는 참여자가 숲 속 환경에서 다양한 활동을 수행하며 심리적 피로 회복과 정서적 안정, 집중력 향상을 목표로 한다.

다음 중 '주의회복(Attention Restoration) 이론'이 적용되는 활동의 예로 가장 적절한 것은 무엇인가?

① 숲길 걷기와 나무 해먹에서 자연을 느끼며 휴식: 자연 속 몰입 경험으로 정신적 피로 회복

② 산나물과 버섯을 관찰하고 요리하여 밥상 만들기: 인지적 학습과 과제 수행 중심

③ 나무 친구에게 선물 만들기: 창의적 표현과 정서적 유대 형성

④ 숲 마을 주민과 상호작용하며 감정을 나누기: 사회적 상호작용과 정서 교류

☞●●○○

📖 해설: 주의회복이론은 자연환경에서 벗어나 넓이감과 매혹감을 경험함으로써 주의력 회복과 피로 해소를 도모하는 이론이다. 숲길 걷기나 해먹에서 자연 느끼기 활동이 대표적이다.

문제 106. 치유농업 프로그램 「숲에서 나와 숲을 보자」에서는 참여자가 숲과 농촌 환경을 활용하여 신체적·정서적·인지적 치유를 경험하도록 설계되어 있다. 다음 중 '신체 영역' 치유적 개입이 포함된 활동으로 가장 적절한 것은 무엇인가?

① 나무 친구에게 줄 선물 만들기: 창의적 표현과 정서적 유대감 형성

② 숲속에서 고민을 나무 친구에게 편지로 쓰기: 심리적·정서적 안정 유도

③ 숲길 걷기와 자연 속 호흡 느끼기: 주의회복 및 정서적 안정

④ 밥상 재료 채취 농작업과 밥상 만들기: 손·팔·전신을 활용한 농작업 활동으로 근력·협응 능력 향상

📖 해설: 신체영역 치유적 개입은 농촌에서 이뤄지는 간단한 농작업 및 정리작업을 통해 소동작·대근육 협응과 기민성을 향상시키는 활동을 의미하며, 산나물과 버섯 채취, 밥상 만들기가 해당된다.

문제 107. 치유농업 프로그램 평가에서 '사명감'이 운영인력 평가 항목에 포함되는 이유는?

① 법적 요건이기 때문에
② 자격증 취득 요건이어서
③ 치유 서비스의 윤리성과 지속성 확보
④ 업무 강도 측정을 위해

📖 해설: 치유농업은 관계·윤리·책임성이 핵심인 서비스 영역이다.

문제 108. 치유농업 프로그램 종료 후 환류 단계에서 가장 적절한 활동은?

① 자료 폐기
② 동일 프로그램 반복
③ 평가 결과 기반 프로그램 수정
④ 홍보 중단
📖 해설: 환류는 평가 결과를 다음 기획에 반영하는 단계이다.

문제 109. 치유농업 프로그램에서 참여자의 중도 이탈률이 높게 나타났다. 가장 먼저 점검해야 할 요소로 적절한 것은?

① 홍보 문구의 표현 방식
② 참여자의 초기 동기와 기대 수준
③ 평가 도구의 신뢰도
④ 결과보고서 작성 방식

📖 해설: 중도 이탈은 대개 초기 기대-프로그램 내용 불일치에서 발생하므로 사전 동기·기대 분석이 우선이다.

문제 110. 치유농업프로그램 "마을과 함께 추억 키우기"는 청소년과 노년층 주민이 함께 참여하는 농업 체험 활동을 포함하고 있다. 이 프로그램에서 청소년과 노년층 간 교류 활동이 설계된 핵심 목적으로 가장 적절한 것은 무엇인가? 다음 보기 중 가장 타당한 것을 고르시오.

① 청소년이 농업 기술만을 습득하고 노년층에게는 별도의 역할이 주어지지 않는다.

② 청소년과 노년층이 협력적 농업 활동을 통해 상호 의사소통 능력과 사회적 유대감을 강화하고, 공동체적 책임감을 체험하도록 한다.

③ 농촌 특산물 판매 수익을 극대화하기 위해 청소년과 노년층의 작업 효율성을 관리한다.

④ 참여자의 심리적 문제를 개별 상담 형태로 해결하는 것을 주된 목표로 한다.

📖 해설: 프로그램의 핵심 목적은 청소년과 노년층 주민 간 상호 교류 활동을 통해 사회성 및 공동체 의식을 함양하고, 노년층 주민의 삶의 활력 회복을 도모하는 것이다.

문제 111. 위의 프로그램에서 청소년과 노년층 주민이 함께 참여하는 활동 중 소형 관상목을 활용한 심화 활동이 포함되어 있다. 다음 중 이 활동을 설계할 때 가장 주요한 목적으로 적절한 것은 무엇인가?

① 소형 관상목을 통해 농업 생산성을 높이고, 수확량을 극대화한다.

② 참여자가 소형 관상목을 직접 심고 관리하며 활동 기록과 추억을 시각적으로 남기고, 정서적 안정과 성취감을 경험하도록 한다.

③ 소형 관상목을 활용하여 개별 참여자의 정서적 문제를 상담 중심으로 해결한다.

④ 소형 관상목을 이용한 신체 활동을 통해 참여자의 운동 능력 향상을 주목적으로 한다.

📖 해설: 소형 관상목은 단순히 장식이나 생산 목적이 아니라, 참여 활동의 결과를 눈으로 확인할 수 있는 매개체로 활용된다. 이를 통해 참여자는 자신의 노력과 성취를 시각적으로 체험하며, 세대 간 교류 과정에서 정서적 안정과 사회적 유대감을 강화할 수 있다. 또한, 관상목을 돌보는 과정에서 책임감과 주의 집중력이 자연스럽게 향상되어, 치유농업적 심리·정서적 기능을 동시에 지원한다.

문제 112. 다문화 가정 청소년과 한 자녀 가정 청소년이 참여하는 프로그램 "마을과 함께 추억 키우기"에서는 세대 간 농업 체험 활동과 협력적 프로젝트를 진행한다.
이 프로그램이 특히 이들 청소년에게 필요한 주요 이유로 가장 적절한 것은 무엇인가?

① 청소년이 농업 기술과 생산 능력을 습득하고 경제활동 참여를 통해 자기 효능감을 높이도록 한다.

② 사회적 교류 경험이 상대적으로 부족한 청소년이 세대 간 협력 활동과 공동체 프로젝트를 통해 사회성, 협동심, 공동체 의식을 체험하도록 한다.

③ 참여자의 정서적 안정과 신체적 근력을 향상시키기 위해 운동 중심의 활동을 강조한다.

④ 전통 농업 지식과 전문 기술을 습득하여 농업 전문가로 성장할 수 있는 기회를 제공한다.

☞●●●●○

📖 해설: 한 자녀 가정 청소년은 가족 내에서 체득할 수 있는 사회성이 축소되고, 다문화 청소년은 문화적 차이로 인한 사회적 적응 문제가 발생할 수 있다. 따라서 청소년의 사회적 교류 경험을 확대하고 공동체 의식을 함양하는 것이 중요하다.

문제 113. 프로그램 "마을과 함께 추억 키우기"에서는 생태학적 이론(Ecological Theory)과 상호작용 이론(Interaction Theory)을 기반으로 활동을 설계하였다.
이 두 이론이 프로그램 설계에서 공통적으로 지향하는 핵심 목적은 무엇인가?

① 프로그램 참여자가 농촌 자원을 경제적 가치로 활용하도록 유도한다.

② 참여자가 자연환경 속에서 세대 간 상호작용과 협력적 활동을 경험하며, 정서적 안정과 사회적 기능을 동시에 강화하도록 한다.

③ 청소년과 노년층의 농업 생산 활동 능력을 향상시켜 실무적 기술 습득을 목표로 한다.

④ 활동 참여를 통해 신체적 체력과 운동 능력을 집중적으로 증진시키도록 설계한다.

☞●●○○○

📖 해설: 생태학적 이론과 상호작용 이론 모두 참여자가 사회적 관계 형성과 상호작용을 통해 정서적 안정과 사회적 기능을 강화하도록 돕는 데 활용된다.

문제 114. 프로그램 "마을과 함께 추억 키우기"는 청소년과 노년층 주민이 함께 참여하는 농업 체험 활동으로 구성되어 있다. 이 프로그램에서 세대별 역할과 운영 목적을 고려할 때, 설계 시 가장 강조해야 할 점으로 적절한 것은 무엇인가?

① 청소년만 활동에 참여하고, 노년층 주민은 관찰자 역할에 머물러 활동 효율을 높인다.

② 노년층 주민도 프로그램 참여자로서 활동을 직접 수행하고 사회적 교류와 치유, 활력 증진을 경험하도록 한다.

③ 프로그램 목표를 농업 기술 전달과 생산성 향상에만 집중하여 세대 간 상호작용은 부차적 요소로 다룬다.

④ 참여자의 정서적 안정이나 사회적 기능보다는 경제적 수익 창출을 최우선으로 설계한다.

문제 115. 치유농업 프로그램을 설계할 때 기획 단계에서는 프로그램의 목표와 대상자 특성, 활동 구성 등 여러 요소를 사전에 체계적으로 설정해야 한다. 다음 중 기획 단계에서 일반적으로 설정하지 않는 내용으로 가장 적절한 것은 무엇인가?

① 프로그램의 치유 목적과 세부 목표를 명확히 설정하여 활동 방향을 결정한다.

② 대상자 특성 분석을 통해 참여자의 신체적, 정서적, 사회적 요구를 반영한다.

③ 프로그램 종료 후 측정한 평가 결과를 해석하고 결론을 도출하는 과정은 기획 단계에서 설정한다.

④ 활용 가능한 자원과 활동 구성, 일정 및 운영 방법을 사전에 설계한다.

문제 116. 치유농업 프로그램에서 정서 안정을 주된 목표로 할 경우, 가장 적절한 평가 도구는?

① 체지방률 측정　　　　　　② 스트레스·정서 안정 척도

③ 작업 완성도 평가표　　　　④ 출석 체크표

문제 117. 치유농업 활동 중 참여자가 피로감과 부담을 호소하였다. 운영자가 가장 적절하게 취해야 할 조치는?

① 활동 강도 유지　　　　　　② 평가 문항 축소

③ 활동 난이도 및 시간 재조정　④ 참여자 교체

문제 118. 다음 중 치유농업 프로그램 평가 지표 설정 원칙으로 가장 옳은 것은?

① 평가자 편의 중심
② 측정 가능성과 목적 연계
③ 단일 지표 활용
④ 홍보 효과 우선

📖 해설: 평가지표는 치유 목적과 직접 연결되고 측정 가능해야 한다.

문제 119. 프로그램 '스트레스 뿌리 뽑고, 마음 건강 새싹 티우기'는 성인 참여자를 대상으로 한 치유농업 활동이다. 다음 중 이 프로그램의 주요 목적으로 가장 적절한 것은 무엇인가?

① 참여자의 신체 기능 향상을 중심으로 운동 중심 활동을 설계한다.
② 참여자가 농업 활동과 자연환경 체험을 통해 부정적 심리(스트레스, 불안 등)를 감소시키고 긍정적 정서를 증진하도록 한다.
③ 농업 생산 기술을 습득하고 수확물 관리를 통해 경제적 효율성을 높인다.
④ 농촌 지역 홍보와 관광 활성화를 주요 목표로 프로그램을 운영한다.

📖 해설: 이 프로그램은 성인의 스트레스·우울 등 부정적 심리를 낮추고, 자아존중감·자기효능감 등 긍정적 정서를 향상시키기 위해 설계되었다.

문제 120. 프로그램 '스트레스 뿌리 뽑고, 마음 건강 새싹 티우기'에서는 '동물 행동 관찰 및 사진 찍기' 활동이 포함되어 있다. 이 활동의 치유적 효과로 가장 적절한 것은 무엇인가?

① 동물과 관련된 농업 생산 기술을 학습하고 효율적인 관리 능력을 향상한다.
② 참여자가 동물의 행동을 관찰하고 상호작용을 경험함으로써 정서적 안정, 스트레스 감소, 사회적 교감을 경험하도록 한다.
③ 활동 과정에서 심리적 스트레스와 불안을 증가시켜 대응 전략을 학습하게 한다.
④ 동물 관찰 능력 향상을 위해 온라인 교육 콘텐츠를 활용하도록 설계한다.

📖 해설: 동물 관찰과 상호작용을 통해 참여자는 다양한 동물에 대한 이해와 경험을 얻고, 이는 정서적 안정과 심리적 치유에 기여한다.

문제 121. 프로그램 '스트레스 뿌리 뽑고, 마음 건강 새싹 티우기'의 회기 6에서는 '채소·식용꽃 샐러드 만들기와 허브차 준비' 활동이 진행된다. 이 활동을 통해 기대되는 치유적 효과로 가장 적절한 것은 무엇인가?

① 신체적 근력 향상과 체력 강화에 집중한다.
② 참여자가 직접 채소와 식용꽃을 손질하고 허브차를 만들어보며, 성취감과 만족감을 경험하고 긍정적 정서를 향상한다.
③ 동물의 행동을 이해하고 관찰하는 능력을 향상한다.
④ 곤충과 식물의 구조를 분석하고 학습하는 과학적 이해를 강화한다.

> 해설: 수확한 원예작물로 요리 활동을 수행하면서 참여자는 성취감과 만족감을 경험하고, 긍정적 정서와 자기효능감 향상 효과를 얻는다.

문제 122. 프로그램 '스트레스 뿌리 뽑고, 마음 건강 새싹 틔우기'는 다양한 자원(식물, 허브, 동물 등)을 활용한 융복합 치유농업 프로그램으로 진행되었다. 프로그램 종료 후, 참여자를 대상으로 치유 효과를 평가한 결과 다음 중 실제 효과를 가장 타당하게 나타낸 것은 무엇인가?

① 참여자의 자아존중감 37.4% 상승, 스트레스 18.2% 감소, 우울감 28.5% 감소
② 자아존중감 10% 상승, 스트레스 5% 감소, 우울감 50% 감소
③ 자아존중감 50% 상승, 스트레스 50% 증가, 우울감 50% 감소
④ 자아존중감 0% 상승, 스트레스 10% 감소, 우울감 5% 감소

> 해설: 프로그램 평가 결과, 자아존중감 37.4% 증가, 스트레스 18.2% 감소, 우울감 28.5% 감소가 관찰되어 심리적 치유 효과가 확인되었다.

문제 123. 프로그램 '스트레스 뿌리 뽑고, 마음 건강 새싹 틔우기'는 다양한 자원을 활용한 융복합 치유농업 프로그램으로 설계되었다. 다음 중 이 프로그램에서 활용되지 않은 자원으로 가장 적절한 것은 무엇인가?

① 농촌 환경과 원예자원 – 채소, 허브, 관상식물 등 참여형 원예 활동
② 정서곤충과 동물교감 – 동물 행동 관찰, 교감 활동을 통한 정서적 안정
③ 음식과 식량자원 – 채소·식용꽃 샐러드, 허브차 만들기 등 체험 활동
④ 해양 생태자원 – 바다 생태 관련 체험 및 관찰 활동

> 해설: 프로그램은 농촌환경, 원예, 동물, 정서곤충, 음식, 식량자원 등 농촌 기반 자원을 활용했으나, 해양 생태자원은 활용되지 않았다.

문제 124. 프로그램 실행 목적에 따른 주요 치유적 개입 요소에서 '지지전략'의 주요 기능으로 옳은 것은?

① 대상자의 불안감을 높이고 자기주도적 결정을 방해한다.

② 온정, 공감, 긍정적 강화 등 긍정적 관계를 통해 지지를 제공한다.

③ 활동 전반에서 행동모델링을 제공한다.

④ 긍정적 정서 경험을 기록하는 평가도구 역할을 한다.

> 해설: 지지전략은 온정, 수용, 경청, 존중, 공감, 긍정적 강화 및 보상, 동기부여 등 긍정적 관계를 통해 참여자에게 심리적 안정과 지지를 제공하는 것이 핵심이다.

문제 125. 치유농업 프로그램 실행 시, 학습전략 영역은 참여자의 심리·정서적 경험과 이해를 고려하여 설계된다. 다음 중 학습전략에서의 치유적 개입 내용으로 가장 적절한 것은 무엇인가?

① 활동의 목적과 과정을 생물학적·심리학적 관점에서 소개하고, 참여자가 이를 이해하며 자기수용과 긍정적 자기 경험을 할 수 있도록 돕는다.

② 활동 중 전문가는 주저하거나 어려움을 겪는 참여자를 관찰만 하고, 개입하지 않는다.

③ 부정적 정서가 강화되도록 일부러 부정 경험을 반복시키고 긍정 경험을 최소화한다.

④ 집단의 발달 단계와 참여자의 특성을 고려하지 않고, 모든 회기 활동을 동일하게 일률적 진행한다.

> 해설: 학습전략은 생물학적 요인의 심리학적 통합과 관련되며, 활동 목적을 소개하고, 참여자가 이해 및 자기수용을 경험하도록 돕는다. 또한 문제 해결과 인지적 학습 전략을 적용한다.

문제 126. 치유농업 프로그램에서 행동전략은 참여자가 활동을 통해 실제 행동 경험과 자기 효능감을 높이도록 설계된다. 다음 중 행동전략의 치유적 목적으로 가장 적절한 설명은 무엇인가?

① 참여자가 고민만 하고 실제로 행동하지 않도록 하여 내적 성찰만 유도한다.

② 전문가의 모델링, 실행, 반복 훈련을 통해 참여자가 활동에 익숙해지고, 행동에 대한 두려움을 검증하며 자기 효능감과 심리적 안정을 경험하도록 한다.

③ 참여자가 긍정적 정서를 표현하는 것을 방해하고, 부정적 경험만 강조한다.

④ 집단치료 단계와 참여자의 준비 상태를 고려하지 않고 모든 활동을 일률적으로 진행한다.

> 해설: 행동전략은 모델링, 실행, 훈습, 현실검증을 포함하며, 전문가 시범은 모델링 역할을 수행한다. 참여자가 실제 활동을 경험함으로써 두려움을 극복하고 행동 숙련도를 높이는 것이 목적이다.

문제 127. 치유농업 프로그램에서 긍정정서 경험은 참여자의 심리적 안정과 회복을 촉진하는 핵심 요소이다. 다음 중 긍정정서 경험의 치유적 효과로 가장 적절한 것은 무엇인가?

① 긍정정서 경험을 통해 부정정서를 완화하고, 부정적 사건이나 스트레스에 대한 주의를 줄여 심리적 안정을 증진한다.

② 긍정정서를 경험하게 하여 오히려 스트레스와 우울감을 증가시킨다.

③ 집단 활동에서 개인적 감정을 억제하도록 유도하여 정서적 표현을 제한한다.

④ 행동전략의 모델링 효과와 참여자의 자기 효능감을 감소시킨다.

☞●●●○

📖 해설: 긍정정서는 감사, 기쁨, 즐거움, 자신감, 희망 등을 포함하며, 자주 경험할수록 부정정서를 완화하고, 부정적 사건에 대한 집중을 줄이는 효과가 있다.

문제 128. 프로그램 '스트레스 뿌리 뽑고, 마음 건강 새싹 틔우기'에서 진행되는 집단치료형 치유농업 활동과 관련하여, 집단치료 중재 형태로 가장 적절한 설명은 무엇인가?

① 비구조화된 집단 형태로 진행되며, 참여자의 개별 감정과 경험에 초점을 맞추면서도 일부 공동주제를 자연스럽게 도출할 수 있다.

② 집단치료 발달 단계나 참여자의 준비 상태와 관계없이, 모든 참여자를 동일하게 통제하며 활동을 진행한다.

③ 개인 활동은 배제하고 오로지 집단 활동만으로 프로그램을 구성한다.

④ 집단치료를 제외하고, 프로그램을 개별 상담 중심으로만 운영한다.

☞●●●○

📖 해설: 프로그램은 대부분 비구조집단(개별 활동) 성향을 가지면서, 일부 공동주제가 도출되는 부분적 비구조집단 형태로 운영된다. 개인 감정에 초점을 맞추어 심리적 결과를 도출한다.

문제 129. 프로그램 '피크닉 인 팜(Picnic in Farm)'은 참여자 중심의 치유농업 활동으로 설계되어 있으며, 각 단계별 치유적 개입이 핵심이다.

다음 중 해당 프로그램 단계에서의 주요 치유적 개입으로 가장 적절한 것은 무엇인가?

① 참여자의 활동을 관찰만 하고, 어떠한 피드백도 제공하지 않는다.

② 참여자의 최근 경험과 심리적 상태를 확인하고, 지지적 개입과 피드백을 제공하여 정서적 안정과 자기 효능감을 지원한다.

③ 활동 전 과정에서 음식 준비와 활동 진행을 참여자의 의사와 무관하게 강제로 지시한다.

④ 활동 시작 전 긍정정서 기록 및 자기 성찰 과정을 생략하고 바로 활동을 진행한다.

📖 해설: 도입 단계에서는 참여자와 인사를 나누고 지난 한 주 상태를 확인하며, 지지전략(온정, 공감, 피드백 등)을 활용하여 심리적 안정과 참여 동기를 높이는 것이 핵심이다.

문제 130. 프로그램 '피크닉 인 팜(Picnic in Farm)'의 전개 단계에서는 참여자의 활동과 정서 경험을 중심으로 치유적 개입이 이루어진다. 다음 중 전개 단계의 핵심 목적과 치유적 개입으로 가장 적절한 것은 무엇인가?
① 수확과 손질 활동을 통해 참여자가 긍정정서를 경험하고, 감정을 건강하게 표현하도록 지원한다.
② 피크닉 준비 단계에서 참여자의 의견은 배제하고, 진행자가 전적으로 결정하여 활동을 진행한다.
③ 활동 중 세팅과 식사 과정에서 집단치료적 개입이나 참여자 상호작용은 필요하지 않다.
④ 활동을 30분 내에 완료하도록 설계하여, 성취감과 즐거움 경험을 최소화한다.　　☞●●●○

📖 해설: 전개 단계에서는 참여자가 수확, 손질, 요리 준비, 피크닉 세팅을 수행하면서 긍정정서 경험, 감정 표현, 집단치료 중재를 통한 상호작용과 만족감 향상을 목표로 한다.

문제 131. 프로그램 '피크닉 인 팜(Picnic in Farm)'의 마무리 단계에서는 참여자가 활동을 정리하고 느낀 점을 공유하는 활동지 작성 및 소감 나누기가 포함된다. 이 단계에서 주로 활용되는 치유적 개입 요소로 가장 적절한 것은 무엇인가?
① 참여자의 행동 수행을 모델링하고 반복 훈습하도록 돕는 행동전략과 모델링
② 활동 목표와 과정을 학습하고 이해하도록 지원하는 학습전략과 인지훈련
③ 참여자가 감정을 건강하게 표현하고 긍정정서를 경험하며, 자기 성찰과 사회적 공유를 통해 정서적 안정과 치유를 강화하도록 돕는다.
④ 동물과의 상호작용을 통한 교감과 생물학적 통합을 중심으로 활동을 설계한다.　　☞●●○○

📖 해설: 활동지 '포지티브 마인드'와 '감정과 생각 노트' 작성, 그리고 활동 후 소감 나누기 과정은 참여자가 자신의 긍정정서를 경험하고 감정을 건강하게 표현하도록 돕는 단계이다.

문제 132. 프로그램 '피크닉 인 팜(Picnic in Farm)'에서 진행되는 집단치료형 활동에서는 참여자의 정서 경험과 상호작용이 핵심이다. 다음 중 집단치료 중재의 적절한 활용 예시로 가장 적절한 것은 무엇인가?

① 참여자의 개인 활동만 강조하고, 집단 내 공동주제나 상호작용은 배제한다.

② 활동 중 일부 참여자가 느낀 긍정적 정서와 경험을 나누도록 격려하고, 다른 참여자에게 긍정적 피드백을 제공하도록 유도한다.

③ 집단 내 갈등이나 의견 충돌이 발생하면 즉시 활동을 중단한다.

④ 활동 후 평가 단계에서만 집단치료 요소를 적용하고, 활동 중에는 적용하지 않는다. 👉●●●○

📖 해설: 집단치료 중재는 참여자가 집단 속에서 긍정정서를 경험하고 상호작용을 통해 피드백을 받도록 돕는 것이 핵심이다. 활동 중 소감 나누기 과정에서 부분적으로 적용된다.

문제 133. 프로그램 '동물행동 풍부화 시설 만들기'의 도입 단계에서는 참여자의 정서적 준비와 안전한 상호작용을 돕는 치유적 개입이 필요하다. 다음 중 적절한 치유적 개입은 무엇인가?

① 참여자가 동물을 관찰만 하고, 감정 표현과 상호작용은 배제한다.

② 오늘 활동 내용을 참여자에게 일방적으로 설명하고, 질문이나 의견 수렴은 하지 않는다.

③ 참여자의 지난 한 주 상태와 선호 동물에 대해 질문하고, 정서적 교감과 지지를 제공한다.

④ 활동 전 안전교육과 위생교육을 생략하고 바로 제작 활동에 들어간다. 👉●●○○

📖 해설: 도입 단계에서는 참여자의 정서적 안정을 위해 인사 나누기, 한 주 상태 확인, 선호 동물 질문 등으로 정서적 교감을 제공하는 것이 핵심이다.

문제 134. 프로그램 '동물행동 풍부화 시설 만들기'의 전개 단계에서는 참여자가 직접 시설을 제작하며 심리적 경험을 체험하도록 설계된다. 다음 중 행동 풍부화 시설 제작 활동을 통해 기대할 수 있는 심리적 효과로 가장 적절한 것은 무엇인가?

① 참여자가 수동적으로 관찰만 하여, 활동 참여로 인한 스트레스가 증가한다.

② 참여자가 다른 참여자나 동물을 위해 도움을 제공하며, 성취감과 타인을 향한 이타심을 경험하고 긍정적 정서를 강화한다.

③ 활동 중 집중하지 않고 자유롭게 산책만 하도록 하여, 정서적 참여가 이루어지지 않는다.

④ 소근육 활동과 촉각 자극은 프로그램과 관련이 없으며, 치유적 효과와 무관하다. 👉●●●●

📖 해설: 전개 단계에서는 참여자가 기니피그를 위한 집, 장난감, 놀이기구 등을 직접 제작하고 제공하면서 성취감과 이타심, 긍정정서를 경험하게 된다. 또한 소근육 활동과 촉각 자극을 통해 집중력과 주의력을 향상시킨다.

문제 135. 프로그램 '동물행동 풍부화 시설 만들기'의 정리 단계에서는 참여자가 활동을 돌아보고 자신의 경험을 통합하도록 설계되어 있다. 다음 중 '감정과 생각 노트 작성 및 소감 나누기' 단계에서 주로 활용되는 치유적 개입 요소로 가장 적절한 것은 무엇인가?

① 참여자의 행동 수행을 모델링하고 반복 훈습하도록 지원하는 행동전략 및 모델링
② 활동 목표와 과정을 학습하고 이해하며 인지적 전략을 적용하도록 돕는 학습전략과 인지훈련
③ 참여자가 감정을 건강하게 표현하고 긍정정서를 경험하며, 자기 성찰과 소감 나눔을 통해 정서적 안정과 사회적 유대를 강화하도록 돕는다.
④ 동물 관찰과 상호작용을 통한 생물학적 통합 중심의 활동

☞●●●○

📖 해설: 정리 단계에서의 핵심 목적은 참여자의 활동 경험을 심리적으로 통합하고, 감정을 건강하게 표현하도록 지원하는 것이다. 활동 노트 작성과 소감 나누기를 통해 참여자는 긍정정서와 자기 성찰을 경험하며, 집단 내 사회적 상호작용과 유대감도 강화된다. 다른 선택지는 행동 훈련, 학습 이해, 동물 관찰과 관련된 활동이지만, 정리 단계의 치유적 개입과 맞지 않는다.

문제 136. 프로그램 '동물행동 풍부화 시설 만들기'의 활동에서 전개 단계의 질문 "나는 누구에게 도움을 주었을 때 뿌듯했는가?"의 심리적 목적은 무엇인가?

① 참여자의 과거 경험과 동물 활동을 연결하여 자기 성찰과 이타심을 강화한다.
② 단순한 지식 전달만으로 동물의 행동을 관찰하도록 한다.
③ 참여자가 제공한 시설이 동물에게 적합한지 검증하지 않는다.
④ 활동 후 소감 나누기는 프로그램 효과와 관계가 없다.

☞●●●○

📖 해설: 전개 단계의 질문은 참여자가 과거 경험과 현재 활동을 연결하여 스스로를 성찰하고, 누군가(동물)를 돕는 경험에서 긍정적 감정과 이타심을 느끼도록 돕는 데 목적이 있다.

문제 137. 치유농업 프로그램을 설계할 때, 대상자의 특성 파악은 프로그램의 성공적 실행과 치유적 효과를 위해 필수적이다. 다음 중 그 이유로 가장 적절한 것은 무엇인가?

① 프로그램의 예산 산출과 자원 배분을 위해서만 대상자의 특성을 파악한다.
② 대상자의 인구통계학적 특성, 신체적·심리적 상태, 치유 요구를 이해하여, 각 참여자에게 최적화된 활동 계획과 개입 전략을 설계하고 치유 효과를 극대화하기 위해.
③ 프로그램 시설과 장비 점검을 위해서만 대상자의 특성을 파악한다.
④ 프로그램 종료 후 평가 자료 수집을 위해 대상자 특성을 확인한다.

📖 해설: 치유농업 프로그램은 참여자의 신체적, 정서적, 사회적 요구를 고려한 맞춤형 설계가 핵심이다. 대상자 특성 파악을 통해 활동의 난이도, 참여 방식, 안전 관리, 정서적 지원 전략 등을 최적화할 수 있으며, 이는 프로그램 효과와 참여자의 만족도, 치유 경험과 직결된다. 다른 선택지는 예산, 시설 점검, 평가 자료 수집 등 간접적 목적만 강조한 것으로, 치유농업적 목적과 직접적 연관성이 부족하다.

문제 138. 치유농업 프로그램 준비 단계에서 식물자원을 계획적으로 준비해야 하는 이유로 옳은 것은?

① 식물의 생장 정도가 단위 활동 수행 시기와 밀접하게 연결되기 때문이다.
② 프로그램 참여자에게 식물을 무료로 제공하기 위해서이다.
③ 동물자원과의 상호작용을 위해서 반드시 식물을 배치해야 한다.
④ 프로그램 종료 후 기부 가능한 식물을 확보하기 위해서이다.　　

📖 해설: 프로그램 수행 기간 동안 대상자가 체험할 활동(예: 파종, 수확, 꽃 장식 등)에 맞게 식물의 성장 상태를 계획적으로 준비해야 프로그램 목적을 달성할 수 있다.

문제 139. 치유농업 프로그램의 예산 계획 시 가장 중요한 고려 사항으로 옳지 않은 것은?

① 프로그램에 소요되는 인력, 시설, 장비, 재료 비용을 산출한다.
② 재원 조달 계획(정부보조금, 수혜자 비용 등)을 포함한다.
③ 프로그램의 시나리오와 대상자 만족도를 반영하여 즉시 수정한다.
④ 프로그램 수행에 필요한 직접비용(사업비)과 간접비용(관리비)을 구분한다.　　

📖 해설: 예산 계획 단계에서는 시나리오와 대상자 만족도를 즉시 반영하여 수정하는 것이 아니라, 인력·시설·재료 등 비용과 조달 방법을 중심으로 계획을 수립한다. 시나리오 조정은 실행 단계에서 이루어진다.

문제 140. 치유농업 프로그램 시나리오 작성과 예행연습의 주요 목적이 아닌 것은?

① 활동 장소, 이동 경로, 소요 시간 등을 구체적으로 준비하기 위해
② 단위 활동에서 치유적 개입을 언어적·비언어적으로 표현하기 위해
③ 프로그램 운영 인력의 전문성 없이도 프로그램이 성공하도록 보장하기 위해
④ 문제 예방과 대응, 자원 효율적 활용, 대상자 경험 강화를 위해

> 📖 해설: 시나리오와 예행연습은 프로그램 운영 인력의 전문성을 기반으로 프로그램 진행을 원활히 하고 문제를 예방하는 것이 목적이다. 전문성 없이 성공을 보장할 수는 없다.

문제 141. 치유농업 프로그램 실행 중 모니터링은 참여자의 경험과 프로그램 효과를 실시간으로 확인하고, 필요 시 개선하기 위해 수행된다. 다음 중 모니터링의 핵심 목적에 해당하지 않는 것은 무엇인가?

① 프로그램 목적 달성 정도를 평가하고, 활동 목표와 치유 효과가 적절히 이루어지고 있는지 확인하기 위해

② 대상자의 만족도, 흥미도, 재참여 의사를 확인하여 참여자 중심 프로그램 개선에 활용하기 위해

③ 프로그램에 소요되는 비용을 즉시 조정하는 것을 주요 목적으로 수행하기 위해

④ 단위 활동 수행 후 전문가 평가를 통해 개선점과 활동 조정 사항을 확인하고 다음 회기에 반영하기 위해

☞●●○○

> 📖 해설: 모니터링의 목적은 프로그램 효과, 만족도, 단위 활동 수행 상태 등을 평가하고 필요 시 개선하기 위한 것이지, 비용을 즉시 조정하는 것은 아니다.

문제 142. 치유농업 프로그램 실행 중 예상치 못한 상황 발생 시 가장 적절한 대응은 무엇인가?

① 계획된 활동을 무조건 그대로 진행한다.

② 활동 일정과 장소를 유연하게 변경하되, 기존 목적과 목표에 부합되는 활동을 선택한다.

③ 대상자의 활동 거부는 무시하고 진행한다.

④ 모든 활동을 즉시 취소하고 프로그램을 종료한다.

☞●●●●○

> 📖 해설: 프로그램 실행 중 날씨, 대상자 특성 등 예기치 못한 변수가 발생할 수 있다. 이때 활동과 장소를 유연하게 조정하되, 프로그램의 핵심 목적과 목표를 유지하는 범위에서 대응하는 것이 중요하다.

문제 143. 치유농업 프로그램에서 발생할 수 있는 재난사고 유형으로 옳게 짝지어진 것은?

① 자연재난 – 태풍, 폭염, 지진 / 인적·사회적 재난 – 화재, 산불, 건물 붕괴

② 자연재난 – 화재, 폭발 / 인적·사회적 재난 – 홍수, 폭염, 태풍

③ 자연재난 – 산불, 건물 붕괴 / 인적·사회적 재난 – 폭염, 호우, 지진
④ 자연재난 – 활동 거부, 갈등 / 인적·사회적 재난 – 폭설, 폭염, 태풍 

> 📖 해설: 자연재난은 주로 기상이나 지질 관련 사건(태풍, 폭염, 지진 등)을 의미하고, 인적·사회적 재난은 사람의 활동이나 시설 문제로 발생하는 사고(화재, 폭발, 건물 붕괴 등)를 의미한다.

문제 144. 치유농업 프로그램 대상자 환영 시 가장 중요한 포인트로 적절하지 않은 것은?

① 대상자에게 시설과 인력을 소개하여 환영 분위기를 조성한다.
② 다과나 자기소개 시간을 통해 긴장을 완화한다.
③ 대상자가 자기소개를 꺼려할 경우 무조건 참여를 강요한다.
④ 프로그램 참여 정도와 만족도 파악을 위해 대상자의 반응을 관찰한다. 

> 📖 해설: 대상자가 자기소개를 꺼려할 경우 강요하면 긴장이 높아지고 프로그램 참여 의지가 감소할 수 있다. 분위기를 살펴 유연하게 대응하며 편안한 환경을 조성하는 것이 중요하다.

문제 145. 치유농업 시설 안내 시 안전 관련 사항으로 올바른 설명은 무엇인가?

① 모든 시설 공간은 대상자가 자유롭게 출입하도록 안내한다.
② 시설 내 익숙하지 않은 큰 동물 자원 근처에서는 대상자에게 접근하지 않도록 주의시킨다.
③ 화장실이나 부대시설에 대한 안내는 필요하지 않다.
④ 시설 안내는 대상자의 요구와 상관없이 항상 생략할 수 있다.

> 📖 해설: 안전 확보를 위해 대상자들이 익숙하지 않은 동물자원 등 위험 요소 근처에서는 접근하지 않도록 안내해야 한다. 출입 제한 구역, 편의시설 안내 등도 필수이다.

문제 146. 치유농업 프로그램 안내 시 기상 변화에 따른 활동 변경 사항을 대상자에게 설명해야 하는 이유로 가장 적절한 것은?

① 대상자가 프로그램의 일정과 내용을 정확히 이해하고, 안전과 만족도를 높이기 위해
② 프로그램 예산을 소정하기 위해
③ 시설 사진과 프로필을 홍보하기 위해
④ 대상자가 활동을 거부하지 않도록 강제하기 위해

해설: 기상 변화로 인한 실외 활동 제한이나 실내 대체 활동 등 변경 사항을 사전에 안내하면, 대상자는 프로그램 내용을 이해하고 안전하게 참여할 수 있으며 만족도가 향상된다.

문제 147. 치유농업 프로그램 실행 전 사전 안전교육의 주요 목적으로 가장 적절한 것은?

① 프로그램 예산과 장비 구입 계획을 최종 점검하기 위해
② 대상자의 위험과 부상을 최소화하고, 운영자에게 안전 정보를 제공하기 위해
③ 프로그램 참여 의욕을 높이기 위해
④ 시설 안내를 빠르게 진행하기 위해

해설: 사전 안전교육은 프로그램 대상자와 운영자가 활동 중 발생할 수 있는 위험과 부상을 예방하고, 안전 규정과 주의사항을 숙지하도록 하는 것이 핵심 목적이다.

문제 148. 사전 안전교육 후 프로그램 운영자가 지속적으로 수행해야 할 안전관리 활동으로 옳은 것은?

① 프로그램 진행 중 대상자의 안전 보호 장비 착용 여부와 안전 수칙 준수를 확인한다.
② 교육 후에는 안전 수칙을 비치해 두기만 하면 추가 점검이 필요 없다.
③ 대상자가 스스로 안전을 지킬 수 있도록 운영자는 관여하지 않는다.
④ 프로그램 종료 후에만 안전 사항을 점검한다.

해설: 교육 후에도 안전사고 예방을 위해 프로그램 운영자는 활동 중 대상자의 보호구 착용, 안전 수칙 준수 여부를 지속적으로 관찰하고 필요 시 재교육해야 한다.

문제 149. 치유농업 시설 안전교육에서 포함되어야 할 내용으로 가장 적절하지 않은 것은?

① 보호구 착용(장갑, 장화, 헬멧 등)
② 손 씻기, 위생 및 화장실 이용 방법
③ 대상자의 활동 거부 시 강제 참여 방법
④ 신규 활동 기획 시 주의 사항 점검과 보호자 동반 여부 확인

해설: 대상자의 활동 거부를 강제하는 것은 안전교육의 목적과 맞지 않으며, 대상자의 안전과 참여 의지를 존중하면서 주의사항을 점검하는 것이 중요하다.

문제 150. 사전 안전교육 이후 프로그램 운영자가 안전 관리 계획을 실행할 때 가장 중요한 원칙은 무엇인가?

① 교육 이후에는 모든 안전 사고 가능성을 사라진 것으로 가정한다.

② 교육에서 다룬 내용만 준수하면, 돌발 상황에서는 추가 대응이 필요 없다.

③ 프로그램 중 발생할 수 있는 모든 안전 사고 가능성을 지속적으로 관찰하고 즉각 대응한다.

④ 안전 수칙은 프로그램 종료 후 평가를 위해 기록만 한다.

    해설: 프로그램 운영 중에도 예상치 못한 사고가 발생할 수 있으므로, 운영자는 지속적으로 안전 사항을 관찰하고 필요시 즉각 재교육 및 대응을 해야 한다.

문제 151. 치유농업 프로그램에서 청소년과 성인을 대상으로 심리적 동기와 행동 이해를 설계할 때, Adler의 개인심리학 이론은 참여자의 행동과 정서 경험을 해석하는 데 활용될 수 있다. 다음 중 Adler가 인간 행동의 근본적 동력으로 강조한 개념은 무엇인가?

① 인간의 행동을 지배하는 무의식적 본능의 충동

② 참여자의 열등감과 이를 극복하려는 노력, 즉 우월성 추구를 통한 성장과 자기실현

③ 환경적 조건에 따른 수동적 반응

④ 타인의 평가를 피하는 소극적 행동

    해설: Adler는 인간을 총체적 존재로 보고, 인간 행동의 근본 동력은 열등감을 인식하고 이를 극복하며 자기완성을 추구하는 '우월성 추구'라고 보았다.

문제 152. 치유농업 프로그램에서 청소년과 노년층 주민이 함께 참여하는 세대 간 교류 활동을 설계할 때, Adler의 개인심리학 개념인 '사회적 관심(Social Interest)'은 참여자의 행동 목표를 이해하고 활동을 설계하는 데 적용될 수 있다. 다음 중 사회적 관심의 의미로 가장 적절한 것은 무엇인가?

① 개인의 능력을 타인보다 우위에 두려는 경쟁심

② 타인을 배려하고 공동체의 이익을 위해 행동하는 태도, 즉 참여자가 집단과 사회적 관계에서 긍정적 역할을 수행하도록 유도

③ 자신의 문제를 회피하고 타인에게 의존하는 회피적 태도

④ 격려를 통해 자기 존중감을 높이는 전략

    해설: 사회적 관심은 인간이 자기 자신뿐만 아니라 타인과 공동체를 위해 관심을 가지고 행동하는 능력으로, 건강한 사회적 적응과 성숙한 삶의 필수 요소이다.

문제 153. 치유농업 프로그램에서 참여자의 심리적 특성에 따른 맞춤형 개입을 설계할 때, Adler의 생활양식 유형(Lifestyle types)을 고려할 수 있다. 다음 중 삶의 문제를 회피하고 실패의 두려움에서 벗어나려는 행동 양식으로 가장 적절한 것은 무엇인가?

① 지배형(Dominant type) – 타인을 지배하고 통제하려는 경향
② 기생형(Getting type) – 타인에게 의존하며 요구를 충족시키려는 경향
③ 회피형(Avoiding type) – 삶의 과제와 도전을 회피하고 실패의 두려움에서 벗어나려는 경향
④ 사회적 유용형(Socially useful type) – 타인과 협력하고 공동체에 기여하며 문제를 적극적으로 해결

👉●●●○

> 📖 해설: 회피형은 삶의 문제에 적극적으로 맞서기보다는 회피하고 실패를 두려워하며 문제를 피하려는 생활양식 유형이다.

문제 154. 치유농업 프로그램에서 개인 개입 전략으로 '격려'를 활용할 때 기대되는 효과로 가장 적절한 것은?

① 대상자가 프로그램의 규칙을 엄격히 따르도록 강제한다.
② 대상자가 내적인 자산과 능력을 발견하고 자신감을 회복하며 사회적 관심을 증대한다.
③ 대상자가 타인의 기대에만 맞추어 행동하도록 유도한다.
④ 프로그램 목표와 무관하게 단순히 심리적 위로를 제공한다.

👉●●●○

> 📖 해설: 격려는 대상자가 자신의 내적 자산과 능력을 발견하도록 돕고, 자신감과 자기수용감을 높이며 타인과 협력하려는 사회적 관심을 증대시키는 긍정적 심리적 개입이다.

문제 155. 치유농업 프로그램에서 참여자가 활동에 몰입하고 정서적 안정과 사회적 유대감을 경험하도록 설계할 때, Adler의 개별 개입 단계를 적용할 수 있다. 다음 중 대상자가 진행자에게 이해받고 받아들여진다고 느끼도록 공감적 관계를 형성하는 단계는 무엇인가?

① 심리적 역동 탐색 단계 – 참여자의 과거 경험과 내적 갈등을 탐색
② 관계형성 단계 – 참여자와 진행자 사이의 신뢰와 공감적 관계를 형성하여 정서적 안전과 참여 몰입을 지원
③ 자기이해와 통찰 단계 – 참여자가 자신의 행동과 감정을 이해하고 통찰하도록 지원
④ 재정립과 재교육 단계 – 참여자의 태도와 행동을 새로운 목표와 전략으로 재정립

👉●●●○

> 📖 해설: 관계형성 단계는 대상자와 진행자 간 신뢰와 존중, 평등하고 협력적인 관계를 형성하며, 공감을 통해 언어적·비언어적 메시지를 이해하는 단계이다.

문제 156. 치유농업 프로그램에서 참여자가 개별 상담 또는 맞춤형 활동에 참여할 때, 심리적 배경과 행동 원인을 이해하는 단계는 중요한 개입 포인트가 된다. 다음 중 생활양식, 신념, 감정, 동기, 목표 등을 탐색하고 초기 어린 시절과 가족 구도를 분석하는 단계로 가장 적절한 것은 무엇인가?

① 재정립과 재교육 단계 – 참여자의 행동과 태도를 새로운 목표와 전략으로 재정립
② 자기이해와 통찰 단계 – 참여자가 자신의 행동과 감정을 이해하고 통찰하도록 지원
③ 심리적 역동 탐색 단계 – 참여자의 생활양식, 신념, 감정, 동기, 목표를 탐색하고 초기 경험과 가족 구조를 분석하여 행동의 근원을 이해
④ 관계형성 단계 – 참여자와 진행자 사이의 신뢰와 공감적 관계를 형성

> 해설: 심리적 역동 탐색 단계는 대상자의 생활양식, 신념, 감정, 목표 등을 이해하고 분석하며, 초기 경험과 가족 구도를 포함한 심리적 배경을 탐색하는 단계이다.

문제 157. 치유농업 프로그램에서 참여자가 개별 상담 또는 맞춤형 활동을 수행할 때, 자신의 행동과 목표를 성찰하도록 돕는 단계가 중요하다. 다음 중 대상자가 자신의 부적절한 목표와 패배적 행동을 인지하고, 행동이 지향하는 목표와 숨겨진 목적을 이해하도록 돕는 단계로 가장 적절한 것은 무엇인가?

① 관계형성 단계 – 참여자와 진행자 사이의 신뢰와 공감적 관계를 형성
② 심리적 역동 탐색 단계 – 참여자의 초기 경험과 가족 구조, 내적 갈등 등을 분석
③ 자기이해와 통찰 단계 – 참여자가 자신의 행동, 감정, 목표를 이해하고 부적절한 목표와 패배적 행동을 인식하며, 숨겨진 목적과 동기를 통찰하도록 지원
④ 재정립과 재교육 단계 – 참여자의 행동과 태도를 새로운 목표와 전략으로 재정립

> 해설: 자기이해와 통찰 단계는 대상자가 자신의 행동 목표와 기본신념, 생활양식 속 숨겨진 목적을 자각하고 행동과 동기를 이해하도록 돕는 단계이다.

문제 158. 치유농업 프로그램에서 참여자의 개별 상담 또는 맞춤형 활동이 마무리되는 단계에서는, 이전 단계에서 발견된 행동 패턴과 목표를 바탕으로 실질적 행동 변화와 자기 효능감 강화를 도모한다. 다음 중 '재정립과 재교육 단계'에서 기대되는 주요 목표로 가장 적절한 것은 무엇인가?

① 관계형성 강화 – 대상자가 진행자와 친밀한 관계를 형성하도록 돕는다.
② 부적절 목표 인식 – 대상자가 자신의 부적절한 목표를 인식하도록 한다.
③ 행동 재정립과 격려 – 대상자가 새로운 대안적 행동을 실험하고, 진행자의 격려를 통해 자신감과 용기를 증진한다.
④ 과거 경험 분석 – 대상자가 초기 어린 시절의 기억을 분석하도록 한다.

📖 해설: 재정립과 재교육 단계는 행동지향적 단계로, 대상자가 새로운 행동을 실험하고 격려를 통해 자신감과 용기를 증진하며, 타인과 사회적 관계 속에서 행동 변화를 실천하도록 돕는 단계이다.

문제 159. 치유농업 프로그램에서 참여자가 활동 중 자신의 감정과 반응을 인식하고 조절하도록 돕는 심리적 기법을 활용할 수 있다. 다음 중 참여자가 자신의 감정을 통제하고 선택할 수 있다는 점을 깨닫도록 돕는 기법으로 가장 적절한 것은 무엇인가?

① 단추 누르기(Push-Button Technique) – 참여자가 특정 상황에서 자신의 감정을 의식적으로 선택하고 통제할 수 있음을 체험하도록 유도

② 행동의 숨은 목적 깨뜨리기(Spitting in the Soup) – 부적응적 행동의 숨겨진 목적을 드러내고 깨뜨리는 기법

③ 반암시(Antisuggestion) – 부정적 자기 지시나 기대를 거부하도록 돕는 기법

④ 과제 설정(Task Setting) – 목표 달성을 위한 구체적 행동 과제를 설정하는 기법

（ア●●●●○

📖 해설: 단추 누르기 기법은 대상자가 자신의 감정을 스스로 결정하고 통제할 수 있음을 깨닫게 하며, 감정의 희생자가 아니라 창조자임을 인식하게 하는 기법이다.

문제 160. 치유농업 프로그램에서 참여자가 활동 중 부적응적 행동이나 자기 패배적 패턴을 인식하고 변화하도록 돕기 위해 심리적 기법을 활용할 수 있다. 다음 중 대상자의 자기 패배적 행동 뒤에 숨겨진 의도와 그것이 손해임을 직접 알려주는 기법으로 가장 적절한 것은 무엇인가?

① 마치 ~ 인 것처럼 행동하기(Acting as If) – 참여자가 바람직한 행동을 실제로 시도하며 체험하도록 유도

② 행동의 숨은 목적 깨뜨리기(Spitting in the Soup) – 참여자의 패배적 행동 뒤에 숨겨진 목적을 드러내고, 그것이 자신에게 불리함을 직접 체험하도록 돕는 기법

③ 단추 누르기(Push-Button Technique) – 참여자가 자신의 감정을 의식적으로 선택하고 통제할 수 있도록 돕는 기법

④ 과제 설정(Task Setting) – 목표 달성을 위한 구체적 행동 과제를 설정하도록 돕는 기법

문제 161. 치유농업 프로그램에서 참여자가 부정적 행동 패턴을 인식하고 새로운 행동을 실험하도록 돕는 심리적 기법을 활용할 수 있다. 다음 중 "만일 이 문제가 없었다면 당신의 삶은 어떤 모습이었겠습니까?"라는 질문과 연결하여, 대상자가 그 답을 토대로 특정 행동을 시도하도록 돕는 기법으로 가장 적절한 것은 무엇인가?

① 반암시(Antisuggestion) – 부정적 자기 지시나 기대를 거부하도록 돕는 기법
② 마치 ~ 인 것처럼 행동하기(Acting as If) – 참여자가 원하는 행동이나 상태를 실제로 체험하며, 새로운 행동과 태도를 실험하도록 유도
③ 과제 설정(Task Setting) – 목표 달성을 위한 구체적 행동 과제를 설정
④ 단추 누르기(Push-Button Technique) – 참여자가 감정을 선택하고 통제하도록 돕는 기법

문제 162. 치유농업 프로그램에서 참여자가 자신의 행동 목표를 명확히 하고, 점진적 실천을 통해 성취감과 자기 효능감을 경험하도록 설계할 수 있다. 다음 중 대상자와 진행자가 함께 목표를 설정하고 점진적으로 실행하도록 하며, 성취감과 용기를 경험하게 하는 기법으로 가장 적절한 것은 무엇인가?

① 단추 누르기(Push-Button Technique) – 참여자가 자신의 감정을 선택하고 통제하도록 돕는 기법
② 과제 설정(Task Setting) – 참여자와 진행자가 구체적, 점진적 행동 목표를 설정하고 수행하도록 하여 성취감과 자신감 체험을 유도
③ 반암시(Antisuggestion) – 부정적 자기 지시나 기대를 거부하도록 돕는 기법
④ 행동의 숨은 목적 깨뜨리기(Spitting in the Soup) – 부적응적 행동의 숨겨진 목적을 인식하고 변화하도록 돕는 기법

문제 163. 치유농업 프로그램에서 집단 활동을 진행할 때, 참여자 간 신뢰와 사회적 상호작용을 형성하는 것이 매우 중요하다. Corey(1995)가 제시한 집단발달 4단계 중, 다음 활동과 가장 관련 있는 단계는 무엇인가?

① 갈등 단계　　　　　　　　② 시작 단계
③ 작업 단계　　　　　　　　④ 종결 단계

☞●●○○

📖 해설: 시작단계에서는 오리엔테이션과 사회화 과정을 통해 집단 내에서 자신의 위치를 파악하고 기대와 목표를 명확히 하며 신뢰 있는 분위기를 형성한다.

문제 164. 치유농업 프로그램에서 집단 활동이 진행될 때, 참여자 간 사회적 상호작용과 갈등 관리는 중요한 요소이다. Corey(1995)가 제시한 집단발달 단계 중, 다음 상황과 가장 관련 있는 단계는 무엇인가?

① 시작 단계　　　　　　　　② 갈등 단계
③ 작업 단계　　　　　　　　④ 종결 단계

☞●●○○

📖 해설: 갈등단계에서는 불안과 방어가 증가하며 대상자들 간의 부정적 반응과 저항이 나타나지만, 이를 적절히 관리하면 신뢰가 형성된다.

문제 165. 치유농업 프로그램에서 집단 활동이 본격적으로 진행될 때, 참여자들은 개인적 의미를 지닌 과제를 탐색하고, 행동 변화를 경험하며 집단 내 상호 신뢰와 응집력을 강화한다. Corey(1995)의 집단발달 단계 중, 다음 상황과 가장 관련 있는 단계는 무엇인가?

> "청소년과 노년층 주민이 함께 참여하는 농업 활동에서, 참여자들은 자신의 감정과 경험을 공유하며 행동 변화를 시도한다. 집단 내 협력과 상호 지지가 강화되며, 공동 목표 달성을 위해 효율적으로 활동한다."

① 작업 단계(Working stage) – 집단 구성원들이 개인적으로 의미 있는 문제를 탐색하고 행동 변화를 일으키며, 집단 응집력이 강화되는 단계
② 시작 단계(Forming stage) – 참여자들이 서로 얼굴을 익히고 사회화를 시도하며 자신의 목표를 탐색하는 초기 단계
③ 갈등 단계(Storming stage) – 구성원 간 갈등과 저항이 중심 문제로 나타나는 단계
④ 종결 단계(Terminating stage) – 활동을 마무리하고 경험과 성취를 정리하는 단계

📖 해설: 작업단계에서는 개인들이 자신의 문제를 깊이 탐색하고 행동 변화를 시도하며, 집단 응집력이 증가하고 자기노출 수준이 높아진다.

문제 166. 치유농업 프로그램에서 집단 활동이 마무리될 때, 참여자들이 활동 경험을 정리하고, 피드백을 주고받으며, 일상에서 학습한 행동을 적용할 수 있도록 지원하는 단계는 무엇인가?

> "청소년과 노년층 주민이 함께 참여한 허브차 만들기, 소형 관상목 가꾸기, 동물 행동 관찰 활동 후, 각자의 경험과 성취를 공유하고 피드백을 나눈다. 이를 통해 참여자는 배운 행동과 정서적 기술을 실생활에 적용할 준비를 한다."

① 갈등 단계(Storming stage) - 집단 내 갈등과 의견 충돌이 중심 문제로 나타나는 단계
② 종결 단계(Terminating stage) - 집단 구성원들이 경험을 통합하고 피드백을 주고받으며 실생활에서 학습한 행동을 적용할 기회를 제공하는 단계
③ 작업 단계(Working stage) - 집단 목표 달성을 위해 본격적 활동과 상호작용이 이루어지는 단계
④ 시작 단계(Forming stage) - 참여자들이 서로를 알아가고 사회화하며 목표를 탐색하는 초기 단계

☞●●●●

📖 해설: 종결단계에서는 집단에서 배운 것을 통합하고 피드백을 주고받으며, 새로운 행동을 실생활에서 적용하도록 계획하여 마무리한다.

문제 167. 치유농업 집단에서 집단 구성원들의 인지적·심리정서적·행동적 변화를 촉진하는 요인을 무엇이라 하는가?
① 반치유적 요인
② 집단발달 단계
③ 치유적 요인
④ 집단 응집력

☞●●○○

📖 해설: 치유적 요인은 집단 구성원 간 상호작용과 사건, 역동을 통해 대상자의 인지적·심리정서적·행동적 개선과 변화를 돕는 요소를 의미한다.

문제 168. 치유농업 프로그램에서 집단 활동 중 진행자는 참여자의 말뿐만 아니라 비언어적 표현까지 주의 깊게 관찰하며, 참여자의 숨겨진 감정과 메시지를 이해하려고 한다. 다음 중 이러한 기법으로 가장 적절한 것은 무엇인가?

> "청소년과 노년층 주민이 허브차 만들기, 동물 행동 관찰, 소형 관상목 심기 활동을 수행하는 동안, 진행자는 참여자의 말뿐 아니라 얼굴 표정, 몸짓, 목소리 톤 등을 주의 깊게 살펴 긍정적 정서 경험과 어려움이 있는 부분을 즉시 파악하고 반응한다."

① 적극적 경청(Active Listening) – 참여자의 언어적·비언어적 메시지를 모두 포함하여 진심으로 이해하려는 기법
② 반영(Reflection) – 참여자의 말과 감정을 언어화하여 다시 표현
③ 명료화와 질문(Clarification & Questioning) – 애매한 메시지를 명확히 하고 이해를 돕는 기법
④ 요약(Summarization) – 참여자의 말과 경험을 핵심적으로 정리하여 다시 제공

☞●●●●

📖 해설: 적극적 경청은 말하는 내용뿐만 아니라 목소리, 몸짓, 침묵 등 비언어적 메시지까지 포함해 상대방의 생각과 감정을 이해하려는 기법이다.

문제 169. 치유농업 프로그램에서 집단 활동 중, 진행자는 참여자의 발언 뒤에 숨은 감정을 이해하고 이를 언어로 재진술하여 참여자가 자신과 자신의 감정을 깊이 이해하도록 돕는다. 다음 중 이러한 기법으로 가장 적절한 것은 무엇인가?

> "청소년과 노년층 주민이 함께 참여한 소형 관상목 가꾸기 활동 중, 한 참여자가 '나는 항상 실수만 하는 것 같아요'라고 발언했다. 진행자는 이 발언 뒤에 숨겨진 불안과 자기비판적 감정을 언어화하여 '실수 때문에 불안해하고 자신을 탓하는 마음이 있군요'라고 전달하며, 참여자가 자신의 감정을 더 명확히 이해하도록 돕는다."

① 명료화(Clarification) – 애매한 발언을 구체적으로 설명하거나 질문하여 명확히 이해
② 반영(Reflection) – 참여자의 발언과 숨은 감정을 재진술하여 전달
③ 맺어주기(Linking) – 서로 다른 참여자의 경험이나 발언을 연결
④ 미니강의(Mini-lecture) – 정보를 제공하고 학습을 돕기 위해 짧게 강의

☞●●●●

📖 해설: 반영은 대상자의 발언과 감정을 재진술하여 전달하며, 대상자가 자신이 말하는 것과 자신의 감정을 명확히 이해하도록 돕는다.

문제 170. 치유농업 프로그램에서 집단 활동 중, 진행자는 참여자들의 발언과 경험을 서로 연결하여 공통점이나 관련성을 지적하고 집단 응집력을 강화한다. 다음 중 이러한 기법으로 가장 적절한 것은 무엇인가?

> "청소년과 노년층 주민이 함께 참여한 '동물행동 관찰 및 사진 찍기' 활동 후, 몇 명이 '동물을 돌보면서 마음이 편안해졌다'라고 발언하였다. 진행자는 이를 연결하여 '여러분이 모두 동물을 돌보면서 정서적 안정을 경험한 공통점이 있네요'라고 제시하며, 참여자 간 유대감을 높인다."

① 요약(Summarization) – 참여자의 발언과 경험을 핵심적으로 정리
② 격려와 지지(Encouragement & Support) – 참여자의 긍정적 행동을 강화
③ 맺어주기(Linking) – 참여자 발언을 연결하고 공통점·관련성을 지적하여 집단 응집력 강화
④ 모델링과 자기노출(Modeling & Self-disclosure) – 진행자가 본인의 경험을 공유하여 참여자를 안내

☞●●●○

📖 해설: 맺어주기(Linking)는 대상자 간 관계를 연결하고 공통점을 강조하여 집단 응집력을 형성하도록 돕는 기술이다.

문제 171. 치유농업 프로그램에서 집단 활동 중, 참여자들이 활동 과정이나 목적을 혼란스러워 할 때 진행자가 2~3분 정도 짧게 정보를 제공하거나 주제를 설명하여 집단의 초점을 맞추도록 돕는 기법은 무엇인가?

> "청소년과 노년층 주민이 함께 참여한 '채소·식용꽃 샐러드 만들기' 활동에서 일부 참여자가 재료 준비 순서와 허브차 만들기 방법에 대해 혼란스러워했다. 진행자는 2~3분 동안 핵심 절차와 활동 목적을 설명하며 참여자들이 본래 목표와 활동 흐름에 집중할 수 있도록 안내했다."

① 미니강의와 정보 제공(Mini-lecture & Information Giving) – 짧게 정보 제공과 주제 설명을 통해 집단 초점을 조율
② 요약(Summarization) – 활동 내용과 발언을 핵심적으로 정리
③ 격려와 지지(Encouragement & Support) – 참여자의 긍정적 행동과 참여를 강화
④ 적극적 경청(Active Listening) – 참여자의 언어적·비언어적 메시지를 모두 이해하려고 경청

☞●●●○

📖 해설: 미니강의와 정보 제공은 집단의 초점을 맞추고 혼란스러운 부분을 이해하도록 돕는 짧은 강의 형식의 정보 전달 기법이다.

문제 172. 치유농업 프로그램에서 집단 활동 중, 진행자는 참여자의 몰입과 활동 속도를 조절하기 위해 목소리 톤, 음조, 억양, 말 속도를 활용하여 집단의 분위기와 참여를 유도한다. 다음 중 이러한 기법으로 가장 적절한 것은 무엇인가?

> "청소년과 노년층 주민이 함께 참여한 '동물행동 관찰 및 사진 찍기' 활동에서 일부 참여자가 주도적으로 움직이는 반면, 일부 참여자는 소극적이었다. 진행자는 목소리 톤을 부드럽게 낮추고, 설명 속도를 조절하며, 질문 시 강약을 조절하여 모든 참여자가 활동에 몰입하도록 안내했다."

① 눈의 사용(Eye Contact) – 시선과 눈맞춤으로 관심과 주의를 유도
② 목소리 사용(Voice Modulation) – 톤, 억양, 속도를 조절하여 집단 분위기와 참여 유도
③ 진행자의 에너지 사용(Energy Use) – 자신의 열정과 에너지를 활용하여 활동 활력 제공
④ 모델링과 자기노출(Modeling & Self-disclosure) – 진행자가 자신의 경험을 공유하여 참여 유도

👉 ●●●○

📖 해설: 목소리 사용은 톤, 음조, 억양, 속도를 활용하여 집단의 속도를 조절하고 분위기를 조성하며 대상자들의 참여를 유도하는 기법이다.

문제 173. 치유농업 프로그램에서 청소년과 노년층 주민이 함께 참여하는 세대 간 교류 활동 중, 참여자는 단순히 도움을 받는 것이 아니라, 다른 참여자를 돕는 경험을 통해 자신이 타인에게 의미 있는 존재임을 인식하게 된다. 얄롬(Yalom)이 제시한 집단치료의 치유적 요소 중 이와 가장 관련 깊은 것은 무엇인가?

> " '소형 관상목 심기' 활동에서 한 청소년이 노년층 참여자의 식물 손질을 도와주면서, 자신이 누군가에게 유용하고 가치 있는 존재임을 경험하였다. 이 과정에서 참여자는 타인을 돕는 즐거움과 사회적 연결감을 느낀다."

① 정보 나눔(Information Sharing) – 참여자 간 지식과 정보를 교환
② 이타성(Altruism) – 참여자가 타인을 돕는 경험을 통해 자신도 가치 있는 존재임을 인식
③ 응집력(Cohesion) – 집단이 친밀감과 상호 신뢰로 결속되는 정도
④ 실존적 요소(Existential Factors) – 삶의 의미, 죽음, 자유와 책임 등과 관련된 심리적 통찰 경험

👉 ●●●●○

📖 해설: 이타성(altruism)은 집단에서 자신이 타인을 돕는 경험을 통해 존재 가치를 확인하고 긍정적 정서를 경험하는 치유적 요소이다.

문제 174. 치유농업 프로그램에서 집단 활동 중 참여자는 과거 가족이나 사회적 환경에서 형성된 행동·관계 패턴을 인식하고, 이를 변화시키는 경험을 하게 된다. 얄롬(Yalom)이 제시한 집단치료의 치유적 요소 중, 이러한 경험과 가장 관련된 것은 무엇인가?

> " '동물행동 관찰 및 풍부화 시설 만들기' 활동에서 참여자는 어린 시절 가족과의 갈등이나 소통 방식이 현재 자신에게 미치는 영향을 탐색하고, 활동 과정에서 새로운 방식으로 상호작용을 시도하며 이전 학습 패턴을 변화시키는 경험을 한다."

① 교정적 재경험(Corrective Recapitulation of the Primary Family Group) – 과거 가족에서 학습한 관계 패턴을 집단 내 경험을 통해 재학습·수정
② 감정 정화(Catharsis) – 억눌린 감정을 표출하고 정화
③ 모방 행위(Imitative Behavior) – 다른 참여자를 모방하며 학습
④ 상호작용 개발(Interpersonal Learning) – 집단 활동을 통해 사회적 기술과 상호작용 경험 획득

👉●●●○

> 📖 해설: 교정적 재경험(corrective recapitulation of the primary family experience)은 집단 내에서 과거 가족에서 배운 경험을 새로운 방식으로 변화시키고 학습할 수 있는 기회를 제공한다.

문제 175. 치유농업 프로그램에서 청소년과 노년층 주민이 함께 참여하는 세대 간 교류 활동 중, 참여자는 집단 활동을 수행하면서 '나보다 우리'라는 동료의식과 소속감을 경험한다. 얄롬(Yalom)이 제시한 집단치료의 치유적 요소 중 이와 가장 관련 깊은 것은 무엇인가?

> " '채소·식용꽃 샐러드 만들기' 활동에서 참여자들은 함께 재료를 준비하고 손질하며, 단순히 개인의 역할을 수행하는 것을 넘어 서로 협력하여 완성된 결과물을 공유한다. 이를 통해 참여자는 자신이 집단의 일원임을 느끼고, 동료와의 유대감을 강화한다."

① 응집력(Cohesion) – 집단 내 친밀감, 소속감, 상호 신뢰와 결속력 강화
② 희망 고취(Instillation of Hope) – 긍정적 기대와 미래 가능성 증진
③ 대인관계 학습(Interpersonal Learning) – 집단 활동을 통해 사회적 기술과 상호작용 경험 습득
④ 실존적 요소(Existential Factors) – 삶의 의미, 책임, 자유와 죽음 등과 관련된 심리적 통찰 경험

👉●●●○

> 📖 해설: 응집력(cohesion)은 집단의 일원이라는 점에서 소속감과 애착을 느끼게 하고, '나보다 우리'라는 동료의식을 형성하도록 돕는 요소이다.

문제 176. 치유농업 프로그램에서 청소년과 노년층 주민이 함께 참여하는 세대 간 집단 활동을 계획할 때, 집단의 규모를 적절히 설정하는 것은 활동의 몰입과 상호작용 질을 결정하는 중요한 요소이다. 일반적으로 7~8명, 최대 10명까지가 적합하다. 다음 중 집단 규모를 결정할 때 가장 중요한 고려 요소로 적절한 것은 무엇인가?

> " '동물행동 관찰 및 사진 찍기' 활동에서 일부 청소년과 노년층 참여자가 서로 활발히 상호작용했지만, 참여자가 지나치게 많으면 개별 참여와 상호작용이 제한될 수 있었다. 따라서 집단 규모를 설정할 때 참여자의 상호작용 가능성을 고려하여 적정 인원을 유지하도록 계획하였다."

① 집단 목표의 명확성 – 활동 목적과 목표 설정
② 대상자의 성숙도와 상호작용 가능성 – 참여자의 발달 수준과 상호작용 능력에 따라 적정 인원 결정
③ 진행자의 경험과 준비도 – 진행자의 기술과 준비 정도
④ 집단 내 갈등 수준 – 갈등 발생 가능성 평가 　　　　　　　　☞●●●○

　　📖 해설: 집단의 적절한 크기는 대상자의 성숙도, 관심 범위, 능력 등을 고려하여 결정하며, 상호작용이 가능하도록 보통 7~8명, 최대 10명까지 적절하다.

문제 177. 치유농업 프로그램에서 청소년과 노년층 주민이 함께 참여하는 세대 간 집단 활동을 운영할 때, 집단 진행자의 지도력 유형은 프로그램의 몰입과 정서적 효과에 큰 영향을 미친다. 다음 중, 참여자의 의견과 의사를 적극적으로 수용하고 존중하며, 민주적 방식으로 집단을 운영하는 진행자 유형으로 가장 적절한 것은 무엇인가?

> " '채소·식용꽃 샐러드 만들기' 활동에서 진행자는 참여자 개별 의견을 반영해 활동 순서와 역할을 조정하고, 참여자가 서로 돕고 결정하도록 유도함으로써 활동 몰입과 집단 응집력을 높였다."

① 집단 중심형(Group-centered type) – 참여자의 의견을 존중하고 집단의 합의를 통해 활동을 운영
② 집단 상담자 중심형(Counselor-centered type) – 진행자가 모든 의사결정을 주도
③ 방임형(Laissez-faire type) – 진행자가 최소한의 개입만 하고 활동 방치
④ 독재형(Autocratic type) – 진행자가 모든 활동을 강제로 지시

　　　　　　　　　　　　　　　　　　　　　　　　　　☞●●●○

　　📖 해설: 집단중심형 리더십은 진행자가 대상자의 의사를 존중하고 민주적으로 집단을 운영하며, 책임을 공유하는 형태로 '민주형'이라고도 불린다.

문제 178. 치유농업 프로그램에서 청소년과 노년층 주민이 함께 참여하는 세대 간 집단 활동에서, 집단 리더는 참여자의 기본 욕구와 관심사를 발견하고, 참여자가 책임 있는 행동을 계획하도록 지도하며, 필요 시 지시적·교육적 역할을 수행할 수 있다. 다음 중 이러한 집단 리더십 유형으로 가장 적절한 것은 무엇인가?

> " '동물행동 관찰 및 사진 찍기' 활동에서 진행자는 참여자가 활동 목표를 이해하고, 안전하게 과제를 수행할 수 있도록 구체적인 지침과 교육적 피드백을 제공하였다. 이를 통해 참여자는 활동 과정에서 책임감을 배우고, 행동 계획을 주체적으로 실천할 수 있었다."

① 집단 중심형(Group-centered type) – 참여자의 의견과 집단 합의를 존중
② 집단 상담자 중심형(Counselor-centered type) – 리더가 지시적·교육적 역할을 수행하며 참여자의 행동 계획과 책임을 지도
③ 방임형(Laissez-faire type) – 최소한의 개입, 활동 방치
④ 참여형(Participatory type) – 리더가 참여와 의사결정을 공동으로 수행

☞●●●○

📖 해설: 집단상담자중심형은 인지적 접근(현실치료, 인지행동치료 등)을 통해 개인이 책임 있는 행동을 계획하도록 돕는 지시적·교육적 리더십 유형이다.

문제 179. 치유농업 프로그램에서 청소년과 노년층 주민이 참여하는 세대 간 집단 활동에서, 일부 집단 활동은 참여자의 자율성과 주도성을 극대화할 필요가 있다. 다음 중, 집단 진행자가 최소한으로 개입하고, 대상자들이 전적으로 활동을 주도하는 리더십 유형으로 가장 적절한 것은 무엇인가?

> " '채소·식용꽃 샐러드 만들기' 활동에서 진행자는 참여자들이 역할을 나누고 활동 순서를 스스로 결정하도록 관찰만 하고, 필요할 때만 안전 및 활동 안내를 제공하였다. 이를 통해 참여자들은 자율적 의사결정과 책임감을 경험할 수 있었다."

① 집단 중심형(Group-centered type) – 참여자의 의견 존중, 집단 합의 중심
② 방임형(Laissez-faire type) – 진행자의 개입 최소화, 참여자가 활동을 주도
③ 집단 상담자 중심형(Counselor-centered type) – 지시적·교육적 개입 중심
④ 지도형(Directive type) – 리더가 활동을 전적으로 지시

☞●●●○

📖 해설: 방임형 리더십은 진행자가 최소한으로 개입하고 집단이 대상자 중심으로 운영되는 소극적 유형으로, 경험이 부족한 진행자에게 흔히 나타난다.

문제 180. 치유농업 프로그램에서 청소년과 노년층 주민이 함께 참여하는 세대 간 집단 활동에서, 집단 리더십의 효과는 여러 요인에 의해 달라진다. 다음 중 집단 리더십에 직접적으로 영향을 미치지 않는 요소는 무엇인가?

> " '동물행동 관찰 및 사진 찍기' 활동에서 진행자는 참여자의 동기와 상호작용을 촉진하고, 모델링을 통해 행동을 안내하였다. 그러나 단순히 회기 수를 늘리는 것은 참여 몰입과 치유 효과를 보장하지 않는다."

① 대상자의 참여 동기와 흥미를 신장시키는 전략
② 대상자 간 상호작용과 협력 경험 증진
③ 지도자의 모델링과 피드백 활용
④ 집단 프로그램의 회기 수를 단순히 무조건 늘리는 것　　

　　📖 해설: 집단리더십에 영향을 주는 요인은 대상자의 참여 동기, 상호작용 증진, 모델링 활용, 공동리더십 등이다. 단순히 회기 수를 늘리는 것만으로는 리더십 향상과 직접적인 관련이 없다.

문제 181. 치유농업 프로그램에서 8명의 참여자와 함께 텃밭 활동을 진행하던 중, 한 참여자가 프로그램의 핵심 과제인 식물 심기와 수확 과정과는 관련 없는 개인적 경험이나 일화를 반복적으로 이야기하며, 다른 참여자들의 발언 기회를 거의 차단하고 있습니다. 이러한 행동을 프로그램 운영자가 관찰했을 때, 가장 적절하게 설명하는 행동 유형은 무엇인가?

① 독점적 참여 행동: 특정 참여자가 대화와 활동을 일방적으로 점유하는 행동
② 산만 행동: 프로그램의 주제와 관련 없는 행동이나 주제로 주의가 흩어지는 행동
③ 침묵 행동: 참여자가 대화와 활동에서 거의 발언하지 않는 행동
④ 위안 제공 행동: 다른 참여자의 정서적 안정을 돕기 위해 일시적으로 개입하는 행동

　　📖 해설: 독점 행동은 특정 대상자가 자신에게 주어진 시간을 일방적으로 사용하며 다른 사람들의 참여를 제한하는 행동을 의미한다.

문제 182. 치유농업 프로그램에서 참여자 A는 텃밭 활동 중 다른 참여자 B가 예상치 못한 실수를 하거나 자신의 식물을 망가뜨리는 상황을 목격한다. 이때 A는 직접 문제를 해결하거나 개입하기보다는, 잠시 B를 격려하거나 손을 잡아주는 등 안정과 위안을 제공한다. A의 이러한 행동은 자신의 불안을 감소시키면서 동시에 B에게 일시적 심리적 안정을 제공하는 행동으로 볼 수 있다. 이 행동 유형을 가장 적절하게 설명한 것은 무엇인가?

① 우월한 행동: 자신을 상대보다 우위에 두고 통제하거나 지시하는 행동

② 주지화: 자신의 감정을 사고나 논리로 전환하여 정서적 부담을 줄이는 방어기제

③ 일시적 위안 주기: 다른 사람의 고통을 목격하면서 자신의 불안을 완화하기 위해 잠시 위안이나 안정을 제공하는 행동

④ 보조자 역할 수행: 프로그램 진행에서 운영자를 지원하거나 활동을 돕는 행동

해설: 일시적 위안 주기는 대상자가 다른 사람을 위로함으로써 자신의 불안감을 감소시키는 행동으로, 집단 내에서 자신의 감정을 안정시키기 위한 전략이다.

문제 183. 치유농업 프로그램에서 참여자 ③번은 텃밭 활동 중 자신의 감정을 솔직히 표현하지 않고, 어려운 상황에서 느끼는 불안이나 좌절을 직접 경험하기보다는 문제를 논리적으로 분석하고 활동 계획을 다시 정리하면서 스스로 안정을 찾는다. 이러한 행동은 심리적 방어기제로서, 직접적 감정 경험 대신 분석적·지적 사고를 통해 불안을 완화하는 행동을 의미한다. 이 행동 유형을 가장 적절하게 설명한 것은 무엇인가?

① 주지화: 자신의 감정을 직접 경험하지 않고, 분석적·논리적 사고를 통해 감정을 완화하는 행동

② 우월한 행동: 자신을 다른 사람보다 우위에 두고 통제하거나 지시하는 행동

③ 독점 행동: 대화나 활동을 일방적으로 점유하는 행동

④ 산만 행동: 활동과 관련 없는 행동이나 주제로 주의가 흩어지는 행동

해설: 주지화는 자신의 내면적 경험을 직접적으로 드러내지 않고, 지적·분석적 과정으로 억제하거나 해소하려는 적응기제이다.

문제 184. 치유농업 프로그램에서 참여자 ④번은 텃밭 활동 중 프로그램 진행자의 지시를 받지 않아도 스스로 역할을 찾아 다른 참여자를 돕고, 활동을 보조하는 모습을 보인다. 그러나 진행자가 D의 행동을 충분히 인정하지 않거나 피드백을 주지 않으면, ④번은 불만이나 적대적 반응을 보이기도 한다. 이러한 행동 유형을 가장 적절하게 설명한 것은 무엇인가?

① 산만한 행동: 프로그램의 주제와 관련 없는 행동이나 주제로 주의가 흩어지는 행동

② 보조자가 되려는 행동: 자신의 역할을 보조 진행자처럼 수행하며, 진행자의 인정을 받지 못하면 적대적 반응을 보이는 행동

③ 침묵 행동: 발언이나 활동 참여를 거의 하지 않는 행동

④ 우월한 행동: 자신을 다른 참여자보다 우위에 두고 통제하거나 지시하는 행동

문제 185. 치유농업 집단에서 치료사와 대상자, 대상자 상호 간 신뢰감 형성, 활동 및 식물 소개, 집단 규칙과 목표 명료화가 이루어지는 단계는 무엇인가?

① 시작 단계　　　　　　　② 갈등 단계
③ 작업 단계　　　　　　　④ 종결 단계

문제 186. 치유농업 프로그램에서 참여자 6명이 공동 텃밭 활동을 진행하고 있습니다. 활동 중 다음과 같은 상황이 발생했다. 이러한 상황이 가장 흔하게 나타나는 집단의 발달 단계는 무엇인가?

> 가. 일부 참여자가 도구나 자재 사용을 먼저 주장하며 다른 참여자와 갈등을 겪음
> 나. 공동 작업 결과물(예: 화분 꾸미기, 작물 심기)에 대해 평가 기준을 두고 의견 충돌 발생
> 다. 역할 분담에 대한 저항과 불만 표출

① 시작 단계　　　　　　　② 갈등 단계
③ 작업 단계　　　　　　　④ 종결 단계

문제 187. 치유농업 집단에서 동료 대상자에 대한 이해가 깊어지고, 집단 응집력이 발달하며 규칙을 준수하는 과정을 통해 목표 달성이 강화되는 단계는 무엇인가?

① 시작 단계　　　　　　　② 갈등 단계
③ 작업 단계　　　　　　　④ 종결 단계

📖 해설: 작업단계는 집단 활동 중 중·후반부에 해당하며, 갈등 과정을 겪고 나서 상호 이해와 집단응집력이 강화되며 집단 목적 달성이 이루어지는 단계이다.

문제 188. 치유농업 집단 활동에서 진행자와 대상자가 활동 종료 후 의미를 되돌아보고, 목표 달성과 개인 목표 반응을 확인하며 이별을 준비하는 단계는 무엇인가?

① 시작 단계
② 갈등 단계
③ 작업 단계
④ 종결 단계

📖 해설: 종결단계는 활동 후반부에 해당하며, 집단 치료의 의미를 돌아보고 준비단계에서 설정된 집단 및 개인 목표 달성 여부를 확인하며 이별을 준비하는 단계이다.

문제 189. 치유농업 프로그램에서 진행자(P)는 텃밭 활동과 화훼 관리 프로그램을 운영하면서 다음과 같은 역할을 수행한다. 이러한 리더십 기능은 치유농업 프로그램에서 진행자의 어떤 기능과 가장 관련 있는가?

> 가. 참여자의 불안, 긴장, 좌절감을 관찰하고 적절히 감정적 안정과 격려를 제공
> 나. 프로그램 규칙과 안전 수칙을 안내하고, 참여자가 프로그램 목표에 집중하도록 시간과 역할을 조율
> 다. 자기 경험을 적절히 공유하며 모범적 행동과 참여 태도를 모델링

① 집단 구성의 다양성 이해: 참여자의 배경과 특성을 고려하는 기능
② 진행자의 역할과 기능: 프로그램 진행 시 일반적 역할 수행에 관한 이해
③ 진행자의 기능적 리더십: 감정적 자극 제공, 보호·수용·해석, 모델링 등 프로그램 운영과 참여자 조율에 필요한 리더십 기능
④ 상담이론의 적용: 심리 상담 이론을 프로그램 설계에 적용하는 기능

📖 해설: 치유농업 프로그램에서는 단순히 활동을 안내하는 것뿐만 아니라, 참여자의 정서적 안정과 행동 모델링까지 수행하는 것이 중요하다. 기능적 리더십은 참여자의 감정·행동·학습을 지원하고, 프로그램 규칙과 구조를 유지하며, 자기노출과 모범 행동으로 참여자에게 안전하고 효과적인 경험을 제공하는 능력과 관련된다.

문제 190. 치유농업 프로그램에서 진행자는 다양한 참여자와 함께 텃밭, 화훼, 허브 관리 활동을 운영하면서, 여러 연령대와 배경을 가진 참여자들의 행동과 반응을 관찰하고 이해한다. 이 과정에서 진행자가 자신의 경험 범위를 넓히고 참여자의 다양성을 이해할 수 있는 기회를 가지는 것은 리더십의 어떤 측면과 가장 관련 있는가?

① 개인과의 경험: 다양한 사람들과의 직접적 상호작용을 통해 이해와 통찰을 얻는 능력
② 집단 경험: 다수 참여자와 집단 활동을 통해 집단 역동성을 이해하는 능력
③ 계획과 조직 기술: 프로그램 목표 달성을 위한 계획 수립과 조직 능력
④ 주제에 대한 지식: 프로그램 내용과 관련된 전문 지식　　

> 📖 해설: 개인과의 경험을 통해 진행자는 다양한 사람들과의 상호작용에서 삶의 경험을 넓히고, 대상자의 다양성을 이해할 수 있게 된다.

문제 191. 치유농업 프로그램에서 진행자는 참여자들이 텃밭 활동, 화훼 관리, 허브 체험을 통해 최대한의 학습과 정서적 안정 효과를 얻도록 회기를 설계한다. 이러한 능력은 치유농업 프로그램에서 진행자의 어떤 리더십 기술과 가장 관련 있는가?

> 가. 각 회기 목표에 맞는 활동과 순서를 결정
> 나. 참여자가 흥미를 느끼고 적극적으로 참여하도록 흐름 구성
> 다. 활동 시간을 효율적으로 배분하고 필요한 자원과 도구를 준비

① 집단 경험: 참여자와 상호작용하며 집단 역동성을 이해하는 능력
② 계획과 조직 기술: 회기를 흥미롭고 효과적이며 가치 있게 설계하고, 활동 순서와 흐름을 구성하는 능력
③ 주제에 대한 지식: 프로그램 내용과 관련된 전문 지식
④ 상담이론 이해: 심리 상담 이론을 프로그램 설계와 개입에 적용하는 능력　　

> 📖 해설: 계획과 조직 기술은 진행자가 회기를 체계적으로 구성하고, 흥미와 효과, 가치 있는 요소를 포함시키며, 주제 흐름을 적절히 연결하는 능력을 의미한다.

문제 192. 치유농업 프로그램에서 진행자는 텃밭, 화훼, 허브 체험 활동을 운영하면서 참여자들이 다양한 감정과 문제를 경험하는 상황을 관찰한다. 이때 진행자가 상담이론과 인간 심리, 갈등, 감정, 다문화 문제 등을 이해하고 이를 다루는 방법을 알고 있어야 하는 이유는 무엇인가?

가. 어떤 참여자는 작물 관리 실패로 좌절감을 느끼고

나. 다른 참여자는 공동 작업 과정에서 갈등과 분노를 표출하며

다. 일부 참여자는 개인적 상실이나 죄책감을 언급

① 집단 경험을 넓히기 위해

② 계획과 조직을 효과적으로 수행하기 위해

③ 진행자가 사람의 행동과 말을 이해하고 지원하기 위해

④ 주제를 명확하게 전달하기 위해 

> 📖 해설: 상담이론과 인간 갈등, 다문화 문제 등에 대한 이해는 진행자가 집단에서 나타나는 행동과 발화를 이해하고, 적절히 지원할 수 있는 기반이 된다.

문제 193. 치유농업 프로그램에서 참여자 5명이 텃밭 활동을 함께 수행하고 있다. 진행자는 참여자들이 서로 협력하고, 경험과 감정을 공유하며, 프로그램 활동을 즐겁고 안전하게 경험하도록 유도한다. 이 과정에서 참여자 간 상호 신뢰와 이해, 감정 공유, 긍정적 관계 형성이 나타난다면, 이는 라포(Rapport)의 어떤 핵심 요소와 가장 관련 있는가?

① 상호작용하는 두 주체가 등장하며, 생각·감정을 공유하고, 관계나 분위기가 형성된다.

② 진행자가 대상자를 지도하고 훈련하여 행동 변화를 유도한다.

③ 대상자가 집단 내에서 독립적으로 문제를 해결하도록 방치한다.

④ 특정 분야에서만 적용 가능한 제한적 상호작용 기술이다. 

> 📖 해설: 라포는 두 주체 간 상호작용을 통해 생각과 감정을 공유하고, 그 결과로 관계나 분위기가 형성되는 과정을 의미하며, 다양한 분야에서 적용 가능하다.

문제 194. 치유농업 프로그램에서 참여자 A는 텃밭 활동 중 자신의 작물 관리 실패로 좌절감을 느낀다. 진행자는 A가 이러한 감정을 솔직하게 표현하도록 격려하고, 안전하고 지지적인 환경에서 자신의 감정을 말하고 공유할 수 있도록 돕는다. Biestek(1957)의 7대 원칙 중, "대상자가 자신의 감정을 자유롭게 표현하도록 돕는 것"에 해당하는 원칙은 무엇인가?

① 개별화: 참여자를 독립적이고 개별적인 존재로 존중하는 원칙

② 의노석인 감정 표현: 참여자가 자신의 감정을 자유롭게 표현하도록 돕는 원칙

③ 통제된 정서관여: 진행자가 감정을 적절히 조절하며 참여자와 관계를 형성하는 원칙

④ 수용: 참여자의 경험과 감정을 비판 없이 받아들이는 원칙

문제 195. 치유농업 프로그램에서 참여자 B는 텃밭 활동 중 어떤 작물을 심을지, 물주기와 비료 사용 시기 등을 스스로 선택하고 결정한다. 진행자는 B가 결정 과정에 참여하도록 격려하며, 자신의 선택과 결정에 책임을 느끼고 경험할 수 있도록 지원한다. Biestek(1957)의 7대 원칙 중, "대상자가 모든 의사결정 과정에 참여하여 스스로 선택하고 결정하도록 하는 것"에 해당하는 원칙은 무엇인가?

① 자기 결정: 참여자가 자신의 선택과 결정을 주체적으로 수행하도록 지원하는 원칙
② 비심판적 태도: 참여자의 행동이나 감정을 판단하지 않고 수용하는 태도
③ 비밀보장: 참여자의 정보와 발언을 보호하는 원칙
④ 수용: 참여자의 경험과 감정을 비판 없이 받아들이는 원칙

문제 196. 치유농업 프로그램에서 참여자 ③번은 개인적인 사정과 감정을 프로그램 진행자에게 공유한다. 진행자는 이 정보를 치유 목적 외에는 다른 참여자나 외부인에게 누설하지 않고, 안전하게 보호한다. Biestek(1957)의 7대 원칙 중, "대상자의 개인 정보나 비밀을 전문적인 치유 목적 외에 타인에게 누설하지 않는 것"에 해당하는 원칙은 무엇인가?

① 수용: 참여자의 경험과 감정을 비판 없이 받아들이는 원칙
② 비심판적 태도: 참여자의 행동이나 감정을 판단하지 않고 수용하는 태도
③ 비밀보장: 참여자의 정보와 발언을 보호하고 외부에 누설하지 않는 원칙
④ 통제된 정서관여: 진행자가 감정을 적절히 조절하며 참여자와 관계를 형성하는 원칙

문제 197. 치유농업 프로그램에서 참여자 A는 텃밭 활동 중 허브 심기와 꽃 관리에 참여하고 있다. 이때 활동 난이도가 자신의 능력과 잘 맞아, 시간 가는 줄 모르고 집중하며 활동에 몰입하게 된다. 주변 소음이나 다른 참여자의 행동은 거의 의식하지 못하며, 활동 자체에서 즐거움과 만족감을 느낀다. Csikszentmihalyi(Flow)이론에 따르면, 이런 몰입 상태에 대한 설명으로 가장 적절한 것은 무엇인가?

① 몰입은 단순히 외부 보상이나 칭찬을 받을 때만 발생한다.
② 몰입은 능력과 과제 난이도가 균형을 이루고, 시간 감각을 잃고 과제에 완전히 집중할 때 발생한다.
③ 몰입은 다른 사람과 상호작용하지 않는 고립 상태에서만 가능하다.
④ 몰입은 목표가 불분명하고 피드백이 없는 활동에서 더 쉽게 경험된다.

해설: 몰입 상태는 개인의 능력과 과제 난이도가 적절히 균형을 이루고, 명확한 목표와 피드백이 제공될 때 발생하며, 시간 감각을 잃고 활동에 완전히 몰두하게 되는 최적 경험을 의미한다.

문제 198. 치유농업 프로그램에서 참여자 A는 텃밭 활동을 통해 작물을 심고 수확하는 과정을 경험하며, 다음과 같은 만족감을 느낀다. 이때, 다음 중 자기결정이론(Self-Determination Theory)에서 인간의 기본 심리적 욕구에 포함되지 않는 것은 무엇인가?

가. 자신이 계획하고 선택한 방식으로 작물을 관리함 → 자율성
나. 활동을 성공적으로 수행하고 기술을 향상시킴 → 유능감
다. 다른 참여자와 협력하며 관계 형성 → 관계성
① 자율성(Autonomy)
② 유능감(Competence)
③ 관계성(Relatedness)
④ 물질적 보상(Material reward)

해설: 자기결정이론에서는 인간의 기본 심리적 욕구로 자율성, 유능감, 관계성을 제시하며, 물질적 보상은 내적 동기와 기본 욕구와 직접적 관련이 없다.

문제 199. 치유농업 프로그램에서 참여자 A는 텃밭 활동 중 여러 가지 작물과 허브를 심고 관리한다. 진행자는 A가 활동의 종류, 개수, 관리 방법을 스스로 선택하도록 허용하며, 필요한 최소한의 안내만 제공한다. 이러한 운영 방식은 참여자의 자율성 욕구를 충족시키는 방법으로 가장 적절한 것은 무엇인가?

① 동일한 활동만 반복하도록 하여 숙련도를 높인다.
② 대상자가 식물의 종류, 개수, 관리 방법을 스스로 선택하도록 허용한다.
③ 활동 중 발생한 실패는 모두 진행자가 대신 처리한다.
④ 모든 활동을 교사가 지시대로만 수행하도록 제한한다. ☞●●●○

> 📖 **해설:** 자율성 욕구 충족을 위해 대상자가 자신의 선택권과 책임을 가지도록 하며, 자유방임이 아닌 자기통제 속에서 활동하도록 지도하는 것이 중요하다.

문제 200. 치유농업 프로그램에서 참여자 6명이 공동 텃밭 활동을 진행한다. 진행자는 참여자들이 서로 협력하며 활동하도록 다음과 같은 방식을 적용한다. 이러한 전략은 참여자의 관계성(Relatedness) 욕구를 충족시키는 방법으로 가장 적절한 것은 무엇인가?

> 가. 참여자들을 소규모 모둠으로 구성
> 나. 허브 심기, 작물 관리 등 공동 과제를 수행하도록 배치
> 다. 각 참여자의 역할이 서로에게 긍정적으로 의존하도록 설계

① 개인 활동 중심으로 구성하여 상호작용 최소화
② 모둠 구성과 협동과제 수행, 긍정적 상호의존을 통해 상호작용 촉진
③ 활동 난이도를 지나치게 높여 경쟁을 유도
④ 모든 활동에서 진행자가 독점적으로 결정하고 통제 ☞●●●○

> 📖 **해설:** 관계성 욕구는 다른 사람과의 긍정적 상호작용을 통해 충족되므로, 모둠활동, 공동과제 수행, 역할 분담 등을 활용하여 협력적 상호작용을 촉진해야 한다.

문제 201. 치유농업 프로그램에서 참여자 A와 B가 텃밭 활동 중 허브를 심는 과정에서 다음과 같은 의견 충돌이 발생했다. 진행자는 이 상황에서 비폭력 대화(NVC)의 원칙을 적용하여, 참여자가 자신의 감정을 인식하고 욕구를 명확히 표현하도록 돕고, 상대방의 말을 적극적으로 경청하며 조율한다. 비폭력 대화(NVC)의 핵심 목표로 가장 적절한 것은 무엇인가?

> 가. A는 물 주기 시기를 늦게 하자고 주장
> 나. B는 즉시 물을 주어야 한다고 주장

① 상대방의 행동을 즉각적으로 비판하고 통제한다.
② 자신의 감정과 욕구를 인식하고 명확하게 표현하며, 타인의 말을 경청한다.
③ 모든 상황에서 자신의 욕구를 무조건 관철시킨다.
④ 상대방의 요구를 무조건 수용하고 자신의 감정을 억제한다.

📖 해설: NVC는 자신의 감정을 인식하고, 내면의 욕구와 연결하여 정직하고 명확하게 표현하며, 동시에 상대방의 이야기를 경청하는 인간 중심 의사소통 방법이다.

문제 202. 치유농업 프로그램에서 참여자 A와 B가 허브 심기 활동 중 의견 충돌을 겪는다. 진행자는 비폭력 대화(NVC) 원칙을 적용해, 참여자가 갈등 상황에서 관찰, 느낌, 욕구, 요청의 순서로 자신의 입장을 표현하도록 안내한다. 다음 중 비폭력 대화(NVC)의 네 가지 핵심 요소에 속하지 않는 것은 무엇인가?

① 관찰(Observation)
② 느낌(Feeling)
③ 평가(Evaluation)
④ 요청(Request)

📖 해설: NVC의 네 가지 요소는 관찰, 느낌, 필요/욕구, 요청이며, '평가'는 포함되지 않는다. 관찰 시 평가나 판단을 배제하고 사실 그대로를 표현하는 것이 핵심이다.

문제 203. 치유농업 프로그램에서 참여자 A와 B가 허브 심기 활동 중 갈등을 겪는다. 예를들어 A는 물 주기 시기를 늦추고 싶고, B는 즉시 물을 주고 싶어 한다. 이때 진행자는 참여자가 자신의 느낌과 욕구를 명확하게 표현하면서 갈등을 해결하도록 지도한다. 이때 진행자가 지도하는 원칙으로 가장 적절한 것은 무엇인가?

① 상대방을 탓하며 자신의 요구를 강하게 주장한다.
② 자신의 욕구와 기대를 인정하며, 긍정적 행동을 요청한다.
③ 자신의 욕구를 숨기고 상대방에게 맞추도록 한다.
④ 추상적이고 모호한 언어로 표현한다.

문제 204. 치유농업 프로그램에서 참여자 A와 B가 텃밭 활동 중 허브 관리 방법을 두고 의견 충돌을 겪고 있다. 진행자는 참여자가 자신의 감정과 욕구를 솔직히 표현하도록 돕고, 상대방의 감정과 욕구를 공감하며 이해하도록 지도한다. 이때 NVC(비폭력 대화)의 두 가지 핵심 측면에 해당하지 않는 것은 무엇인가?

① 솔직하게 말하기(Self-Expression)
② 공감으로 듣기(Empathy)
③ 상대방 행동을 강제하여 원하는 결과를 얻기
④ 상대방의 감정과 욕구를 이해하고 수용하기

문제 205. 치유농업 프로그램에서 참여자 A가 텃밭 활동 중 작물 관리 실패로 좌절감을 느낀다. 진행자는 A의 감정과 생각을 편견 없이 이해하고, A의 입장에서 상황을 깊이 공감하며 지원한다. Rogers(1975)가 정의한 공감적 의사소통의 핵심 개념으로 가장 적절한 것은 무엇인가?

① 상대방의 입장을 판단하고 평가하여 지도하는 과정
② 편견 없이 상대방의 인식 세계로 들어가 깊이 이해하는 과정
③ 상대방의 감정과 사고를 자신의 판단 기준에 맞추는 과정
④ 단순히 상대방의 의견에 동의하는 과정

문제 206. 치유농업 프로그램에서 참여자 A가 텃밭 활동 중 작물 관리 실패로 좌절감을 느끼고, 참여자 B는 이에 대한 자신의 의견을 표현한다. 진행자는 A와 B의 발언을 단순히 반복하거나 동의하는 수준에 그치지 않고, 두 참여자의 관점과 감정, 지적 측면까지 깊이 이해하며 활동을 조율한다. Covey(1989)가 강조한 공감적 경청(Empathetic Listening)의 특징으로 옳지 않은 것은 무엇인가?

① 상대방의 관점을 이해하려는 계획을 갖는다.

② 진정한 이해를 추구하며 동의하는 것에 그치지 않는다.

③ 단순히 상대방의 말을 반복하며 동의만 한다.

④ 다른 사람의 감정과 지적 측면까지 깊이 이해하려 노력한다.

☞●●●○

> 📖 해설: Covey는 공감적 경청을 단순 동의가 아니라 상대방의 감정과 사고까지 깊이 이해하려는 적극적인 경청으로 정의하였다. 단순 반복이나 동의만 하는 것은 공감적 경청이 아니다.

문제 207. 치유농업 프로그램에서 참여자 A가 텃밭 활동 중 허브 관리 실패로 좌절감을 느낀다. 진행자는 A의 감정을 이해하고, 자신의 감정을 공유하며 참여자의 정서적 상태에 공감한다. 공감적 의사소통의 구성 요소 중, '상대방과 감정을 공유하기'에 해당하는 요인은 무엇인가?

① 인지적 요소: 상대방의 생각과 관점을 이해하는 과정

② 정서적 요소: 상대방의 감정을 이해하고 공유하는 과정

③ 의사소통적 요소: 메시지를 명확하게 전달하고 수신하는 과정

④ 행동적 요소: 행동을 통해 감정을 표현하고 대응하는 과정

☞●●●○

> 📖 해설: 공감적 의사소통에서 정서적 요소는 상대방을 존중하고, 상대방에게 집중하며, 서로의 감정을 공유하는 것을 의미한다.

문제 208. 치유농업 프로그램에서 텃밭 활동 중 참여자 A와 B가 허브 심기 과정에서 의견을 나눈다. 진행자는 참여자가 자신의 생각을 자유롭게 표현하도록 격려하고(A가 말하도록 유도), 필요할 때는 진행자가 자신의 관찰과 피드백을 나누며 상호 이해를 돕는다. 공감적 의사소통의 교수·학습 방법에서 소극적 방법과 적극적 방법의 차이점으로 옳은 것은 무엇인가?

① 소극적 방법은 '나' 중심, 적극적 방법은 '너' 중심이다.

② 소극적 방법은 상대방이 말하도록 격려, 적극적 방법은 자신의 생각과 피드백을 나눈다.

③ 소극적 방법은 비언어적 표현을 무시, 적극적 방법은 언어적 표현만 중요시한다.

④ 두 방법 모두 상대방의 말을 듣지 않고 자신의 의견을 전달하는 데 초점을 둔다.

📖 해설: 소극적 방법은 상대방 중심으로 관심과 지지를 제공하며, 적극적 방법은 '나'와 '너' 모두를 중심으로 자신의 생각을 나누고 피드백을 제공하는 방식이다.

문제 209. 치유농업 프로그램에서 텃밭 활동과 허브 관리 프로그램을 운영 중이다. 진행자는 활동 중 참여자의 반응, 몰입 수준, 상호작용 등을 관찰하고 기록하며, 프로그램이 사전에 설정한 목표와 계획에 맞게 진행되는지 점검한다. 또한, 필요할 경우 개선 방안을 도출하여 다음 회기 운영에 반영한다. 치유농업 프로그램 모니터링의 주된 목적은 무엇인가?

① 프로그램 운영자의 전문성 향상만을 위해 자료를 수집하는 것
② 대상자의 만족도와 흥미도를 무시하고 예산 집행만 점검하는 것
③ 프로그램이 목적과 일관되게 진행되고 있는지 확인하고 개선점을 도출하는 것
④ 단순히 프로그램 종료 후 결과만 기록하는 것 👉●●●●

📖 해설: 모니터링은 프로그램 수행 과정에서 목적 달성 정도, 대상자의 상태, 자원의 효율적 활용 등을 점검하고 개선점을 도출하여 프로그램 완성도를 높이는 것이 핵심 목적이다.

문제 210. 치유농업 프로그램 모니터링에서 '효과 모니터링'과 '과정 모니터링'을 구분하는 기준으로 가장 적절한 것은?
① 효과 모니터링은 자원 활용, 과정 모니터링은 대상자 만족도만 평가
② 효과 모니터링은 대상자 변화와 치유적 문제 해결 정도, 과정 모니터링은 활동 질과 수행 정도
③ 효과 모니터링은 운영자의 능력 평가, 과정 모니터링은 예산 집행 평가
④ 두 모니터링 모두 동일한 지표와 방법으로 진행 👉●●○○

📖 해설: 효과 모니터링은 프로그램 목적 달성 정도와 대상자 변화 중심, 과정 모니터링은 활동 질, 계획 수행 정도, 운영자 역량 등 과정 중심으로 평가한다.

문제 211. 치유농업 프로그램 모니터링 시 활용할 수 있는 방법으로 가장 적절하지 않은 것은?
① 대상자의 행동, 말, 표정 등 객관적 관찰
② 전문가 및 관찰자를 통한 서술 자료 수집

③ 프로그램 실행 후 임의로 작성한 비검증 설문지 사용
④ 검사 및 설문지를 활용한 정량적 평가

> 📖 해설: 모니터링 시 검사지나 설문지는 반드시 신뢰도와 타당도가 검증된 것을 사용해야 하며, 임의로 제작한 설문지는 평가에 적합하지 않다.

문제 212. 치유농업 다회기 프로그램에서 참여자 텃밭 활동과 허브 관리, 계절 작물 재배 등을 경험하고 있다. 진행자는 매 회기 참여자의 몰입도, 정서적 반응, 활동 참여 수준, 상호작용 양상을 기록하고, 참여자의 만족도와 재참여 의사도 주기적으로 확인한다. 이처럼 모니터링이 중요한 이유로 가장 적절한 것은 무엇인가?

① 단일 회기에서만 대상자 변화를 확인하면 충분하기 때문
② 프로그램 목표 달성 여부와 대상자의 변화, 만족도, 재참여 의사를 지속적으로 확인할 수 있기 때문
③ 프로그램 완료 후 평가만으로도 모든 문제점을 파악할 수 있기 때문
④ 모니터링은 예산 집행과 재료 준비에만 국한되기 때문

> 📖 해설: 다회기 프로그램에서는 단위 활동별로 대상자의 변화와 프로그램 효과, 만족도, 흥미, 재참여 의사 등을 지속적으로 모니터링함으로써 프로그램 효율과 효과를 극대화할 수 있다.

문제 213. 다회기 치유농업 프로그램을 운영하는 과정에서 활동 모니터링(Activity Monitoring)을 지속적으로 실시하고 있다. 이때 활동 모니터링의 주된 목적으로 가장 적절한 것은 무엇인가?

① 대상자의 사전·사후 변화 정도만을 비교하여 치료 효과를 단순 판단하기 위함이다.
② 프로그램의 전체 목표 및 회기별 단위 활동 목표에 비추어 활동 내용·방법·진행 과정의 적절성과 효율성을 점검·조정하기 위함이다.
③ 운영자의 개인 역량 향상을 위한 자기 평가 자료를 축적하기 위함이다.
④ 프로그램 종료 이후 최종 결과 보고서 작성을 위한 기록을 사후적으로 정리하기 위함이다.

> 📖 해설: 활동 모니터링은 단위 활동이 계획대로 수행되었는지, 재료·도구와 환경이 적절했는지, 대상자의 흥미와 참여도가 충분했는지 등 활동 과정의 효율성을 평가하는 데 초점을 둔다.

문제 214. 치유농업 프로그램 운영 과정에서 실시하는 프로그램 효과 모니터링에 대한 설명으로 가장 적절한 것은 무엇인가?

① 대상자의 참여 태도와 활동 진행의 원활성 여부를 중심으로 과정상의 문제점을 점검하는 것이다.

② 회기별 활동 계획의 적절성, 재료·도구 활용, 시간 배분의 효율성을 평가하는 것이다.

③ 대상자의 기능 변화, 단위 활동 목표 성취 수준, 그리고 프로그램 목적 달성 정도를 종합적으로 확인하는 것이다.

④ 예산 집행의 적절성과 시설·환경 준비 상태를 중심으로 운영 관리 수준을 점검하는 것이다.

☞●●○○

해설: 효과 모니터링은 대상자가 프로그램을 통해 목적과 목표를 얼마나 달성했는지, 능력을 충분히 발휘했는지, 활동 과정에서 발생한 문제 여부 등을 관찰하고 평가하는 데 중점을 둔다.

문제 215. 치유농업 프로그램에서 실시하는 운영자 모니터링(Operator Monitoring)의 목적에 대한 설명으로 가장 적절하지 않은 것은 무엇인가?

① 운영자가 프로그램 목표와 치유적 의도를 활동 전개 과정에서 적절히 반영하고 있는지를 점검한다.

② 대상자와의 상호작용 과정에서 치료적 의사소통과 관계 형성이 효과적으로 이루어지고 있는지를 평가한다.

③ 프로그램 참여 대상자의 흥미 수준과 전반적인 만족도를 중심으로 프로그램 효과를 판단한다.

④ 운영자의 전문성, 농업 관련 지식·기술 숙련도, 보조 진행자에 대한 지도 및 관리 역량을 평가한다.

☞●●○○

해설: 운영자 모니터링은 프로그램을 주도하는 운영자의 전문성과 역할 수행, 대상자와의 교류 능력 등을 평가하는 것이 핵심이며, 대상자의 흥미와 만족도 평가는 주로 효과 모니터링에서 다룬다.

문제 216. 치유농업 프로그램 모니터링에서 활동, 효과, 운영자 모니터링이 모두 중요한 이유로 가장 적절한 것은?

① 각 모니터링 영역이 독립적이므로 서로 연관성이 없다.

② 모니터링을 통해 프로그램 목표 달성, 대상자 변화 확인, 운영자의 전문성 향상을 종합적으로 관리할 수 있기 때문이다.

③ 운영자 모니터링만 잘 이루어지면 다른 모니터링은 필요 없다.

④ 프로그램 종료 후 재참여 의사만 확인하면 충분하기 때문이다.

해설: 활동·효과·운영자 모니터링을 통합하면 프로그램 목표 달성 정도, 대상자의 변화, 운영자의 역할 수행 등 프로그램 전반을 종합적으로 관리할 수 있으며, 이를 통해 프로그램의 질과 효율성을 높일 수 있다.

문제 217. 치유농업 프로그램 평가에서 가장 핵심적인 목적은 무엇인가?

① 프로그램 운영자의 전문성 향상
② 대상자가 성취하려는 치유 목적의 달성 여부를 검증하고 프로그램 개선 및 만족도를 확인
③ 프로그램 진행 중 발생한 문제 해결
④ 단위 활동 시간 배정과 재료·도구 사용 적정성 확인 

해설: 평가의 주목적은 프로그램을 통해 대상자가 성취하려는 치유 목적이 계획대로 달성되었는지를 검증하고, 이를 통해 프로그램 개선, 대상자 만족도 확인, 프로그램 지속 여부 결정 등의 자료로 활용하는 데 있다.

문제 218. 치유농업 프로그램 평가계획 수립 단계에서 포함되어야 할 사항으로 가장 적절한 것은?

① 프로그램 종료 후 결과보고서 작성만 계획
② 평가대상, 평가내용, 평가도구, 평가시기, 평가주체, 자료수집 및 분석 방법 계획
③ 단순히 설문지 배포와 수거 계획 수립
④ 운영자와 대상자 간 의사소통 방식만 점검 

해설: 평가계획 수립은 구체적이고 체계적으로 평가대상, 평가내용, 평가도구, 평가시기, 평가주체, 자료수집 및 결과 분석 계획까지 포함하여 체계적으로 관리할 수 있도록 해야 한다.

문제 219. 치유농업 프로그램 종료 후 효과 평가를 위해 설문지, 생리적 지표, 관찰 기록, 참여자 소감문 등 다양한 자료를 수집하였다. 이때 자료 분석 단계에서의 올바른 평가 방법에 대한 설명으로 가장 적절한 것은 무엇인가?

① 설문지와 관찰 기록은 모두 주관적 자료이므로 별도의 부호화나 체계적 절차 없이 연구자의 해석에 따라 분석한다.
② 양적 자료는 기술통계 및 t-검정, ANOVA, 회귀분석 등 추리통계를 활용하여 분석할 수 있으며, 질적 자료는 코딩, 범주화, 개념 도출 등의 과정을 통해 체계적으로 분석한다.

③ 참여자의 소감문과 관찰 일지는 질적 자료이므로 통계 프로그램을 활용한 수치 분석만이 적절하다.
④ 분석 단계에서는 결과의 의미 해석은 제외하고, 표와 그래프를 작성하는 데에만 초점을 둔다.

📖 해설: 자료 분석 단계에서는 수집한 자료를 부호화하고 통계 프로그램을 활용해 기술통계 및 추리통계 분석을 수행하며, 질적 데이터는 코딩, 자료 탐색, 색인화, 개념 및 이론 개발 등으로 심층 분석할 수 있다.

문제 220. 치유농업 프로그램의 효과성을 검증하기 위해 평가를 실시한 후, 평가 결과보고서를 작성하고자 한다. 이때 보고서 작성 원칙에 비추어 가장 적절하지 않은 항목은 무엇인가?

① 프로그램을 통해 나타난 대상자의 변화와 치유농업 서비스 제공 수준을 객관적 지표를 중심으로 제시한다.
② 이용자 만족도 결과를 포함하고, 향후 프로그램 개선 및 현장 적용·확산을 위한 활용 방안을 기술한다.
③ 평가 과정에서 느낀 운영자의 개인적 감정, 주관적 인상, 경험적 판단을 중심으로 서술한다.
④ 통계자료, 표, 그래프 등을 활용하여 평가 결과를 이해하기 쉽고 명확하게 제시한다.

📖 해설: 결과보고서는 객관적이고 분석된 자료를 바탕으로 프로그램 효과, 서비스 수준, 이용자 만족도, 보완·개선 사항 및 향후 활용 방안을 포함해야 하며, 운영자의 주관적 판단이나 감정 중심으로 작성해서는 안 된다.

문제 221. 치유농업 프로그램의 효과성을 검증하기 위해 평가를 수행할 때, 평가 윤리가 갖는 주요 기능에 대한 설명으로 가장 적절한 것은 무엇인가?

① 평가 과정에서 평가자의 개인적 성취, 명성, 연구 실적을 최우선적으로 보호하는 것이다.
② 평가자와 이해관계자(대상자, 운영기관, 지역사회)의 공익을 보호하고, 평가자의 책임감과 전문성을 유지·향상시키며, 신뢰 가능한 윤리적 평가 문화를 구축하는 것이다.
③ 평가 결과가 특정 정치적·행정적 이해관계에 유리하도록 평가자를 보호하는 것이다.
④ 회기별 단위 활동 목표의 달성 여부만을 확인하여 프로그램의 지속 여부를 판단하는 것이다.

📖 해설: 평가 윤리는 평가자와 피평가자를 포함한 이해관계자의 공익을 보호하고, 평가 책임감과 전문성 향상에 기여하며, 윤리적 평가문화를 구축하는 역할을 한다.

문제 222. 치유농업 프로그램의 효과 평가를 수행하는 과정에서, 평가자는 미국평가협회(AEA)의 평가자를 위한 지도 원칙(Guiding Principles)을 준수해야 한다. 다음 중 치유농업 프로그램 평가에 적용되는 AEA의 지도 원칙에 포함되지 않는 것은 무엇인가?

① 체계적이고 근거 기반의 조사 수행, 평가 역량 확보, 진실성과 정직성 유지, 인간 존중, 공공복지 및 공익에 대한 책임성을 준수하는 것이다.

② 치유농업 평가의 전문성을 유지·향상시키기 위해 지속적인 학습과 자기 점검을 수행하는 것이다.

③ 평가 결과를 운영 기관이나 사업 주체의 명성을 높이기 위해 선택적으로 조정하거나 왜곡하는 것이다.

④ 평가 대상자의 문화적·사회적 특성과 지역 맥락을 이해하고 존중하여 평가 과정과 결과에 반영하는 것이다.

☞●●○○

> 📖 해설: 평가자는 진실성과 정직성을 준수해야 하며, 평가 결과를 조작하는 것은 명백히 윤리 위반이다. 지도 원칙은 평가자의 전문성과 공익 책임성을 포함하고 있다.

문제 223. 치유농업 프로그램의 효과 평가를 수행하는 평가자가, 평가 대상 기관과 개인적·재정적·전문적 이해관계가 있음을 인지하였다. 이러한 이해상충(conflict of interest) 상황에서 평가자가 취해야 할 행동으로 가장 적절한 것은 무엇인가?

① 이해상충 사실이 평가에 영향을 주지 않는다고 판단되면 이를 공개하지 않고 평가 결과만 보고한다.

② 이해관계 상충 가능성을 사전에 관련 이해관계자에게 투명하게 공개하고, 평가의 공정성을 확보하기 위해 평가 계획의 조정 내용과 그 사유를 문서로 기록한다.

③ 평가 대상 기관의 요구를 우선적으로 수용하여 갈등을 최소화한다.

④ 평가 과정과 직접 관련이 없는 자료를 선택적으로 수정하여 문제를 회피한다.

☞●●●○

> 📖 해설: 평가자는 이해관계가 상충되는 경우 사전에 공개하고 평가 계획의 변경 내용과 그 이유를 기록해야 한다. 이는 진실성과 정직성 원칙에 포함된다.

문제 224. 치유농업 프로그램 평가에서 '인간에 대한 존중' 원칙에 포함되는 내용으로 가장 적절한 것은?

① 평가 결과를 전달할 때 이해관계자들의 존엄성과 자존심을 존중하고, 사회적 형평성을 고려한다.

② 평가자의 편의를 위해 평가 대상자 정보를 최소화한다.

③ 프로그램 효과만 수치화하여 전달한다.

④ 평가자의 정치적 판단을 우선시한다.

📖 해설: 인간에 대한 존중 원칙은 평가 결과 전달 시 이해관계자의 존엄과 자존심을 지키고, 사회적 형평성과 다양한 문화적 차이를 고려하는 것을 포함한다.

문제 225. 치유농업 프로그램 평가지표(Indicator)의 역할로 가장 적절한 것은?

① 프로그램 참여자에게 과제를 부여하는 기준
② 평가 기준이 되는 원칙이나 표준을 구체적이고 측정 가능한 요소로 제공하여 프로그램 효과를 판단
③ 프로그램 운영자의 편의를 위한 자료 수집
④ 프로그램 후 만족도만 측정

📖 해설: 평가지표는 평가 기준과 표준을 제공하며, 프로그램의 효과 달성 여부를 판단할 수 있는 구체적이고 측정 가능한 요소이다.

문제 226. 치유농업 프로그램의 효과성을 평가하기 위해 다양한 성과지표를 설정하였다. 이 중 정량 지표(Quantitative Indicator)의 특성에 대한 설명으로 옳지 않은 것은 무엇인가?

① 참여자 수, 프로그램 운영 횟수, 회기당 참여율, 서비스 제공 기간 등과 같이 수치화가 가능하여 객관적으로 측정할 수 있다.
② 치유농업 서비스의 운영 규모와 실행 정도를 파악하는 데 유용한 정보를 제공한다.
③ 참여자의 경험, 정서 변화, 태도 형성 등 주관적 의미와 개인적 해석을 심층적으로 이해하는 데 효과적이다.
④ 수치와 데이터로 표현되므로 평가자 간 해석 차이가 상대적으로 적고 신뢰성과 비교 가능성이 높다.

📖 해설: 사람의 경험, 감정, 태도 등 주관적 정보는 정성지표에 해당하며, 정량지표는 객관적 수치와 데이터를 기반으로 한다.

문제 227. 치유농업 프로그램의 효과를 종합적으로 평가하기 위해 정량 지표와 함께 정성 지표 (Qualitative Indicator)를 활용하고자 한다. 다음 중 정성 지표를 활용할 때의 장점으로 가장 적절한 것은 무엇인가?

① 프로그램 운영 횟수, 참여 인원수, 예산 집행 규모 등 객관적 사실을 수치로 정확히 제시할 수 있다.
② 자료의 신뢰도가 항상 높아 별도의 분석 절차나 해석 과정이 필요하지 않다.
③ 참여자의 경험, 정서 변화, 태도 형성 등 수치화하기 어려운 내용을 통해 치유농업 프로그램이 미친 변화를 깊이 있고 맥락적으로 이해할 수 있다.
④ 예산 금액, 시설 이용 현황 등 행정적 관리 자료를 체계적으로 제공할 수 있다.　☞●●○○

📖 해설: 정성지표는 서술적·주관적 정보를 제공하며, 대상자의 심리적·정서적 변화와 같은 복잡한 현상을 깊이 이해하는 데 유용하다.

문제 228. 치유농업 프로그램 평가계획 수립 시 고려해야 할 평가지표 유형과 자료 수집 방법의 적절한 연결은?

① 정량 지표 – 심층면접, 초점집단, 관찰
② 정성 지표 – 수치 계산, 도구 이용 측정
③ 정량 지표 – 참여율, 결석률, 매출액 등 수치 자료 수집
④ 정성 지표 – 혈압, 맥박, 호흡 등의 생리적 변화 측정

☞●●○○

📖 해설: 정량지표는 참여율, 결석률, 매출액 등 객관적 수치를 기반으로 자료를 수집하며, 정성지표는 심층면접, 관찰, 체크리스트 등 주관적·서술적 자료 수집에 적합하다.

문제 229. 치유농업 프로그램의 영평가(Process evaluation)에 대한 설명으로 가장 적절한 것은?

① 프로그램 종료 후 대상자의 변화와 효과를 입증하기 위해 실시한다.
② 프로그램 투입 자원과 과정이 계획대로 수행되었는지 평가하여 서비스 품질 개선에 초점을 둔다.
③ 외부 이해관계자에게 공개되는 객관적 평가 도구와 자료를 활용한다.
④ 프로그램 참여자 만족도만을 평가한다.

☞●●○○

📖 해설: 운영평가는 투입과 과정에 초점을 맞추어 프로그램 운영 과정의 품질(Quality)을 점검하고 개선점을 찾는 평가로, 프로그램 진행 중 수시로 실시되며 주로 질적 자료를 활용한다.

문제 230. 치유농업 프로그램 성과평가(Outcome evaluation)의 특징으로 옳은 것은?

① 투입과 과정의 효율성만을 평가한다.

② 산출과 성과를 중심으로 평가하며, 프로그램 효과와 대상자 또는 지역사회의 변화를 입증한다.

③ 프로그램 운영 중 회의를 통해 질적 자료를 수집한다.

④ 대상자 만족도는 평가 대상이 될 수 없다.

해설: 성과평가는 산출(outputs)과 성과(outcomes)에 초점을 맞추어 프로그램의 목표 달성과 대상자·지역사회 변화 여부를 평가하며, 객관적 자료와 필요시 질적 자료를 병행한다.

문제 231. 치유농업 프로그램 모니터링 지표 중 투입 요소 평가에 해당하지 않는 것은?

① 인적자원의 적절성 – 역량을 갖춘 운영인력이 투입되었는가

② 예산의 적절성 – 예산이 충분히 확보되었는가

③ 충실성 – 계획한 활동 내용이 모두 제공되었는가

④ 시간 자원의 충분성 – 준비 및 운영 시간이 적절하였는가

해설: 충실성은 과정 요소 평가에 해당하며, 계획된 프로그램 내용이 빠짐없이 제공되었는지를 평가한다. 투입 요소는 인력, 물자, 예산, 시간, 정보 등의 적절성을 확인하는 단계이다.

문제 232. 치유농업 프로그램 평가의 논리모델에서 "성과(Outcomes)"가 의미하는 것은?

① 프로그램 투입 자원의 적절성

② 프로그램 수행 과정 중 산출물의 수량 및 참여 인원

③ 프로그램을 통해 대상자 또는 지역사회에서 나타나는 바람직한 변화

④ 프로그램 운영 과정의 비용 효율성

해설: 논리모델에서 성과(outcomes)는 프로그램 참여 이후 나타나는 대상자나 지역사회의 변화를 의미하며, 프로그램 목표 달성 여부를 판단하는 핵심 요소이다.

문제 233. 치유농업 프로그램의 효과 평가(Outcome evaluation)에 대한 설명으로 가장 적절한 것은?

① 프로그램에 투입된 예산 대비 산출물을 분석하는 평가이다.
② 실행된 프로그램이 대상자에게 어떠한 변화를 가져왔는지, 목표 달성 여부를 검증하는 평가이다.
③ 프로그램 참여자의 만족 정도를 확인하기 위해 구조화된 설문지를 사용하는 평가이다.
④ 프로그램 과정 중 오류나 실수를 점검하는 평가이다.

☞ ●●●○

> 📖 해설: 효과 평가는 프로그램 참여 전후 또는 프로그램 과정 중 대상자의 변화와 목표 달성 여부를 검증하는 평가로, 필요 시 전문가 협력 및 전문기관 연계가 이루어질 수 있다.

문제 234. 치유농업 프로그램 만족도 평가의 특징으로 가장 적절한 것은?

① 프로그램의 경제적 효율성을 분석하기 위해 예산과 산출물을 비교한다.
② 전체 프로그램 종료 후 대상자의 신체적 변화를 측정한다.
③ 실행 중인 프로그램에 대한 참여자 및 이해관계자의 만족 정도를 평가하여 향후 개선 자료로 활용한다.
④ 프로그램 참여 전후 효과를 입증하기 위해 전문가 그룹과 협력한다.

☞ ●●○○

> 📖 해설: 만족도 평가는 프로그램이 실행되는 동안 참여자와 이해관계자의 만족도를 구조화된 설문지나 인터뷰로 조사하며, 향후 프로그램 개선 자료로 활용된다. 잠재적 이용자의 예측에는 한계가 있다.

문제 235. 치유농업 프로그램 경제적 효율성 평가에 해당하는 활동은 무엇인가?

① 프로그램 참여자의 심리적 변화 측정
② 투입된 자원과 산출된 결과물 대비 효율성을 평가하여 분석
③ 대상자의 만족도 조사
④ 프로그램 과정에서 발생한 오류나 안전사고 점검

☞ ●●○○

> 📖 해설: 경제적 효율성 평가는 프로그램에 투입된 자원과 예산 대비 산출된 결과물의 효율성을 분석하여, 프로그램 목적 달성에 자원이 적절히 활용되었는지 평가하는 과정이다.

문제 236. 치유농업 프로그램 종료 후 실시한 효과 평가 결과는 단순한 보고에 그치지 않고, 이후 프로그램 운영과 대상자 지원에 적극적으로 활용되어야 한다.
다음 중 치유농업 프로그램의 효과 평가 결과가 이후에 활용되는 방법으로 가장 적절한 것은 무엇인가?

① 프로그램 참여 전·후에 나타난 대상자의 신체·정서·사회적 변화 자료를 근거로, 필요 시 후속 치유 서비스나 전문기관(의료·복지·상담 등)과의 연계 및 맞춤형 지원 방안을 마련하는 것이다.
② 평가 자료를 비용 절감 목적으로 최소한의 통계 수치만 정리하여 보관하는 것이다.
③ 현재 평가 결과를 토대로 향후 참여할 가능성이 있는 대상자의 만족도를 예측하는 데 주된 목적으로 활용하는 것이다.
④ 프로그램 실행 중 발생한 운영상의 오류와 실수만을 선별적으로 기록하는 것이다.

👉 ●●●○

> 📖 해설: 효과 평가 결과는 대상자의 변화, 요구, 프로그램 성과 등을 근거로 후속 전문기관과의 연계, 지원 방안 협의, 관계기관 협력체계 구축 등 실질적인 활동 계획에 활용될 수 있다.

문제 237. 치유농업 프로그램의 효과성을 과학적으로 검증하기 위해 실험설계(experimental design)를 적용하고자 한다. 다음 중 실험설계를 사용하는 주된 목적과 이에 가장 적합한 평가도구의 조합으로 옳은 것은 무엇인가?

① 프로그램 참여자의 만족도 수준과 주관적 경험을 파악하기 위해 심층 면접과 참여 관찰 기록지를 활용한다.
② 프로그램 참여 전·후에 나타난 대상자의 신체·정서·인지·사회적 변화와 같은 종속변수의 변화를 검정하기 위해, 표준화된 심리척도나 평정척도를 활용한다.
③ 프로그램 운영 과정에서 발생한 절차적 오류와 문제점을 기록·수정하기 위해 운영 일지와 체크리스트를 활용한다.
④ 프로그램 투입 대비 산출을 계산하여 비용 대비 효과를 산정하기 위해 회계 자료와 단순 통계를 활용한다.

👉 ●●●○

> 📖 해설: 실험설계는 변수 간 인과관계와 효과 크기를 검정하기 위해 실시하며, 단일집단 전후 설계나 두 집단 전후 설계에서 표준화 척도와 평정척도를 활용해 대상자의 변화를 수치화하여 평가한다.

문제 238. 치유농업 프로그램의 효과성을 검증하기 위해 평가도구를 선정하고자 한다.
다음 중 좋은 평가도구가 갖추어야 할 조건에 대한 설명으로 옳지 않은 것은 무엇인가?

① 치유농업 프로그램의 목적과 측정 대상에 부합하도록 타당도, 신뢰도, 그리고 변화에 대한 반응도(responsiveness)를 갖추어야 한다.

② 평가도구는 민감도와 특이도를 통해 대상자의 변화나 상태를 정확히 진단·선별할 수 있어야 한다.

③ 동일한 조건에서 반복 측정할 경우 결과가 매번 달라지더라도, 변화 탐지가 가능하다면 평가도구로서 큰 문제가 없다.

④ 프로그램 개입 전·후에 나타나는 유의미한 변화를 탐지할 수 있어야 하며, 이는 치유농업 효과 검증의 핵심 요건이다.

☞●●●○

📖 해설: 반복 측정 시 결과가 일관되지 않다면 신뢰도가 낮은 평가도구로 간주된다. 좋은 평가도구는 측정 결과가 반복적으로 일관되게 나타나야 하며, 신뢰도 검증 방법으로 검사-재검사법과 내적 일관성을 활용한다.

문제 239. 치유농업 프로그램의 효과를 정확하게 검증하기 위해 평가도구를 선정하고자 한다.
다음 중 평가도구의 타당도(Validity)에 대한 설명으로 가장 적절한 것은 무엇인가?

① 평가도구가 치유농업 프로그램에서 측정하고자 하는 개념(예: 정서 안정, 사회성 향상, 스트레스 감소 등)을 실제로 얼마나 정확하게 반영하고 있는지를 의미하며, 기준 타당도, 내용 타당도, 구성·요인 타당도 등을 통해 검증할 수 있다.

② 동일한 평가도구를 일정한 조건과 간격으로 반복 측정하여 결과의 일관성을 확인하는 것으로, 평가자의 주관을 최소화하는 데 목적이 있다.

③ 치유농업 프로그램 개입 후 대상자에게 발생한 변화가 통계적으로 의미 있게 탐지되는 정도를 의미한다.

④ 대상자의 상태를 판별할 때 문제가 있는 경우를 정확히 식별해내는 비율을 의미하며, 평가도구의 신뢰성을 평가하는 지표이다.

☞●●●○

📖 해설: 타당도는 평가도구가 측정하고자 하는 개념을 정확히 반영하는지를 의미하며, 기준 타당도, 내용 타당도, 구성 타당도, 요인 타당도 등을 통해 검증할 수 있다.

문제 240. 치유농업 프로그램의 효과 평가 및 대상자 선별을 위해 평가도구를 활용하고자 한다. 다음 중 평가도구의 민감도(Sensitivity)와 특이도(Specificity)에 대한 설명으로 가장 적절한 것은 무엇인가?

① 민감도는 문제가 없는 대상을 정확하게 판정하는 비율이며, 특이도는 문제가 있는 대상을 정확하게 판정하는 비율을 의미한다.

② 민감도는 문제가 있는 대상자를 실제로 문제 있다고 판정하는 비율이며, 특이도는 문제가 없는 대상자를 실제로 문제 없다고 판정하는 비율을 의미한다.

③ 민감도와 특이도는 평가도구가 측정 개념을 얼마나 정확히 반영하는지를 검증하는 타당도 지표이다.

④ 민감도와 특이도는 동일한 평가도구를 반복 측정했을 때 결과가 얼마나 일관되는지를 나타내는 신뢰도 지표이다.

해설: 민감도는 실제로 문제가 있는 대상자를 정확히 판정하는 비율이며, 특이도는 실제 문제가 없는 대상자를 정확히 판정하는 비율을 의미한다.

문제 241. 다수의 대상자가 참여하는 치유농업 프로그램에서 효과 평가를 실시하기 위해 구조화된 질문지(structured questionnaire)를 활용하고자 한다.

다음 중 구조화된 질문지를 활용할 때의 주요 장점으로 가장 적절한 것은 무엇인가?

① 참여자가 자신의 경험을 자유롭게 서술할 수 있어 질적 자료 분석에 가장 적합하다.

② 질문 내용과 응답 방식이 표준화되어 있어 면접자나 관찰자의 주관적 편견 개입을 최소화할 수 있으며, 다수 대상자의 자료를 효율적으로 수집·비교·분석할 수 있다.

③ 모든 문항이 개방형 질문으로 구성되어 심층적 이해와 정밀한 통계 분석을 동시에 가능하게 한다.

④ 질문의 순서를 무작위로 배열하여 응답자의 즉각적·자발적 반응을 유도하는 데 가장 효과적이다.

해설: 구조화된 질문지는 표준화된 언어와 질문 순서를 통해 면접자나 관찰자의 편견을 최소화하고, 많은 응답자의 자료를 효율적으로 수집할 수 있다. 개방형 질문만으로 구성되면 자료 정리와 코딩이 어렵다.

문제 242. 치유농업 프로그램 참여자에게 이전 참여 경험과 활동 유형을 조사하려고 할 때 적합한 질문 내용 유형은?

① 사실 발견 질문(Fact questions)
② 의견 및 태도 질문(Opinion and attitude questions)
③ 지식 및 정보 확인 질문(Information questions)
④ 자각 질문(Self-perception questions) ☞●●○○

> 📖 해설: 자각 질문(Self-perception questions)은 응답자의 현재 또는 과거 행동에 대해 평가하는 질문으로, 이전 프로그램 참여 경험과 참여 활동을 조사할 때 적합하다.

문제 243. 다수의 참여자가 포함된 치유농업 프로그램에서 효과 평가를 위해 설문조사를 실시하고자 한다. 다음 중 폐쇄형 질문(closed-ended question)을 활용할 때의 장점으로 가장 적절한 것은 무엇인가?

① 참여자의 경험과 생각을 자유롭게 서술하도록 유도하여 심층적 질적 자료를 풍부하게 수집할 수 있다.
② 미리 제시된 응답 범주 중에서 선택하도록 함으로써 응답 부담을 줄이고, 자료의 비교·코딩·통계 분석을 효율적으로 수행할 수 있다.
③ 참여자가 제한 없이 장문의 응답을 작성할 수 있어 응답의 솔직성과 표현의 자유를 최대화할 수 있다.
④ 예측하지 못한 새로운 사실이나 개인적 의미를 발견하는 데 유리하며, 응답자의 개별 표현을 충분히 반영할 수 있다. ☞●●○○

> 📖 해설: 폐쇄형 질문은 주어진 응답 범주에서 선택하도록 하여 응답이 간편하고 해석 및 통계분석이 용이하며, 신뢰성을 높일 수 있다. 단점으로는 새로운 정보 발견이 어렵다.

문제 244. 치유농업 프로그램 질문지 설계 시 질문의 배열에 대한 적절한 설명은?

① 민감한 질문이나 깊은 사고가 필요한 질문을 설문 초반에 배치한다.
② 사실 확인과 간단한 관심·흥미 관련 질문은 설문 후반부에 배치한다.
③ 질문은 논리적 순서에 따라 배열하며, 응답자가 편안하게 답할 수 있도록 간단한 질문을 앞쪽에 배치한다.
④ 개방형 질문을 모두 뒤쪽에 배치해야 응답자의 솔직한 답변이 보장된다. ☞●●○○

> 📖 해설: 질문지는 논리적 순서로 배열해야 하며, 설문 초반에는 간단하고 흥미로운 질문, 사실 확인 질문 등을 배치하여 응답자가 편안하게 답하도록 유도하고, 심사숙고가 필요한 질문이나 개방형 질문은 중간 또는 후반부에 배치하는 것이 효과적이다.

문제 245. 치유농업 프로그램의 효과를 종합적으로 평가하기 위해 양적 평가와 질적 평가를 적절히 활용하고자 한다. 다음 중 양적 평가와 질적 평가의 특징이 옳게 연결된 것은 무엇인가?

① 양적 평가 – 참여자의 경험과 의미를 풍부하게 설명하고, 치유 과정의 맥락과 현실 세계를 심층적으로 기술하는 데 적합하다.

② 질적 평가 – 결과가 수치로 제시되어 객관성이 높고, 프로그램 개입 전·후 비교를 통해 통계적 검증이 가능하다.

③ 양적 평가 – 표준화된 평가도구를 활용하여 자료를 수치화하고, 통계적 방법을 통해 프로그램 효과를 분석하는 데 적합하다.

④ 질적 평가 – 다수의 대상자를 단기간에 조사하기 쉽고, 분석 결과가 단순하며 비교가 용이하다.

📖 해설: 양적평가는 표준화된 평가도구를 통해 자료를 수치화하여 통계적으로 분석하는 방법이며, 신뢰성 확보와 객관적 사실 제시에 강점이 있다. 질적평가는 풍부한 의미 전달과 해석을 강조하지만, 다수 조사와 통계분석은 어려운 단점이 있다.

문제 246. 치유농업 프로그램의 효과를 평가하는 과정에서 관찰과 기록을 병행하여 자료를 수집하고 있다. 다음 중 호손효과(Hawthorne Effect)에 해당하는 사례로 가장 적절한 것은 무엇인가?

① 프로그램 종료 후 실시한 설문에서, 참여자가 자신의 실제 경험과 관계없이 모든 문항에 '그렇다'로 응답하는 경우

② 프로그램 활동 중 대상자가 평가자 또는 관찰자의 존재를 인식하여, 평소보다 더 적극적이거나 모범적인 행동을 보이는 경우

③ 설문 문항 수가 많고 길어 참여자가 피로감을 느껴 충분히 숙고하지 않고 응답하는 경우

④ 동일한 내용의 정보를 제시하되 표현 방식에 따라 참여자의 선택이 달라지는 경우

📖 해설: 호손효과는 조사나 관찰 대상자가 자신이 평가받고 있다는 사실을 의식해 평소와 다른 행동을 하는 현상을 말한다.

문제 247. 다음은 치유농업 프로그램 효과 평가를 위해 참여자를 대상으로 설문조사를 실시하는 상황이다. 프로그램 운영자는 참여자가 지도자나 농장에 대한 호의적 인상을 의식해 실제보다 긍정적으로 응답하는 현상을 최소화하고자 한다.

이때 사회적 바람직성 효과를 줄이기 위한 설계 전략으로 가장 적절한 것은 무엇인가?

① 프로그램 종료 직후 지도자가 직접 설문을 배부·회수하여 응답의 성실성을 높인다.

② 응답자의 신원이 드러나지 않도록 익명성을 보장하고, 가치 판단을 유도하지 않는 중립적 문항으로 구성한다.

③ 치유 효과를 강조하기 위해 긍정적 변화에 관한 선택 문항 위주로 설문지를 구성한다.

④ 문항 배열을 무작위로 구성하면 응답 왜곡이 발생하지 않으므로 별도의 조치는 필요 없다.

☞●●●●○

> 📖 해설: 사회적 바람직성 효과는 응답자가 자신의 행동이나 의견을 긍정적·사회적으로 바람직하게 보이도록 응답하는 경향이다. 이를 줄이려면 익명성을 보장하고 중립적인 질문 표현을 사용하는 것이 효과적이다.

문제 248. 다음은 치유농업 프로그램 참여자 모집 및 효과 평가 문항을 설계하는 상황이다. 동일한 활동 성과를 설명하더라도 문항의 표현 방식에 따라 참여자의 프로그램 만족도, 재참여 의사, 효과 인식이 달라질 수 있음이 보고되었다. 이에 대한 설명으로 가장 적절한 것은 무엇인가?

① 설문 문항 수가 많아질수록 참여자의 응답 집중도가 낮아져 효과 평가의 신뢰도가 감소하는 현상이다.

② 프로그램 지도자의 전문성에 대한 인상이 활동 효과 전반에 영향을 미치는 후광 효과를 의미한다.

③ 동일한 치유농업 활동 성과라도 '기능 향상' 중심으로 제시할지, '기능 저하 감소' 중심으로 제시할지에 따라 참여자의 판단과 선택이 달라지는 현상이다.

④ 장기 프로그램에서 참여자가 초기 경험보다 최근 회기의 경험을 더 강하게 기억하는 회상 편향을 의미한다.

☞●●●●○

> 📖 해설: 프레이밍 효과는 동일한 정보라도 제시 방식이나 맥락에 따라 응답자의 판단과 선택이 달라지는 현상이다. 예를 들어 "90% 만족"과 "10% 불만족"은 같은 의미지만 인상에 차이가 있다.

문제 249. 다음은 다회기 치유농업 프로그램을 운영한 후, 참여자의 심리·사회적 변화 자료를 분석하는 과정에 대한 설명이다. 프로그램 담당자는 사전·사후 검사 점수, 회기별 관찰 기록, 참여자 소감지를 종합하여 성과 보고서 및 향후 프로그램 개선안을 도출하고자 한다. 이 과정에서 자료 분석의 주요 목적과 의미로 가장 적절한 것은 무엇인가?

① 수집된 설문지와 관찰 기록을 원자료 그대로 첨부하여 프로그램 운영의 증빙 자료로 활용하는 것이다.

② 다양한 자료를 체계적으로 정리·해석하여 치유농업 프로그램의 효과를 검증하고, 향후 유사 대상자에게 적용 가능한 근거를 마련하는 것이다.

③ 질적 관찰 기록과 참여자 소감은 모두 수치화하여 통계 분석에만 활용하는 것을 의미한다.

④ 자료 분석은 자료 수집 과정에서 발생한 오류나 편향을 자동으로 제거하는 기술적 절차를 의미한다.

☞●●●○

📖 해설: 자료분석은 수집된 자료를 유용한 정보로 전환하는 과정으로, 이를 통해 연구 가설을 검증하고 이론을 실증적으로 일반화할 수 있다. ①번은 단순 자료제출, ③번은 질적자료 특성을 잘못 설명한 것이며, ④번은 자료처리 과정과 관련된다.

문제 250. 다회기 치유농업 프로그램에서 운영자는 참여자의 회기별 관찰일지, 작업 중 발화 내용, 프로그램 종료 후 소감문을 수집하였다. 이 자료를 바탕으로 정서 안정, 사회적 상호작용, 참여 태도 변화를 분석하여 프로그램 효과를 검증하고자 한다. 이 과정에서 수행해야 할 자료 부호화(Coding)에 대한 설명으로 가장 적절한 것은 무엇인가?

① 관찰일지와 소감문에 포함된 주관적 판단을 자동으로 수정·보정하여 오류를 제거하는 과정이다.

② 관찰 내용과 언어 표현을 의미 단위로 분류하고, 범주·기호·숫자 등을 부여하여 체계적으로 분석 가능하게 만드는 과정이다.

③ 수집된 질적 자료를 그래프나 도표로 변환하여 결과를 시각적으로 제시하는 단계이다.

④ 치유농업 프로그램에서 활용되는 질적 자료는 해석 중심이므로 부호화 과정을 거치지 않는다.

☞●●●○

📖 해설: 부호화는 수집된 자료들을 숫자나 문자 등 기호로 변환하여 통계 분석이 가능하도록 하는 과정이다. ①번은 자료 정리·편집, ③번은 자료 시각화, ④번은 잘못된 설명이다.

문제 251. 다음은 8회기 치유농업 프로그램에서 참여 노인의 정서 안정 척도, 사회적 상호작용 평정표, 회기별 관찰일지를 수집한 후, SPSS를 활용하여 프로그램 효과를 분석하려는 과정이다. 이때 자료의 신뢰성과 분석 정확성을 확보하기 위한 올바른 자료 입력 절차로 가장 적절한 것은 무엇인가?

① 관찰일지와 설문 응답을 SPSS에 바로 입력한 후, 의미가 불분명한 문항을 사후에 정리하고 부호를 수정한다.

② 수집된 자료를 SPSS에 입력한 뒤, 원자료를 검토하며 부호 기준을 설정하고 오류 여부를 확인한다.

③ 원자료를 검토·정리하여 누락값과 이상치를 확인한 후, 평가도구에 맞게 부호화하고 SPSS에 입력한 다음 오류를 점검한다.

④ SPSS 입력 오류를 방지하기 위해 오류 점검을 먼저 실시한 뒤, 자료를 입력하고 원자료 정리를 수행한다.

> 📖 해설: SPSS 등 통계 프로그램 활용 시 자료처리 순서는 먼저 수집된 원자료를 정리·편집하고, 부호화하여 숫자/문자 기호로 변환한 후, 데이터 입력 및 오류 점검을 진행한다.

문제 252. 다음은 치유농업 프로그램(10회기)에 참여한 대상자의 스트레스 인식 척도, 회기 만족도 설문, 사회적 상호작용 평정 결과를 SPSS로 분석하기 위해 자료를 입력·편집하는 과정에 대한 설명이다. 이 중 SPSS 데이터 편집기의 '변수 보기(Variable View)' 창에서 설정하지 않는 항목으로 가장 적절한 것은 무엇인가?

① 치유농업 프로그램 효과를 분석하기 위해 설정한 변수명, 변수 라벨, 측정 수준

② 스트레스 점수, 만족도 점수 등의 자료 유형(숫자형·문자형)과 값 라벨

③ 각 참여자가 회기 종료 후 작성한 만족도 설문지의 실제 응답 값과 점수

④ 무응답 또는 관찰 불가 사례를 반영하기 위한 결측값 지정 방식 ☞●●●○

> 📖 해설: '변수 보기' 창에는 변수명, 변수 유형, 변수 설명, 결측값 처리 등을 입력하며, 개별 응답자의 구체적 답변 내용은 '데이터 보기' 창에 입력된다.

문제 253. 한 치유농업 농장에서 노인 대상 스트레스 완화 프로그램(8회기)을 운영한 후, 프로그램에 참여한 20명의 사전·사후 스트레스 점수와 만족도 점수를 정리하였다. 운영자는 이 자료를 활용해 평균 스트레스 점수, 점수 분포의 범위와 표준편차, 만족도 응답의 빈도와 비율을 해당 참여 집단 내부의 특성 파악 목적으로 분석하고자 한다. 이와 같은 목적에 가장 적절한 통계 방법은 무엇인가?

① 치유농업 프로그램 효과를 모집단으로 일반화하기 위한 추리통계

② 참여 집단의 자료를 요약·정리하여 특성을 파악하는 기술통계

③ 스트레스 점수 변화에 영향을 미치는 요인을 분석하는 회귀분석

④ 사전·사후 점수 차이의 유의성을 검정하는 F검정 ☞●●●○

> 📖 해설: 기술통계는 표본의 자료를 요약하여 변수의 특성을 기술하거나 변수 간 관계를 설명하는 방법이다. 추리통계는 표본을 통해 모집단을 추론하거나 가설을 검증하는 통계이다.

문제 254. 한 치유농업 농장에서 발달장애 성인을 대상으로 한 원예 치유 프로그램을 운영한 후, 운영자는 프로그램 참여자의 만족도 점수(5점 리커트 척도)만을 활용하여 평균 만족도, 점수 분포, 응답 비율을 산출하고, 이를 통해 해당 집단의 전반적 반응 수준을 요약·설명하고자 한다. 이와 같은 분석 접근의 특징으로 가장 적절한 것은 무엇인가?

① 만족도와 스트레스 감소 점수 등 여러 변수 간의 관계를 동시에 분석한다.

② 하나의 변수에 대해 자료를 기술·요약하여 집단의 특성을 파악하는 분석이다.

③ 만족도 점수와 참여 회기 수 간의 상관관계를 설명하는 분석이다.

④ 모집단의 분포나 분석 가정을 고려하지 않고도 추론적 판단을 수행할 수 있다. 

> 📖 **해설:** 일원분석은 단일 변수의 특성을 요약하거나 기술하는 통계분석으로, 빈도, 백분율, 평균 등을 사용하여 설명한다. ①번은 다원분석, ③번은 이원분석, ④번은 비모수검정과 관련된다.

문제 255. 한 치유농업 센터에서 우울 완화 목적의 원예 치유 프로그램을 운영한 후, 운영자는 참여자의 우울 점수 변화(사전·사후 점수)를 분석하기 위해 모수 검정(t-검정) 적용 가능성을 검토하고 있다. 다음은 해당 분석을 위해 확인해야 할 조건들이다. 이 중 모수 검정의 필요조건으로 가장 적절하지 않은 것은 무엇인가?

① 참여 대상자는 무작위로 표집되었거나, 무작위 배정에 준하는 절차를 거쳤다.

② 비교 집단 간 우울 점수의 분산이 유사하여 등분산성 가정을 충족한다.

③ 각 참여자의 측정값은 다른 참여자의 측정값과 상호 독립적이다.

④ 우울 정도는 명목 또는 서열 수준의 변수로 측정되며, 연속형 척도가 아니어도 무방하다. 

> 📖 **해설:** 모수검정은 연속형 자료(등간, 비율 변수)와 모집단 정규성, 독립성, 등분산성 등의 가정을 충족해야 한다. 명목·서열 변수 자료는 비모수검정을 사용한다.

문제 256. 한 치유농업 센터에서 노인 대상 치유농업 프로그램 종료 후 만족도 설문을 실시하였다. 총 50부의 설문지가 회수되었으나, 이 중 5부는 만족도 문항에 응답하지 않아 결측값으로 처리되었다. 운영자는 실제 응답한 참여자만을 기준으로 만족도 수준별 비율을 산출하여 성과 보고서와 지자체 제출용 평가 자료에 활용하고자 한다. 이때, SPSS 빈도분석 결과표에서 결측값을 제외하고 계산된 백분율을 의미하는 용어로 가장 적절한 것은 무엇인가?

① 각 응답 범주에 해당하는 사례 수를 나타내는 빈도(Frequency)

② 전체 표본 수를 기준으로 계산된 백분율(Percentage)

③ 결측값을 제외한 유효 사례만을 기준으로 산출한 유효백분율(Valid Percentage)
④ 응답 범주를 누적하여 계산한 누적백분율(Cumulative Percentage)

👉●●●●○

해설: 유효백분율은 결측값을 제외하고 계산한 백분율이며, 전체 응답에서 특정 값이 차지하는 비율을 반영한다. 빈도는 값이 나타난 횟수, 백분율은 전체 대비 비율, 누적백분율은 개별 백분율을 누적한 값이다.

문제 257. 한 치유농업 센터에서는 도시 노인 대상 텃밭 치유 프로그램의 효과를 검증하기 위해 프로그램에 참여한 집단(실험집단)과 참여하지 않은 비참여 집단(비교집단)의 스트레스 점수(연속형 척도)를 프로그램 종료 후 비교하고자 한다. 두 집단은 서로 다른 대상자들로 구성된 독립 집단이며, 자료는 정규성·등분산성 등 모수 검정의 전제조건을 충족한다고 가정한다. 이와 같은 조건에서, 두 집단 간 평균 스트레스 점수의 차이를 검정하기 위해 가장 적절한 통계 분석 방법은 무엇인가?
① 동일 대상자의 사전·사후 변화를 비교하는 대응 표본 t-검정
② 서로 독립된 두 집단의 평균 차이를 비교하는 독립 표본 t-검정
③ 정규성 가정을 충족하지 않을 때 사용하는 윌콕슨 부호 순위 검정
④ 서열 자료 또는 비모수 상황에서 사용하는 맨–휘트니 검정

👉●●●●○

해설: 독립표본 t-검정은 서로 독립된 두 집단 간 평균 차이를 비교할 때 사용하는 모수검정 방법이다. ①번은 동일 집단 전후 비교, ③번은 대응표본 t-검정의 정규성 가정 미충족 시, ④번은 두 독립 집단 비모수 비교에 사용된다.

문제 258. 치유농업 프로그램 참여 전·후 동일 대상자의 변화를 분석하려고 한다. 정규분포 가정을 만족하지 않는 경우 사용할 수 있는 통계방법은?
① 대응 표본 t-검정 　　　　　② 독립 표본 t-검정
③ 윌콕슨 부호 순위 검정 　　　④ 맨-휘트니 검정

👉●●○○○

해설: 윌콕슨 부호순위검정은 동일한 집단을 대상으로 두 시점 간 차이를 비교하는 비모수검정이다. 정규분포 가정을 만족하지 않는 경우 내응표본 t-검정을 대신하여 사용할 수 있다.

문제 259. 한 치유농업 교육센터에서는 서로 다른 3가지 치유농업 프로그램 운영 방식이 참여자의 정서 안정 점수(연속형 척도)에 미치는 효과 차이를 비교하고자 한다. A형: 전통 텃밭 가꾸기 중심 프로그램, B형: 원예 + 동물교감 통합형 프로그램, C형: 스마트팜 기반 치유 프로그램. 각 프로그램은 서로 다른 참여자 집단으로 구성되어 있으며, 자료는 정규성·등분산성 등 모수 검정의 전제조건을 충족한다고 가정한다. 이와 같은 조건에서, 세 집단 이상의 평균 차이를 동시에 검정하기 위해 가장 적절한 통계 분석 방법은 무엇인가?

① 하나의 독립변인에 따른 평균 차이를 검정하는 일원 분산분석(One-way ANOVA)
② 두 집단 간 평균 차이를 비교하는 독립 표본 t-검정
③ 두 연속형 변수 간 관계를 분석하는 상관관계 분석
④ 범주형 자료의 분포 차이를 분석하는 카이 제곱 검정 

> 📖 해설: 일원 분산분석(One-way ANOVA)은 하나의 독립변수(교육방법)가 세 가지 수준(집단)을 가지며, 종속변수(학업 성취도) 평균 차이를 비교할 때 사용된다.

문제 260. 한 치유농업 센터에서는 프로그램 운영 결과를 분석하기 위해 참여자의 특성과 프로그램 반응 유형 간의 관련성을 검토하고자 한다. 구체적으로, 참여자 유형(노인/성인/청소년), 프로그램 만족도 범주(높음/보통/낮음), 운영자는 각 범주 조합별 빈도를 교차표로 정리한 후, 참여자 유형과 만족도 범주가 서로 독립적인지, 즉 특정 참여자 유형이 특정 만족도 수준과 통계적으로 관련이 있는지를 검정하고자 한다. 이와 같은 조건에서 가장 적절한 통계 분석 방법은 무엇인가?

① 스트레스 점수와 만족도 점수 간의 선형 관계를 분석하는 상관 관계 분석
② 두 범주형 변수 간 독립성 여부를 검정하는 카이 제곱 분석(χ^2 test)
③ 동일 참여자의 사전·사후 점수 차이를 비교하는 대응 표본 t-검정
④ 하나의 종속변수를 다른 변수로 예측하는 회귀 분석 

> 📖 해설: 카이제곱 분석은 범주형 변수 간 독립성 또는 동질성을 검정하는 방법으로, 관측빈도와 기대빈도를 비교하여 두 변수 간 관계를 평가한다.

문제 261. 치유농업 프로그램이 노인의 우울 감소에 효과가 있는지 검증하고자 할 때, "치유농업 프로그램은 노인의 우울에 효과가 없다."라는 가설을 설정하였다. 이 가설은 무엇을 의미하는가?

① 대립가설(H1)   ② 연구가설
③ 귀무가설(H0)   ④ 통계적 검정

📖 해설: 귀무가설(H0)은 연구에서 검정하고자 하는 효과나 차이가 없음을 주장하는 가설이다. '치유농업 프로그램은 효과가 없다'라는 주장은 귀무가설로 설정된다. 반대로 효과가 있다고 주장하면 대립가설(H1)이다.

문제 262. 한 치유농업 센터에서는 노인 대상 원예 치유 프로그램의 효과를 검증하기 위해 프로그램 참여 여부(참여/비참여)와 우울 점수 변화량(연속형 변수) 간의 관계를 통계적으로 분석하였다. 분석 결과, 통계 프로그램(SPSS)에서 산출된 p-value를 바탕으로 운영자는 해당 관계가 우연에 의한 것인지, 통계적으로 의미 있는 차이 인지를 판단하고자 한다. 이때, 두 변수 간의 통계적 유의성 여부를 판단하는 기준으로 가장 적절한 것은 무엇인가?

① 추정의 범위를 제시하는 신뢰구간
② 자료의 산포 정도를 나타내는 표준편차
③ 가설검정에서 귀무가설 기각 여부를 판단하는 기준인 유의수준(p-value)
④ 자료 분포의 특성을 요약하는 빈도분석

📖 해설: 유의수준(p-value)은 두 변수 간의 관계가 통계적으로 의미 있는지를 판단하는 기준이다. 일반적으로 0.05(p<0.05)를 기준으로 귀무가설 기각 여부를 결정한다.

문제 263. 한 치유농업 센터에서는 청소년 대상 치유농업 프로그램의 효과를 검증하기 위해 프로그램 참여 여부에 따른 스트레스 감소량을 비교하는 가설검정을 실시하였다. 유의수준(α): 0.05, 분석 결과: p = 0.03, 이 결과를 근거로, 프로그램 효과에 대한 통계적 판단과 성과 보고서에 기술할 결론으로 가장 적절한 것은 무엇인가?

① 귀무가설을 기각하고, 치유농업 프로그램 참여가 스트레스 감소에 통계적으로 유의한 영향을 미쳤다고 판단한다.
② 귀무가설을 채택하고, 프로그램 효과는 우연에 의한 결과로 해석한다.
③ p값이 0.05보다 작아도 프로그램 평가에는 활용할 수 없으므로 결론을 유보한다.
④ p값은 효과 크기를 의미하므로, 효과가 크다고만 보고 가설 판단은 하지 않는다.

📖 해설: p값이 0.03로 유의수준 0.05보다 작으므로, 관찰된 효과가 우연에 의해 나타날 가능성이 낮다고 판단하여 귀무가설을 기각하고 대립가설을 채택한다.

문제 264. 한 치유농업 연구팀은 성인 대상 치유농업 프로그램이 스트레스 감소에 미치는 효과를 추정하기 위해 사전·사후 점수 차이를 분석하고, 그 결과를 95% 신뢰수준의 신뢰구간으로 제시하였다. 이 신뢰수준을 활용하여 분석 결과를 해석할 때, 가장 적절한 의미 해석은 무엇인가?

① 프로그램 참여와 스트레스 감소 간의 관계가 95%의 확률로 실제 존재함을 의미한다.

② 동일한 방식으로 반복 표집·분석을 수행할 경우, 산출된 신뢰구간의 약 95%가 모집단의 실제 효과 값을 포함하게 됨을 의미한다.

③ 95% 신뢰수준은 가설검정에서 유의수준이 0.95임을 뜻한다.

④ 95% 신뢰수준을 사용하면 귀무가설은 항상 기각된다고 해석할 수 있다.

☞ ●●●○

📖 **해설:** 95% 신뢰수준은 표본으로부터 추정한 값이 신뢰구간 내에 포함될 확률이 95%임을 의미한다. 즉, 통계적 추정이 95% 신뢰도로 모집단을 대표함을 나타낸다.

문제 265. 치유농업 프로그램 결과보고서를 작성할 때 가장 중요한 원칙으로 옳은 것은 무엇인가?

① 프로그램 진행자의 개인적인 의견과 주관적 판단을 중심으로 작성한다.

② 평가 결과와 자료 분석에 기반하여 객관적이고 중립적으로 작성한다.

③ 통계분석 결과는 생략하고 프로그램 활동만 서술한다.

④ 모든 용어를 전문용어로 작성하여 학술성을 높인다.

☞ ●●○○

📖 **해설:** 결과보고서는 객관적이고 중립적인 데이터 해석에 기초해야 하며, 주관적 판단이나 과도한 전문용어 중심 작성은 부적절하다.

문제 266. 다음 중 치유농업 프로그램 평가 및 보고서 작성의 목적을 가장 잘 설명한 것은 무엇인가?

① 프로그램 진행자의 만족도를 높이기 위해 작성한다.

② 행정 보고를 위한 형식적 문서로만 활용한다.

③ 참여자 변화와 프로그램 효과를 검증하고 개선 방안을 마련하기 위함이다.

④ 프로그램 운영 예산을 소진하기 위해 작성한다.

☞ ●●●○

📖 **해설:** 평가와 결과보고서는 참여자의 변화를 분석하고 효과성을 검증하여 향후 프로그램 개선 및 정책적 활용을 위한 자료로 쓰인다.

권별 정답 일람표

제 1 권

치유농업과 치유농업서비스의 이해

(전체 283문제)

문제번호	정답	페이지	문제번호	정답	페이지	문제번호	정답	페이지
1	②	11	19	②	17	37	③	23
2	②	11	20	④	17	38	②	23
3	④	11	21	③	18	39	③	23
4	④	12	22	①	18	40	②	24
5	②	12	23	②	18	41	②	24
6	②	12	24	②	18	42	①	24
7	③	13	25	③	19	43	③	25
8	②	13	26	②	19	44	②	25
9	③	13	27	②	19	45	②	25
10	②	14	28	③	20	46	③	26
11	④	14	29	③	20	47	③	26
12	②	14	30	③	20	48	④	26
13	③	15	31	①	21	49	④	27
14	④	15	32	③	21	50	②	27
15	②	16	33	②	21	51	③	27
16	②	16	34	①	22	52	②	28
17	③	16	35	②	22	53	④	28
18	③	17	36	②	22	54	②	28

문제번호	정답	페이지	문제번호	정답	페이지	문제번호	정답	페이지
55	②	29	77	④	37	99	③	43
56	②	29	78	②	37	100	②	43
57	①	30	79	②	37	101	②	44
58	②	30	80	④	38	102	②	44
59	③	30	81	①	38	103	②	44
60	③	31	82	③	38	104	③	44
61	①	31	83	①	39	105	③	45
62	③	31	84	②	39	106	①	45
63	②	32	85	③	39	107	④	45
64	③	32	86	②	39	108	②	46
65	③	32	87	②	40	109	③	46
66	②	33	88	④	40	110	④	46
67	④	33	89	③	40	111	③	47
68	②	33	90	②	40	112	②	47
69	②	34	91	②	41	113	④	47
70	③	34	92	②	41	114	①	48
71	①	35	93	②	41	115	④	48
72	②	35	94	③	42	116	④	48
73	③	36	95	②	42	117	②	48
74	②	36	96	④	42	118	②	49
75	②	36	97	③	42	119	②	49
76	②	37	98	③	43	120	②	49

문제번호	정답	페이지	문제번호	정답	페이지	문제번호	정답	페이지
121	④	50	143	②	57	165	③	64
122	④	50	144	④	58	166	③	65
123	①	50	145	②	58	167	③	65
124	①	51	146	③	58	168	①	65
125	①	51	147	②	58	169	③	66
126	②	51	148	④	59	170	②	66
127	①	52	149	②	59	171	④	66
128	④	52	150	③	59	172	④	67
129	①	52	151	④	60	173	③	67
130	②	53	152	①	60	174	③	67
131	②	53	153	③	60	175	④	68
132	③	54	154	④	61	176	②	68
133	④	54	155	②	61	177	①	68
134	③	54	156	③	62	178	④	69
135	②	55	157	③	62	179	③	69
136	③	55	158	③	62	180	②	70
137	②	55	159	②	63	181	①	70
138	②	56	160	③	63	182	③	70
139	②	56	161	④	63	183	③	70
140	④	56	162	②	63	184	③	71
141	②	57	163	②	64	185	④	71
142	③	57	164	③	64	186	③	71

문제번호	정답	페이지	문제번호	정답	페이지	문제번호	정답	페이지
187	③	72	209	③	79	231	②	88
188	③	72	210	④	80	232	②	88
189	③	72	211	②	80	233	③	88
190	①	73	212	②	80	234	④	89
191	③	73	213	③	81	235	④	89
192	②	73	214	②	81	236	①	89
193	②	74	215	②	82	237	③	90
194	②	74	216	④	82	238	③	90
195	③	75	217	②	82	239	②	90
196	②	75	218	②	82	240	②	91
197	②	75	219	②	83	241	④	91
198	②	76	220	①	83	242	②	91
199	②	76	221	②	84	243	③	92
200	②	76	222	①	84	244	③	92
201	④	77	223	②	84	245	②	92
202	②	77	224	③	85	246	②	93
203	②	77	225	④	85	247	③	93
204	③	78	226	②	86	248	②	93
205	②	78	227	①	86	249	①	94
206	②	78	228	②	86	250	③	94
207	④	79	229	②	87	251	④	95
208	④	79	230	②	87	252	②	95

문제번호	정답	페이지	문제번호	정답	페이지	문제번호	정답	페이지
253	③	95	264	③	99	275	③	102
254	②	96	265	③	100	276	③	103
255	④	96	266	③	100	277	③	103
256	①	97	267	③	100	278	②	104
257	②	97	268	③	101	279	②	104
258	②	97	269	③	101	280	②	105
259	①	98	270	②	101	281	③	105
260	④	98	271	②	101	282	③	106
261	③	98	272	③	102	283	③	106
262	②	99	273	②	102			
263	①	99	274	③	102			

제 2 권

치유농업자원의 이해와 관리

(전체 321문제)

문제번호	정답	페이지	문제번호	정답	페이지	문제번호	정답	페이지
1	③	109	19	③	116	37	②	122
2	②	109	20	②	116	38	②	122
3	③	110	21	①	116	39	②	122
4	④	110	22	③	117	40	①	123
5	①	110	23	③	117	41	②	123
6	②	111	24	④	118	42	②	123
7	①	111	25	①	118	43	③	124
8	③	111	26	②	118	44	④	124
9	①	112	27	③	119	45	②	124
10	①	112	28	②	119	46	②	125
11	③	113	29	③	119	47	②	125
12	③	113	30	②	120	48	②	125
13	②	113	31	②	120	49	①	126
14	②	114	32	③	120	50	④	126
15	②	114	33	③	121	51	③	126
16	④	115	34	②	121	52	②	127
17	①	115	35	②	121	53	②	127
18	④	115	36	②	122	54	②	128

문제번호	정답	페이지	문제번호	정답	페이지	문제번호	정답	페이지
55	①	128	77	③	135	99	④	143
56	②	128	78	②	136	100	②	143
57	①	128	79	③	136	101	②	143
58	②	129	80	①	136	102	④	144
59	②	129	81	③	137	103	③	144
60	②	129	82	③	137	104	②	144
61	②	130	83	③	137	105	①	144
62	②	130	84	③	138	106	①	145
63	②	130	85	②	138	107	③	145
64	②	131	86	①	138	108	②	145
65	②	131	87	③	139	109	①	146
66	③	131	88	②	139	110	①	146
67	④	132	89	②	139	111	③	146
68	③	132	90	③	140	112	①	147
69	④	132	91	④	140	113	①	147
70	④	133	92	③	140	114	②	147
71	③	133	93	②	140	115	②	147
72	③	133	94	②	141	116	③	148
73	②	134	95	②	141	117	③	148
74	②	134	96	③	142	118	①	148
75	②	135	97	②	142	119	②	149
76	②	135	98	①	142	120	④	149

문제번호	정답	페이지	문제번호	정답	페이지	문제번호	정답	페이지
121	②	149	144	③	157	167	②	165
122	③	149	145	③	157	168	②	165
123	②	150	146	②	157	169	②	165
124	④	150	147	①	158	170	②	166
125	④	150	148	②	158	171	①	166
126	②	151	149	③	159	172	②	166
127	②	151	150	③	159	173	④	167
128	③	151	151	③	159	174	②	167
129	②	151	152	④	160	175	④	167
130	④	152	153	④	160	176	③	167
131	②	152	154	④	160	177	②	168
132	②	152	155	①	161	178	②	168
133	①	153	156	④	161	179	②	168
134	③	153	157	②	161	180	③	169
135	②	153	158	②	162	181	②	169
136	③	154	159	④	162	182	②	169
137	①	154	160	④	162	183	①	170
138	③	155	161	①	163	184	③	170
139	②	155	162	②	163	185	③	170
140	③	155	163	①	163	186	③	171
141	③	156	164	③	164	187	②	171
142	②	156	165	④	164	188	④	171
143	③	156	166	②	164	189	②	172

문제번호	정답	페이지	문제번호	정답	페이지	문제번호	정답	페이지
190	④	172	213	③	180	236	②	189
191	②	172	214	②	180	237	④	189
192	②	173	215	③	181	238	②	189
193	①	173	216	③	181	239	③	190
194	②	173	217	③	181	240	②	190
195	④	174	218	②	182	241	①	190
196	②	174	219	②	183	242	②	191
197	②	174	220	①	183	243	③	191
198	②	175	221	②	184	244	②	191
199	②	175	222	③	184	245	④	192
200	③	175	223	③	184	246	②	192
201	④	176	224	②	185	247	②	192
202	④	176	225	③	185	248	③	193
203	③	176	226	②	185	249	②	193
204	②	177	227	③	186	250	③	193
205	②	177	228	④	186	251	②	194
206	③	177	229	③	186	252	③	194
207	②	178	230	②	187	253	③	194
208	②	178	231	④	187	254	②	195
209	①	178	232	②	187	255	④	195
210	③	179	233	②	188	256	③	195
211	④	179	234	②	188	257	③	196
212	②	180	235	②	188	258	②	196

문제번호	정답	페이지	문제번호	정답	페이지	문제번호	정답	페이지
259	②	196	280	②	203	301	②	211
260	④	196	281	③	204	302	③	211
261	①	197	282	③	204	303	③	211
262	④	197	283	④	204	304	①	212
263	③	197	284	④	205	305	④	212
264	④	198	285	③	205	306	③	212
265	②	198	286	③	206	307	②	213
266	②	198	287	③	206	308	②	213
267	②	199	288	③	207	309	③	213
268	③	199	289	②	207	310	③	214
269	③	200	290	③	207	311	②	214
270	④	200	291	③	208	312	②	214
271	③	200	292	③	208	313	④	214
272	②	200	293	④	208	314	②	215
273	③	201	294	③	209	315	②	215
274	③	201	295	②	209	316	②	216
275	②	201	296	④	209	317	④	216
276	④	202	297	②	209	318	②	216
277	③	202	298	④	210	319	②	217
278	④	202	299	②	210	320	④	217
279	②	203	300	②	210	321	②	217

치유농업서비스의 기획과 경영

(전체 330문제)

문제번호	정답	페이지	문제번호	정답	페이지	문제번호	정답	페이지
1	①	221	19	③	227	37	②	234
2	①	221	20	①	228	38	④	235
3	③	222	21	①	228	39	②	235
4	③	222	22	①	229	40	③	235
5	①	222	23	①	229	41	②	236
6	①	223	24	①	229	42	③	236
7	①	223	25	①	230	43	②	236
8	①	223	26	①	230	44	④	237
9	①	224	27	④	231	45	①	237
10	①	224	28	①	231	46	②	237
11	①	224	29	①	231	47	②	238
12	①	225	30	②	232	48	③	238
13	①	225	31	④	232	49	①	238
14	①	225	32	①	232	50	②	239
15	①	226	33	①	233	51	①	239
16	①	226	34	②	233	52	③	240
17	①	227	35	④	234	53	②	240
18	①	227	36	④	234	54	①	240

문제번호	정답	페이지	문제번호	정답	페이지	문제번호	정답	페이지
55	③	241	77	①	248	99	①	255
56	①	241	78	①	249	100	①	256
57	②	241	79	①	249	101	①	256
58	④	242	80	①	249	102	①	256
59	①	242	81	①	250	103	①	257
60	②	242	82	①	250	104	①	257
61	②	243	83	①	250	105	①	257
62	①	243	84	①	251	106	①	258
63	①	244	85	①	251	107	①	258
64	①	244	86	①	251	108	①	259
65	①	244	87	①	252	109	①	259
66	③	245	88	①	252	110	①	260
67	②	245	89	①	252	111	①	260
68	③	245	90	①	253	112	①	261
69	④	246	91	①	253	113	①	261
70	②	246	92	①	253	114	①	261
71	③	246	93	①	253	115	①	262
72	③	247	94	①	254	116	①	262
73	③	247	95	①	254	117	①	262
74	①	247	96	①	254	118	①	263
75	①	248	97	①	255	119	①	263
76	②	248	98	①	255	120	①	263

문제번호	정답	페이지	문제번호	정답	페이지	문제번호	정답	페이지
187	①	284	209	③	291	231	③	298
188	①	284	210	②	292	232	②	298
189	①	285	211	④	292	233	②	299
190	①	285	212	②	292	234	②	299
191	③	285	213	③	293	235	③	299
192	①	286	214	①	293	236	④	300
193	①	286	215	②	293	237	③	300
194	③	286	216	①	293	238	④	300
195	③	286	217	①	294	239	②	301
196	③	287	218	③	294	240	①	301
197	④	287	219	②	294	241	①	301
198	③	287	220	②	295	242	③	301
199	③	288	221	③	295	243	②	302
200	①	288	222	①	295	244	①	302
201	②	288	223	①	295	245	①	302
202	②	289	224	②	296	246	④	303
203	③	289	225	③	296	247	②	303
204	②	289	226	②	296	248	②	303
205	③	289	227	②	297	249	③	304
206	③	290	228	③	297	250	③	304
207	②	290	229	②	297	251	④	304
208	②	291	230	②	298	252	③	304

문제번호	정답	페이지	문제번호	정답	페이지	문제번호	정답	페이지
253	③	305	275	②	311	297	④	319
254	②	305	276	①	311	298	②	319
255	④	305	277	③	312	299	②	319
256	③	306	278	②	312	300	③	320
257	④	306	279	②	312	301	①	320
258	①	306	280	③	313	302	③	321
259	③	306	281	①	313	303	①	321
260	②	307	282	②	313	304	①	321
261	②	307	283	④	314	305	①	322
262	③	307	284	②	314	306	②	322
263	④	307	285	③	314	307	①	323
264	④	308	286	②	315	308	②	323
265	④	308	287	②	315	309	④	324
266	③	308	288	③	315	310	④	324
267	①	308	289	①	316	311	④	325
268	②	309	290	②	316	312	②	325
269	④	309	291	②	317	313	④	326
270	②	309	292	③	317	314	④	326
271	②	310	293	③	318	315	②	326
272	③	310	294	③	318	316	①	326
273	①	310	295	③	318	317	①	327
274	②	311	296	②	319	318	④	327

치유농업서비스의 운영 및 관리

(전체 266문제)

문제번호	정답	페이지	문제번호	정답	페이지	문제번호	정답	페이지
1	②	335	20	①	341	39	③	348
2	②	335	21	①	342	40	③	348
3	①	336	22	②	342	41	③	348
4	①	336	23	②	343	42	②	349
5	①	336	24	②	343	43	③	349
6	③	337	25	②	343	44	③	349
7	②	337	26	②	344	45	②	350
8	①	337	27	②	344	46	③	350
9	①	338	28	②	344	47	③	350
10	①	338	29	③	345	48	③	350
11	①	338	30	①	345	49	③	351
12	①	339	31	①	346	50	③	351
13	①	339	32	③	346	51	③	351
14	①	339	33	④	346	52	②	352
15	①	340	34	③	346	53	③	352
16	①	340	35	③	347	54	②	352
17	①	340	36	③	347	55	③	352
18	③	341	37	③	347	56	③	353
19	②	341	38	③	348	57	①	353

문제번호	정답	페이지	문제번호	정답	페이지	문제번호	정답	페이지
58	④	354	81	②	361	104	①	369
59	①	354	82	②	361	105	①	369
60	④	354	83	②	361	106	④	369
61	③	355	84	①	361	107	③	370
62	③	355	85	③	362	108	③	370
63	②	355	86	③	362	109	②	370
64	②	355	87	①	363	110	②	371
65	②	356	88	①	363	111	②	371
66	②	356	89	①	363	112	②	371
67	②	356	90	①	364	113	②	372
68	③	357	91	④	364	114	②	372
69	①	357	92	①	364	115	③	373
70	②	357	93	①	365	116	②	373
71	②	358	94	④	365	117	③	373
72	③	358	95	①	365	118	②	374
73	②	358	96	③	366	119	②	374
74	①	358	97	①	366	120	②	374
75	②	359	98	④	366	121	②	374
76	③	359	99	④	367	122	①	375
77	①	359	100	②	367	123	④	375
78	①	360	101	②	368	124	②	376
79	②	360	102	②	368	125	①	376
80	②	360	103	②	368	126	②	376
문제번호	정답	페이지	문제번호	정답	페이지	문제번호	정답	페이지

문제번호	정답	페이지	문제번호	정답	페이지	문제번호	정답	페이지
127	①	377	150	③	385	173	②	394
128	①	377	151	②	385	174	①	395
129	②	377	152	②	385	175	①	395
130	①	378	153	③	386	176	②	396
131	③	378	154	②	386	177	①	396
132	②	378	155	②	386	178	②	397
133	③	379	156	③	387	179	②	397
134	②	379	157	③	387	180	④	398
135	③	380	158	③	387	181	①	398
136	①	380	159	①	388	182	③	398
137	②	380	160	②	388	183	①	399
138	①	381	161	②	389	184	②	399
139	③	381	162	②	389	185	①	400
140	③	381	163	②	390	186	②	400
141	③	382	164	②	390	187	③	400
142	②	382	165	①	390	188	④	401
143	①	382	166	②	391	189	③	401
144	③	383	167	③	391	190	①	402
145	②	383	168	①	392	191	②	402
146	①	383	169	②	392	192	③	402
147	②	384	170	③	393	193	①	403
148	①	384	171	①	393	194	②	403
149	③	384	172	②	394	195	①	404

문제번호	정답	페이지	문제번호	정답	페이지	문제번호	정답	페이지
196	③	404	220	③	414	244	③	423
197	②	405	221	②	414	245	③	424
198	④	405	222	③	415	246	②	424
199	②	406	223	②	415	247	②	424
200	②	406	224	①	415	248	③	425
201	②	406	225	②	416	249	②	425
202	③	407	226	③	416	250	②	426
203	②	407	227	③	416	251	③	426
204	③	408	228	③	417	252	③	427
205	②	408	229	②	417	253	②	427
206	③	409	230	②	418	254	②	428
207	②	409	231	③	418	255	④	428
208	②	409	232	③	418	256	③	428
209	③	410	233	②	419	257	②	429
210	②	410	234	③	419	258	③	429
211	③	410	235	②	419	259	①	430
212	②	411	236	①	420	260	②	430
213	②	411	237	②	420	261	③	430
214	③	412	238	③	421	262	③	431
215	③	412	239	①	421	263	①	431
216	②	412	240	②	422	264	②	432
217	②	413	241	②	422	265	②	432
218	②	413	242	④	423	266	③	432
219	②	413	243	②	423			

치유농업사가 되는 길

치유농업은 단순히 농업 활동을 넘어 자연을 통해
사람의 마음과 삶을 회복시키는 의미 있는 분야이다.
이 문제집을 통해 익힌 지식이 시험 준비를 넘어,
사람과 자연을 이어 주는 치유농업사의 길로
이어지기를 바란다.
자연의 힘을 이해하고 사람의 삶을 따뜻하게 돌보는
치유농업사의 역할은 앞으로 더욱 중요해질 것이다.